증보판

미적분학기초

Elementary Calculus

임영빈 · 조영덕 공저

북스힐

머리말

미적분학은 어떤 현상의 변화와 그 양을 수리적으로 표현하고 체계적으로 설명하는 학문이다. 그러므로 미적분학은 자연과 사회의 다양한 현상을 설명하는 데에 뛰어난 설명력을 가진다.

이 책에서는 여러 전공 학문에서 필요한 다양한 수리문제의 해결 능력을 기르기 위하여 효율적인 방법을 추구하였다. 첫째, 학생들이 기본개념을 쉽게 이해할 수 있도록 그림과 예제를 많이 두었다. 이를 통해 강의에 전적으로 의존하지 않고도 스스로 내용을 이해하고 문제를 해결할 수 있을 것이다. 둘째, 충분한 연습이 되도록 절마다 연습문제를 추가했다. 이는 미적분학의 학습에서 이론적인 내용을 완전히 이해하는 것도 중요하지만, 그에 못지않게 연습이 중요함을 고려한 것이다.

좋은 책을 만들려는 일념으로 심혈을 기울였지만 여전히 부족한 점이 있을 것이다. 앞으로 계속하여 수정하고 보완하고자 한다.

이 책이 미적분학을 공부하는 학생 여러분의 학업성취에 많은 도움이 되기를 바라며, 출간을 위하여 수고하신 북스힐 편집부 여러분께 감사드린다.

2015년 2월

저자 씀

차 례

제 01 장 실수

인류는 수와 더불어 살아왔다. 오늘날 우리가 쓰고 있는 아라비아 숫자는 인도에서 쓰기 시작하여 교역의 길을 따라 아랍, 유럽을 거치면서 전 세계에서 공통으로 사용하고 있다. 약 2200여 년이 지난 지금 인도의 고대유적 돌기둥에 새겨진 아라비아 숫자를 발견하였고, 이탈리아 수학자 피보나치(Leonardo Fibonacci, 1170-1250)는 인도의 숫자 9개와 0으로 만든 10진수의 체계를 새로이 정리하여 소개하였다.

1.1 실수

기본적으로 수는 양을 나타내는 수단이다. 예를 들어 자연수는 개수와 순번을 나타내고 유리수는 비를 나타내며 실수는 길이, 넓이, 부피를 나타낸다. 0은 없음을 나타내고 음수는 모자람, 반대, 대칭의 개념을 나타낸다.

- 모든 자연수들의 집합을 $\mathbb{N}$으로 나타낸다.
- 자연수에 0과 자연수에 대한 음수들로 구성된 집합을 정수집합이라 하고 $\mathbb{Z}$로 나타낸다.
- 유리수집합을 $\mathbb{Q}$로, 실수집합을 $\mathbb{R}$로 나타낸다.

1.2 연산체계

실수 집합 $\mathbb{R}$에는 덧셈과 곱셈이 정의되어 있어서 다음을 모두 만족시킨다.

(1) 모든 실수 a, b, c에 대하여 $(a+b)+c=a+(b+c)$를 만족시킨다.

(2) 모든 실수 a, b에 대하여 $a+b=b+a$를 만족시킨다.

(3) 모든 실수 a에 대하여 $a+0=0+a=a$를 만족시킨다.

(4) 각 실수 a에 대하여 $a+(-a)=(-a)+a=0$을 만족시킨다.

(5) 모든 실수 a, b, c에 대하여 $(ab)c=a(bc)$를 만족시킨다.

(6) 모든 실수 a, b에 대하여 $ab=ba$를 만족시킨다.

(7) 모든 실수 a에 대하여 $a\cdot 1=1\cdot a=a$를 만족시킨다.

(8) 0이 아닌 각 실수 a에 대하여 $a\cdot\dfrac{1}{a}=\dfrac{1}{a}\cdot a=1$을 만족시킨다.

(9) 모든 실수 a, b, c에 대하여 $a(b+c)=ab+ac$, $(a+b)c=ac+bc$를 만족시킨다.

1.3 순서체계

실수는 양수, 음수 그리고 0으로 분류된다.

a가 양수면 $-a$는 음수고 a가 음수면 $-a$는 양수이다.

a와 b가 양수이기 위한 필요충분조건은 $a+b$와 ab가 양수인 것이다.

두 실수 a, b에 대하여 $b-a$가 양수일 때 $a<b$(또는 $b>a$)로 나타낸다.

a가 양수이기 위한 필요충분조건은 $a>0$이고, a가 음수이기 위한 필요충분조건은 $a<0$이다. 따라서 위의 양수의 성질은 다음과 같이 쓸 수 있다. 즉, a, b가 실수일 때

$$a>0,\ b>0 \Leftrightarrow a+b>0,\ ab>0$$

$a=b$이거나 $a<b$일 때 $a\le b$(또는 $b\ge a$)로 나타낸다.

정리 1.3.1

a, b, c가 실수일 때 다음이 성립한다.

(1) $a<b$, $b<c$이면 $a<c$

(2) $a<b$이면 $a+c<b+c$

(3) $a<b$이고 $c>0$이면 $ac<bc$

$a<b$이고 $c<0$이면 $ac>bc$

|증명| (1) $a<b$, $b<c$이면 $b-a>0$, $c-b>0$이다. 따라서 $c-a=(c-b)+(b-a)>0$이다. 그러므로 $a<c$이다.

(2) $a<b$이면 $(b+c)-(a+c)=b-a>0$이다. 따라서 $a+c<b+c$이다.

(3) $a<b$, $c>0$이면 $b-a>0$, $c>0$이고 따라서 $bc-ac=(b-a)c>0$이다. 그러므로 $ac<bc$이다.

■

a의 절댓값 $|a|$를 다음과 같이 정의한다.

$$a>0\text{이면 } |a|=a,\ a<0\text{이면 } |a|=-a,\ a=0\text{이면 } |a|=0.$$

예를 들면 5는 양수이므로 $|5|=5$, -5는 음수이므로 $|-5|=-(-5)=5$이다.
$|a-b|$는 수직선에서 a, b를 좌표로 갖는 두 점 사이의 거리이다. 특히 $|a|$는 수직선 위의 원점에서 a를 좌표로 갖는 점까지의 거리이다.

예제 1.3.1

a가 실수일 때 다음이 성립함을 밝히라.

(1) $|-a|=|a|$ (2) $-|a|\le a\le |a|$

|증명| (1) $a\ge 0$일 때 $|-a|=-(-a)=a$이고 $|a|=a$이므로 $|-a|=|a|$

$a<0$일 때 $|-a|=-a$이고 $|a|=-a$이므로 $|-a|=|a|$

그러므로 $|-a|=|a|$이다.

(2) (i) $a\ge 0$이면 $-|a|=-a\le 0\le a=|a|$이다.

(ii) $a<0$이면 $-|a|=a<0<-a=|a|$이다.

그러므로 $-|a|\le a\le |a|$이다.

■

일반적으로 양수 a에 대하여

$$|x|<a \Leftrightarrow -a<x<a$$

$$|x|>a \Leftrightarrow x<-a \text{ 또는 } x>a$$

이다.

예제 1.3.2

다음 부등식을 풀라.

(1) $|x-4|<2$ (2) $|3x-5|\geq 1$

풀이 (1) $|x-4|<2 \Leftrightarrow -2<x-4<2 \Leftrightarrow 2<x<6$

(2) $|3x-5|\geq 1 \Leftrightarrow 3x-5\leq -1$ 또는 $3x-5\geq 1$

$\Leftrightarrow 3x\leq 4$ 또는 $3x\geq 6$

$\Leftrightarrow x\leq \dfrac{4}{3}$ 또는 $x\geq 2$ ■

모든 양수는 2개의 제곱근이 있다. 예를 들면, 4의 제곱근은 -2와 2이고, 100의 제곱근은 -10과 10이다. 실수 $a>0$에 대하여 양의 제곱근을 a의 주제곱근이라 하고 $\sqrt{a}$로 나타낸다. 예를 들면, $\sqrt{4}=2$이고 $\sqrt{100}=10$이다. 5의 제곱근은 $\sqrt{5}$와 $-\sqrt{5}$ 2개이므로 5의 제곱근과 $\sqrt{5}$를 혼동하지 말아야 한다. 그러므로

$$\sqrt{x^2}=|x|$$

이다. 일반적으로 n이 짝수이고 $a>0$일 때 $\sqrt[n]{a}$는 a의 n제곱근 중 양수를 의미한다. 또 n이 홀수이고 a가 실수이면 $\sqrt[n]{a}$는 a의 n제곱근 중 실수를 의미하는데, 이때 이 실수는 유일한 수이다. 예를 들면, $\sqrt[4]{16}=2$, $\sqrt[3]{27}=3$ 그리고 $\sqrt[3]{-8}=-2$이다.

정리 1.3.2

a, b가 실수일 때 다음이 성립한다.

(1) $|ab|=|a||b|$ (2) $\left|\dfrac{a}{b}\right|=\dfrac{|a|}{|b|}$, $b\neq 0$

(3) $|a+b|\leq |a|+|b|$ (4) $|a-b|\geq ||a|-|b||$

증명 (1) (i) $ab\geq 0$이면 $|ab|=ab$이다.

$a\geq 0$, $b\geq 0$이면 $|a|=a$, $|b|=b$이므로 $|ab|=ab=|a||b|$이고,

$a\leq 0$, $b\leq 0$이면 $|a|=-a$, $|b|=-b$이므로 $|ab|=ab=(-a)(-b)=|a||b|$이다.

(ii) $ab<0$이면 $|ab|=-ab$이다.

$a>0$, $b<0$이면 $|a|=a$, $|b|=-b$이므로 $|ab|=-(ab)=a(-b)=|a||b|$이고,
$a<0$, $b>0$이면 $|a|=-a$, $|b|=b$이므로 $|ab|=-(ab)=(-a)b=|a||b|$이다.
그러므로 (i), (ii)에 의해 $|ab|=ab$이다.

■

$|ab|=|a||b|$이므로 a, b 대신 x를 대입하면

$$|x|^2=|x^2|=x^2$$

이다. 주어진 부등식의 항을 제곱할 때 부등호는 바뀔 수 있다. 예를 들면 $-3<2$일 때 $(-3)^2>2^2$이 된다. 그러나 각 항이 음수가 아니면 부등호가 보존됨을 알 수 있다. 다음이 성립한다.

$$|x|<|y| \Leftrightarrow x^2<y^2$$

예제 1.3.3

다음 부등식을 풀라.

$$|3x+1|<2|x-6|$$

풀이

$$\begin{aligned}|3x+1|<2|x-6| &\Leftrightarrow |3x+1|<|2x-12| \\ &\Leftrightarrow (3x+1)^2<(2x-12)^2 \\ &\Leftrightarrow 9x^2+6x+1<4x^2-48x+144 \\ &\Leftrightarrow 5x^2+54x-143<0 \\ &\Leftrightarrow (5x-11)(x+13)<0 \\ &\Leftrightarrow -13<x<\frac{11}{5}\end{aligned}$$

■

1.3 연습문제

1. 실수 a에 대하여 $a^2 \geq 0$임을 밝히라.

2. 실수 a, b, c에 대하여 다음을 증명하라.

(1) $a > b$이면 $a + c > b + c$

(2) $a > b$이고 $c < 0$이면 $ac < bc$

3. 실수 a, b에 대하여 $ab \leq |a||b|$임을 밝히라.

4. 다음을 증명하라.

(1) $|a+b| \leq |a| + |b|$

(2) $|a-b| \leq |a| + |b|$

(3) $|a-b| \geq ||a| - |b||$

5. 다음 부등식을 풀라.

(1) $|3x+4| < 8$

(2) $|4x+2| \geq 10$

(3) $\left|2 + \dfrac{5}{x}\right| > 1$

(4) $2x^2 - 5x - 4 \leq 0$

(5) $4x^2 + x - 2 > 0$

(6) $|x-3| \geq 2$

(7) $2|2x-3| < |x-10|$

(8) $|x-2| < 3|x+7|$

1.4 구간

두 실수 a, b를 경계로 하는 유한구간을 다음과 같이 정의한다.

(1) 집합 $\{x \mid a < x < b\}$를 a, b를 경계로 하는 **열린구간**(open interval)이라 하고 (a, b)로 나타낸다.

(2) 집합 $\{x \mid a \leq x \leq b\}$를 a, b를 경계로 하는 **닫힌구간**(closed interval)이라 하고 $[a, b]$로 나타낸다.

(3) 집합 $\{x \mid a < x \leq b\}$는 $(a, b]$로, 집합 $\{x \mid a \leq x < b\}$는 $[a, b)$로 나타내고 a, b를 경계

로 하는 **반열린구간** 또는 **반닫힌구간**이라 한다.

무한구간은 다음과 같다.

(1) $(a, \infty) = \{x | x > a\}$

(2) $[a, \infty) = \{x | x \geq a\}$

(3) $(-\infty, a) = \{x | x < a\}$

(4) $(-\infty, a] = \{x | x \leq a\}$

한편, 실수 전체집합 $\mathbb{R}$ 은 무한구간 $(-\infty, \infty)$로 나타낸다.

1.5 수직선

직선 위를 움직이는 점은 하나의 실수로 나타낼 수 있다.

직원 위의 한 점에 0을 대응시키고 **원점**(original point)이라 한다. 원점을 기준으로 한쪽 방향에 위치한 각 점에 원점으로부터의 거리를 대응시키고, 그 점의 원점에 대한 대칭점에 $-$(거리)를 대응시킨다. 각 점에 대응된 실수를 그 점의 **좌표**(coordinate)라 한다. 각 점에 좌표가 정해진 직선을 **수직선** 또는 **실직선**(real line)이라 한다. 직선 위의 점 P의 좌표가 a임을 $\mathrm{P}(a)$로 나타낸다.

앞에서 정의한 구간들을 실직선 위에 선분, 반직선 또는 직선으로 나타낼 수 있다.

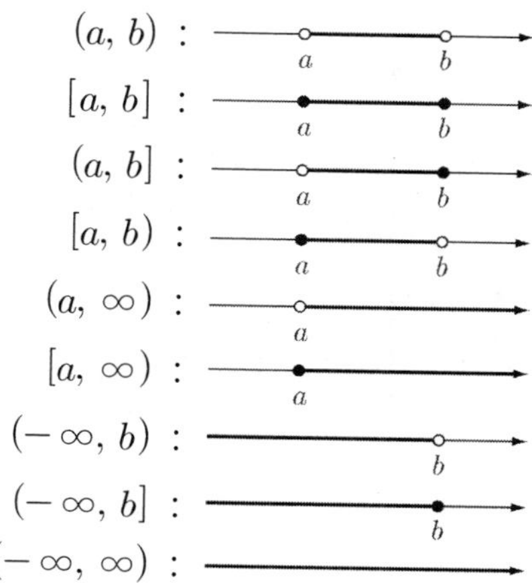

1.6 좌표평면

평면 위를 움직이는 점은 기준점으로부터의 거리만으로는 나타낼 수 없고 두 가지의 정보가 있어야 그 점의 정확한 위치를 알 수 있다. 여기서는 직교좌표만 소개한다.

두 실직선을 각각의 원점에서 만나도록 수직으로 교차시키고, 한 실직선을 x축, 다른 실직선을 y축이라 한다(x축은 수평으로, y축은 수직으로 나타낸다). 이제 평면 위의 각 점에서 y축과 x축에 평행인 두 직선을 그어서 각각 x축, y축과 만나는 점의 좌표(x좌표와 y좌표)를 순서대로 나타낸 것을 그 점의 좌표라 한다. 평면 위의 점 P의 좌표가 (a, b)임을 $\mathrm{P}(a, b)$로 나타낸다.

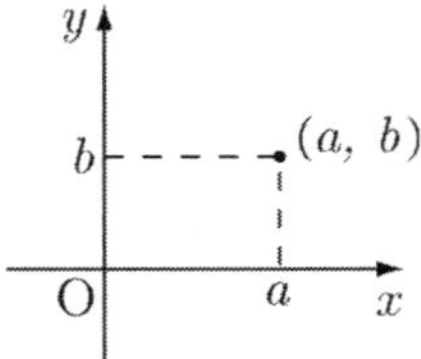

좌표를 써서 두 점 사이의 거리를 나타내어 보자. 두 점 P, Q의 좌표가 각각 (x_1, y_1), (x_2, y_2)라 하자. 점 P를 지나고 x축에 평행인 직선과 점 Q를 지나고 y축에 평행인 직선의 교점을 R라 하면 R의 좌표는 (x_2, y_1)이므로 피타고라스(Pythagoras) 정리에 의하여 P와 Q 사이의 거리 $\overline{\mathrm{PQ}}$는

$$\overline{\mathrm{PQ}} = \sqrt{(x_2 - x_1)^2 + (y_2 - y_1)^2}$$

이다.

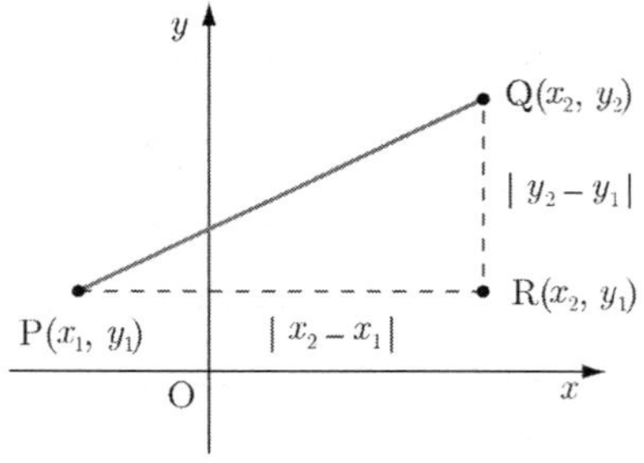

예제 1.6.1

다음 두 점 사이의 거리를 구하라.

(1) $P(-2, 3)$과 $Q(4, -1)$ (2) $P(\sqrt{2}, \sqrt{2})$와 $Q(\pi, \pi)$

풀이 (1) $\overline{PQ} = \sqrt{(4-(-2))^2+(-1-3)^2} = \sqrt{36+16} = \sqrt{52} = 2\sqrt{13}$

(2) $\overline{PQ} = \sqrt{(\pi-\sqrt{2})^2+(\pi-\sqrt{2})^2} = \sqrt{2}(\pi-\sqrt{2})$

■

직선은 모든 곡선 중에서 가장 단순한 곡선이다. 평면에서 서로 다른 두 점이 주어지면 이 점들을 지나는 직선은 유일하게 결정된다. 좌표평면 위의 직선은 방정식으로 나타낼 수 있다. y축에 평행이 아닌 직선 위의 임의의 서로 다른 두 점 $A(x_1, y_1)$, $B(x_2, y_2)$에 대하여 $\dfrac{y_2-y_1}{x_2-x_1}$의 값은 일정하다. 그 일정한 값을 직선의 **기울기**라 한다.

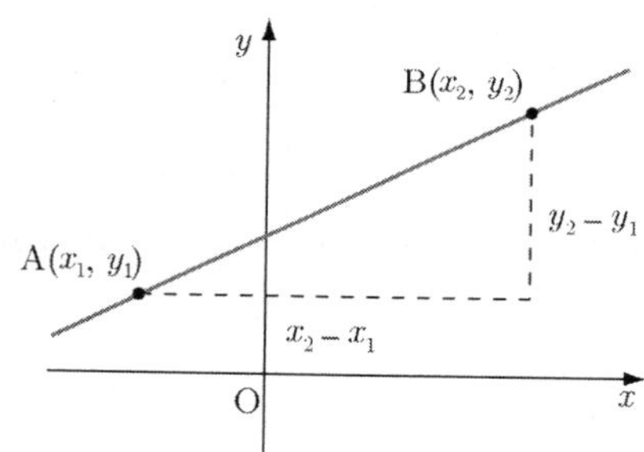

어떤 직선이 점 $(3, 2)$를 지나고 기울기가 $\dfrac{2}{5}$라 하자. 직선상의 점을 (x, y)라 하면

$$\frac{y-2}{x-3} = \frac{2}{5}$$

이다. 양변에 $(x-3)$을 곱하면

$$y-2 = \frac{2}{5}(x-3)$$

이다. $(3, 2)$와 직선상의 모든 점이 위 식을 만족시킨다.

일반적으로 기울기가 m이고 점 (x_1, y_1)을 지나는 직선의 방정식은

$$y - y_1 = m(x - x_1)$$

이다.

x축에 평행인 직선의 기울기는 0이고 y축에 평행인 직선의 기울기는 정의할 수 없다.

x축에 평행인 직선의 방정식은 $y = a$(a는 상수)꼴이고 y축에 평행인 직선의 방정식은 $x = b$(b는 상수) 꼴이다.

모든 직선의 방정식은

$$Ax + By + C = 0,\ A \neq 0 \text{ 또는 } B \neq 0$$

으로 나타낼 수 있다. 이것을 직선의 방정식의 일반형이라 한다.

두 직선의 기울기가 같다면 서로 평행인 직선이다. 예를 들면 $y = 2x + 2$와 $y = 2x + 5$는 평행인 직선이다. 두 번째 직선은 첫 번째 직선의 점들을 위로 3만큼 옮긴 점들의 집합이 된다. 두 직선 $-2x + 3y + 12 = 0$과 $4x - 6y = 5$도 평행인 직선이다.

수직선이 아닌 두 직선이 평행하기 위한 필요충분조건은 두 직선의 기울기가 같다는 것이다.

수직선이 아닌 두 직선의 기울기가 m_1, m_2일 때 두 직선이 서로 수직으로 만나기 위한 필요충분조건은 $m_1 m_2 = -1$이다.

두 직선 l_1, l_2가 그림과 같이 원점에서 만난다고 하자.

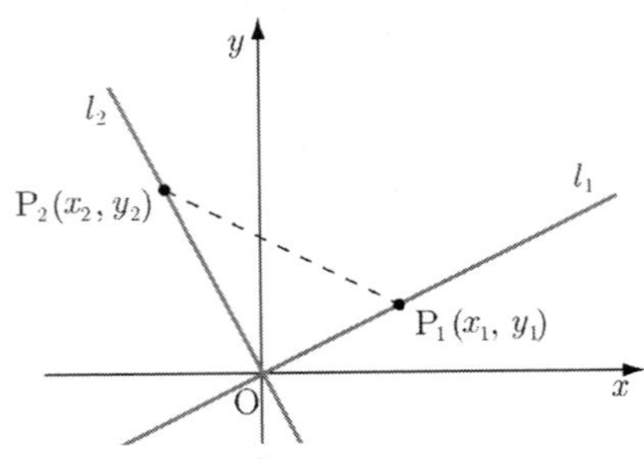

Pythagoras 정리에 의해 $\angle \mathrm{P_2OP_1}$가 직각이 되기 위한 필요충분조건은

$$\overline{\mathrm{P_1O}}^2 + \overline{\mathrm{P_2O}}^2 = \overline{\mathrm{P_1P_2}}^2$$

$$\Leftrightarrow (x_1^2+y_1^2)+(x_2^2+y_2^2)=(x_1-x_2)^2+(y_1-y_2)^2$$

$$\Leftrightarrow 2x_1x_2+2y_1y_2=0$$

$$\Leftrightarrow \frac{y_1}{x_1}=-\frac{x_2}{y_2}$$

$$\Leftrightarrow m_1=-\frac{1}{m_2}$$

$$\Leftrightarrow m_1m_2=-1$$

이다.

예제 1.6.2

두 직선 $3x+4y=8$과 $6x-10y=7$의 교점을 지나며 첫 번째 직선과 수직으로 만나는 직선의 방정식을 구하라.

풀이 $\begin{cases}3x+4y=8\\6x-10y=7\end{cases}$을 풀면 교점은 $\left(2, \frac{1}{2}\right)$이고, 첫 번째 식은 $y=-\frac{3}{4}x+2$이므로 수직으로 만나는 직선의 기울기는 $\frac{4}{3}$이다. 따라서 수직으로 만나는 직선의 방정식은 $y-\frac{1}{2}=\frac{4}{3}(x-2)$ 이므로

$$y=\frac{4}{3}x-\frac{13}{6}$$

이다.

■

원이란 중심으로부터 일정한 거리에 있는 모든 점들의 집합이다. 예를 들어 점 $(-1,2)$가 중심이고 반지름이 3인 원의 방정식을 구하여 보자. (x,y)를 원 위의 점이라면 거리공식으로부터

$$\sqrt{(x+1)^2+(y-2)^2}=3$$

따라서

$$(x+1)^2+(y-2)^2=9$$

가 원의 방정식이 된다. 일반적으로 중심이 (a,b)이고 반지름이 r인 원의 방정식은

$$(x-a)^2+(y-b)^2=r^2$$

이다.

예제 1.6.3

반지름이 5이고 중심이 $(1, -5)$인 원의 방정식을 구하라. 그리고 이 원 위의 점에서 x좌표가 2일 때 y좌표를 구하라.

풀이 원의 방정식은 $(x-1)^2+(y+5)^2=25$이다.

$x=2$를 방정식에 대입하여 y에 관해서 풀면

$$(2-1)^2+(y+5)^2=25$$

$$(y+5)^2=24$$

$$y+5=\pm\sqrt{24}$$

그러므로

$$y=-5\pm\sqrt{24}=-5\pm2\sqrt{6}$$

■

예제 1.6.4

다음은 어떤 도형을 나타내는가?

(1) $x^2+y^2-2x+6y+6=0$

(2) $x^2+y^2+2x+4y+5=0$

(3) $x^2+y^2+x-y+1=0$

풀이 (1) $(x-1)^2+(y+3)^2=4$이므로 중심이 $(1, -3)$이고 반지름이 2인 원이다.

(2) $(x+1)^2+(y+2)^2=0$이므로 점$(-1, -2)$이다.

(3) $\left(x+\dfrac{1}{2}\right)^2+\left(y-\dfrac{1}{2}\right)^2=-\dfrac{1}{2}$이므로 어떤 도형도 나타내지 않는다.

■

1.6 연습문제

1. 주어진 두 점 사이의 거리와 두 점을 지나는 직선의 기울기를 구하라.

(1) $(1, 2)$, $(3, 6)$
(2) $(1, 2)$, $(3, 4)$
(3) $(0.3, -1.4)$, $(-1.1, -0.4)$
(4) $(-3, -3)$, $(2, 4)$

2. 기울기가 m이고 점 P를 지나는 직선의 방정식을 구하고 그래프를 그리라.

(1) $m = 2$, $\mathrm{P}(1, 3)$
(2) $m = 2$, $\mathrm{P}(1, 4)$
(3) $m = 0$, $\mathrm{P}(-1, 1)$
(4) $m = \frac{1}{2}$, $\mathrm{P}(2, 1)$

3. 주어진 두 직선이 서로 평행인지 수직인지 판정하라.

(1) $y = 3(x-1)+2$, $y = 3(x+4)-1$
(2) $y = -2(x+1)-1$, $y = \frac{1}{2}(x-2)+3$
(3) $y = 3x+1$, $y = -\frac{1}{3}x+2$
(4) $x+2y = 1$, $2x+4y = 3$

4. 주어진 점을 지나고 주어진 직선에 평행인 직선과 수직인 직선을 각각 구하라.

(1) $y = 2(x+1)-2$, $(2, 1)$
(2) $y = 3(x-2)+1$, $(0, 3)$
(3) $y = 1$, $(0, -1)$
(4) $2x+3y = 6$, $(3, -3)$

5. 다음을 만족시키는 원의 방정식을 구하라.

(1) 중심 $(1, -2)$, 반지름 6
(2) 중심이 $(2, -1)$이고 $(5, 3)$을 지나는 원

6. 다음 원의 방정식에서 중심과 반지름을 각각 구하라.

(1) $x^2+y^2+2x-10y+25=0$
(2) $x^2+y^2-12x+35=0$
(3) $4x^2+4y^2+4x-12y+1=0$

7. 두 원 $x^2+y^2-4x-2y-11=0$과 $x^2+y^2+20x-12y+72=0$은 만나지 않음을 보이라.

제 02 장 함수

수학은 그 자체로도 관심의 대상이지만 수학의 많은 부분이 자연과학 및 사회과학 등에서 발생하는 여러 현상들을 다루는 학문이다. 그리하여 관심의 대상을 수의 체계로 가져올 필요가 있으며 그러한 역할을 하는 것이 함수의 개념이다.

2.1 함수

공집합이 아닌 두 집합 X, Y에 대하여, f가 X의 각 원소에 Y의 원소를 하나씩 대응시킬 때, f는 X에서 Y로의 **함수**(function from X to Y)라 하고, $f: X \to Y$ 또는 $X \xrightarrow{f} Y$로 나타낸다. 이때 X, Y는 각각 f의 **정의역**(domain), **공역**(codomain)이라 한다.

X에서 Y로의 함수 f가 $x \in X$에 $y \in Y$를 대응시켰다면 y는 x에 대한 **함숫값** 또는 **상**(image)이라 하고, 이것을 $y = f(x)$로 나타낸다. f의 정의역에 속한 모든 원소에 대한 함숫값들의 모임 즉, 집합 $\{f(x) | x \in X\} \subseteq Y$를 f의 **치역**(range)이라 한다.

주어진 함수에 대하여 정의역과 공역에 속하는 임의의 원소를 나타내는 변수를 가각 사용하는데, 정의역의 원소를 나타내는 변수를 **독립변수**, 공역의 원소를 나타내는 변수를 **종속변수**라 한다.

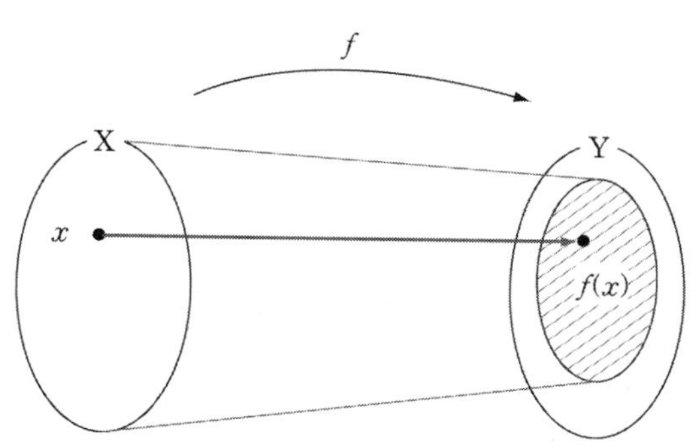

예제 2.1.1

다음 그림의 대응관계는 함수인가? 함수이면 정의역과 공역을 구하라. 그리고 정의역의 각 원소에 대한 함숫값을 구하고 치역을 구하라.

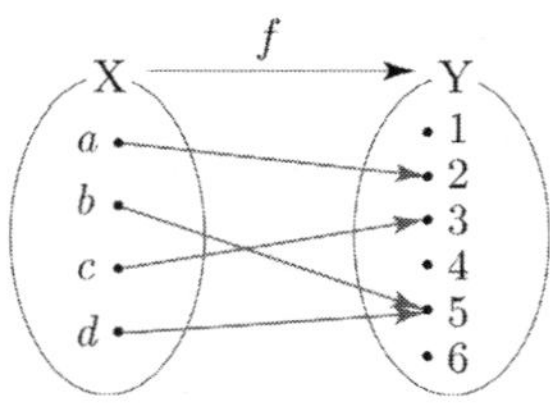

풀이 X의 각 원소에 Y의 원소가 하나씩만 대응하고 있으므로 이 대응은 함수이다. 이 함수의 정의역은 $X=\{a,b,c,d\}$ 이고, 공역은 $Y=\{1,2,3,4,5,6\}$ 이다.
$f(a)=2,\ f(b)=5,\ f(c)=3,\ f(d)=5$ 이고 치역은 $\{2,\ 3,\ 5\}$ 이다.

■

앞으로 우리는 정의역과 공역이 실수집합 $\mathbb{R}$ 또는 그 부분집합인 함수들을 다룬다. 특히 f의 정의역이 $\{x \mid a \le x \le b\}$ 일 때 다음과 같이 나타낸다.

$$y=f(x)\ \ (a \le x \le b)$$

예제 2.1.2

다음 함수의 정의역과 치역을 구하라.

(1) $y=x-1$

(2) $y=x^2$

(3) $f(x)=\dfrac{1}{x-1}$

(4) $y=x^2+1\ \ (-2 \le x \le 2)$

풀이 (1) 정의역과 치역 모두 실수 집합 $\mathbb{R}$

(2) 정의역은 실수 집합 $\mathbb{R}$ 이고 치역은 $\{y \mid y \ge 0\}$

(3) 정의역은 $\{x \mid x \ne 1,\ x \in \mathbb{R}\}$ 이고 치역은 $\{y \mid y \ne 0,\ y \in \mathbb{R}\}$

(4) 정의역은 $\{x \mid -2 \le x \le 2\}$ 이고 치역은 $\{y \mid 1 \le y \le 5\}$

■

함수 $f: X \to Y$에 대하여 집합 $G(f) = \{(x, y) \mid y = f(x),\ x \in X\}$를 f의 **그래프**(graph of f)라 한다.

$X,\ Y \subseteq \mathbb{R}$ 인 경우에는 f의 그래프는 실수의 쌍들의 집합이므로 좌표평면 위의 점들의 집합 즉, 곡선으로 나타낼 수 있다.

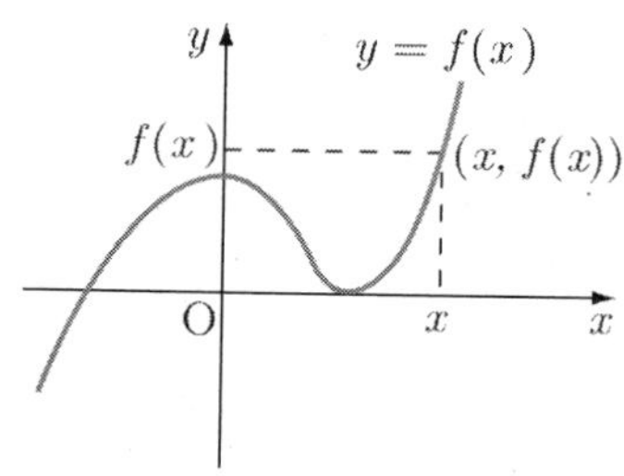

예제 2.1.3

(1) $f(x) = x^2, -2 \leqq x \leqq 2$일 때 함수 f의 치역을 구하고, 그래프를 그리라.

(2) 함수 $f(x) = \sqrt{4-x^2}$ 의 정의역과 치역을 구하고, 그래프를 그리라.

(3) 함수 $f(x) = |x|$의 정의역과 치역을 구하고, 그래프를 그리라.

풀이 (1) 함수 $f(x)$ 의 치역은 $\{y \mid 0 \leqq y \leqq 4\}$이고,

함수 $f(x)$ 의 그래프는 $\{(x,\ x^2) \mid -2 \leqq x \leqq 2\}$이며 좌표평면에 나타내면 다음 그림과 같다.

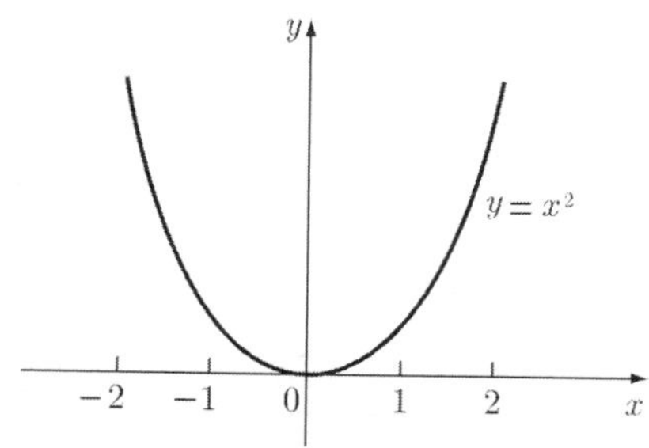

(2) 정의역은 $-2 \leqq x \leqq 2$이고 함수 $f(x)$의 치역은 $\{y \mid 0 \leqq y \leqq 2\}$이다. 함수 $f(x)$ 의 그래프는 다음과 같다.

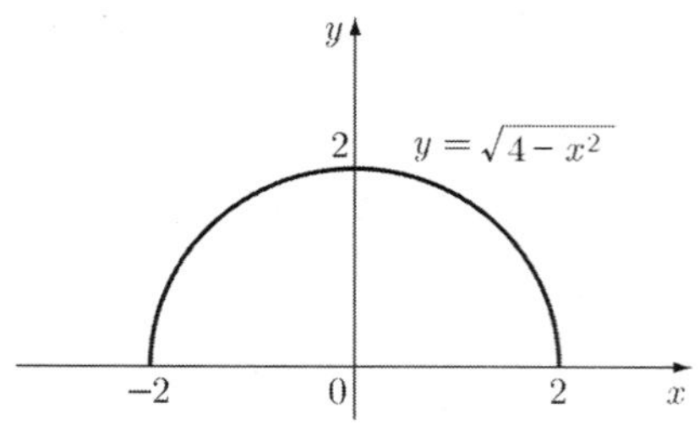

(3) 정의역은 실수 집합 $\mathbb{R}$ 이고 치역은 $\{y \mid y \geq 0\}$ 이다. 함수 $f(x)$ 의 그래프는 다음과 같다.

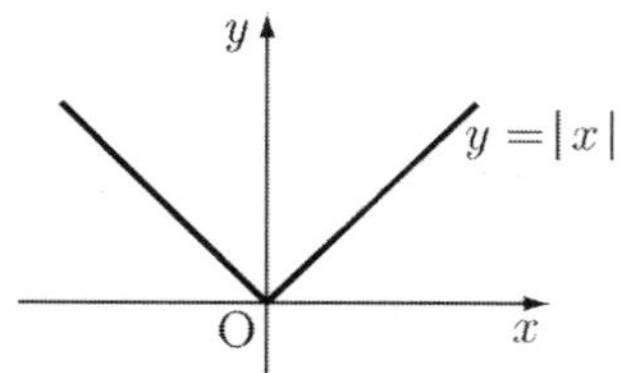

■

함수 $f: X \rightarrow Y$가 「$x_1 \neq x_2 \Rightarrow f(x_1) \neq f(x_2)$」을 만족시킬 때 **일대일함수**(one-to-one function)라 한다.

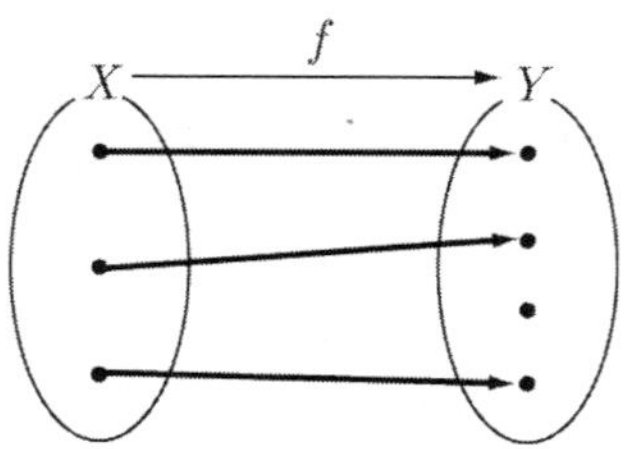

그리고 함수 $f: X \rightarrow Y$에 대하여 공역과 치역이 같을 때, 즉 $Y=f(X)$이면 **위로의 함수**(onto function)라 한다.

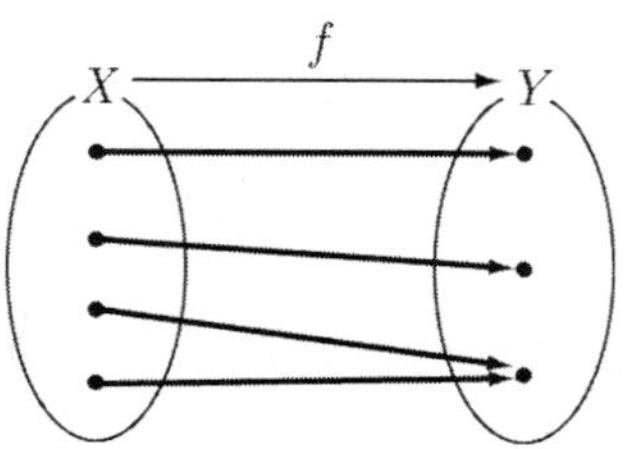

f가 일대일이고 위로의 함수일 때 **일대일대응**(one-to-one correspondence)이라 한다.

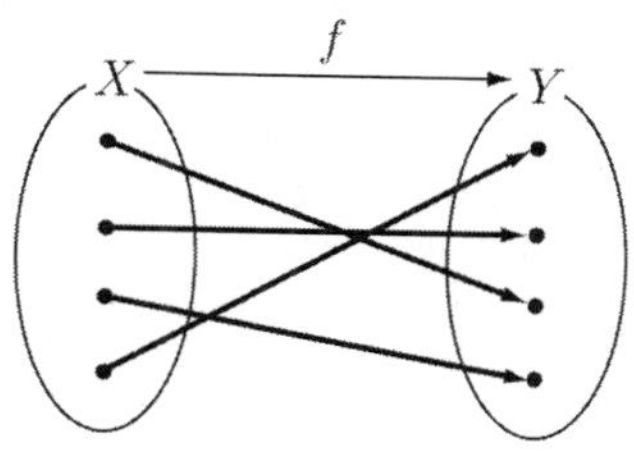

예제 2.1.4

$f(x)=3x+1$이 일대일대응임을 설명하라.

풀이 이 함수의 정의역인 실수 집합 $\mathbb{R}$에서 예를 들면, 서로 다른 수 $x=1$, $x=-1$에 대하여 $f(-1)=-2$, $f(1)=4$이므로 $f(-1)\neq f(1)$이므로 일대일함수이고, 이 함수의 치역과 공역은 실수 집합 $\mathbb{R}$로 같다.

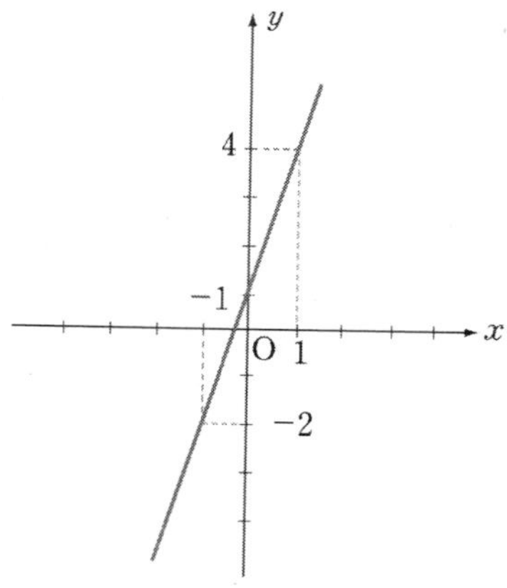

예제 2.1.5

다음 함수는 일대일함수, 위로의 함수, 일대일대응 중 어느 것인가?

(1) $f:[-1,1]\to[-2,3]$, $f(x)=2x$

(2) $f:[-1,1]\to[-1,0]$, $f(x)=-x^2$

(3) $f:[-2,2]\to[-4,4]$, $f(x)=x^2-4$

(4) $f:[0,2]\to[0,4]$, $f(x)=x^2$

풀이 (1) 정의역은 $[-1, 1]$, 공역은 $[-2, 3]$, 치역은 $[-2, 2]$이고, $[-2,2] \neq [-2,3]$이고, $x_1 \neq x_2 \Rightarrow 2x_1 \neq 2x_2$ 이므로 함수 f는 일대일함수이다.

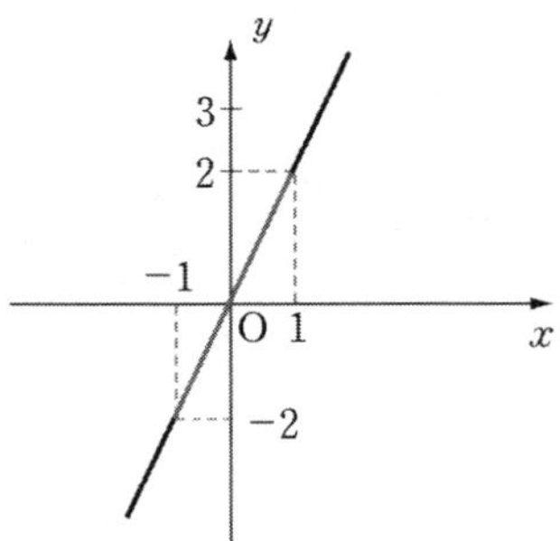

(2) 정의역은 $[-1, 1]$, 공역과 치역은 $[-1, 0]$으로 같다. 함수 f는 위로의 함수이다.

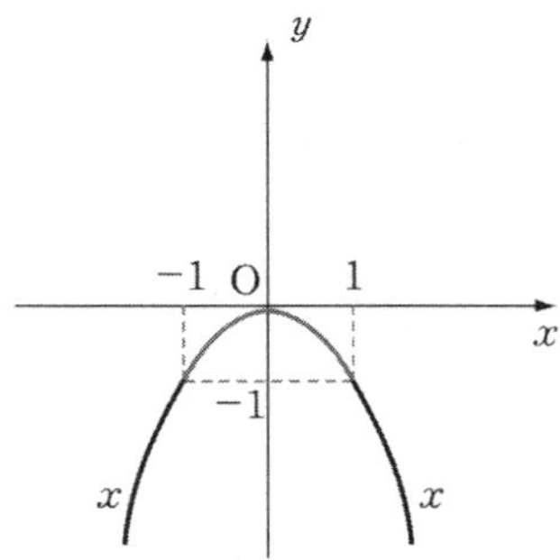

(3) 정의역은 $[-2, 2]$, 공역은$[-4, 4]$, 치역은 $[-4, 0]$이고 $[-4, 0] \neq [-4, 4]$이며, $f(-1) = f(1) = -3$이다. 따라서 함수 f는 일대일함수도 위로의 함수도 아니다.

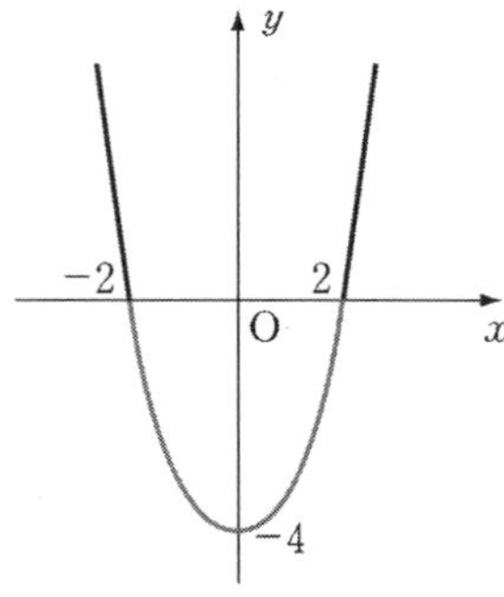

(4) 정의역은 $[0, 2]$, 공역과 치역은 $[0, 4]$로 같다. $x_1, x_2 \in [0, 2]$, $x_1 \neq x_2$이면 $x_1^2 \neq x_2^2$이다. 따라서 함수 f는 일대일대응이다.

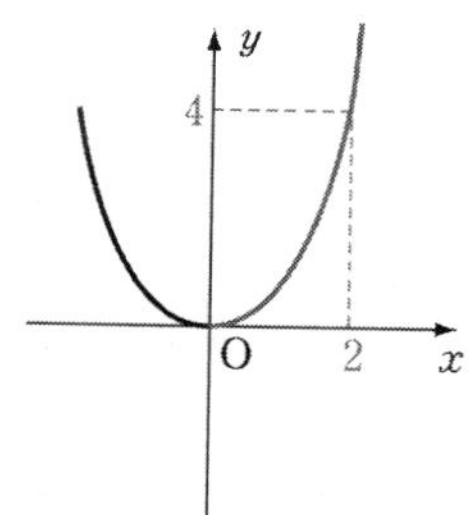

■

함수 $f: X \to Y$가 일대일대응이면 Y의 각 원소 y에 $y = f(x)$를 만족시키는 X의 원소 x가 하나씩 존재한다. 따라서 Y의 원소 y에 $y = f(x)$인 X의 원소 x를 대응시키는 함수를 정의할 수 있다. 이 함수를 f의 **역함수**(inverse function)라 하고

$$f^{-1}: Y \to X$$

와 같이 나타낸다.

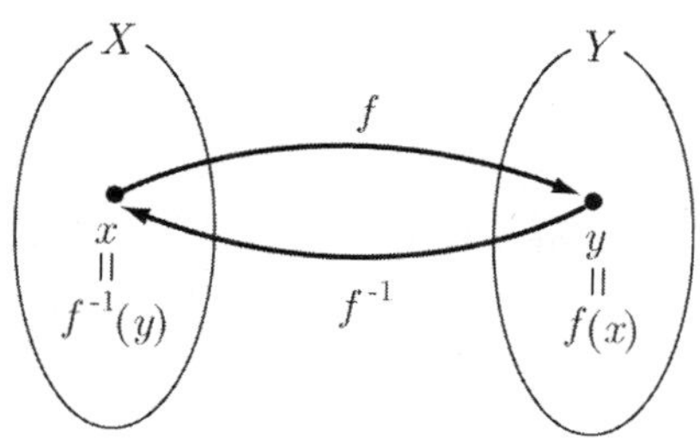

주어진 함수 $y = f(x)$의 그래프와 그 역함수 $y = f^{-1}(x)$의 그래프는 직선 $y = x$에 대하여 대칭이다.

예제 2.1.6

함수 $f(x) = 3x - 2, -1 \leq x \leq 2$의 역함수를 구하라.

|풀이| 주어진 정의역 $[-1,2]$에서 함수 $f(x) = 3x - 2$의 치역을 구하면 $[-5,4]$이고

$y = f^{-1}(x) \Leftrightarrow x = f(y) = 3y - 2 \Leftrightarrow y = \dfrac{1}{3}(x+2)$이므로 구하는 역함수는

$y = \dfrac{1}{3}(x+2), -5 \leq x \leq 4$이다.

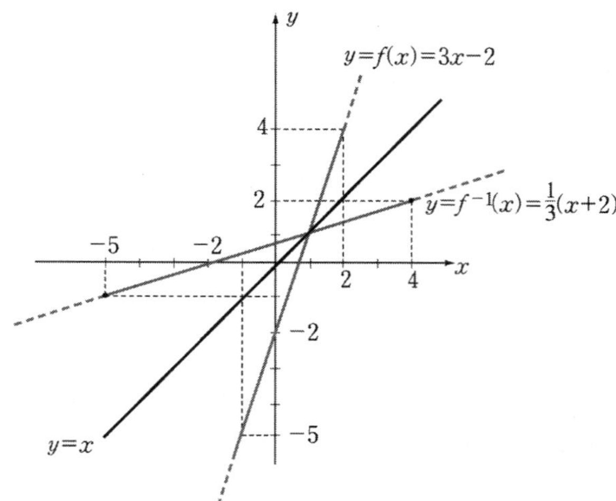

f가 X에서 Y로의 함수이고 g가 Y에서 Z로의 함수이면, 다음과 같이 X에서 Z로의 함수 h를 하나 정의할 수 있다.

$$h:\ X \to Z,\ \ h(x) = g(f(x))\ \ (x \in X)$$

이 함수를 f와 g의 **합성함수**(composition function)라 하고 $g \circ f$로 나타낸다.

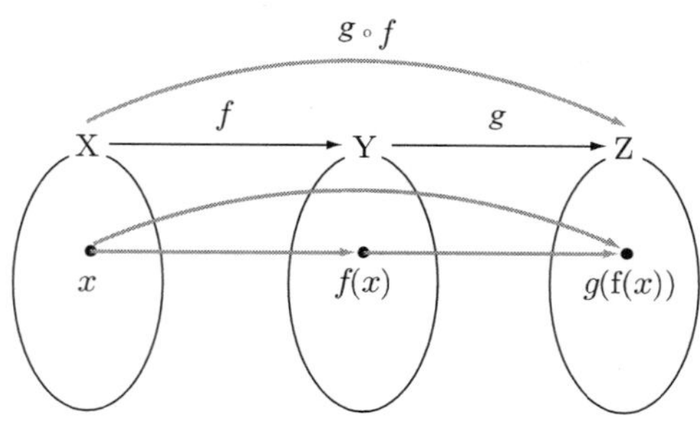

예제 2.1.7

함수 $f(x) = x - 2$, $g(x) = 2x + 3$에 대하여 $f \circ g$와 $g \circ f$를 구하라.

풀이

$(f \circ g)(x) = f(g(x)) = f(2x+3) = (2x+3) - 2 = 2x + 1$

$(g \circ f)(x) = g(f(x)) = g(x-2) = 2(x-2) + 3 = 2x - 1$

함수 f가 모든 x에 대하여 $f(-x)=f(x)$를 만족시키면 그래프는 y축에 대하여 대칭이다. 이런 함수를 **짝함수**라 한다. 예를 들면, $f(x)=x^2-2$는 짝함수이다. 실제로, $f(-x)=(-x)^2-2=x^2-2=f(x)$이다.

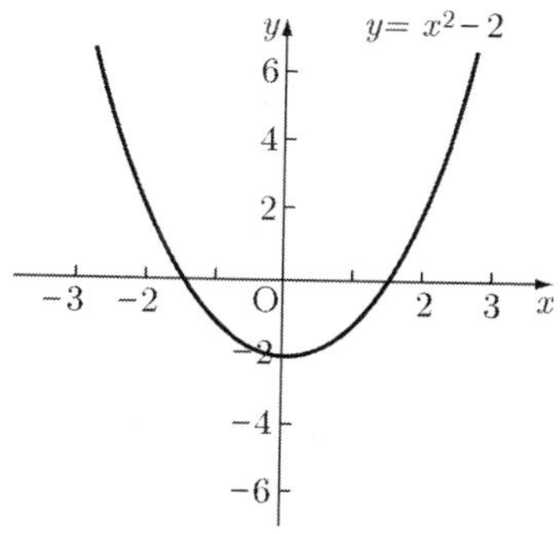

모든 x에 대하여 $f(-x)=-f(x)$를 만족시키면 그래프는 원점에 대하여 대칭이다. 이런 함수를 **홀함수**라 한다. $f(x)=x^3-2x$는 홀함수이다. 그 이유는 다음과 같다.

$$f(-x)=(-x)^3-2(-x)=-x^3+2x=-(x^3-2x)=-f(x)$$

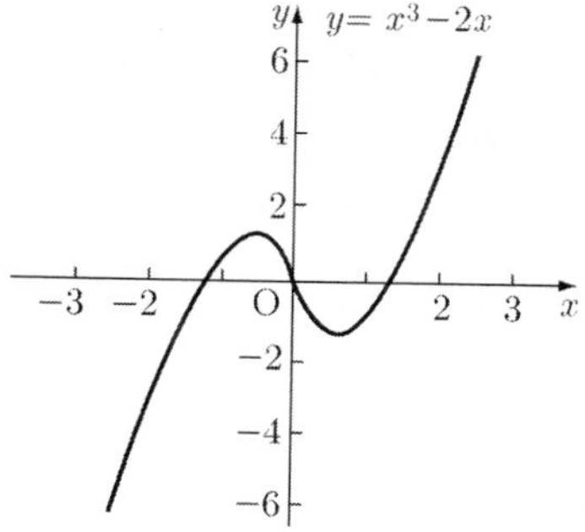

$f(x)=\dfrac{1}{x-1}$는 홀함수도 짝함수도 아니다.

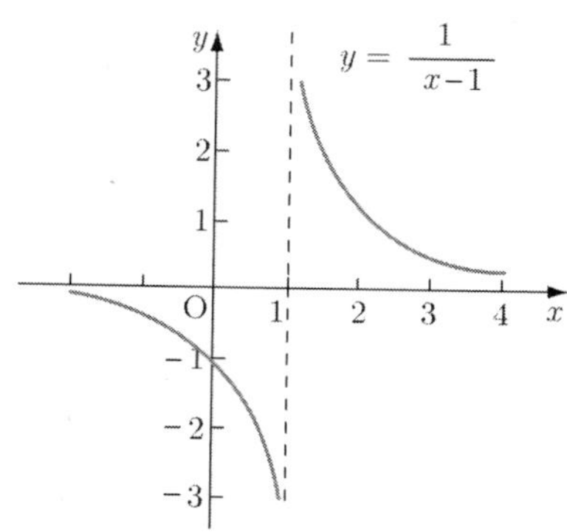

예제 2.1.8

함수 $f(x)=\dfrac{x^3+3x}{x^4-3x^2+4}$ 는 홀함수인가 짝함수인가?

풀이 $f(-x)=\dfrac{(-x)^3+3(-x)}{(-x)^4-3(-x)^2+4}=\dfrac{-(x^3+3x)}{x^4-3x^2+4}=-f(x)$

따라서 $f(x)$는 홀함수이다. ■

다음의 최대정수함수 $y=[\![x]\!]$ 는 예로 자주 사용된다.

실수 x에 대하여 x보다 작거나 같은 최대 정수를 $[\![x]\!]$로 나타낸다. 예를 들면 $[\![-3.1]\!]=-4$이고 $[\![3.1]\!]=3$이다.

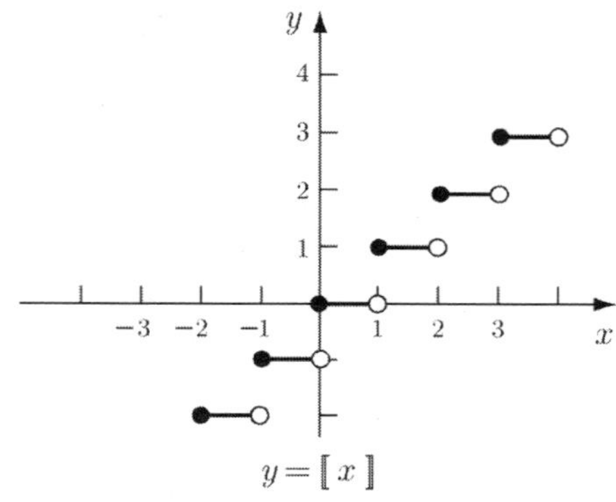

$y=[\![x]\!]$

2.1 연습문제

1. 다음 그림으로 나타내어지는 대응이 함수인지 아닌지 설명하라.

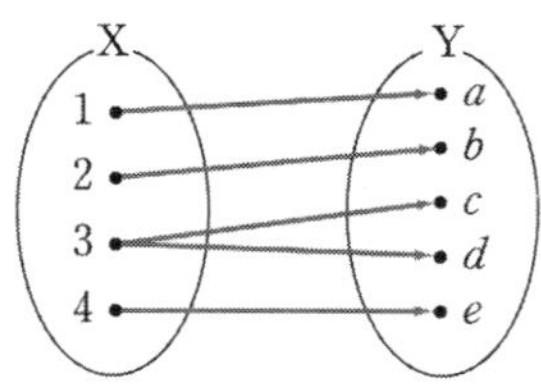

2. 다음 함수의 정의역과 치역을 구하라.

(1) $y = 3x + 1$ (2) $y = \frac{1}{x}$

(3) $y = -x^2 + 2$

3. 다음 함수는 일대일함수, 위로의 함수, 일대일대응 중 어느 것인가?

(1) $f : [-2, 1] \to [0, 9],\ f(x) = (x+2)^2$

(2) $f : [-2, 2] \to [0, 4],\ f(x) = x^2$

(3) $f : [-2, 0] \to [-6, 0],\ f(x) = -x^2$

(4) $f : [-1, 1] \to [0, 4],\ f(x) = x^2 + 3$

4. 함수 $f(x) = ax + b, a \neq 0$이 일대일대응임을 설명하라.

5. 함수 $f(x) = -x + 1, g(x) = x^2 - 3$에 대하여 다음을 구하라.

(1) $f \circ g$ (2) $g \circ f$

(3) $f \circ f$ (4) $g \circ g$

6. 함수 $f(x) = x + 2, g(x) = 3x - 1$에 대하여 다음에 답하라.

(1) $f^{-1},\ g^{-1}$을 구하라.

(2) $(f^{-1})^{-1} = f, (g^{-1})^{-1} = g$임을 보이라.

(3) $g \circ f,\ (g \circ f)^{-1}$을 구하라.

(4) $(g \circ f)^{-1} = f^{-1} \circ g^{-1}$임을 보이라.

2.2 대수적 함수

함수를 하나 정의하기 위해서는 대응되는 원소의 쌍을 모두 제시해야 한다. 그런데 실제로는 그 쌍을 모두 열거할 수 없는 경우가 있다.

우리는 이 책에서 정의역과 공역이 모두 실수집합 $\mathbb{R}$의 부분집합인 함수들, 특히 대응의 규칙을 식으로 나타낼 수 있는 함수들을 주로 다룬다.

(1) 다항함수

음이 아닌 정수 n, 실수 $a_0, a_1, a_2, \cdots, a_n$에 대하여

$$f: \mathbb{R} \to \mathbb{R}, \ f(x) = a_0 + a_1 x + \cdots + a_n x^n$$

인 함수를 **다항함수**라 한다.

일차함수 $y = ax + b\,(a \neq 0)$, 이차함수 $y = ax^2 + bx + c\,(a \neq 0)$도 다항함수이다.
상수함수 $f(x) = c$(c는 상수)도 0차의 다항함수로 볼 수 있다.

일차함수 $y = ax + b\,(a \neq 0)$의 그래프는 기울기가 a, y절편이 b인 직선이고 $a > 0$일 때 x값이 증가함에 따라 y값도 증가하는 함수이고, $a < 0$일 때 x값이 증가함에 따라 y값은 감소하는 함수이다.

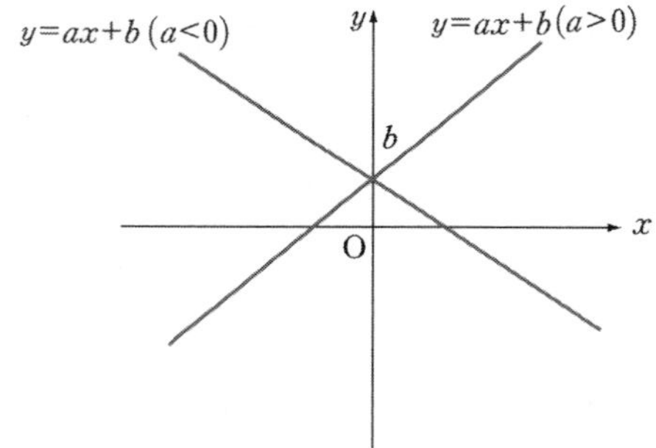

이차함수 $y = ax^2 + bx + c\ (a \neq 0)$은 변형하면 $y = a\left(x + \dfrac{b}{2a}\right)^2 - \dfrac{b^2 - 4ac}{4a}$이므로 그래프는 $y = ax^2$의 그래프를 x축 방향으로 $-\dfrac{b}{2a}$만큼, y축 방향으로 $-\dfrac{b^2-4ac}{4a}$만큼 평행 이동한 것이다. 그러므로 이 이차함수의 그래프는 꼭짓점의 좌표가 $\left(-\dfrac{b}{2a}, -\dfrac{b^2-4ac}{4a}\right)$이고 대칭축이 직선 $x = -\dfrac{b}{2a}$인 포물선이다. 또 이 포물선의 그래프는 $a > 0$일 때 위로 오목하며 최솟값을 갖고, $a < 0$일 때 아래로 오목하며 최댓값을 갖는다.

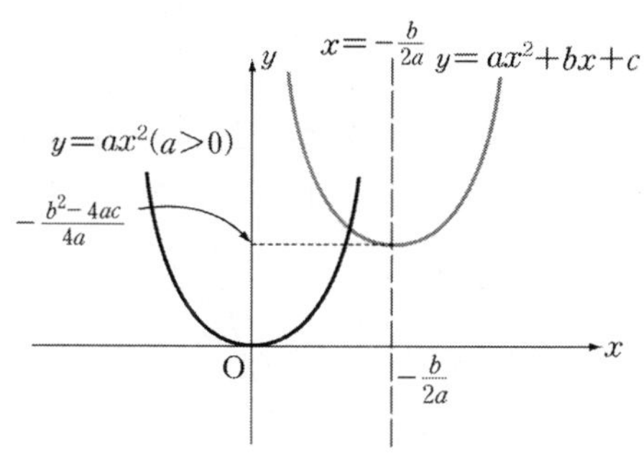

예제 2.2.1

함수 $f(x)=x^2-2x-3$, $(0 \le x \le 4)$의 최댓값과 최솟값을 구하라.

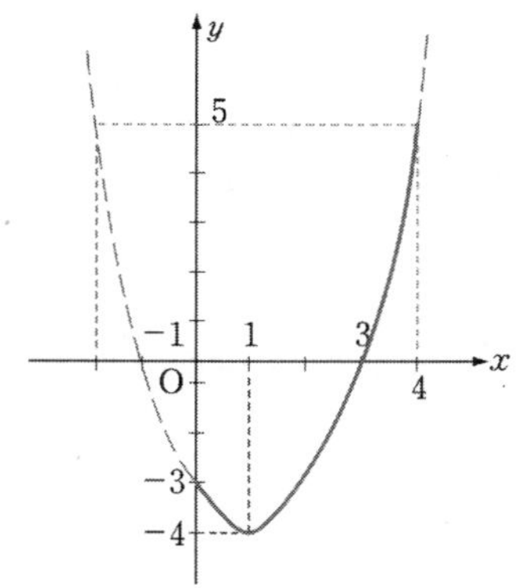

풀이 $y=f(x)=x^2-2x-3=(x-1)^2-4$ $\quad f(0)=-3,\ f(1)=-4,\ f(4)=5$

$x=1$일 때 최솟값 -4, $x=4$일 때 최댓값 5이다.

예제 2.2.2

$y = x^2 - 2x$와 $y = ax - 4$가 서로 다른 두 점에서 만나기 위한 a값의 범위를 구하라.

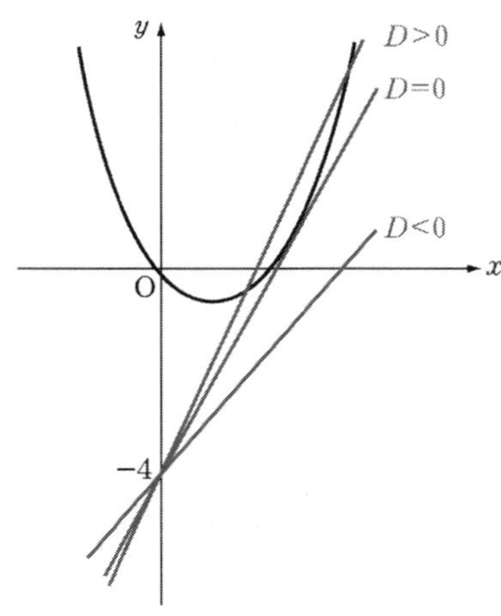

풀이 방정식 $x^2 - 2x = ax - 4$ 즉, $x^2 - (a+2)x + 4 = 0$이 서로 다른 두 실근을 가져야 하므로

$D = (a+2)^2 - 16 = a^2 + 4x - 12 = (a+6)(a-2) > 0$

그러므로 $a < -6$ 또는 $a > 2$

■

예제 2.2.3

$x^2 - 2(k-2)x + k(2k-1) > 0$이 모든 실수 x에 대하여 성립할 수 있는 실수 k값의 범위를 구하라.

풀이 $y = x^2 - 2(k-2)x + k(2k-1)$로 할 때, 모든 실수 x에 대하여 $y > 0$이므로 방정식 $x^2 - 2(k-2)x + k(2k-1) = 0$이 실근을 갖지 않아야 한다. 따라서

$$\frac{D}{4} = (k-2)^2 - k(2k-1) < 0$$

$$(k-1)(k+4) > 0$$

그러므로 $k < -4$ 또는 $k > 1$

■

(2) 분수함수

x에 대한 두 다항식 $p(x)$와 $q(x)$에 대하여 ($p(x)$는 1차 이상) 함수

$$f:\ \mathbb{R}-\{x\,|\,p(x)\neq 0\}\rightarrow\mathbb{R},\ \ f(x)=\frac{q(x)}{p(x)}$$

를 **분수함수**라 한다.

분수함수 $y=\frac{k}{x}\,(k\neq 0)$의 그래프에 대하여 알아보자.

$y=\frac{k}{x}\,(k\neq 0)$의 그래프는 k의 값이 정해지면 $x\,(x\neq 0)$의 값에 대응하는 y의 값을 구하여 대응표를 만들어 그린다. 이때 그려진 그래프는 쌍곡선임을 알 수 있다. 이 그래프는 x의 절댓값이 커지면 커질수록 x축에 가까워지고 작아지면 y축에 가까워진다.

따라서 $y=\frac{k}{x}$의 그래프에서 x축($y=0$)과 y축($x=0$)을 **점근선**이라 한다. 그리고 $y=\frac{k}{x}$의 역함수는 자기 자신이다. 그러므로 그래프는 $y=x$에 대칭인 모양이다.

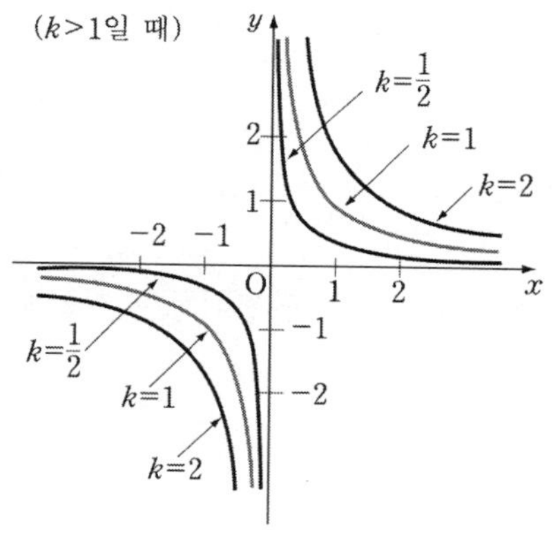

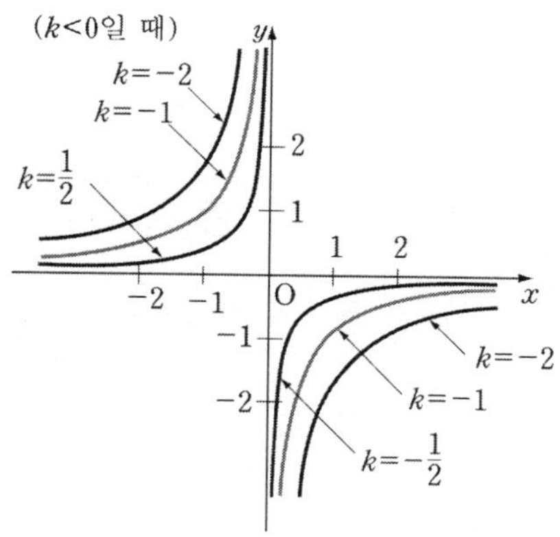

예제 2.2.4

$y=\frac{1}{x}$의 그래프를 그리라.

풀이 대응표에 따라 그래프를 그리면 된다.

x	$\cdots$	-3	-2	-1	1	2	3	$\cdots$
y	$\cdots$	$-\frac{1}{3}$	$-\frac{1}{2}$	-1	1	$\frac{1}{2}$	$\frac{1}{3}$	$\cdots$

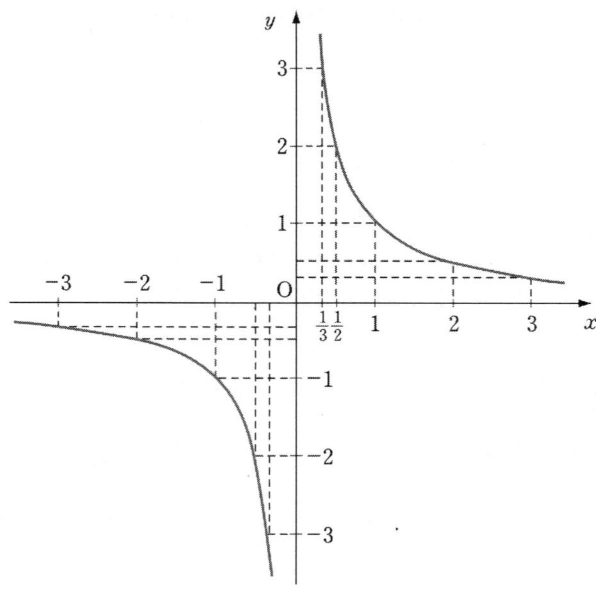

■

일반적으로 분수함수 $y=\frac{ax+b}{cx+d}$의 그래프는 변형하여 $y=\frac{k}{x-p}+q\ (k\neq 0)$의 꼴로 만들면 $y=\frac{k}{x}$의 그래프를 x축 방향으로 p만큼, y축 방향으로 q만큼 평행이동한 쌍곡선이다. 따라서 점근선은 $x=p$, $y=q$가 된다.

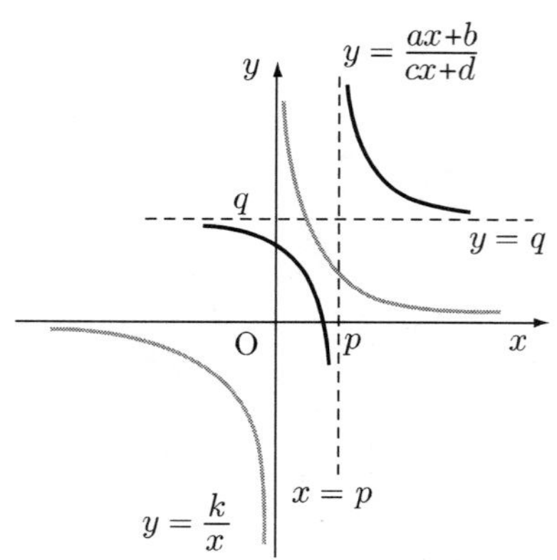

예제 2.2.5

$y=\dfrac{2x-1}{x-1}$ 의 그래프를 그리고, 점근선을 구하라.

풀이 $y=\dfrac{2x-1}{x-1}=\dfrac{2(x-1)+1}{x-1}=\dfrac{1}{x-1}+2$ 이므로 $y=\dfrac{1}{x}$ 의 그래프를 x축 방향으로 1만큼, y축 방향으로 2만큼 평행 이동한 것이다. 그러므로 점근선은 $x=1$, $y=2$ 이다.

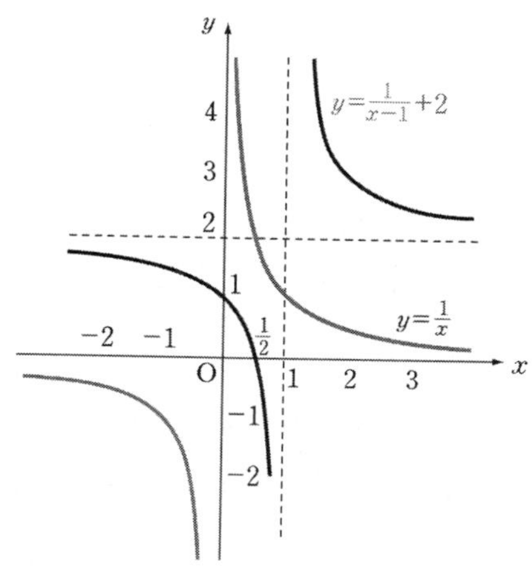

■

예제 2.2.6

$y=-\dfrac{2x+8}{x+3}$ 의 그래프를 그리고, 점근선을 구하라.

풀이 $y=-\dfrac{2x+8}{x+3}=\dfrac{-2-2(x+3)}{x+3}=-\dfrac{2}{x+3}-2$

이므로 $y=-\dfrac{2}{x}$ 의 그래프를 x축 방향으로 $-$

y축 방향으로 -2만큼 평행 이동한 쌍곡선이다.

그러므로 점근선은 $x=-3$, $y=-2$ 이다.

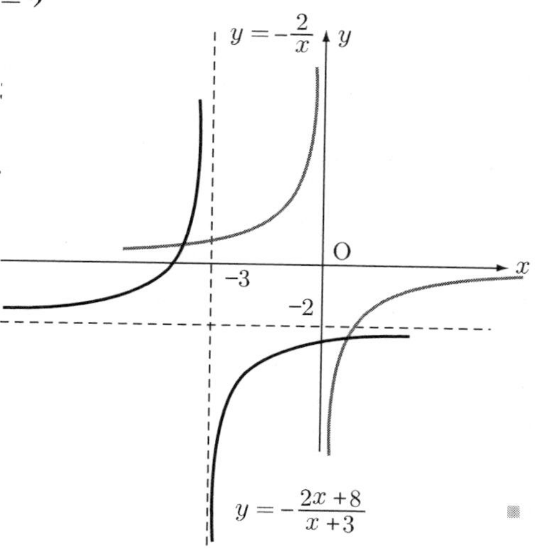

■

(3) 무리함수

일차 이상의 다항식 $p(x)$에 대하여 함수

$$f: \{x | p(x) \geq 0\} \to \mathbb{R}, \ f(x) = \sqrt{p(x)}$$

를 **무리함수**라 한다. 무리함수의 그래프를 그려 보자.

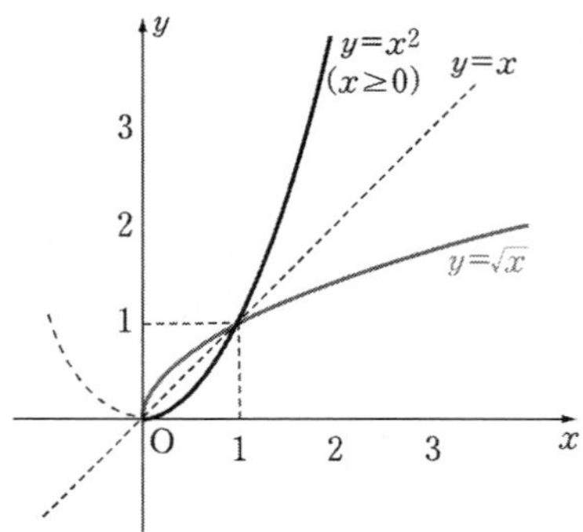

함수 $y = x^2$에서 정의역을 $\{x | x \geq 0\}$으로 하면 치역은 $\{y | y \geq 0\}$이고 일대일대응함수가 된다. 따라서 역함수가 존재하고, 역함수는 무리함수 $y = \sqrt{x}$이고 정의역은 $\{x | x \geq 0\}$이다. 그러므로 $y = \sqrt{x}$의 그래프는 $y = x^2 (x \geq 0)$의 그래프와 $y = x$에 대하여 대칭이다.

일반적으로 무리함수 $y = \sqrt{ax}$에서 $ax \geq 0$이므로 정의역은

$$a > 0 \text{일 때 } \{x | x \geq 0\}$$
$$a < 0 \text{일 때 } \{x | x \leq 0\}$$

이고 치역은

$$\{y | y \geq 0\}$$

이다. a의 값에 따라 이 무리함수의 그래프는 다음과 같다.

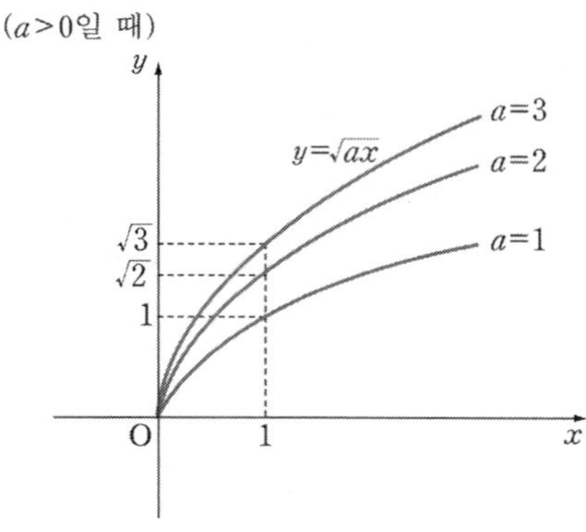

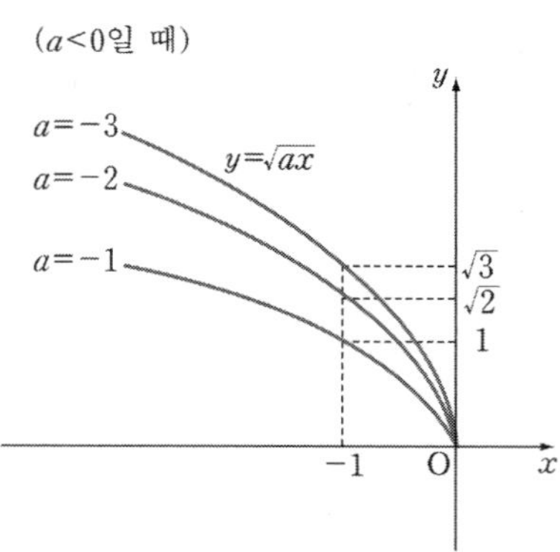

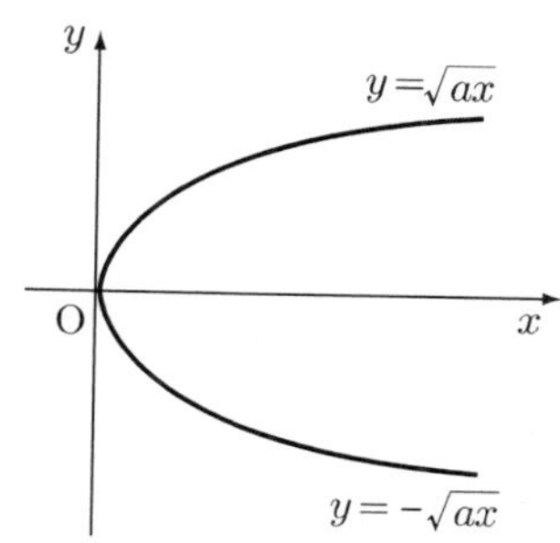

$y=\sqrt{ax}$ $(a\neq 0)$와 $y=-\sqrt{ax}$ 는 x축에 대하여 서로 대칭이다. 또 $y=\sqrt{ax}$ $(a\neq 0)$의 역함수는 $y=\dfrac{1}{a}x^2$ $(x\geq 0)$이고 그 그래프와 역함수의 그래프는 직선 $y=x$에 대하여 대칭이다.

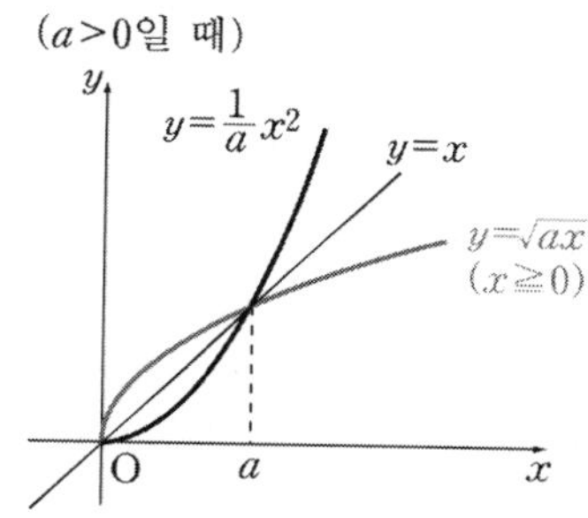

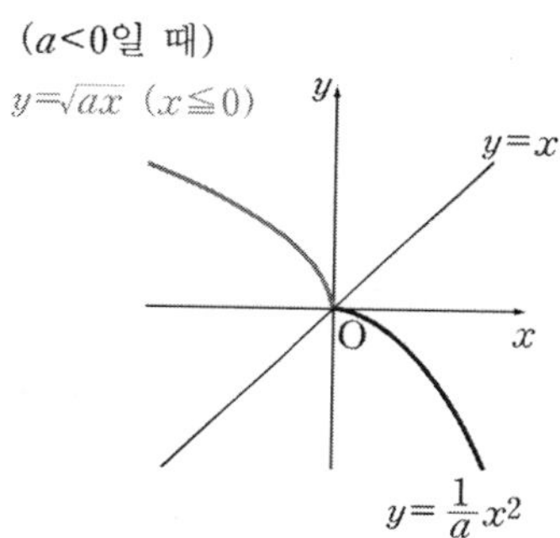

일반적으로 $y=\sqrt{ax+b}+c$ $(a\neq 0)$의 그래프는 $y=\sqrt{ax}$ 의 그래프를 x축 방향으로 $-\dfrac{b}{a}$ 만큼 y축 방향으로 c만큼 평행 이동한 그래프이다.

또 $ax+b\geq 0$이어야 하므로 $y=\sqrt{ax+b}+c$ $(a\neq 0)$의 정의역은

$$a>0\text{일 때 }\left\{x\,\middle|\,x\geq -\frac{b}{a}\right\},\ a<0\text{일 때 }\left\{x\,\middle|\,x\leq -\frac{b}{a}\right\}\text{이고}$$

치역은

$$\{y\,|\,y\geq c\}\text{가}$$

된다.

예제 2.2.7

$y=\sqrt{2x+1}+3$의 그래프를 그리라.

풀이 $y=\sqrt{2x+1}+3$에서 $2x+1\ge 0$이므로 정의역은 $\left\{x \,\middle|\, x\ge -\frac{1}{2}\right\}$이고 치역은 $\{y|y\ge 3\}$이다. 그리고 $y=\sqrt{2\left(x+\frac{1}{2}\right)}+3$이므로 $y=\sqrt{2x}$의 그래프를 x축 방향으로 $-\frac{1}{2}$만큼 y축 방향으로 3만큼 평행 이동한 것이다.

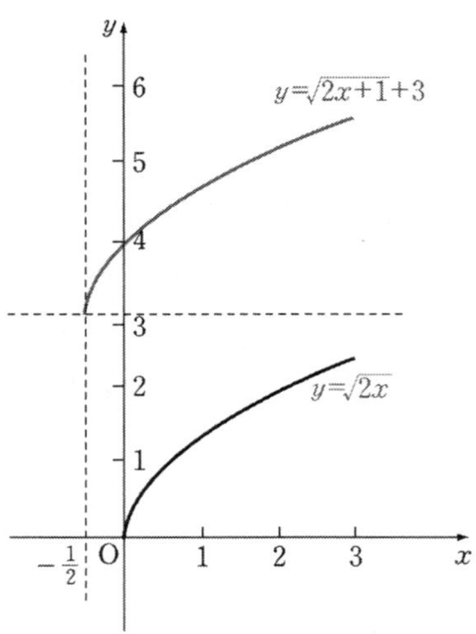

■

예제 2.2.8

$y=-\sqrt{2x+4}-3$의 그래프를 그리라.

풀이 $y=-\sqrt{2x+4}-3$에서 $2x+4\ge 0$이므로 정의역은 $\{x|x\ge -2\}$이고 치역은 $\{y|y\le -3\}$이다. 그리고 $y=-\sqrt{2(x+2)}-3$이므로 $y=-\sqrt{2x}$의 그래프를 x축 방향으로 -2만큼 y축 방향으로 -3만큼 평행 이동한 것이다.

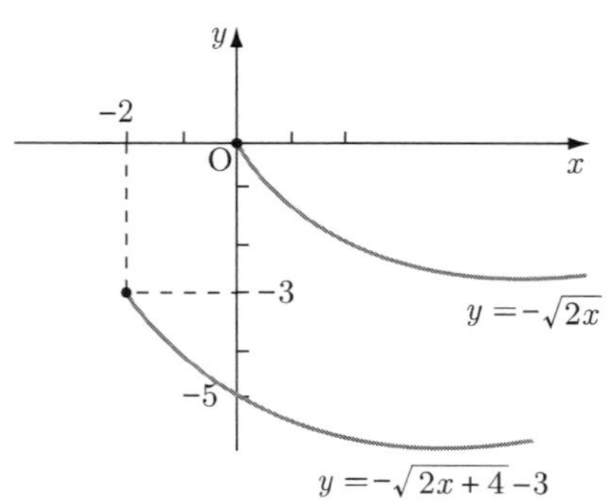

■

일반적으로 x에 대한 다항식 $P_0(x)$, $P_1(x)$, $\cdots$, $P_n(x)$와 y에 대한 방정식

$$P_0(x)y^n + P_1(x)y^{n-1} + \cdots + P_{n-1}(x)y + P_n(x) = 0$$

으로 정하여지는 함수 $y=f(x)$를 **대수적함수**라 한다. 이에 반하여 대수적함수가 아닌 함수를 **초월함수**라 한다. 삼각함수, 지수함수, 로그함수 등은 초월함수이다. 그리고 특수기호(절댓값 기호, 가우스 기호 등)를 사용하거나 정의역을 여러 구간으로 나누어 구간별로 다른 식 또는 규칙으로 정의하는 등 특별한 함수도 있다.

$f, g : A \to \mathbb{R}$가 실변수함수일 때, $f+g$, $f-g$, fg, $\dfrac{g}{f}$를 다음과 같이 정의한다.

(1) $f+g : A \to \mathbb{R}$, $(f+g)(x) = f(x) + g(x)$

(2) $f-g : A \to \mathbb{R}$, $(f-g)(x) = f(x) - g(x)$

(3) $fg : A \to \mathbb{R}$, $(fg)(x) = f(x)g(x)$

(4) $\dfrac{g}{f} : A - \{x \mid f(x) = 0\} \to \mathbb{R}$, $\left(\dfrac{g}{f}\right)(x) = \dfrac{g(x)}{f(x)}$

함수 $y=f(x)$에 대하여 구간 (a, b)에서 $a < x_1 < x_2 < b$이면 $f(x_1) < f(x_2)$이 성립할 때 이 함수는 (a, b)에서 **증가**한다고 하고, $a < x_1 < x_2 < b$이면 $f(x_1) > f(x_2)$이 성립할 때 **감소**한다고 한다.

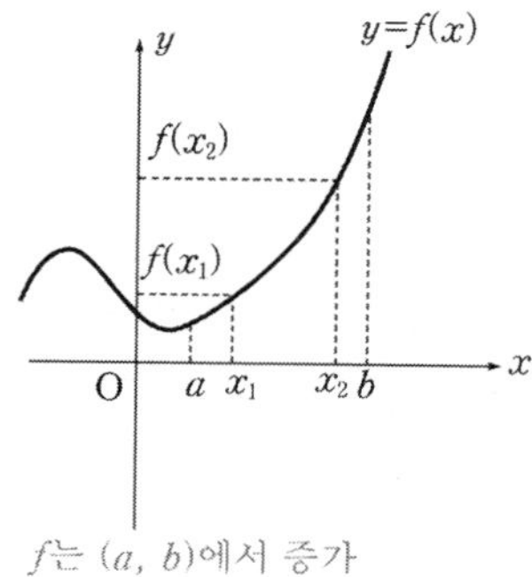

f는 (a, b)에서 증가

f는 (a, b)에서 감소

독립변수와 종속변수의 구분이 없이 x와 y의 관계식 $f(x, y) = 0$의 모양으로 정의되는 함수를 **음함수**라 한다. 그리고 독립변수 x에 대한 함수 f의 종속변수가 y임을 나타내주는 $y=f(x)$의 모양으로 정의되는 함수를 **양함수**라 한다. 예를 들면 음함수 $x^2 + y^2 = 4$를 변형하면 양함수 $y = \sqrt{4-x^2}$과 $y = -\sqrt{4-x^2}$을 얻는다.

2.2 연습문제

1. $f(x) = -x^2 + 4x \ (-1 \le x \le 3)$의 최댓값과 최솟값을 구하라.

2. $y = -x^2$과 $y = ax + 9$가 서로 만나지 않기 위한 실수 a의 범위를 구하라.

3. $x^2 + (k+4)x + (k+7) > 0$이 모든 실수 x에 대하여 항상 성립하도록 k의 범위를 구하라.

4. 다음 분수함수의 정의역과 치역을 구하고 그래프를 그리라.

(1) $y = \dfrac{1}{x-1}$ (2) $y = \dfrac{x}{2x+3}$

(3) $y = \dfrac{2x-1}{x-3}$ (4) $y = -\dfrac{1}{x}$

(5) $y = \dfrac{2}{x}$ (6) $y = \dfrac{1}{2x}$

5. 다음 분수함수의 점근선을 구하고 그래프를 그리라.

(1) $y = \dfrac{2x+1}{x+2}$ (2) $y = -\dfrac{2(x-2)}{x-3}$

(3) $y = -\dfrac{x-3}{x-2}$

6. 다음 무리함수의 정의역과 치역을 구하고 그래프를 그리라.

(1) $y = -\sqrt{3x}$ (2) $y = \sqrt{x+3}$

(3) $y = \sqrt{3x-2} - 1$ (4) $y = \sqrt{-2x+3} - 4$

(5) $y = -\sqrt{2x-4} + 3$

7. 다음 함수의 역함수의 정의역과 치역을 구하고 그래프를 그리라.

(1) $y = \dfrac{x+1}{1-x}$ (2) $y = \sqrt{x+1} - 2$

제 03 장 삼각함수

이집트, 메소포타미아와 인도에서 가장 일찍 삼각비를 사용한 기록을 발견하였다고 한다. 수와 마찬가지로 삼각비는 인도의 수학자들로부터 아랍수학자들을 거쳐 12세기에 유럽에 전하여졌다. 삼각함수는 삼각비의 확장이다. 삼각함수는 좌표평면에서 원점을 중심으로 갖는 원의 둘레를 따라 회전하는 점의 회전량에 대응되는 점의 좌표로써 정의된다.

3.1 호도법

한 평면 위에 중심 O, 반지름 r인 고정된 원둘레를 따라서 회전하는 점 P의 위치는, 원 위에 기준점을 정한 다음, 동점 P가 기준점으로부터 얼마나 떨어져 있는지를 나타내는 것으로 정한다. 떨어져 있는 정도는 동점 P의 회전의 크기와 방향으로 나타내는데, **방향**과 **크기**를 다음과 같이 정한다.

(1) 방향

점이 원둘레를 따라 회전할 때, 반시계방향을 양의 방향, 시계방향을 음의 방향으로 정한다.

(2) 크기

회전의 크기를 나타내는 단위에는 **각도**와 **호도**가 있다.

각도 : 원둘레 한 바퀴 회전을 360°로 정한다.

호도 : 반지름의 길이만큼의 회전을 1라디안(rad)으로 정한다.

각도와 호도의 관계 : 반지름이 고정된 원에서 부채꼴의 크기는 그 중심각의 크기 또는 호의 길이로써 결정되는데, 그 둘은 서로 비례한다. 원둘레는 반지름의 2π배이므로, $360^\circ = 2\pi\,\text{rad}$이고 따라서

$$1^\circ = \frac{\pi}{180}\,\text{rad}, \quad 1\,\text{rad} = \left(\frac{180}{\pi}\right)^\circ$$

중심이 O이고 반지름 r인 원 위의 기준점을 X라 하자. 원 위의 점 P의 위치는 기준점 X로부터 회전한 방향과 크기로 나타낼 수 있다.

예를 들어, 오른쪽 그림에서 $\angle POX = 60^\circ$ 라 하면, 점 P의 위치는

$$60^\circ,\ 420^\circ, \cdots,\ -300^\circ,\ -660^\circ, \cdots$$

또는

$$\frac{\pi}{3}\text{rad},\ \frac{7\pi}{3}\text{rad}, \cdots,\ -\frac{5\pi}{3}\text{rad},\ -\frac{11\pi}{3}\text{rad}, \cdots$$

등으로 나타낼 수 있다.

3.1 연습문제

1. 다음 빈칸을 채우라.

각도	15°	100°	135°	(4)	(5)	(6)	(7)	(8)	(9)
호도	(1)	(2)	(3)	$\frac{7}{6}\pi$	$\frac{5}{3}\pi$	$\frac{7}{4}\pi$	$-\frac{1}{4}\pi$	$-\frac{2}{3}\pi$	$-\frac{7}{6}\pi$

2. 다음 부채꼴에서 호의 길이와 넓이를 구하라.

(1) 반지름이 15 cm, 중심각이 150° 인 부채꼴

(2) 반지름이 6 cm, 중심각이 $\frac{\pi}{3}$ 인 부채꼴

3.2 삼각함수의 정의와 성질

(1) 삼각함수의 정의

좌표평면에서 반지름이 r이고 중심이 원점인 원이 x축과 만나는 점을 X라 하자. 주어진 실수 θ에 대하여, 기준점 X로부터 원둘레를 θrad만큼 회전한 위치에 있는 점 P의 좌표를

(x, y)라 하면,

$$\sin\theta = \frac{y}{r}, \qquad \cos\theta = \frac{x}{r}, \qquad \tan\theta = \frac{y}{x}\,(x \neq 0)$$

$$\csc\theta = \frac{r}{y}\,(y \neq 0), \quad \sec\theta = \frac{r}{x}\,(x \neq 0), \quad \cot\theta = \frac{x}{y}\,(y \neq 0)$$

로 정의한다.

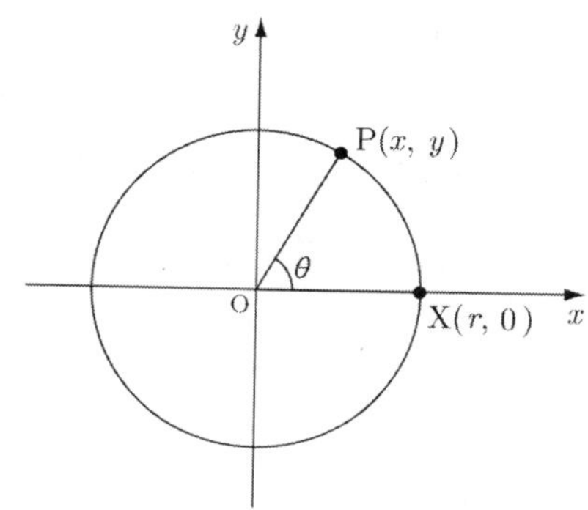

그러면 r의 값과는 관계없이 θ의 값에 따라 $\frac{y}{r}$, $\frac{x}{r}$, $\frac{y}{x}\,(x \neq 0)$, $\frac{r}{y}\,(y \neq 0)$, $\frac{r}{x}\,(x \neq 0)$, 그리고 $\frac{x}{y}\,(y \neq 0)$의 값이 오직 하나씩 정해지므로 위의 대응은 각각 θ에 대한 함수이다. 이 함수들을 차례로 사인함수, 코사인함수, 탄젠트함수, 코시컨트함수, 시컨트함수, 코탄젠트함수라 한다.

이렇게 정의한 여섯 가지 함수를 **삼각함수**라 한다.

예제 3.2.1

원점 O와 점 P$(-4, -3)$을 이은 선분 OP와 x축의 양의 방향이 이루는 각 θ에 대하여 $\sin\theta$, $\cos\theta$, $\tan\theta$, $\sec\theta$, $\csc\theta$, $\cot\theta$를 구하라.

풀이 $\overline{OP} = \sqrt{(-4)^2 + (-3)^2} = 5$이므로

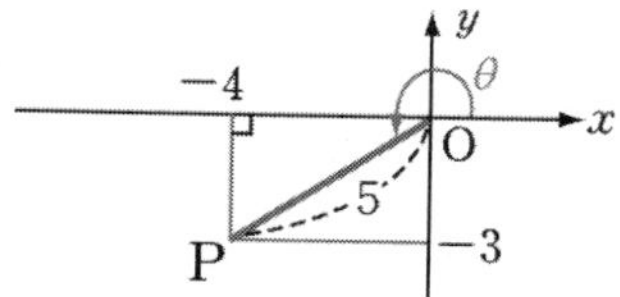

$$\sin\theta = -\frac{3}{5},\ \cos\theta = -\frac{4}{5},\ \tan\theta = \frac{3}{4}$$

$$\csc\theta = -\frac{5}{3},\ \sec\theta = -\frac{5}{4},\ \cot\theta = \frac{4}{3}$$

■

(2) 삼각함수의 성질

이제 삼각함수의 기본 성질에 대하여 알아보자.

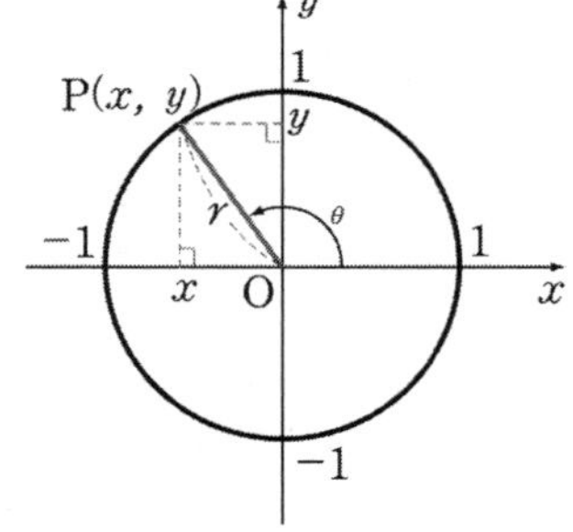

중심이 원점이고 반지름이 r인 원 위의 점 $P(x, y)$에 대하여, 반직선 $\overrightarrow{OP}$가 x축의 양의 위치에서부터 회전한 크기를 θ라 하자. 그러면 $x^2+y^2=1$이므로

$$\cos^2\theta+\sin^2\theta = \frac{x^2}{r^2}+\frac{y^2}{r^2} = \frac{x^2+y^2}{r^2} = 1$$

이다.

예제 3.2.2

단위원을 이용하여 다음을 증명하라.

(1) $1+\tan^2\theta = \sec^2\theta$ (2) $1+\cot^2\theta = \csc^2\theta$

풀이 (1) $1+\tan^2\theta = 1+\left(\frac{y}{x}\right)^2 = \frac{x^2+y^2}{x^2} = \frac{1}{x^2} = \left(\frac{1}{x}\right)^2 = \left(\frac{1}{\cos\theta}\right)^2 = \sec^2\theta$

(2) $1+\cot^2\theta = 1+\left(\frac{x}{y}\right)^2 = \frac{y^2+x^2}{y^2} = \frac{1}{y^2} = \left(\frac{1}{y}\right)^2 = \left(\frac{1}{\sin\theta}\right)^2 = \csc^2\theta$

■

오른쪽 그림의 단위원에서

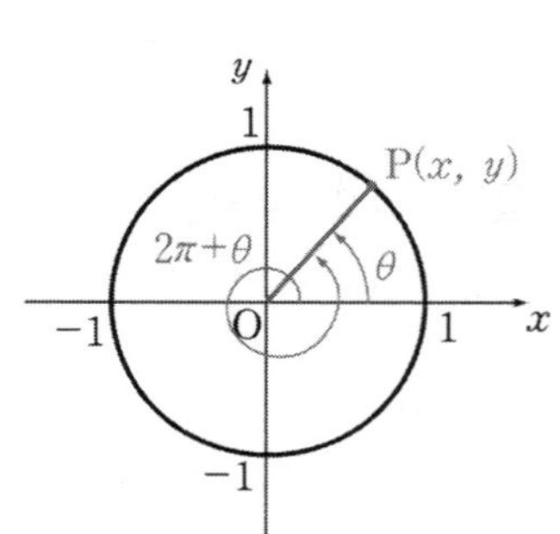

$$\sin(2n\pi+\theta) = \sin\theta$$

$$\cos(2n\pi+\theta) = \cos\theta$$

$$\tan(2n\pi+\theta) = \tan\theta \quad (n\text{은 정수})$$

이다.

예를 들면

$$\sin\frac{25}{3}\pi=\sin\left(2\pi\times 4+\frac{\pi}{3}\right)=\sin\frac{\pi}{3}=\frac{\sqrt{3}}{2}$$

$$\cos\left(-\frac{15}{4}\pi\right)=\cos\left(2\pi\times(-2)+\frac{\pi}{4}\right)=\cos\frac{\pi}{4}=\frac{1}{\sqrt{2}}$$

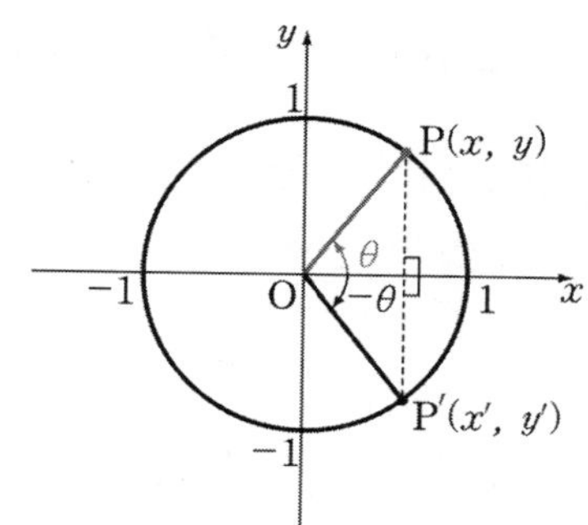

오른쪽 그림의 단위원에서

$$\sin(-\theta)=y'=-y=-\sin\theta$$

$$\cos(-\theta)=x'=x=\cos\theta$$

$$\tan(-\theta)=\frac{y'}{x'}=\frac{-y}{x}=-\tan\theta$$

이다.

예를 들면 $\sin\left(-\frac{\pi}{4}\right)=-\sin\frac{\pi}{4}=-\frac{1}{\sqrt{2}}$, $\cos\left(-\frac{\pi}{3}\right)=\cos\frac{\pi}{3}=\frac{1}{2}$

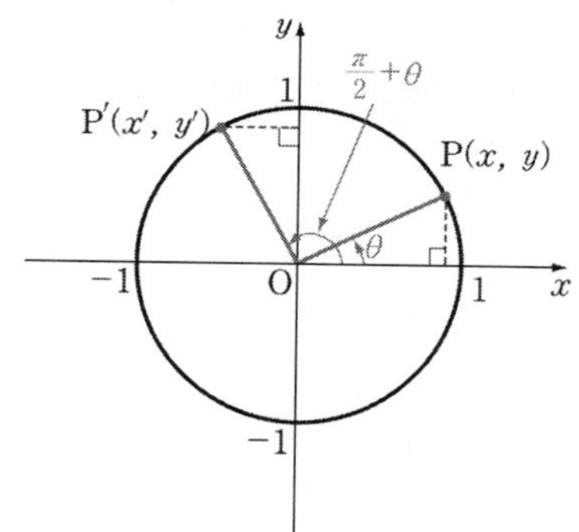

오른쪽 그림의 단위원에서

$$\sin\left(\frac{\pi}{2}+\theta\right)=y'=x=\cos\theta$$

$$\cos\left(\frac{\pi}{2}+\theta\right)=x'=-y=-\sin\theta$$

$$\tan\left(\frac{\pi}{2}+\theta\right)=\frac{y'}{x'}=\frac{x}{-y}=-\cot\theta$$

이다. 위의 공식에서 θ대신 $-\theta$을 대입하여 정리하면 다음과 같다.

$$\sin\left(\frac{\pi}{2}-\theta\right)=\cos\theta,\ \cos\left(\frac{\pi}{2}-\theta\right)=\sin\theta,\ \tan\left(\frac{\pi}{2}-\theta\right)=\cot\theta$$

예를 들면 $\sin\frac{3}{4}\pi=\sin\left(\frac{\pi}{2}+\frac{\pi}{4}\right)=\cos\frac{\pi}{4}=\frac{1}{\sqrt{2}}$ 이다.

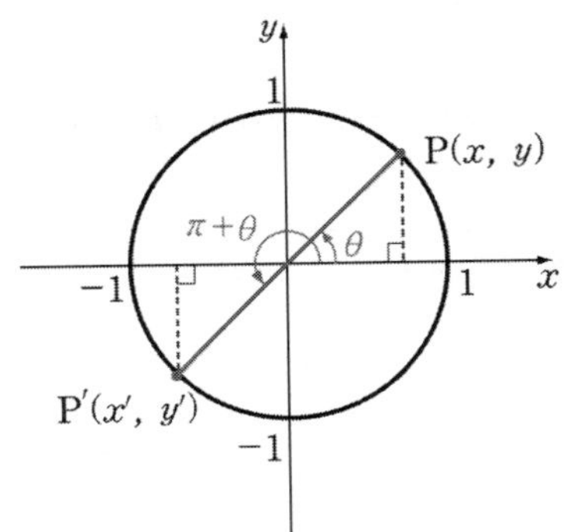

오른쪽 그림의 단위원에서

$$\sin(\pi+\theta)=y'=-y=-\sin\theta$$

$$\cos(\pi+\theta)=x'=-x=-\cos\theta$$

$$\tan(\pi+\theta)=\frac{y'}{x'}=\frac{-y}{-x}=\frac{y}{x}=\tan\theta$$

이다. 위의 공식에서 θ 대신 $-\theta$을 대입하여 정리하면 다음과 같다.

$$\sin(\pi-\theta)=\sin\theta,\ \cos(\pi-\theta)=-\cos\theta,\ \tan(\pi-\theta)=-\tan\theta$$

예를 들면 $\sin\frac{4}{3}\pi=\sin\left(\pi+\frac{\pi}{3}\right)=-\sin\frac{\pi}{3}=-\frac{\sqrt{3}}{2}$ 이다.

3.2 연습문제

1. 다음 θ 값에 대한 $\sin\theta$, $\cos\theta$, $\tan\theta$ 의 값을 각각 구하라.

(1) $\theta=\frac{4}{3}\pi$ (2) $\theta=-\frac{7}{6}\pi$

(3) $\theta=\frac{5}{2}\pi$ (4) $\theta=-\frac{9}{4}\pi$

2. 다음을 구하라.

(1) $\sin\left(-\frac{35}{6}\pi\right)$ (2) $\tan 150^\circ$

(3) $\cos\frac{2}{3}\pi$ (4) $\tan\left(-\frac{5}{6}\pi\right)$

3. 각 θ가 제2사분면의 각이고 $\sin\theta=\frac{3}{5}$일 때 다음 값을 구하라.

(1) $\cos\theta$ (2) $\tan\theta$

(3) $\csc\theta$ (4) $\sec\theta$

(5) $\cot\theta$

4. $(\sin\theta-\cos\theta)^2+(\sin\theta+\cos\theta)^2=2$임을 보이라.

5. (1) $\sin\theta+\cos\theta=\sqrt{2}$ 일 때 $\sin\theta\times\cos\theta$의 값을 구하라.

(2) $\sin\theta-\cos\theta=\dfrac{1}{2}\left(0<\theta<\dfrac{\pi}{2}\right)$일 때 $\sin\theta+\cos\theta$의 값을 구하라.

6. 다음 등식이 성립함을 보이라.

(1) $\dfrac{\cot\alpha+\tan\beta}{\tan\alpha+\cot\beta}=\cot\alpha\tan\beta$

(2) $\dfrac{\tan\alpha+\tan\beta}{\cot\alpha+\cot\beta}=\tan\alpha\tan\beta$

(3) $\dfrac{\sin\alpha}{1+\cos\alpha}+\dfrac{1+\cos\alpha}{\sin\alpha}=2\csc\alpha$

(4) $\dfrac{\cos\theta}{1-\sin\theta}+\dfrac{1-\sin\theta}{\cos\theta}=2\sec\theta$

3.3 삼각함수의 그래프

함수 $y=f(x)$에서, 모든 실수 x에 대하여 $f(x+p)=f(x)$를 만족시키는 상수 $p(p\neq 0)$가 존재할 때, 함수 f는 주기함수라 하고, 위의 등식을 만족시키는 가장 작은 양수 p를 주기라 한다.

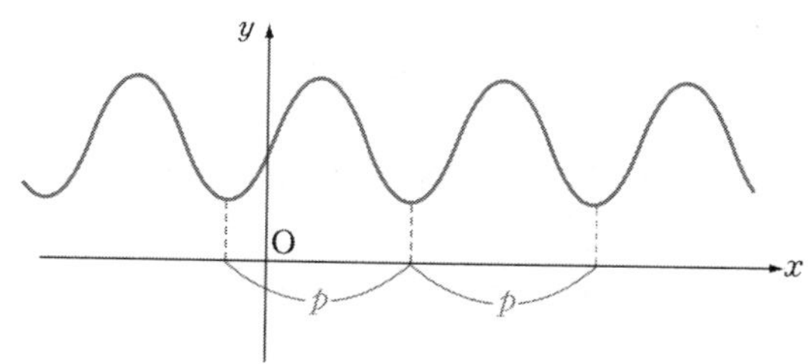

함수 $y=\sin x$, $y=\cos x$, $y=\tan x$에서 정수 n에 대하여

$$\sin(x+2n\pi)=\sin x,\ \cos(x+2n\pi)=\cos x,\ \tan(x+n\pi)=\tan x$$

이므로 $y=\sin x$, $y=\cos x$는 주기가 2π인 주기함수이고 $y=\tan x$는 주기가 π인 주기함수이다.

예제 3.3.1

$y=\sin 4x$ 의 주기를 구하라.

풀이 $f(x)=\sin 4x$의 주기를 p라 하면, 모든 실수 x에 대하여 $f(x+p)=f(x)$이므로

$$\sin 4(x+p) = \sin 4x \text{ 즉, } \sin(4x+4p) = \sin 4x$$

가 모든 실수 x에 대하여 성립한다. $4x = t$라 놓으면, 모든 실수 t에 대하여 $\sin(t+4p) = \sin t$가 성립한다. $\sin t$의 주기가 2π이므로 $4p = 2\pi$이고, 따라서 $p = \dfrac{\pi}{2}$이다. ▩

좌표평면 위에서 중심이 원점인 단위원을 생각하자. 단위원 위의 점 P가 원둘레를 따라 회전할 때, 그 회전한 양을 x라 하면 $\sin x$의 값은 점 P의 y좌표 값이다. 따라서 $y = \sin x$의 정의역은 실수 전체집합 $\mathbb{R}$, 치역은 $\{y \mid -1 \le y \le 1\}$이고, x가 증가함에 따라 y는 -1과 1 사이에서 증가 감소를 반복한다. 모든 x에 대하여 $\sin(-x) = -\sin x$이므로 홀함수이고 그래프는 원점에 대칭이다.

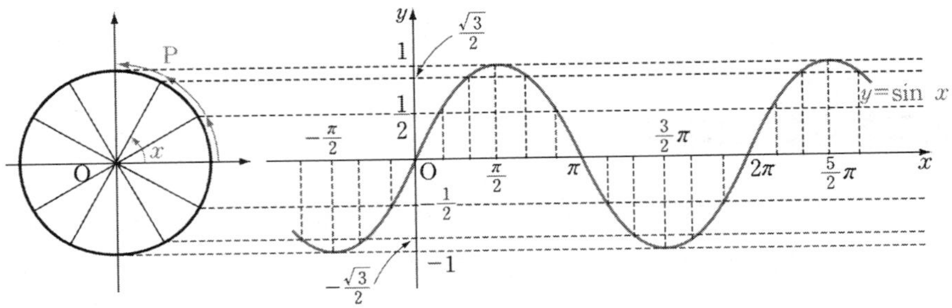

▩

$y = \cos x$의 그래프도 $y = \sin x$의 그래프와 같이 그릴 수 있는데 단위원의 좌표축을 양의 방향으로 $\dfrac{\pi}{2}$만큼 회전시켜서 생각하면 편리하다. $y = \cos x$의 정의역과 치역은 $y = \sin x$와 같고 $\cos(-x) = \cos x$이므로 짝함수이고 그래프는 y축에 대하여 대칭이다.

$\sin\left(x + \dfrac{\pi}{2}\right) = \cos x$이므로 $y = \sin x$의 그래프를 x축 방향으로 $-\dfrac{\pi}{2}$만큼 평행 이동한 것이 $y = \cos x$의 그래프이다.

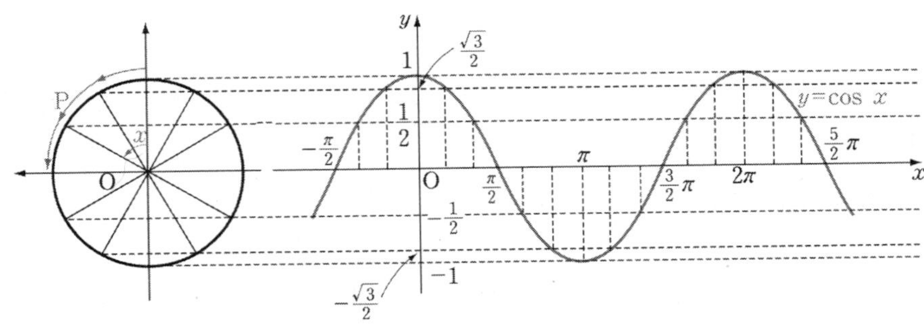

예제 3.3.2

$y=2\sin 2x$ 의 주기를 구하고 그래프를 그리라.

풀이 $f(x)=2\sin 2x$ 의 주기를 p라 하면, 모든 실수 x에 대하여 $f(x+p)=f(x)$이므로

$$2\sin 2(x+p)=2\sin(2x+2p)=2\sin 2x$$

가 성립한다. $2x=t$라 하면 $\sin(t+2p)=\sin t$이다. $y=\sin t$의 주기가 2π이므로 $2p=2\pi$이고 $p=\pi$이다.

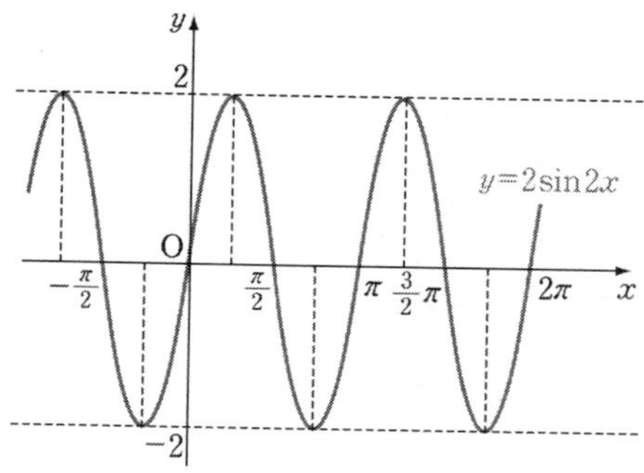

■

예제 3.3.3

$y=2\cos x$ 의 그래프를 그리고, 최댓값과 최솟값을 구하라.

풀이 $y=2\cos x$ 의 그래프는 $2\cos x$가 x에 대하여 $\cos x$의 2배이므로 $y=\cos x$의 그래프를 y축 방향으로 2배 확대한 것이다. 또 $-1\le\cos x\le 1$이므로 $-2\le 2\cos x\le 2$이다. 따라서 최댓값은 2이고 최솟값은 -2이다.

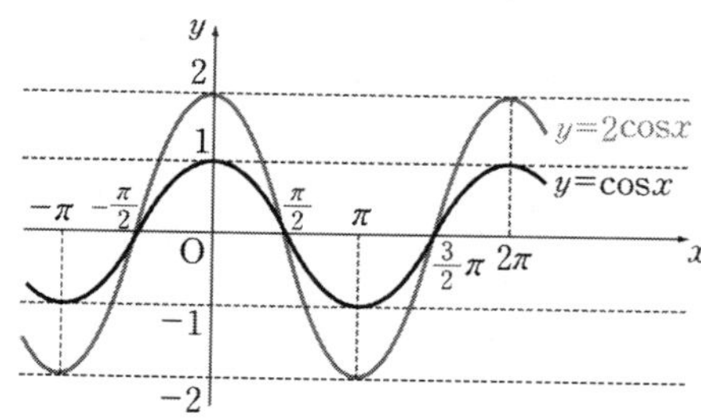

■

좌표평면 위에서 중심이 원점인 단위원을 생각하자. 단위원 위의 점 P가 원둘레를 따라 회전할 때, 그 회전한 양을 x라 하자. 원 위의 점 $(1,0)$에서의 접선과 $\overline{OP}$의 연장선이 만나는 점을 T 라 하면, $\tan x$의 값은 점 T 의 y좌표임을 알 수 있다. 따라서 그래프는 다음과 같이 그릴 수 있다.

$x=\pm\dfrac{\pi}{2}$, $x=\pm\dfrac{3}{2}\pi, \cdots$ 즉, 정수 n에 대하여 $x=\dfrac{\pi}{2}+n\pi$에서 $\tan x$의 값은 정의되지 않으므로 정의역은 $\left\{x \mid x\neq\dfrac{\pi}{2}+n\pi,\ n\text{은 정수}\right\}$이고 치역은 실수 전체 집합 $\mathbb{R}$이다. 직선 $x=\dfrac{\pi}{2}+n\pi$는 점근선이다. 또 $\tan(x+n\pi)=\tan x$이므로 주기가 π이다.

$\tan(-x)=-\tan x$이므로 그래프는 원점에 대칭이다.

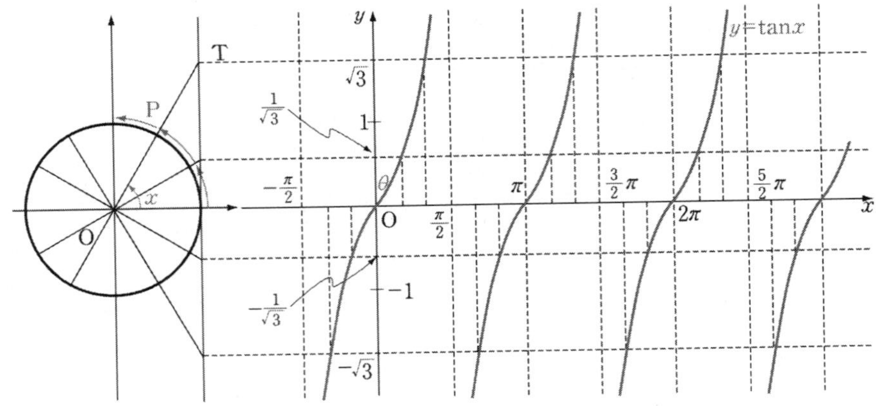

예제 3.3.4

$y=\tan\dfrac{1}{2}x$의 주기와 점근선을 구하고 그래프를 그리라.

풀이 $f(x)=\tan\dfrac{1}{2}x$라 하면 $\tan\dfrac{1}{2}x=\tan\left(\dfrac{1}{2}x+\pi\right)=\tan\dfrac{1}{2}(x+2\pi)$이므로 주기가 2π이고 점근선은 $\dfrac{1}{2}x=\dfrac{\pi}{2}+n\pi$에서 $x=\pi+2n\pi$이다.

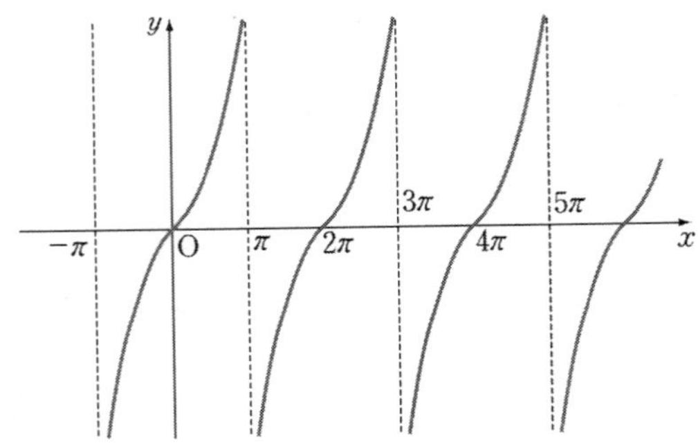

■

3.3 연습문제

1. 다음 함수의 주기를 구하라.

(1) $y=\sin\frac{1}{2}x$ (2) $y=\cos\frac{1}{2}x$

(3) $y=\tan 3x$

2. 다음 함수의 주기를 구하고 그래프를 그리라. 그리고 최댓값과 최솟값을 구하라.

(1) $y=3\cos\frac{1}{2}x$ (2) $y=\frac{1}{2}\sin 4\left(x-\frac{\pi}{2}\right)$

3. $y=\tan(2x+\pi)$의 주기와 점근선을 구하고 그래프를 그리라.

3.4 사인법칙과 코사인법칙

(1) 사인법칙

$\triangle$ABC의 세 각의 크기를 A, B, C라 하고 이 세 각의 대변의 길이를 a, b, c라 하자. $\triangle$ABC의 세 각의 크기, 세 변의 길이, $\triangle$ABC의 외접원의 반지름의 길이 R 사이에 다음이 성립한다.

$$\frac{a}{\sin A}=\frac{b}{\sin B}=\frac{c}{\sin C}=2R$$

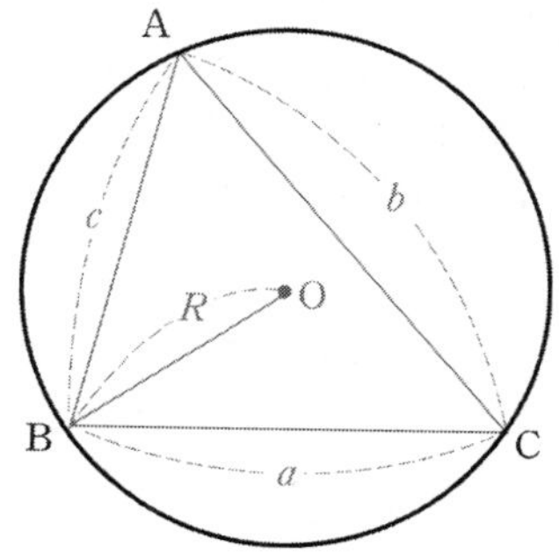

예제 3.4.1

$\angle B = 45^\circ$, $\angle C = 60^\circ$, $b = 6$인 $\triangle ABC$의 외접원의 반지름과 $c = \overline{AB}$의 값을 구하라.

풀이 사인법칙에서 $\dfrac{b}{\sin B} = \dfrac{c}{\sin C} = 2R$이므로 $\dfrac{6}{\sin 45^\circ} = \dfrac{c}{\sin C} = 2R$이다. $\dfrac{6}{\sin 45^\circ} = 2R$에서 $6\sqrt{2} = 2R$이고 $R = 3\sqrt{2}$이다. 또 $\dfrac{c}{\sin 60^\circ} = 2R$에서 $c = 2R\sin 60^\circ = 3\sqrt{6}$이다.

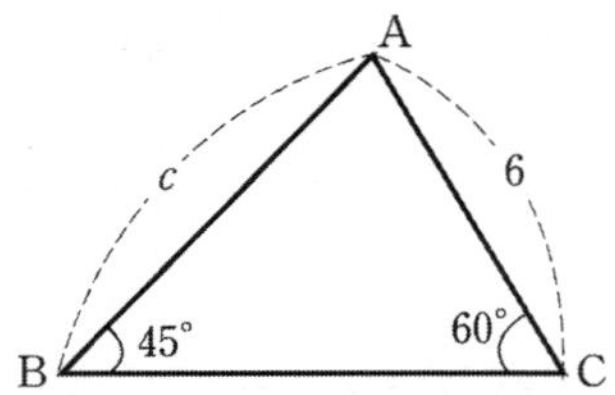

■

(2) 코사인법칙

① 코사인법칙 1

$\triangle ABC$의 세 각의 크기 A, B, C와 이 세 각의 대변의 길이 a, b, c 사이에 다음이 성립한다.

$$a = b\cos C + c\cos B$$
$$b = c\cos A + a\cos C$$
$$c = a\cos B + b\cos A$$

② 코사인법칙 2

코사인법칙 1로부터 다음을 얻을 수 있다.

$$a^2 = b^2 + c^2 - 2bc\cos A$$
$$b^2 = c^2 + a^2 - 2ca\cos B$$
$$c^2 = a^2 + b^2 - 2ab\cos C$$

예제 3.4.2

$\triangle ABC$에서 $\angle B = 30^\circ$, $\angle C = 45^\circ$, $b = 5\sqrt{2}$, $c = 10$일 때 a의 값을 구하라.

풀이 코사인법칙 1의 $a = b\cos C + c\cos B$ 에 주어진 값을 대입하면

$$a = 5\sqrt{2}\cos 45° + 10\cos 30° = 5\sqrt{2} \cdot \frac{1}{\sqrt{2}} + 10 \cdot \frac{\sqrt{3}}{2} = 5 + 5\sqrt{3}$$

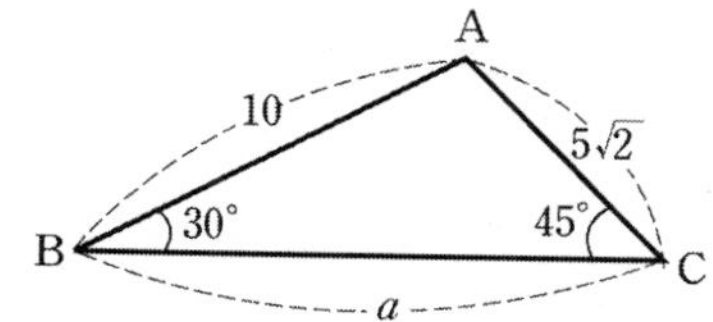

■

예제 3.4.3

△ABC 에서 $b = 4$, $c = 6$, $\angle A = 60°$ 일 때 a의 값을 구하라.

풀이 코사인법칙 2에 의하여 $a^2 = b^2 + c^2 - 2bc\cos A$ 이므로, 주어진 값을 대입하면

$$a^2 = 4^2 + 6^2 - 2 \cdot 4 \cdot 6 \cdot \cos 60° = 28$$

$a > 0$ 이므로 $a = 2\sqrt{7}$ 이다.

■

(3) 삼각형의 넓이

△ABC에서 ∠B의 크기에 따라 세 가지 경우로 나누면 그림과 같다.

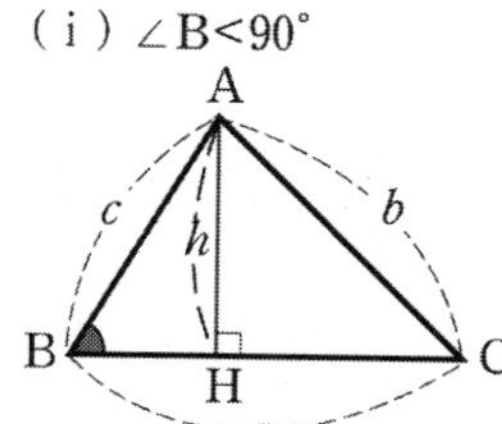

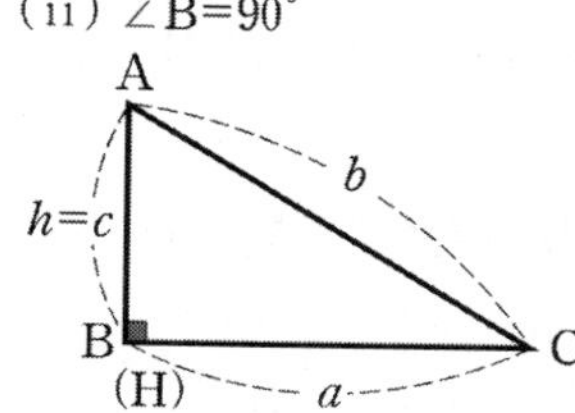

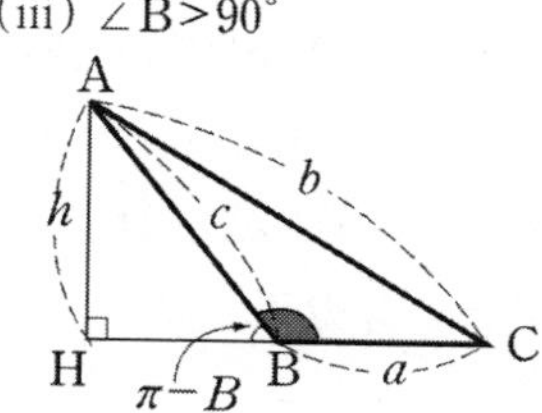

삼각형의 높이 h는 항상 $h = \overline{AH} = c\sin B$이므로 △ABC 의 넓이 S는

$$S = \frac{1}{2}ah = \frac{1}{2}ac\sin B$$

이다.

예제 3.4.4

$\triangle ABC$ 에서 $a=4$, $c=6$, $\angle B=45°$ 일 때 $\triangle ABC$ 의 넓이 S를 구하라.

풀이 $S=\frac{1}{2}ca\sin B=\frac{1}{2}\cdot 6\cdot 4\cdot \sin 45°=6\sqrt{2}$ 이다.

■

3.4 연습문제

1. 사인법칙을 증명하라.

2. 코사인법칙 1을 증명하라.

3. 코사인법칙 1을 이용하여 코사인법칙 2를 증명하라.

4. $\triangle ABC$ 에서 $a=12$, $\angle B=75°$, $\angle C=45°$ 일 때 이 삼각형의 외접원의 반지름 R과 c의 값을 구하라.

5. $\triangle ABC$ 에서 $a=2(\sqrt{3}+1)$, $b=2\sqrt{2}$, $c=4$일 때 $\angle C$를 구하라.

6. $\triangle ABC$ 에서 $\sin^2 A+\sin^2 B=\sin^2 C$ 이면 어떤 삼각형인가?

7. $\triangle ABC$ 에서 $a\cos B=b\cos A$ 이면 어떤 삼각형인가?

8. $a=6$, $b=5$, $c=4$ 인 $\triangle ABC$ 의 넓이를 구하라.

3.5 덧셈정리

(1) 덧셈정리

단위원 위의 점 A, B가 나타내는 각을 α, β라 하자. 그러면 점 A의 좌표는 $(\cos\alpha, \sin\alpha)$이고 점 B의 좌표는 $(\cos\beta, \sin\beta)$이다. 그리고 $\angle AOB = \alpha-\beta$이므로,

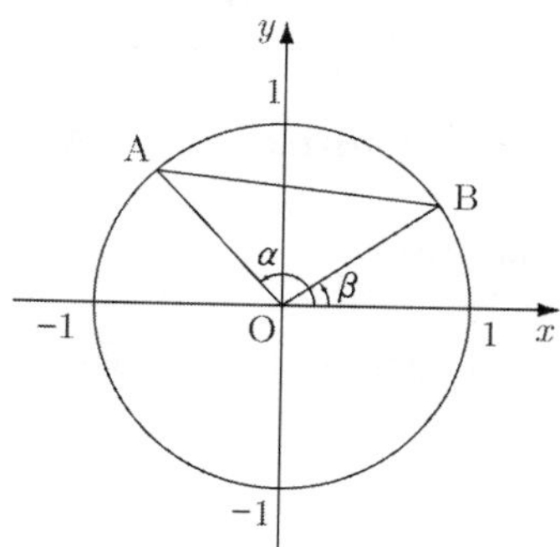

$\triangle AOB$에서 코사인법칙 2에 의하여

$$\overline{AB}^2 = \overline{OA}^2 + \overline{OB}^2 - 2\overline{OA}\,\overline{OB}\cos(\alpha-\beta)$$

이다. 그런데

$$\begin{aligned}\overline{AB}^2 &= (\cos\alpha-\cos\beta)^2 + (\sin\alpha-\sin\beta)^2 \\ &= 2-2(\cos\alpha\cos\beta+\sin\alpha\sin\beta)\end{aligned}$$

이고 $\overline{OA} = \overline{OB} = 1$이므로

$$2-2(\cos\alpha\cos\beta+\sin\alpha\sin\beta) = 2-2\cos(\alpha-\beta)$$

이다. 따라서

$$\cos(\alpha-\beta) = \cos\alpha\cos\beta+\sin\alpha\sin\beta$$

이다. 여기에서 β 대신에 $-\beta$을 대입하면

$$\cos(\alpha+\beta) = \cos\alpha\cos(-\beta)+\sin\alpha\sin(-\beta)$$

이고, 정리하면

$$\cos(\alpha+\beta) = \cos\alpha\cos\beta-\sin\alpha\sin\beta$$

이다.

한편 $\cos(\alpha+\beta)$에서 α 대신에 $\frac{\pi}{2}-\alpha$를 대입하면

$$\cos\left(\frac{\pi}{2}-\alpha+\beta\right)=\cos\left(\frac{\pi}{2}-\alpha\right)\cos\beta-\sin\left(\frac{\pi}{2}-\alpha\right)\sin\beta$$

이고, $\cos\left(\frac{\pi}{2}-\alpha+\beta\right)=\cos\left(\frac{\pi}{2}-(\alpha-\beta)\right)=\sin(\alpha-\beta)$이므로 정리하면

$$\sin(\alpha-\beta)=\sin\alpha\cos\beta-\cos\alpha\sin\beta$$

이다. 여기에서 β 대신에 $-\beta$를 대입하면

$$\sin(\alpha+\beta)=\sin\alpha\cos(-\beta)-\cos\alpha\sin(-\beta)$$

이고 정리하면

$$\sin(\alpha+\beta)=\sin\alpha\cos\beta+\cos\alpha\sin\beta$$

이다.

사인과 코사인의 덧셈정리를 이용하면 탄젠트의 경우에 다음이 성립한다.

$$\tan(\alpha+\beta)=\frac{\sin(\alpha+\beta)}{\cos(\alpha+\beta)}=\frac{\sin\alpha\cos\beta+\cos\alpha\sin\beta}{\cos\alpha\cos\beta-\sin\alpha\sin\beta}$$

이고 분모와 분자에 $\cos\alpha\cos\beta(\neq 0)$로 나누면

$$\tan(\alpha+\beta)=\frac{\frac{\sin\alpha}{\cos\alpha}+\frac{\sin\beta}{\cos\beta}}{1-\frac{\sin\alpha}{\cos\alpha}\times\frac{\sin\beta}{\cos\beta}}=\frac{\tan\alpha+\tan\beta}{1-\tan\alpha\tan\beta}$$

이다. 따라서

$$\tan(\alpha+\beta)=\frac{\tan\alpha+\tan\beta}{1-\tan\alpha\tan\beta}$$

이다. 여기에서 β 대신에 $-\beta$를 대입하면

$$\tan(\alpha-\beta)=\frac{\tan\alpha+\tan(-\beta)}{1-\tan\alpha\tan(-\beta)}=\frac{\tan\alpha-\tan\beta}{1+\tan\alpha\tan\beta}$$

이고 정리하면

$$\tan(\alpha-\beta)=\frac{\tan\alpha-\tan\beta}{1+\tan\alpha\tan\beta}$$

이다.

예제 3.5.1

$\sin 75^\circ$, $\cos 75^\circ$, $\tan 75^\circ$ 의 값을 각각 구하라.

풀이

$$\sin 75^\circ=\sin(30^\circ+45^\circ)=\sin 30^\circ\cos 45^\circ+\cos 30^\circ\sin 45^\circ$$
$$=\frac{1}{2}\cdot\frac{1}{\sqrt{2}}+\frac{\sqrt{3}}{2}\cdot\frac{1}{\sqrt{2}}=\frac{\sqrt{2}+\sqrt{6}}{4}$$
$$\cos 75^\circ=\cos(30^\circ+45^\circ)=\cos 30^\circ\cos 45^\circ-\sin 30^\circ\sin 45^\circ$$
$$=\frac{\sqrt{3}}{2}\cdot\frac{1}{\sqrt{2}}-\frac{1}{2}\cdot\frac{1}{\sqrt{2}}=\frac{\sqrt{6}-\sqrt{2}}{4}$$
$$\tan 75^\circ=\tan(30^\circ+45^\circ)=\frac{\tan 30^\circ+\tan 45^\circ}{1-\tan 30^\circ\tan 45^\circ}$$
$$=\frac{\frac{1}{\sqrt{3}}+1}{1-\frac{1}{\sqrt{3}}\cdot 1}=\frac{\sqrt{3}+3}{3-\sqrt{3}}$$

■

예제 3.5.2

$\sin 15^\circ$, $\cos 15^\circ$, $\tan 15^\circ$ 의 값을 각각 구하라.

풀이

$$\sin 15^\circ=\sin(45^\circ-30^\circ)=\sin 45^\circ\cos 30^\circ-\cos 45^\circ\sin 30^\circ$$
$$=\frac{1}{\sqrt{2}}\cdot\frac{\sqrt{3}}{2}-\frac{1}{\sqrt{2}}\cdot\frac{1}{2}=\frac{\sqrt{6}-\sqrt{2}}{4}$$
$$\cos 15^\circ=\cos(45^\circ-30^\circ)=\cos 45^\circ\cos 30^\circ+\sin 45^\circ\sin 30^\circ$$
$$=\frac{1}{\sqrt{2}}\cdot\frac{\sqrt{3}}{2}+\frac{1}{\sqrt{2}}\cdot\frac{1}{2}=\frac{\sqrt{6}+\sqrt{2}}{4}$$

$$\tan 15^\circ = \tan(45^\circ - 30^\circ) = \frac{\tan 45^\circ - \tan 30^\circ}{1 + \tan 45^\circ \tan 30^\circ}$$

$$= \frac{1 - \frac{1}{\sqrt{3}}}{1 + 1 \cdot \frac{1}{\sqrt{3}}} = \frac{3 - \sqrt{3}}{3 + \sqrt{3}}$$

■

예제 3.5.3

$\sin\alpha = \frac{1}{2}$, $\sin\beta = \frac{1}{3}$일 때 $\sin(\alpha+\beta)$를 구하라. (α는 제1사분면의 각이고 β는 제2사분면의 각이다.)

풀이 $0 < \alpha < \frac{\pi}{2}$이므로 $\cos\alpha > 0$이고, 따라서 $\cos\alpha = \sqrt{1 - \sin^2\alpha} = \frac{\sqrt{3}}{2}$이다. $\frac{\pi}{2} < \beta < \pi$이므로 $\cos\beta < 0$이고, 따라서 $\cos\beta = -\sqrt{1 - \sin^2\beta} = -\frac{2\sqrt{2}}{3}$이다. 그러므로

$$\sin(\alpha+\beta) = \sin\alpha\cos\beta + \cos\alpha\sin\beta$$

$$= \frac{1}{2} \cdot \left(-\frac{2\sqrt{2}}{3}\right) + \frac{\sqrt{3}}{2} \cdot \frac{1}{3}$$

$$= \frac{\sqrt{3} - 2\sqrt{2}}{6}$$

■

(2) 배각공식

덧셈정리를 이용하여 몇 가지 공식을 유도하여 보자.

$$\sin(2\alpha) = \sin(\alpha+\alpha) = \sin\alpha\cos\alpha + \cos\alpha\sin\alpha = 2\sin\alpha\cos\alpha$$

$$\cos(2\alpha) = \cos(\alpha+\alpha) = \cos\alpha\cos\alpha - \sin\alpha\sin\alpha$$

$$= \cos^2\alpha - \sin^2\alpha$$

$$= 1 - 2\sin^2\alpha$$

$$= 2\cos^2\alpha - 1$$

$$\tan(2\alpha)=\tan(\alpha+\alpha)=\frac{\tan\alpha+\tan\alpha}{1-\tan\alpha\tan\alpha}=\frac{2\tan\alpha}{1-\tan^2\alpha}$$

이다.

(3) 반각공식

배각공식 $\cos 2\alpha=1-2\sin^2\alpha$, $\cos 2\alpha=2\cos^2\alpha-1$의 α 대신에 $\frac{\alpha}{2}$을 대입하고, $\tan\alpha=\frac{\sin\alpha}{\cos\alpha}$을 이용하여 정리하면 다음과 같다.

$$\sin^2\frac{\alpha}{2}=\frac{1-\cos\alpha}{2},\quad \cos^2\frac{\alpha}{2}=\frac{1+\cos\alpha}{2},\quad \tan^2\frac{\alpha}{2}=\frac{1-\cos\alpha}{1+\cos\alpha}$$

예제 3.5.4

$\sin\alpha=\frac{2}{3}$, $0<\alpha<\frac{\pi}{2}$일 때 $\sin 2\alpha$와 $\cos 2\alpha$을 구하라.

풀이 $0<\alpha<\frac{\pi}{2}$ 이므로 $\cos\alpha>0$이고, 따라서

$$\cos\alpha=\sqrt{1-\sin^2\alpha}=\sqrt{1-\frac{4}{9}}=\frac{\sqrt{5}}{3}$$

이다. 그러므로

$$\sin 2\alpha=2\sin\alpha\cos\alpha=2\times\frac{2}{3}\times\frac{\sqrt{5}}{3}=\frac{4\sqrt{5}}{9}$$

$$\cos 2\alpha=1-2\sin^2\alpha=1-2\times\left(\frac{2}{3}\right)^2=\frac{1}{9}$$

이다.

■

예제 3.5.5

$\sin 22.5^\circ$ 와 $\cos 22.5^\circ$ 를 구하라.

|풀이| $\sin^2 22.5^\circ = \dfrac{1-\cos(2\times 22.5)^\circ}{2} = \dfrac{1-\cos 45^\circ}{2} = \dfrac{1-\dfrac{1}{\sqrt{2}}}{2}$

$= \dfrac{2-\sqrt{2}}{4}$

그런데 $\sin 22.5^\circ > 0$이므로

$$\sin 22.5^\circ = \sqrt{\frac{2-\sqrt{2}}{4}} = \frac{\sqrt{2-\sqrt{2}}}{2}$$

이다.

$\cos^2 22.5^\circ = \dfrac{1+\cos(2\times 22.5)^\circ}{2} = \dfrac{1+\cos 45^\circ}{2} = \dfrac{1+\dfrac{1}{\sqrt{2}}}{2}$

$= \dfrac{2+\sqrt{2}}{4}$

그런데 $\cos 22.5^\circ > 0$이므로

$$\cos 22.5^\circ = \sqrt{\frac{2+\sqrt{2}}{4}} = \frac{\sqrt{2+\sqrt{2}}}{2}$$

이다.

■

예제 3.5.6

$\sin\alpha = -\dfrac{1}{3}$일 때 $\sin\dfrac{\alpha}{2}$을 구하라. $\left(\dfrac{3}{2}\pi < \alpha < 2\pi\right)$

|풀이| $\dfrac{3}{2}\pi < \alpha < 2\pi$이므로 $\cos\alpha > 0$이고

$\cos\alpha = \sqrt{1-\sin^2\alpha} = \sqrt{1-\left(-\dfrac{1}{3}\right)^2} = \sqrt{1-\dfrac{1}{9}} = \dfrac{2\sqrt{2}}{3}$ 이다.

$\sin^2\dfrac{\alpha}{2} = \dfrac{1-\cos\alpha}{2} = \dfrac{1-\dfrac{2\sqrt{2}}{3}}{2} = \dfrac{3-2\sqrt{2}}{6}$ 이다. $\dfrac{3}{4}\pi < \dfrac{\alpha}{2} < \pi$이므로 $\sin\dfrac{\alpha}{2} > 0$이고, 따라서

$$\sin\frac{\alpha}{2} = \sqrt{\frac{3-2\sqrt{2}}{6}} = \frac{\sqrt{3-2\sqrt{2}}}{\sqrt{6}} = \frac{\sqrt{2}-1}{\sqrt{6}}$$

$$= \frac{\sqrt{6}-2\sqrt{3}}{6}$$

이다.

(4) 곱을 합 또는 차로 고치는 방법

사인의 덧셈정리

$$\sin(\alpha+\beta) = \sin\alpha\cos\beta + \cos\alpha\sin\beta$$

$$\sin(\alpha-\beta) = \sin\alpha\cos\beta - \cos\alpha\sin\beta$$

를 이용하여 곱을 합 또는 차로 고치는 방법에 대하여 알아보자.

$$\sin(\alpha+\beta) + \sin(\alpha-\beta) = 2\sin\alpha\cos\beta$$

이므로

$$\sin\alpha\cos\beta = \frac{1}{2}\{\sin(\alpha+\beta) + \sin(\alpha-\beta)\}$$

이고,

$$\sin(\alpha+\beta) - \sin(\alpha-\beta) = 2\cos\alpha\sin\beta$$

이므로

$$\cos\alpha\sin\beta = \frac{1}{2}\{\sin(\alpha+\beta) - \sin(\alpha-\beta)\}$$

이다.

또 코사인 덧셈정리에 대해서도 같은 방법으로 정리하면 다음과 같다.

$$\cos(\alpha+\beta) = \cos\alpha\cos\beta - \sin\alpha\sin\beta$$

$$\cos(\alpha-\beta) = \cos\alpha\cos\beta + \sin\alpha\sin\beta$$

에서

$$\cos(\alpha+\beta) + \cos(\alpha-\beta) = 2\cos\alpha\cos\beta$$

이므로

$$\cos\alpha\cos\beta=\frac{1}{2}\{\cos(\alpha+\beta)+\cos(\alpha-\beta)\}$$

이고,

$$\cos(\alpha+\beta)-\cos(\alpha-\beta)=-2\sin\alpha\sin\beta$$

이므로

$$\sin\alpha\sin\beta=-\frac{1}{2}\{\cos(\alpha+\beta)-\cos(\alpha-\beta)\}$$

이다.

(5) 합 또는 차를 곱으로 고치는 방법

위에서 알아본 곱을 합 또는 차로 고치는 방법에서 $\alpha+\beta=A$, $\alpha-\beta=B$로 두면

$$\alpha=\frac{A+B}{2},\ \beta=\frac{A-B}{2}$$

이므로

$$\sin A+\sin B=2\sin\frac{A+B}{2}\cos\frac{A-B}{2}$$

$$\sin A-\sin B=2\cos\frac{A+B}{2}\sin\frac{A-B}{2}$$

$$\cos A+\cos B=2\cos\frac{A+B}{2}\cos\frac{A-B}{2}$$

$$\cos A-\cos B=-2\sin\frac{A+B}{2}\sin\frac{A-B}{2}$$

이다.

3.5 연습문제

1. 다음을 구하라.

(1) $\sin\frac{7}{12}\pi$

(2) $\cos\frac{7}{12}\pi$

(3) $\sin\frac{5}{12}\pi$

(4) $\tan\frac{5}{12}\pi$

2. $\sin\alpha = \frac{2}{3}$, $\cos\beta = -\frac{2}{3}$ 일 때 다음을 구하라. (α는 제1사분면 각이고, β는 제2사분면 각이다.)

(1) $\sin(\alpha+\beta)$

(2) $\sin(\alpha-\beta)$

(3) $\cos(\alpha+\beta)$

(4) $\cos(\alpha-\beta)$

(5) $\tan(\alpha+\beta)$

(6) $\tan(\alpha-\beta)$

3. 다음이 성립함을 보이라.

(1) $\sin(\alpha+\beta)\sin(\alpha-\beta) = \sin^2\alpha - \sin^2\beta = \cos^2\beta - \cos^2\alpha$

(2) $\cos(\alpha+\beta)\cos(\alpha-\beta) = \cos^2\alpha - \sin^2\beta = \cos^2\beta - \sin^2\alpha$

(3) $\cos^2(\alpha+\beta) - \sin^2(\alpha-\beta) = \cos 2\alpha\cos 2\beta$

(4) $\dfrac{\sin(\alpha+\beta)+\sin(\alpha-\beta)}{\cos(\alpha+\beta)+\cos(\alpha-\beta)} = \tan\alpha$

(5) $\sin 2\alpha = \dfrac{2\tan\alpha}{1+\tan^2\alpha}$

(6) $\cos 2\alpha = \dfrac{1-\tan^2\alpha}{1+\tan^2\alpha}$

4. $\cos\alpha = -\frac{2}{3}$ 일 때 다음을 구하라. $\left(\frac{\pi}{2} < \alpha < \pi\right)$

(1) $\sin 2\alpha$

(2) $\cos 2\alpha$

(3) $\tan 2\alpha$

5. $\sin\alpha = \frac{3}{5}$ 일 때 다음을 구하라. $\left(0 < \alpha < \frac{\pi}{2}\right)$

(1) $\sin 2\alpha$

(2) $\cos 2\alpha$

(3) $\tan 2\alpha$

6. (1) $\cos\alpha = \frac{2}{3}$ 일 때 $\sin\frac{\alpha}{2}$의 값을 구하라. $\left(\frac{3}{2}\pi < \alpha < 2\pi\right)$

(2) $\tan\alpha = 2\sqrt{2}$ 일 때 $\sin\frac{\alpha}{2}$의 값을 구하라. $\left(\pi < \alpha < \frac{3}{2}\pi\right)$

(3) $\sin\alpha = \frac{\sqrt{7}}{4}$ 일 때 $\tan\frac{\alpha}{2}$의 값을 구하라. $\left(\frac{\pi}{2} < \alpha < \pi\right)$

7. 곱을 합 또는 차로 고치는 방법을 이용하여 다음을 구하라.

(1) $\sin\frac{5\pi}{12}\cos\frac{\pi}{12}$　　(2) $\cos\frac{5\pi}{12}\cos\frac{\pi}{12}$

8. 합 또는 차를 곱으로 고치는 방법을 이용하여 다음을 구하라.

(1) $\sin\frac{5\pi}{12} + \sin\frac{\pi}{12}$　　(2) $\cos\frac{5\pi}{12} - \cos\frac{\pi}{12}$

3.6 역삼각함수

함수 $y = \sin x$에서 치역 $[-1, 1]$의 각 y에 대하여 $\sin x = y$을 만족시키는 x가 무수히 많다. 따라서 사인함수의 역함수는 존재하지 않지만 정의역을 적당히 제한하면 역함수를 정의할 수 있다.

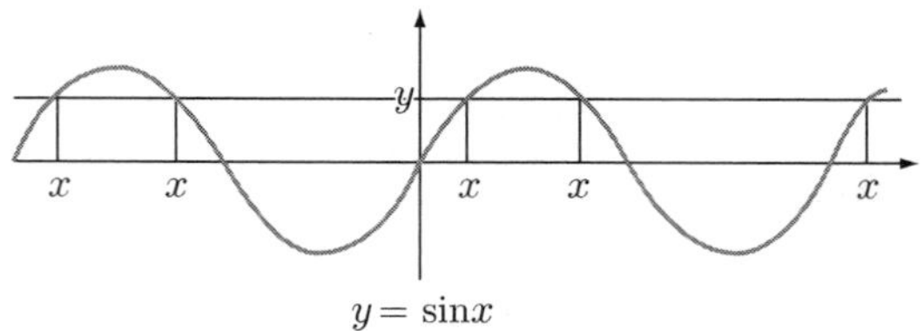

$y = \sin x$

$y = \sin x$는 정의역을 $\left[-\frac{\pi}{2}, \frac{\pi}{2}\right]$, $y = \cos x$는 정의역을 $[0, \pi]$ 그리고 $y = \tan x$는 정의역을 $\left(-\frac{\pi}{2}, \frac{\pi}{2}\right)$로 제한하면 세 함수 모두 일대일대응이 되어 역함수를 갖는다.

먼저 $y = \sin x$의 역함수에 대하여 알아보자. $y = \sin x$는 제한된 정의역 $\left[-\frac{\pi}{2}, \frac{\pi}{2}\right]$에서

증가함수이고 치역은 $[-1, 1]$이므로 $\left[-\frac{\pi}{2}, \frac{\pi}{2}\right]$에서 $[-1, 1]$로의 일대일대응이다. 따라서 구간 $[-1, 1]$에서 구간 $\left[-\frac{\pi}{2}, \frac{\pi}{2}\right]$로의 역함수가 존재한다. 이 역함수를

$$y = \sin^{-1}x \text{ 또는 } y = \arcsin x$$

로 나타낸다. 즉, 함수 $y = \sin^{-1}x$의 정의역은 $[-1, 1]$이고 치역은 $\left[-\frac{\pi}{2}, \frac{\pi}{2}\right]$인 함수이며 그래프는 직선 $y = x$에 대하여 곡선 $y = \sin x$와 대칭이다.

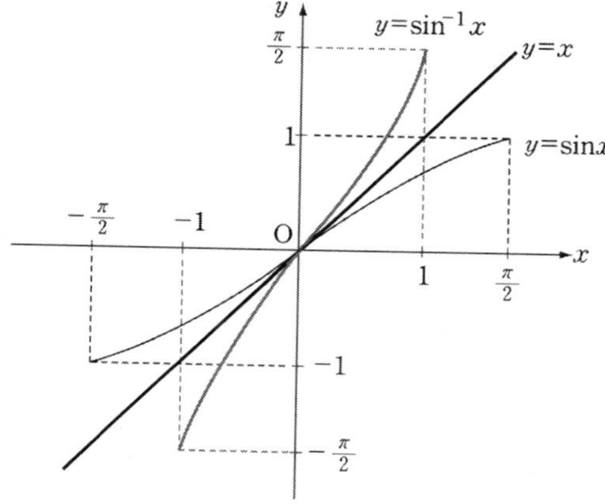

$y = \cos x$는 정의역 $[0, \pi]$에서 감소함수이고 치역은 $[-1, 1]$이므로 $[0, \pi]$에서 $[-1, 1]$로의 일대일대응이고, 따라서 구간 $[-1, 1]$에서 구간 $[0, \pi]$로의 역함수를 갖는다. 이 역함수를

$$y = \cos^{-1}x \text{ 또는 } y = \arccos x$$

로 나타낸다. 즉, 함수 $y = \cos^{-1}x$의 정의역은 $[-1, 1]$이고 치역은 $[0, \pi]$인 함수이며 그래프는 직선 $y = x$에 대하여 곡선 $y = \cos x$와 대칭이다.

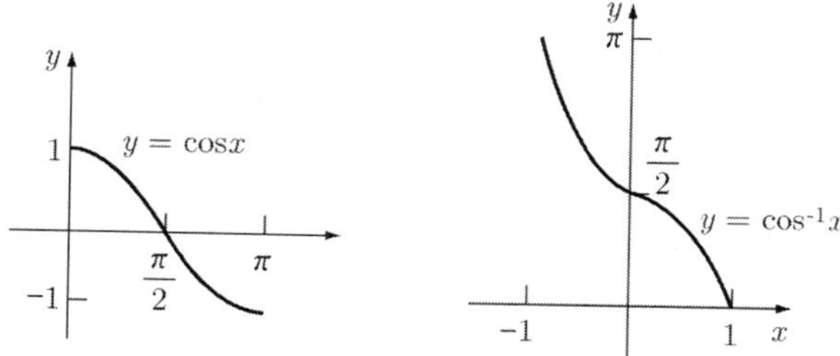

$y = \tan x$는 구간 $\left(-\frac{\pi}{2}, \frac{\pi}{2}\right)$에서 실수집합 $\mathbb{R}$로의 일대일대응이므로 역함수를 정의할 수

있다. 그 역함수를

$$y=\tan^{-1}x \text{ 또는 } y=\arctan x$$

로 나타낸다. 즉, 함수 $y=\tan^{-1}x$의 정의역은 실수의 집합 $\mathbb{R}$ 이고 치역은 $\left(-\frac{\pi}{2}, \frac{\pi}{2}\right)$인 함수이며 그래프는 $y=x$에 대하여 곡선 $y=\tan x$와 대칭이다.

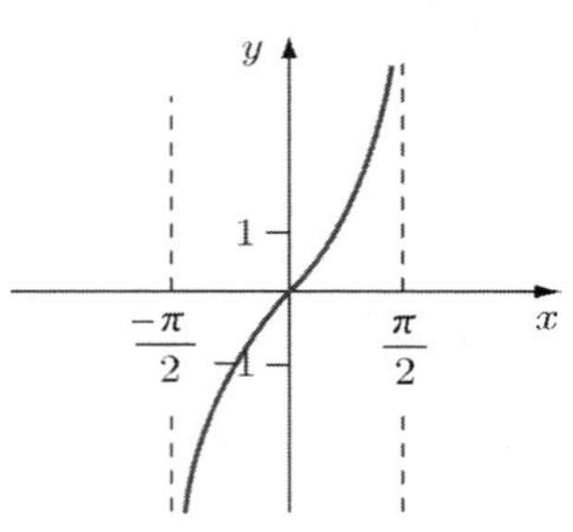

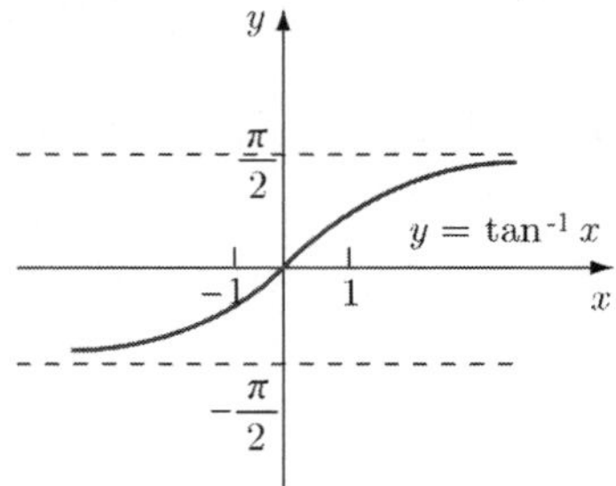

예제 3.6.1

다음 함숫값을 구하라.

(1) $\sin^{-1}\frac{\sqrt{2}}{2}$, $\sin^{-1}\left(-\frac{1}{2}\right)$
(2) $\cos^{-1}\frac{\sqrt{3}}{2}$, $\cos^{-1}\left(-\frac{1}{2}\right)$
(3) $\tan^{-1}1$, $\tan^{-1}(-\sqrt{3})$
(4) $\cos(\cos^{-1}0.6)$, $\sin^{-1}\left(\sin\frac{3\pi}{2}\right)$
(5) $\sin^{-1}1$, $\cos^{-1}(-1)$, $\tan^{-1}0$

| 풀이 | (1) $\sin^{-1}\frac{\sqrt{2}}{2}=\frac{\pi}{4}$, $\sin^{-1}\left(-\frac{1}{2}\right)=-\frac{\pi}{6}$

(2) $\cos^{-1}\frac{\sqrt{3}}{2}=\frac{\pi}{6}$, $\cos^{-1}\left(-\frac{1}{2}\right)=\frac{2\pi}{3}$

(3) $\tan^{-1}1=\frac{\pi}{4}$, $\tan^{-1}(-\sqrt{3})=-\frac{\pi}{3}$

(4) $\cos(\cos^{-1}0.6)=0.6$, $\sin^{-1}\left(\sin\frac{3\pi}{2}\right)=\sin^{-1}(-1)=-\frac{\pi}{2}$

(5) $\sin^{-1}1=\frac{\pi}{2}$, $\cos^{-1}(-1)=\pi$, $\tan^{-1}0=0$

■

함수 $y=\sec x$의 정의역을 $\left[0, \frac{\pi}{2}\right) \cup \left(\frac{\pi}{2}, \pi\right]$로 제한하면 일대일함수가 되고 그 치역은 $(-\infty, -1] \cup [1, \infty)$이므로 역함수를 가지며 이 역함수를

$$y=\sec^{-1}x \text{ 또는 } y=\text{arcsec}\,x$$

로 나타낸다. 즉, 함수 $y=\sec^{-1}x$의 정의역은 $(-\infty, -1] \cup [1, \infty)$이고 치역은 $\left[0, \frac{\pi}{2}\right) \cup \left(\frac{\pi}{2}, \pi\right]$인 함수이며 그래프는 $y=x$에 대하여 $y=\sec^{-1}x$와 대칭이다.

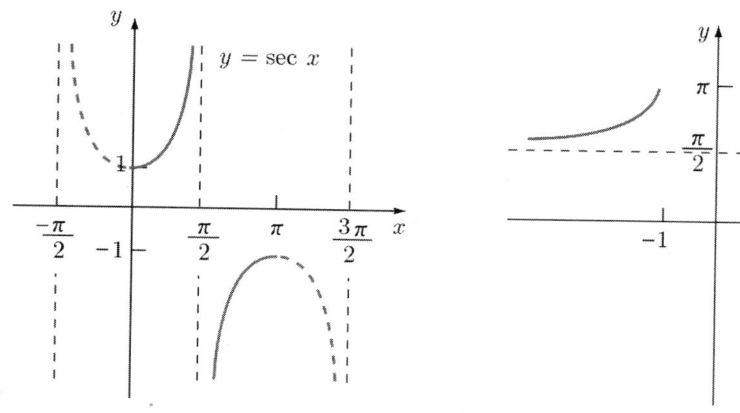

같은 방법으로 $y=\csc^{-1}x$와 $y=\cot^{-1}x$를 정의할 수 있다.

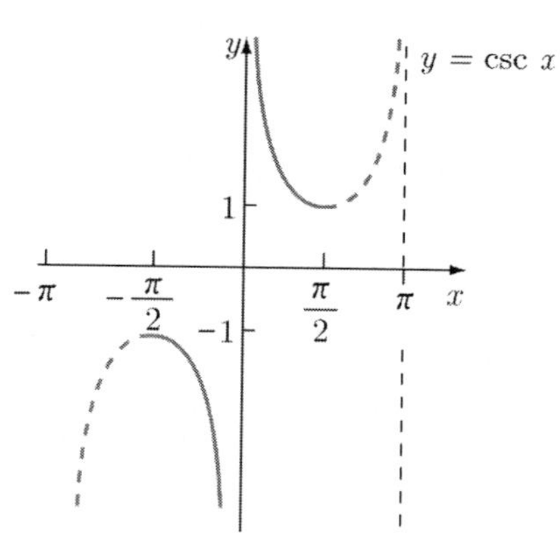

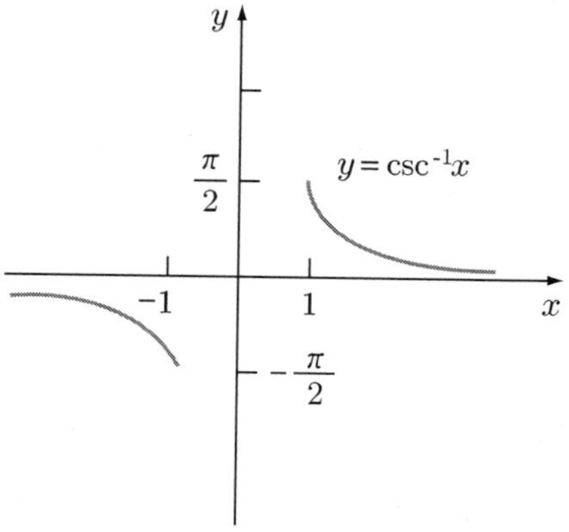

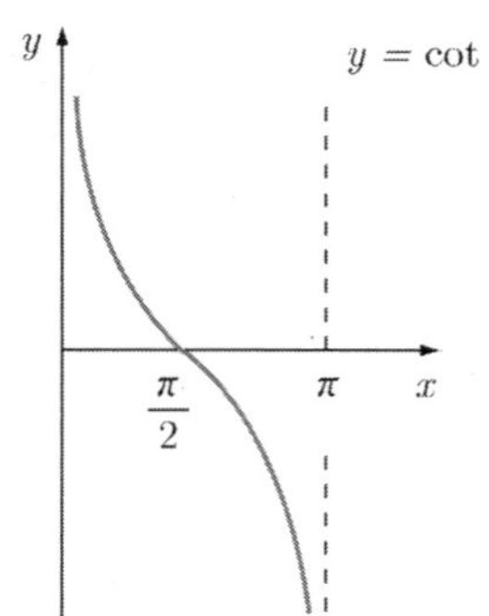

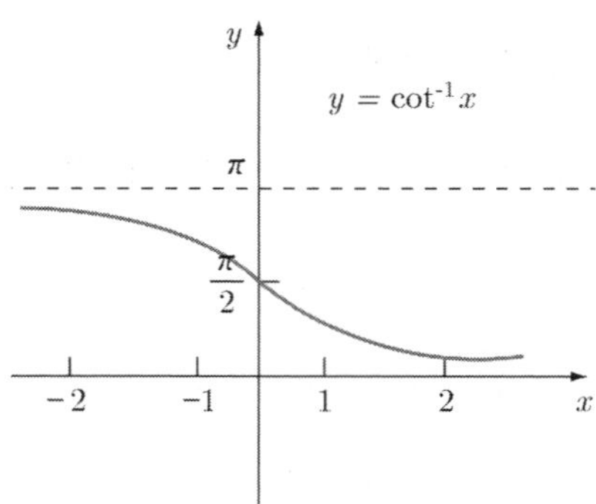

예제 3.6.2

$\sec^{-1}(-1)$과 $\sec^{-1}2$를 구하라.

풀이 $y=\sec^{-1}x \Leftrightarrow x=\sec y=\dfrac{1}{\cos y}$

$$\Leftrightarrow \cos y=\frac{1}{x}$$

$$\Leftrightarrow y=\cos^{-1}\left(\frac{1}{x}\right)$$

이므로 $\sec^{-1}x=\cos^{-1}\dfrac{1}{x}$이다. 따라서

$\sec^{-1}(-1)=\cos^{-1}(-1)=\pi$, $\sec^{-1}(2)=\cos^{-1}\left(\dfrac{1}{2}\right)=\dfrac{\pi}{3}$이다.

■

$\sin^2\theta+\cos^2\theta=1$이므로 $0<\theta<\pi$일 때 $\sin\theta=\sqrt{1-\cos^2\theta}$이다. 따라서

$$\sin(\cos^{-1}x)=\sqrt{1-\cos^2(\cos^{-1}x)}=\sqrt{1-x^2}$$

이다. 같은 방법으로 $\cos(\sin^{-1}x)=\sqrt{1-\sin^2(\sin^{-1}x)}=\sqrt{1-x^2}$이 된다.

한편 $\sec^2\theta=1+\tan^2\theta$이므로 $\sec(\tan^{-1}x)=\sqrt{1+\tan^2(\tan^{-1}x)}=\sqrt{1+x^2}$이고, $x\geq 1$일 때 $\tan(\sec^{-1}x)=\sqrt{x^2-1}$, $x\leq -1$일 때 $\tan(\sec^{-1}x)=-\sqrt{x^2-1}$이다.

예제 3.6.3

$\sin\left(2\cos^{-1}\dfrac{2}{3}\right)$를 구하라.

풀이 $\sin 2\theta = 2\sin\theta\cos\theta$ 이므로

$$\sin\left(2\cos^{-1}\frac{2}{3}\right) = 2\sin\left(\cos^{-1}\frac{2}{3}\right)\cos\left(\cos^{-1}\frac{2}{3}\right)$$

$$= 2\sqrt{1-\left(\frac{2}{3}\right)^2}\cdot\frac{2}{3} = \frac{4\sqrt{5}}{9}$$

이다.

■

예제 3.6.4

$\cos(2\tan^{-1}x) = \dfrac{1-x^2}{1+x^2}$ 을 보이라.

풀이 $\cos 2\theta = 2\cos^2\theta - 1$ 이므로

$$\cos(2\tan^{-1}x) = 2\cos^2(\tan^{-1}x) - 1$$

$$= \frac{2}{\sec^2(\tan^{-1}x)} - 1 = \frac{2}{1+\tan^2(\tan^{-1}x)} - 1$$

$$= \frac{2}{1+x^2} - 1 = \frac{1-x^2}{1+x^2}$$

이다.

■

3.6 연습문제

1. 다음을 구하라.

(1) $\sin^{-1}\dfrac{\sqrt{3}}{2}$

(2) $\sin^{-1}\left(-\dfrac{\sqrt{2}}{2}\right)$

(3) $\tan^{-1}\sqrt{3}$

(4) $\cos^{-1}\dfrac{\sqrt{3}}{2}$

(5) $\sec^{-1}(-2)$

(6) $\cos^{-1}\left(-\dfrac{1}{\sqrt{2}}\right)$

(7) $\sin^{-1}\dfrac{1}{2}$

(8) $\tan^{-1}(-1)$

2. $\cos\left(2\sin^{-1}\left(-\frac{2}{3}\right)\right)$을 구하라.

3. $\sin\left(\cos^{-1}\frac{3}{5}+\cos^{-1}\frac{5}{13}\right)$을 구하라.

4. $\tan(\sin^{-1}x)=\frac{x}{\sqrt{1-x^2}}$임을 보이라.

5. $\cos(2\cos^{-1}x)=2x^2-1$임을 보이라.

6. $\cos(\tan^{-1}x)=\frac{1}{\sqrt{1+x^2}}$임을 보이라.

제 04 장 함수의 극한과 연속

프랑스의 수학자 코시(Augustin Louis Cauchy, 1789–1857)는 그의 저서 《해석학 입문(*A Course of Analysis*, 1821)》에서 함수의 극한이나 연속 등에 대한 개념을 엄밀하게 정의하고 연구하여 체계화하였다.

4.1 함수의 극한

직관적 이해를 통하여 함수의 극한 문제를 다루어 보고자 한다. 수학적인 엄밀한 정의는 생략하고 모든 이론 전개는 직관적인 관찰에 의하여 이루어질 것이다.

극한이란 용어의 이해를 위해 다음과 같은 직관적 의미의 정의를 내려 보자. 일반적으로 함수 $y=f(x)$에서 x가 c에 한없이 가까워질 때 $f(x)$의 값이 특정한 값 L에 한없이 가까워지면

$$\lim_{x \to c} f(x) = L$$

로 나타내고 $f(x)$는 c에서 L에 **수렴한다**고 하며, 이때 L을 $f(x)$의 **극한**(limit)이라 한다.

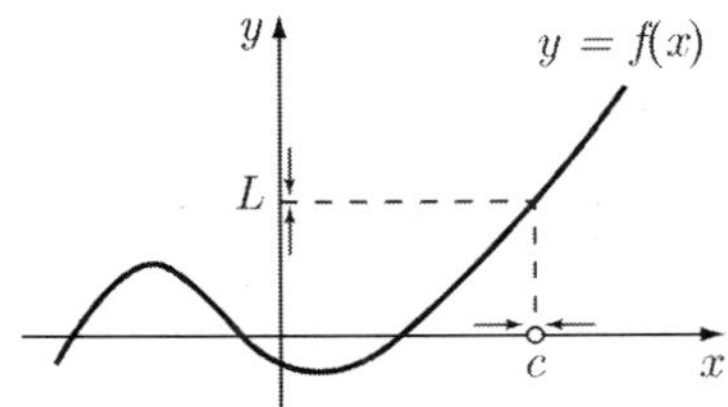

$x=c$에서는 아무것도 요구하지 않음을 주의하자. 함수 $y=f(x)$는 $x=c$에서 정의조차 되지 않아도 상관없다.

예를 들어 함수 $f(x)=\dfrac{x^3-1}{x-1}$을 생각하여 보자. $x=1$에서 정의되지 않는다. 그러나 x가 1에 가까워질 때 $f(x)$는 어떻게 되겠는가? 먼저 $x=1$ 근방에서 $f(x)$의 값을 계산하여 이 값

들로 도표를 만든 다음 $y=f(x)$의 그래프를 그린다.

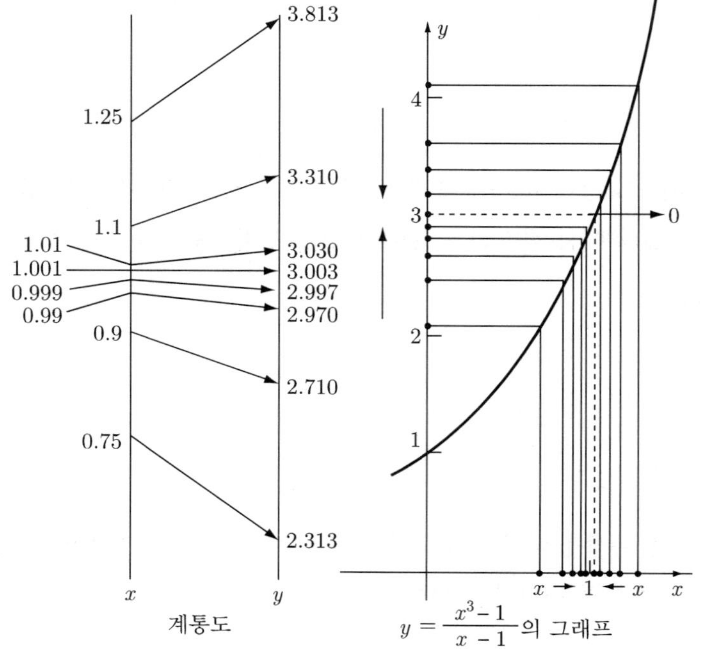

계통도

$y=\dfrac{x^3-1}{x-1}$의 그래프

값들의 표

x	$y=\dfrac{x^3-1}{x-1}$
1.25	3.813
1.1	3.310
1.01	3.030
1.001	3.003
↓	↓
1.000	?
↑	↑
0.999	2.997
0.99	2.970
0.9	2.710
0.75	2.313

이와 같은 정보로부터 x가 1에 가까워짐에 따라 $f(x)$는 3에 가까워진다는 직관적 결론을 얻는다. 즉,

$$\lim_{x\to 1}\frac{x^3-1}{x-1}=3$$

이다.

좀 더 구체적으로 계산을 해보면, $x\to 1$일 때 $x-1\neq 0$이므로 $\dfrac{x-1}{x-1}=1$이다. 따라서

$$\begin{aligned}\lim_{x\to 1}\frac{x^3-1}{x-1}&=\lim_{x\to 1}\frac{(x-1)(x^2+x+1)}{x-1}\\&=\lim_{x\to 1}(x^2+x+1)\\&=3\end{aligned}$$

이다.

예제 4.1.1

다음을 구하라.

(1) $\lim_{x \to 3}(4x-5)$

(2) $\lim_{x \to 1}(x^2-2x)$

(3) $\lim_{x \to 3}\frac{x^2-x-6}{x-3}$

(4) $\lim_{x \to -1}\frac{x^2+3x+2}{x+1}$

(5) $\lim_{x \to 1}\frac{x-1}{\sqrt{x}-1}$

풀이 (1) x가 3에 가까워질 때 $4x-5$는 $4 \cdot 3-5=7$에 수렴한다. 따라서

$$\lim_{x \to 3}(4x-5)=7$$

(2) x가 1에 가까워질 때 x^2-2x는 $1^2-2 \cdot 1=-1$에 수렴한다. 따라서

$$\lim_{x \to 1}(x^2-2x)=-1$$

(3) $\frac{x^2-x-6}{x-3}$은 $x=3$에서 정의되지 않는다.

그런데 $x \neq 3$일 때 $\frac{x^2-x-6}{x-3}=\frac{(x-3)(x+2)}{x-3}=x+2$이므로

$$\lim_{x \to 3}\frac{x^2-x-6}{x-3}=\lim_{x \to 3}(x+2)=3+2=5$$

(4) $x \neq -1$일 때 $\frac{x^2+3x+2}{x+1}=\frac{(x+1)(x+2)}{x+1}=x+2$이므로

$$\lim_{x \to -1}\frac{x^2+3x+2}{x+1}=\lim_{x \to -1}(x+2)=-1+2=1$$

(5) $x \neq 1$일 때

$$\frac{x-1}{\sqrt{x}-1}=\frac{(x-1)(\sqrt{x}+1)}{(\sqrt{x}-1)(\sqrt{x}+1)}=\frac{(x-1)(\sqrt{x}+1)}{x-1}=\sqrt{x}+1\text{이므로}$$

$$\lim_{x \to 1}\frac{x-1}{\sqrt{x}-1}=\lim_{x \to 1}(\sqrt{x}+1)=\sqrt{1}+1=2$$

■

x가 c에 가까워질 때 $f(x)$의 값이 한없이 커지면

$$\lim_{x \to c}f(x)=\infty$$

로 나타낸다. 또, x가 c에 가까워질 때 $f(x)$의 값이 한없이 작아지면

$$\lim_{x \to c} f(x) = -\infty$$

로 나타낸다.

예를 들면 $f(x) = \dfrac{1}{|x|}$에서 x가 0에 가까워지면 $f(x)$의 값은 한없이 커짐을 알 수 있다. 따라서 $\displaystyle\lim_{x \to 0} \frac{1}{|x|} = \infty$이다.

그리고 $f(x) = -\dfrac{1}{|x|}$에서 x가 0에 가까워지면 $f(x)$의 값은 한없이 작아짐을 알 수 있다. 따라서 $\displaystyle\lim_{x \to 0}\left(-\frac{1}{|x|}\right) = -\infty$이다.

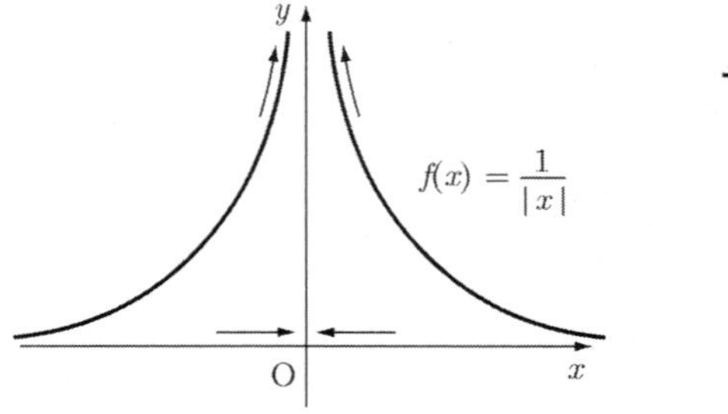

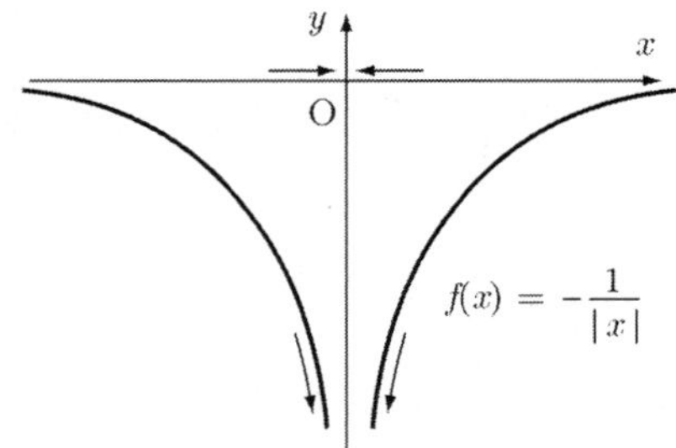

예제 4.1.2

다음을 구하라.

(1) $\displaystyle\lim_{x \to 0} \frac{1}{x^2}$　　　(2) $\displaystyle\lim_{x \to 1} \frac{1}{(x-1)^2}$

풀이 (1) x가 0에 가까워지면 $\dfrac{1}{x^2}$은 한없이 커짐을 알 수 있다. 따라서

$$\lim_{x \to 0} \frac{1}{x^2} = \infty$$

(2) x가 1에 가까워지면 $\dfrac{1}{(x-1)^2}$은 한없이 커짐을 알 수 있다. 따라서

$$\lim_{x \to 1} \frac{1}{(x-1)^2} = \infty$$

■

x가 한없이 커질 때 $f(x)$의 값이 일정한 값 L에 가까워지면

$$\lim_{x \to \infty} f(x) = L$$

로 나타내고 x가 한없이 작아질 때 $f(x)$의 값이 일정한 값 L에 가까워지면

$$\lim_{x \to -\infty} f(x) = L$$

로 나타낸다.

예를 들면 $f(x) = \dfrac{1}{x}$에서 x가 한없이 커지면 $f(x)$의 값은 0에 가까워지고 x가 한없이 작아져도 $f(x)$의 값은 0에 가까워진다. 따라서

$$\lim_{x \to \infty} \frac{1}{x} = 0, \quad \lim_{x \to -\infty} \frac{1}{x} = 0$$

이다.

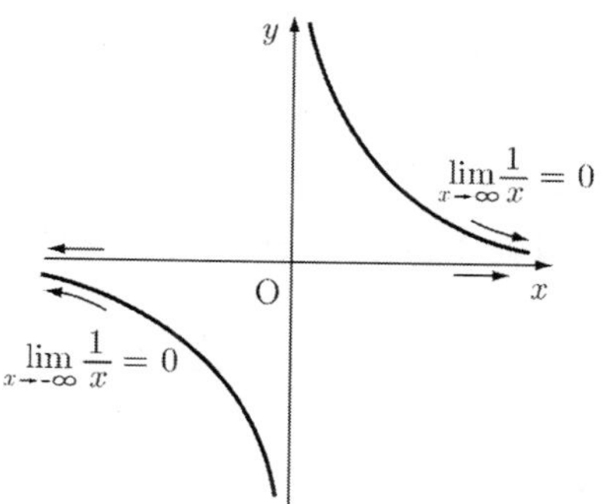

또, x가 한없이 커질 때 $f(x)$의 값이 한없이 커지면

$$\lim_{x \to \infty} f(x) = \infty$$

로 나타낸다. 비슷하게 다음의 극한들도 생각할 수 있다.

$$\lim_{x \to \infty} f(x) = -\infty, \quad \lim_{x \to -\infty} f(x) = \infty, \quad \lim_{x \to -\infty} f(x) = -\infty$$

예를 들면

$$\lim_{x \to \infty} x^2 = \infty, \ \lim_{x \to \infty} x^3 = \infty, \ \lim_{x \to \infty} (-x^3) = -\infty$$

$$\lim_{x \to -\infty} x^2 = \infty, \ \lim_{x \to -\infty} x^3 = -\infty, \ \lim_{x \to -\infty} (-x^3) = \infty$$

이다.

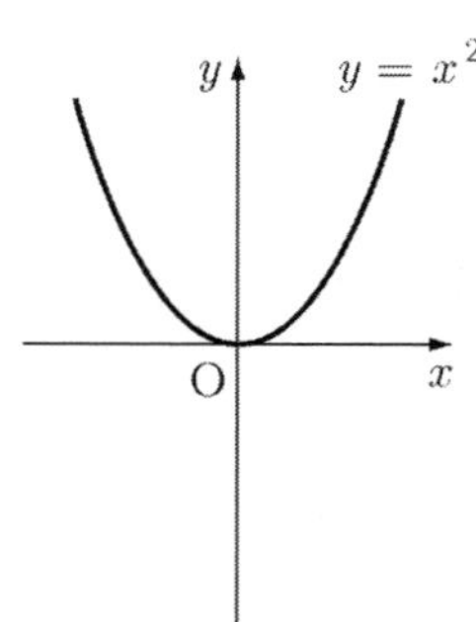

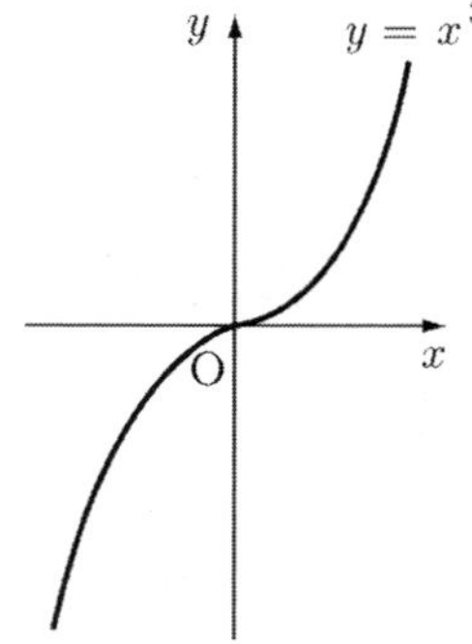

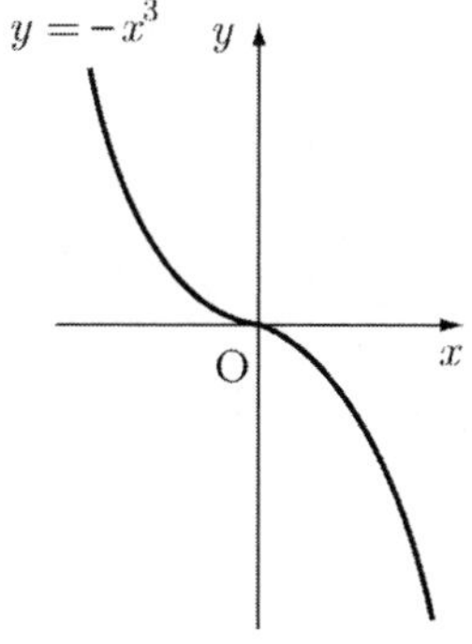

$x > c$인 x가 c에 가까워질 때 $f(x)$가 L에 가까워지면

$$\lim_{x \to c^+} f(x) = L$$

로 나타내고 L을 $f(x)$의 **우극한**이라 한다.

또, x가 c보다 작은 값을 가지면서 c에 가까워질 때 $f(x)$가 L에 가까워지면

$$\lim_{x \to c^-} f(x) = L$$

로 나타내고 L을 $f(x)$의 **좌극한**이라 한다.

예를 들면 $f(x) = \dfrac{|x|}{x}$에서

$x > 0$일 때 $|x| = x$이므로 $f(x) = \dfrac{|x|}{x} = \dfrac{x}{x} = 1$

$x < 0$일 때 $|x| = -x$ 이므로 $f(x) = \dfrac{|x|}{x} = \dfrac{-x}{x} = -1$

이다.

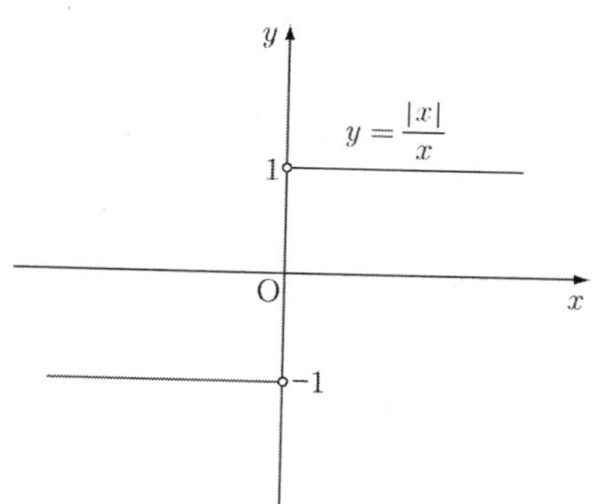

양수 x가 0에 가까워지면 함수 $f(x)$의 값은 1에 가까워진다. 또, 음수 x가 0에 가까워지면 함수 $f(x)$의 값은 -1에 가까워진다. 따라서

$$\lim_{x\to 0^+}\frac{|x|}{x}=1,\ \lim_{x\to 0^-}\frac{|x|}{x}=-1$$

이다.

$\lim_{x\to c}f(x)=L$는 x가 c보다 큰 값 또는 작은 값에 관계없이 c에 가까워질 때 $f(x)$의 값이 L에 가까워지는 것을 나타내므로

$$\lim_{x\to c}f(x)=L \text{이면 } \lim_{x\to c^+}f(x)=L=\lim_{x\to c^-}f(x)$$

이고 그 역도 성립한다. 그러므로 $\lim_{x\to c}f(x)$는 우극한과 좌극한이 같을 때만 존재한다.

예제 4.1.3

$\lim_{x\to 0}(x-[\![x]\!])$을 구하라.

풀이 $\lim_{x\to 0^+}(x-[\![x]\!])=0,\ \lim_{x\to 0^-}(x-[\![x]\!])=1$이므로 $\lim_{x\to 0}(x-[\![x]\!])$은 존재하지 않는다.

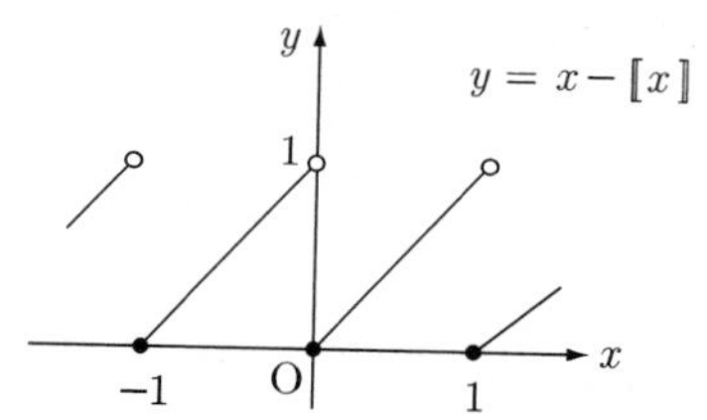

이제 점근선에 대하여 알아보자. 함수 $y=f(x)$에 대하여

$$\lim_{x\to a^+} f(x)=\infty,\ \lim_{x\to a^+} f(x)=-\infty,\ \lim_{x\to a^-} f(x)=\infty,\ \lim_{x\to a^-} f(x)=-\infty$$

중 하나가 성립할 때 직선 $x=a$를 함수 $y=f(x)$의 **수직 점근선**이라 한다. 또한 $\lim_{x\to\infty} f(x)=b$ 이거나 $\lim_{x\to-\infty} f(x)=b$이면 직선 $y=b$를 함수 $y=f(x)$의 **수평 점근선**이라 한다.

예제 4.1.4

$f(x)=\dfrac{2x}{x-1}$일 때 $y=f(x)$의 수평, 수직 점근선을 구하고 그래프를 그리라.

풀이 $\lim_{x\to\infty}\dfrac{2x}{x-1}=\lim_{x\to\infty}\dfrac{2}{1-\frac{1}{x}}=2$, $\lim_{x\to-\infty}\dfrac{2x}{x-1}=2$이므로 $y=2$는 수평 점근선이다. 그리고 $\lim_{x\to1^+}\dfrac{2x}{x-1}=\infty$, $\lim_{x\to1^-}\dfrac{2x}{x-1}=-\infty$이므로 $x=1$은 수직 점근선이다.

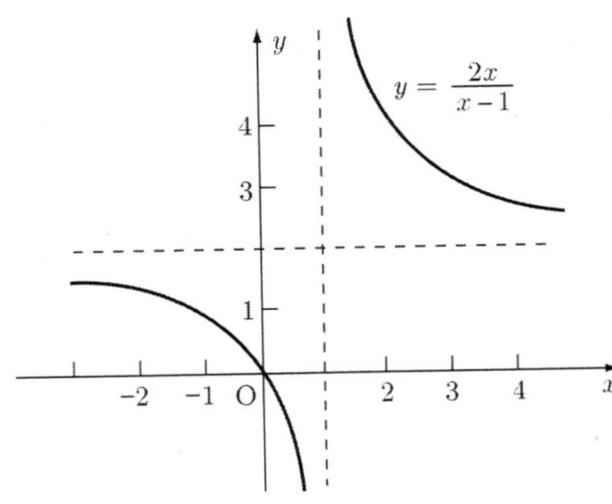

■

대부분의 극한에 관한 문제는 극한의 다음과 같은 기본성질을 이용하여 구할 수 있다.

정리 4.1.1

1. 상수함수와 항등함수의 극한

(1) 상수함수 $f(x)=k$에 대하여

$$\lim_{x\to c}f(x)=k$$

(2) $\lim_{x\to c}x=c$

2. 수렴하는 함수의 대수적 성질

c의 근방에서 정의된 두 함수 $f(x)$, $g(x)$에 대하여 $\lim_{x\to c}f(x)=L$, $\lim_{x\to c}g(x)=M$ (L, M은 실수)이면 다음이 성립한다.

(1) $\lim_{x\to c}\{f(x)+g(x)\}=L+M$

(2) $\lim_{x\to c}\{f(x)-g(x)\}=L-M$

(3) $\lim_{x\to c}\{f(x)g(x)\}=LM$

(4) $\lim_{x\to c}\left\{\dfrac{g(x)}{f(x)}\right\}=\dfrac{M}{L}$ ($L\neq 0$일 때)

(5) $\lim_{x\to c}\sqrt{f(x)}=\sqrt{L}$ ($L>0$일 때)

위 정리는 다음의 경우에도 성립한다.

$$\lim_{x\to c^+},\ \lim_{x\to c^-},\ \lim_{x\to\infty},\ \lim_{x\to-\infty}$$

예제 4.1.5

다음을 구하라.

(1) $\lim_{x\to 2}(x^2-3x-4)$

(2) $\lim_{x\to 2}(x^2+1)(3x-1)$

(3) $\lim_{x\to -2}\dfrac{2x^2+1}{x^2-2x+2}$

풀이 (1)
$$\begin{aligned}\lim_{x\to 2}(x^2-3x-4)&=\lim_{x\to 2}x^2-\lim_{x\to 2}3x-\lim_{x\to 2}4\\&=\lim_{x\to 2}x^2-3\lim_{x\to 2}x-\lim_{x\to 2}4\\&=2^2-3\cdot 2-4=-6\end{aligned}$$

(2) $\lim_{x\to 2}(x^2+1)(3x-1) = \left[\lim_{x\to 2}(x^2+1)\right] \cdot \left[\lim_{x\to 2}(3x-1)\right]$

$= \left[\lim_{x\to 2}x^2 + \lim_{x\to 2}1\right] \cdot \left[3\lim_{x\to 2}x - \lim_{x\to 2}1\right]$

$= \left[2^2+1\right] \cdot \left[3 \cdot 2 - 1\right] = 25$

(3) $\lim_{x\to -2}\dfrac{2x^2+1}{x^2-2x+2} = \dfrac{\lim_{x\to -2}(2x^2+1)}{\lim_{x\to -2}(x^2-2x+2)}$

$= \dfrac{2\lim_{x\to -2}x^2 + \lim_{x\to -2}1}{\lim_{x\to -2}x^2 - 2\lim_{x\to -2}x + \lim_{x\to -2}2}$

$= \dfrac{2\cdot(-2)^2+1}{(-2)^2-2\cdot(-2)+2} = \dfrac{9}{10}$

■

예제 4.1.6

다음을 구하라.

(1) $\lim_{x\to -3}\dfrac{x^2-9}{x+3}$

(2) $\lim_{x\to 2}\dfrac{\sqrt{x+2}-2}{x-2}$

풀이

(1) $\lim_{x\to -3}\dfrac{x^2-9}{x+3} = \lim_{x\to -3}\dfrac{(x-3)(x+3)}{x+3} = \lim_{x\to -3}(x-3) = -6$

(2) $\lim_{x\to 2}\dfrac{\sqrt{x+2}-2}{x-2} = \lim_{x\to 2}\dfrac{(\sqrt{x+2}-2)(\sqrt{x+2}+2)}{(x-2)(\sqrt{x+2}+2)}$

$= \lim_{x\to 2}\dfrac{(x+2)-4}{(x-2)(\sqrt{x+2}+2)}$

$= \lim_{x\to 2}\dfrac{1}{\sqrt{x+2}+2} = \dfrac{1}{4}$

■

예제 4.1.7

다음을 구하라.

(1) $\lim_{x \to \infty} \frac{2x+1}{x^2+3}$

(2) $\lim_{x \to \infty} \frac{4x^2+x+1}{x^2-x+2}$

(3) $\lim_{x \to -\infty} \left(\sqrt{x^2+x+1}-x\right)$

풀이 (1) $\lim_{x \to \infty} \frac{2x+1}{x^2+3} = \lim_{x \to \infty} \frac{\frac{2}{x}+\frac{1}{x^2}}{1+\frac{3}{x^2}} = \frac{0+0}{1+0} = \frac{0}{1} = 0$

(2) $\lim_{x \to \infty} \frac{4x^2+x+1}{x^2-x+2} = \lim_{x \to \infty} \frac{4+\frac{1}{x}+\frac{1}{x^2}}{1-\frac{1}{x}+\frac{2}{x^2}} = \frac{4+0+0}{1-0+0} = 4$

(3) $-x=t$라 두면 $t\to\infty$ 이므로 $\lim_{t\to\infty}\left(\sqrt{t^2-t+1}+t\right)=\infty$ 이다.

따라서 $\lim_{x \to -\infty} \left(\sqrt{x^2+x+1}-x\right) = \infty$

■

직관적 설명으로 짜내기 정리를 알아보자.

정리 4.1.2 짜내기 정리

c에 가까운 값 x에서 $f(x) \le g(x) \le h(x)$인 함수 f, g, h에 대하여,
$\lim_{x\to c} f(x) = L = \lim_{x\to c} h(x)$이면 $\lim_{x\to c} g(x) = L$ 이다.

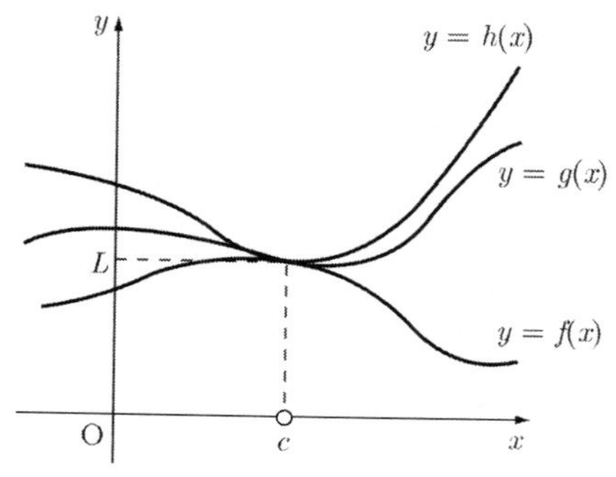

예제 4.1.8

$\lim_{x \to \infty} \frac{\sin x}{x}$ 의 값을 구하라.

| 풀이 | $-1 \le \sin x \le 1$이므로 $x > 0$이면 $-\frac{1}{x} \le \frac{\sin x}{x} \le \frac{1}{x}$이다. 그리고

$\lim_{x \to \infty}\left(-\frac{1}{x}\right) = 0 = \lim_{x \to \infty}\frac{1}{x}$이므로 짜내기 정리에 의하여 $\lim_{x \to \infty}\frac{\sin x}{x} = 0$이다.

■

예제 4.1.9

$\lim_{x \to 0} x\sin\frac{1}{x}$ 의 값을 구하라.

| 풀이 | $\left|\sin\frac{1}{x}\right| \le 1$이고 $|x|\left|\sin\frac{1}{x}\right| \le \left|x\sin\frac{1}{x}\right| \le |x|$이므로

$-|x| \le x\sin\frac{1}{x} \le |x|$이다. 그리고 $\lim_{x \to 0}(-|x|) = 0 = \lim_{x \to 0}|x|$이므로

$\lim_{x \to 0} x\sin\frac{1}{x} = 0$이다.

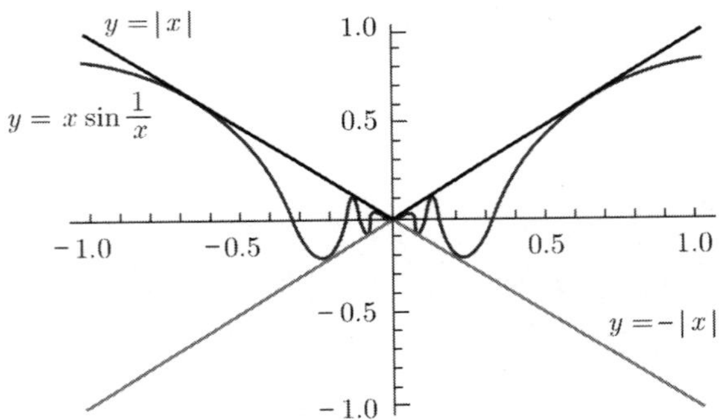

■

예제 4.1.10

$\lim_{\theta \to 0} \frac{\sin\theta}{\theta} = 1$임을 보이라.

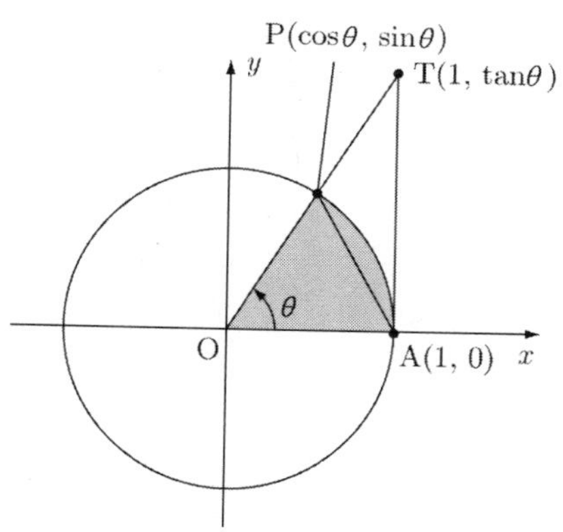

풀이 $0 < \theta < \frac{\pi}{2}$일 때 그림과 같이 반지름이 1인 단위원 위의 두 점 $A(1, 0)$, $P(\cos\theta, \sin\theta)$에 대하여 점 A를 지나는 수직선과 반지름 OP 연장선과 만나는 점을 $T(1, \tan\theta)$라 하자. 그러면

$$\triangle OAP\text{의 넓이} \le \text{부채꼴 } OAP\text{의 넓이} \le \triangle OAT\text{의 넓이}$$

이다. 그런데

$$\triangle OAP\text{의 넓이} = \frac{1}{2} \cdot 1 \cdot \sin\theta = \frac{\sin\theta}{2}$$

$$\text{부채꼴 } OAP\text{의 넓이} = \frac{1}{2} \cdot 1 \cdot \theta = \frac{\theta}{2}$$

$$\triangle OAT\text{의 넓이} = \frac{1}{2} \cdot 1 \cdot \tan\theta = \frac{\sin\theta}{2\cos\theta}$$

이므로 $\frac{\sin\theta}{2} \le \frac{\theta}{2} \le \frac{\sin\theta}{2\cos\theta}$이다. $\frac{2}{\sin\theta} > 0$이므로 곱하면

$$1 \le \frac{\theta}{\sin\theta} \le \frac{1}{\cos\theta}$$

이고 역수를 취하면

$$\cos\theta \le \frac{\sin\theta}{\theta} \le 1$$

이다. 한편 $-\frac{\pi}{2} < \theta < 0$이면 $0 < -\theta < \frac{\pi}{2}$이고

$$\cos(-\theta) \le \frac{\sin(-\theta)}{-\theta} \le 1$$

이다. $\cos(-\theta) = \cos\theta$이고 $\sin(-\theta) = -\sin\theta$이므로

$$\cos\theta \le \frac{\sin\theta}{\theta} \le 1$$

이다. $\lim_{\theta\to 0}\cos\theta = 1 = \lim_{\theta\to 0} 1$ 이므로

$$\lim_{\theta\to 0}\frac{\sin\theta}{\theta} = 1$$

이다.

■

예제 4.1.11

다음을 구하라.

(1) $\lim_{x\to 0}\frac{\cos x - 1}{x}$

(2) $\lim_{x\to 0}\frac{\tan x}{x}$

(3) $\lim_{x\to 0}\frac{\sin 5x}{3x}$

(4) $\lim_{x\to 0}\frac{\sin 3x}{\tan x}$

(5) $\lim_{x\to 0}\frac{\cos x - 1}{\sin x}$

풀이 (1) $\lim_{x\to 0}\frac{\cos x - 1}{x} = \lim_{x\to 0}\frac{(\cos x - 1)(\cos x + 1)}{x(\cos x + 1)}$

$$= \lim_{x\to 0}\frac{\cos^2 x - 1}{x(\cos x + 1)} = \lim_{x\to 0}\frac{-\sin^2 x}{x(\cos x + 1)}$$

$$= -\lim_{x\to 0}\frac{\sin x}{x}\cdot\frac{\lim_{x\to 0}\sin x}{\lim_{x\to 0}(\cos x + 1)}$$

$$= 1\cdot\frac{0}{2} = 0$$

(2) $\lim_{x\to 0}\frac{\tan x}{x} = \lim_{x\to 0}\frac{\frac{\sin x}{\cos x}}{x} = \lim_{x\to 0}\frac{\sin x}{x\cos x}$

$$= \lim_{x\to 0}\frac{\sin x}{x}\cdot\lim_{x\to 0}\frac{1}{\cos x} = 1\cdot 1 = 1$$

(3) $\lim_{x\to 0}\frac{\sin 5x}{3x} = \lim_{x\to 0}\frac{5}{3}\frac{\sin 5x}{5x} = \frac{5}{3}\lim_{x\to 0}\frac{\sin 5x}{5x} = \frac{5}{3}\cdot 1 = \frac{5}{3}$

(4) $\lim_{x \to 0} \frac{\sin 3x}{\tan x} = \lim_{x \to 0} \frac{\sin 3x}{\frac{\sin x}{\cos x}} = \lim_{x \to 0} \frac{\sin 3x}{1} \frac{1}{\sin x} \frac{\cos x}{1}$

$= 3 \lim_{x \to 0} \frac{\sin 3x}{3x} \frac{x}{\sin x} \frac{\cos x}{1} = 3 \cdot 1 \cdot 1 \cdot 1 = 3$

(5) $\lim_{x \to 0} \frac{\cos x - 1}{\sin x} = \lim_{x \to 0} \frac{\frac{\cos x - 1}{x}}{\frac{\sin x}{x}} = \frac{\lim_{x \to 0} \frac{\cos x - 1}{x}}{\lim_{x \to 0} \frac{\sin x}{x}} = \frac{0}{1} = 0$

■

4.1 연습문제

1. 다음을 구하라.

(1) $\lim_{x \to 1} (x^2 + 2x)$

(2) $\lim_{x \to -1} (x^3 - 3x^2 - 2x - 1)$

(3) $\lim_{x \to 3} \frac{x - 5}{x^2 - 3x + 2}$

(4) $\lim_{x \to -1} \frac{x^2 + 3x + 2}{x + 1}$

(5) $\lim_{x \to -2} \frac{x^3 + 8}{x^2 - x - 6}$

(6) $\lim_{x \to -3} \frac{2x^2 + 5x - 3}{x + 3}$

(7) $\lim_{x \to 9} \frac{x - 9}{\sqrt{x} - 3}$

(8) $\lim_{x \to 0} \frac{x}{\sqrt{x + 4} - 2}$

2. 다음을 구하라.

(1) $\lim_{x \to \infty} \frac{x - 4}{2x^2 + 3}$

(2) $\lim_{x \to \infty} \frac{2x^2 - x - 1}{3x^2 + x + 2}$

(3) $\lim_{x \to \infty} \frac{2x^2 + x + 1}{x + 3}$

(4) $\lim_{x \to \infty} \frac{4x}{\sqrt{x^2 + 2} - 3}$

(5) $\lim_{x \to -\infty} \frac{4x}{\sqrt{x^2 + 2} - 3}$

(6) $\lim_{x \to -\infty} \left(\sqrt{x^2 + x + 1} - x\right)$

(7) $\lim_{x \to \infty} \left(\sqrt{x^2 + 3x} - x\right)$

(8) $\lim_{x \to 0} \frac{1}{x} \left(\frac{1}{x + 3} - \frac{1}{3}\right)$

(9) $\lim_{x \to 0} \frac{1}{x} \left(\frac{1}{\sqrt{x + 2}} - \frac{1}{\sqrt{2}}\right)$

3. 다음을 구하라.

(1) $\lim_{x \to 0} x^2 \sin\frac{1}{x}$ (2) $\lim_{x \to 0} \sin x \cos\frac{1}{x}$

(3) $\lim_{x \to \infty} \frac{\cos x}{x}$

4. 다음을 구하라.

(1) $\lim_{x \to 0} \frac{\tan x - \sin x}{x \cos x}$ (2) $\lim_{x \to 0} \frac{\sin 2x}{\tan x}$

(3) $\lim_{x \to 0} \frac{\sin 2x}{\sin 3x}$ (4) $\lim_{x \to 0} \frac{\tan 3x}{\tan 5x}$

4.2 함수의 연속

일상용어에서 연속이란 갑작스런 변화 없이 진행되는 과정을 표현하는 데 사용된다. 함수의 연속 개념을 알아보자. 다음 세 개의 그래프를 보면 세 번째만이 c 에서 연속임을 나타내고 있다.

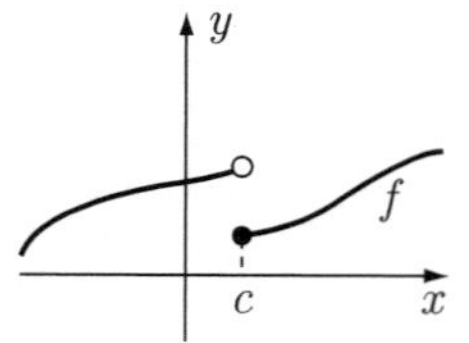

$\lim_{x \to c} f(x)$는 존재하지 않는다.

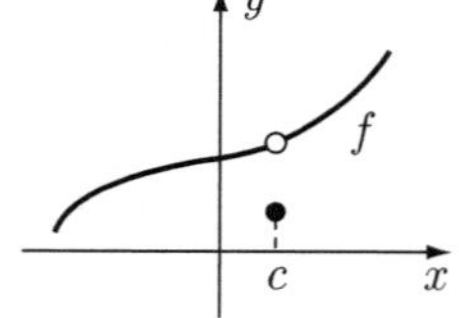

$\lim_{x \to c} f(x)$는 존재한다.

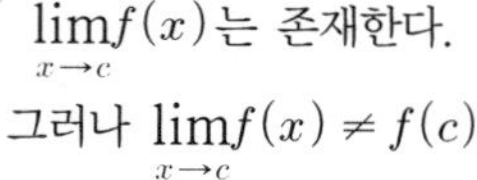
그러나 $\lim_{x \to c} f(x) \neq f(c)$

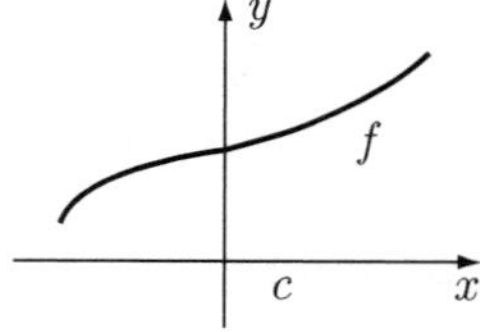

$\lim_{x \to c} f(x) = f(c)$

함수 $y = f(x)$ 가

(i) $x = c$ 에서 정의되고

(ii) $\lim_{x \to c} f(x)$ 가 존재하며

(iii) $\lim_{x \to c} f(x) = f(c)$

이면 이 함수는 $x = c$ 에서 **연속**이라 한다. 함수 $y = f(x)$ 가 $x = c$ 에서 연속이 아니면 이 함수는 $x = c$ 에서 **불연속**이라 한다.

예제 4.2.1

다음 함수의 연속성 여부를 설명하라.

(1) $f(x)=x^3+1$

(2) $f(x)=\dfrac{x}{x^2+3}$

(3) $f(x)=\begin{cases} x^2+1, & x\neq 0 \\ 0, & x=0 \end{cases}$

풀이 (1) 모든 실수 c 에 대하여

(i) $f(c)=c^3+1$

(ii) $\lim\limits_{x\to c} f(x)=\lim\limits_{x\to c}(x^3+1)=c^3+1$

(iii) $\lim\limits_{x\to c} f(x)=f(c)$

이므로 $f(x)$는 실수의 집합 $\mathbb{R}$ 에서 연속이다.

(2) 모든 실수 c 에 대하여

$$f(c)=\frac{c}{c^2+3},\quad \lim_{x\to c} f(x)=\lim_{x\to c}\frac{x}{x^2+3}=\frac{c}{c^2+3}$$

이므로 $f(x)$는 실수의 집합 $\mathbb{R}$ 에서 연속이다.

(3) $f(0)=0$이고 $\lim\limits_{x\to 0} f(x)=1$이므로 $\lim\limits_{x\to 0} f(x)\neq f(0)$이다. 따라서 $f(x)$는 $x=0$ 에서 불연속이다.

■

지금까지는 한 점에서의 연속성에 대해서 알아보았다. 이제 어떤 구간에서의 연속성에 대하여 알아보자. 함수 $y=f(x)$ 가 구간에서 연속이란 구간의 각 점에서 연속인 것을 의미한다. 이 경우 열린구간 (a,b)을 택한다. 닫힌구간 $[a,b]$을 택하면 문제점에 봉착한다. $f(x)=\sqrt{x}$ 일 때 이 함수는 $x=0$의 왼쪽에서 정의조차 되지 않고 $\lim\limits_{x\to 0^-}\sqrt{x}$ 가 존재하지 않는다. 이와 같은 난점을 해결하기 위하여 $y=f(x)$가 $[a,b]$에서 연속이라 함은 $y=f(x)$가 (a,b)에서 연속이고 $\lim\limits_{x\to a^+} f(x)=f(a)$, $\lim\limits_{x\to b^-} f(x)=f(b)$일 때를 의미한다.

예제 4.2.2

다음의 함수가 어느 구간에서 연속인지 설명하라.

(1)

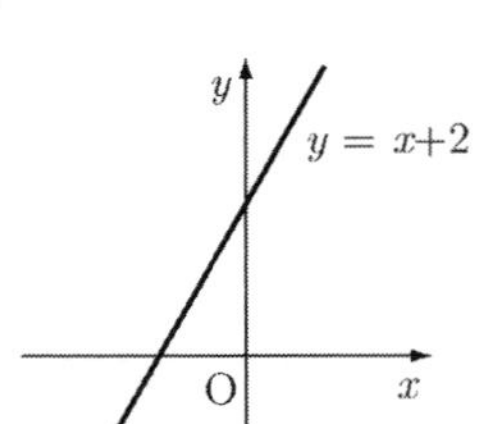

(2)

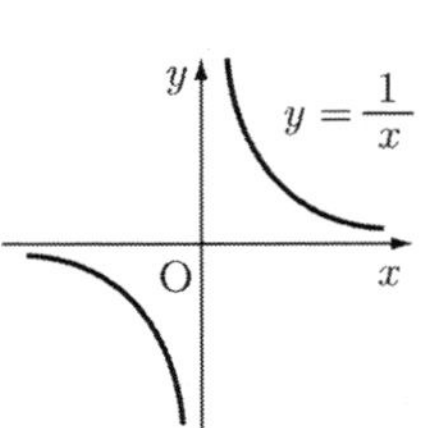

(3)

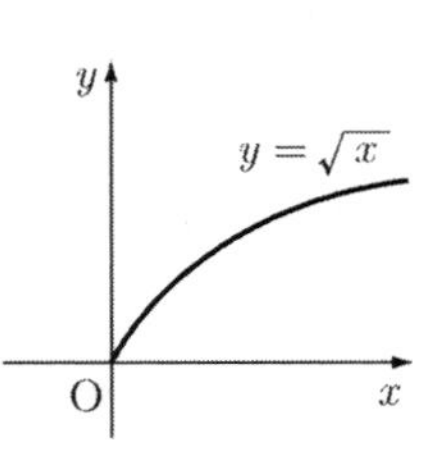

풀이 (1) $y=x+2$는 구간$(-\infty, \infty)$에서 연속이다.

(2) $y=\dfrac{1}{x}$는 구간 $(-\infty, 0)$과 $(0, \infty)$에서 연속이다.

(3) $y=\sqrt{x}$는 구간 $[0, \infty)$에서 연속이다.

■

두 함수 $f(x)$, $g(x)$가 $x=c$에서 연속일 때 두 함수의 합 $f(x)+g(x)$도 $x=c$에서 연속인지 알아보자. 두 함수 $f(x)$, $g(x)$가 $x=c$에서 연속이므로

$$\lim_{x\to c} f(x)=f(c),\ \lim_{x\to c} g(x)=g(c)$$

이다. 따라서 극한에 관한 정리에 의하여

$$\lim_{x\to c}[f(x)+g(x)]=\lim_{x\to c} f(x)+\lim_{x\to c} g(x)=f(c)+g(c)$$

이다. 그러므로 $f(x)+g(x)$는 $x=c$에서 연속이다. 이와 같은 방법으로 생각하면 다음과 같은 성질을 얻을 수 있다.

정리 4.2.1

함수 $f(x)$, $g(x)$가 어떤 구간에서 연속이면 그 구간에서 다음 함수도 연속이다.

(1) $kf(x)$, k는 상수

(2) $f(x)\pm g(x)$

(3) $f(x)g(x)$

(4) $\dfrac{f(x)}{g(x)}$, $g(x)\neq 0$

닫힌구간 $[1, 2]$에서 연속인 함수 $f(x) = x + 1$은 다음 그림에서 알 수 있듯이 $x = 1$에서 최솟값 2, $x = 2$에서 최댓값 3을 갖는다.

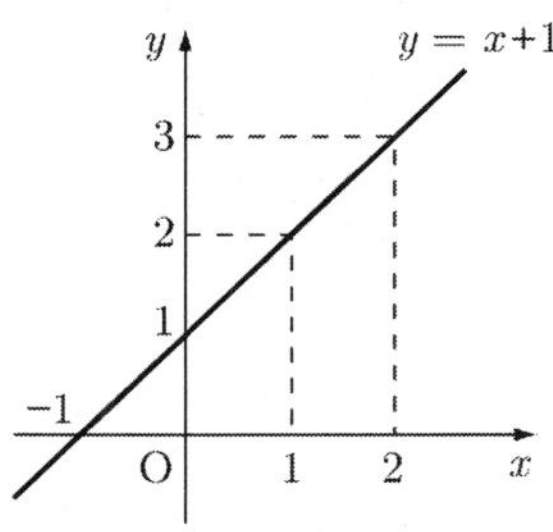

일반적으로 닫힌구간에서 연속인 함수에는 최대 · 최소 정리가 성립한다.

정리 4.2.2 최대 · 최소 정리

함수 $f(x)$가 닫힌구간 $[a, b]$에서 연속이면 $f(x)$는 이 구간에서 최댓값과 최솟값을 갖는다.

예제 4.2.3

함수 $f(x) = x^2$에 대하여 다음 구간에서 최댓값과 최솟값을 구하라.

(1) $[-1, 2]$ (2) $[-1, 2)$

풀이 (1) $y = x^2$는 $[-1, 2]$에서 연속이고 구간 $(-1, 0)$에서 감소하고 구간 $(0, 2)$에서 증가한다. $f(-1) = (-1)^2 = 1$, $f(0) = 0$, $f(2) = 2^2 = 4$이므로 $x = 0$에서 최솟값 0, $x = 2$에서 최댓값 4를 갖는다.

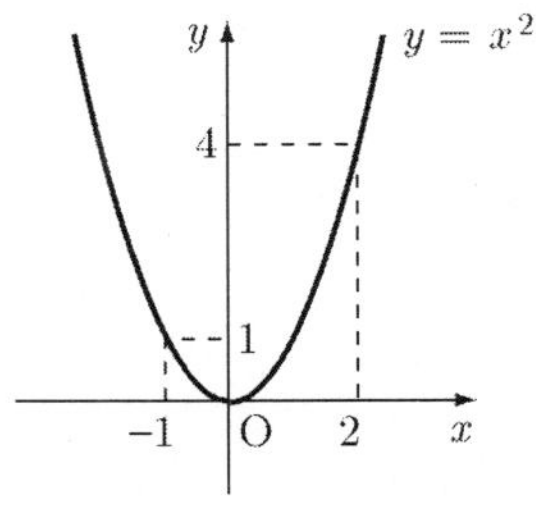

(2) $f(-1) = (-1)^2 = 1$, $f(0) = 0$, $f(2)$는 정의되지 않고 $\lim_{x \to 2^-} f(x) = 4$이다. 따라서 $x = 0$에서 최솟값 0을 갖고, 최댓값은 없다.

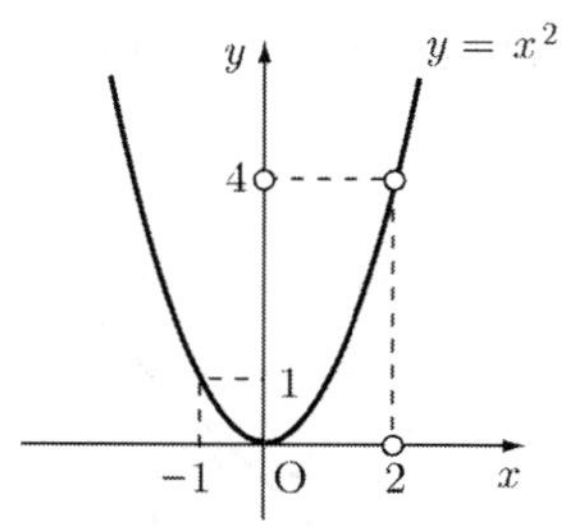

■

함수 $f(x)=x+1$은 닫힌구간 $[1,3]$에서 연속이므로 이 함수의 그래프는 두 점 $(1,2)$와 $(3,4)$를 잇는다. 따라서 $2<K<4$인 임의의 K에 대하여 직선 $y=K$와 함수 $y=x+1$의 그래프는 열린구간 $(1,3)$에서 반드시 만난다. 따라서 $f(x)=K$를 만족시키는 x값이 열린구간 $(1,3)$에 존재한다.(실제로 $x=K-1$)

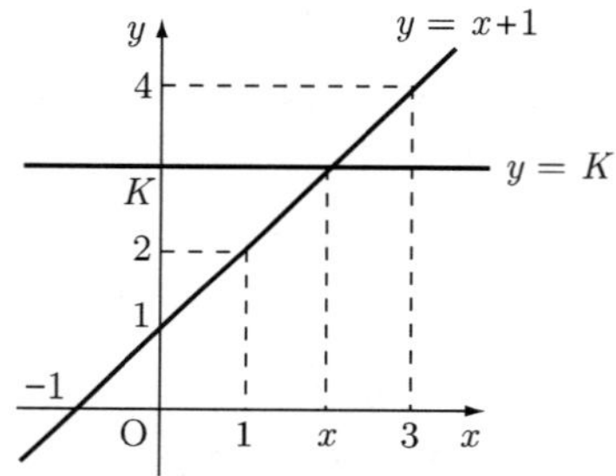

이 성질을 일반화하면 다음 중간값의 정리를 얻을 수 있다.

정리 4.2.3 중간값 정리

함수 $f(x)$가 닫힌구간 $[a, b]$에서 연속이고 $f(a) \neq f(b)$이면 $f(a)$와 $f(b)$ 사이에 있는 임의의 값 K에 대하여 $f(c) = K$인 c가 열린구간 (a, b)에 적어도 하나 존재한다.

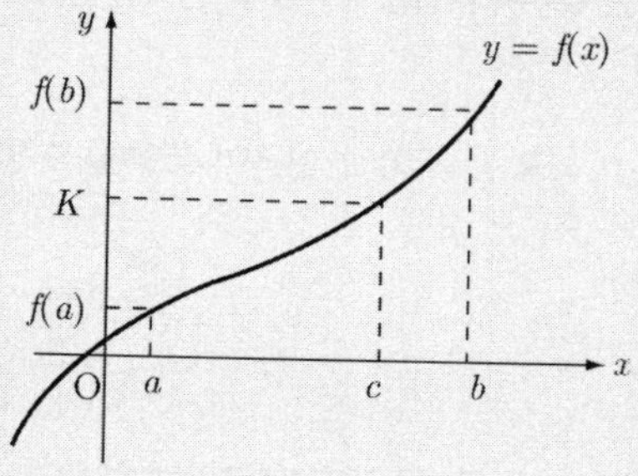

예제 4.2.4

방정식 $2x^2 - 4x + 1 = 0$은 1과 3 사이에 적어도 하나의 실근을 가짐을 설명하라.

풀이 $f(x) = 2x^2 - 4x + 1$이라 하면 함수 $f(x)$는 닫힌구간 $[1, 3]$에서 연속이고

$$f(1) = -1 < 0,\ f(3) = 7 > 0$$

이므로 중간값의 정리에 의하여 $f(c) = 0$을 만족하는 c가 열린구간 $(1, 3)$에 적어도 하나 존재한다. 그러므로 $f(x) = 0$을 만족하는 실근이 1과 3 사이에 적어도 하나 존재한다. ■

4.2 연습문제

1. 다음 함수가 $x = 2$에서 연속인지, 불연속인지 설명하라.

(1) $f(x) = x^2 - 2x + 1$

(2) $f(x) = \dfrac{x^2 - 4}{x - 2}$

(3) $g(x) = \begin{cases} \dfrac{x^2 - 4}{x - 2}, & x \neq 2 \\ 3, & x = 2 \end{cases}$

(4) $h(x) = \begin{cases} \dfrac{x^2 - 4}{x - 2}, & x \neq 2 \\ 4, & x = 2 \end{cases}$

2. 함수 $f(x)=\dfrac{x}{1+x^2}$ 는 실수의 집합 $\mathbb{R}$ 에서 연속임을 보이라.

3. 함수 $f(x)=|x^2-3x+6|$ 은 실수의 집합 $\mathbb{R}$ 에서 연속임을 보이라.

4. 방정식 $x^3+3x-2=0$ 은 -1 과 1 사이에 실근이 있음을 설명하라.

제 05 장 미분법

영국의 뉴턴(Sir Isaac Newton, 1642–1727)과 독일의 라이프니츠(Gottfried Wilhelm Leibniz, 1646–1716)는 독립적으로 미적분학을 발견했다. 접선의 기울기 및 순간속도 등은 모두 도함수, 즉 미분의 개념에 의하여 설명될 수 있다. 이 장에서는 도함수를 정의하고 여러 가지 함수의 도함수를 구하는 미분법 등에 대하여 살펴볼 것이다.

5.1 접선과 순간속도

곡선상의 한 점에서 곡선에 접하는 직선을 생각해 보자.

점 P는 곡선상의 한 고정점이고 Q는 곡선을 따라 움직이는 점이라 하자. Q가 곡선을 따라서 P에 한없이 가까이 접근할 때 직선 PQ가 하나의 직선 l로 수렴한다면, 이 직선 l을 점 P에서의 **접선**이라 한다.

이제 곡선 $y=f(x)$ 위의 고정점 P에서 곡선에 대한 접선이 존재할 때 접선의 기울기를 알아보자.

P의 좌표를 $(c, f(c))$라 하고, P에 가까운 곡선상의 점을 $\mathrm{Q}(c+h,\ f(c+h))$라 하면, P, Q를 지나는 직선의 기울기는

$$\frac{f(c+h)-f(c)}{h}$$

이므로 P에서의 접선의 기울기 m은 다음과 같다.

$$m=\lim_{h\to 0}\frac{f(c+h)-f(c)}{h}$$

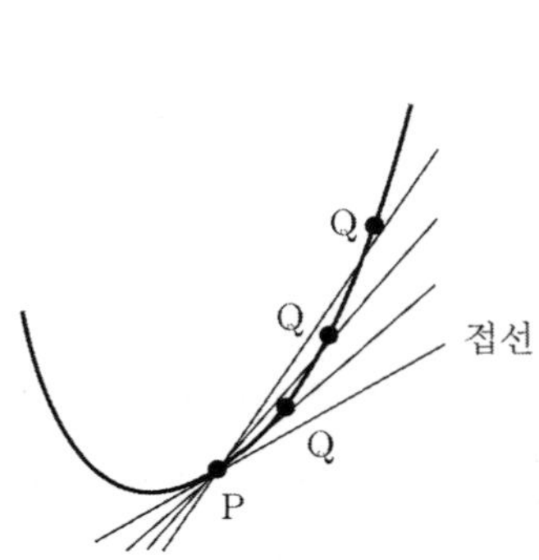

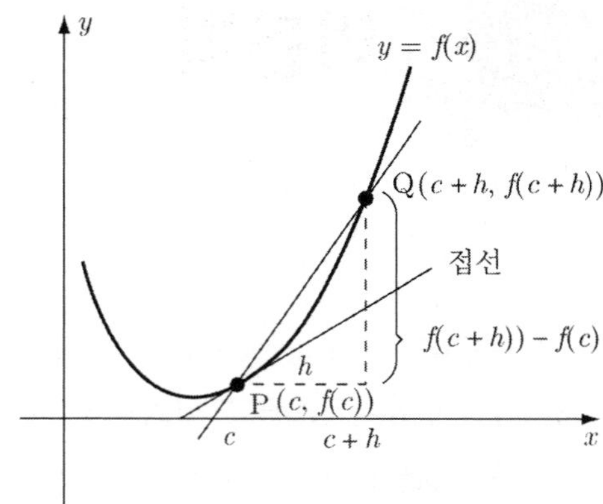

예제 5.1.1

곡선 $f(x)=x^2$ 위의 점 $(2,4)$에서 접선의 기울기를 구하라.

풀이

$$m=\lim_{h\to 0}\frac{f(2+h)-f(2)}{h}=\lim_{h\to 0}\frac{(2+h)^2-2^2}{h}$$

$$=\lim_{h\to 0}\frac{4+4h+h^2-4}{h}=\lim_{h\to 0}\frac{h(4+h)}{h}=4$$

■

예제 5.1.2

$f(x)=-x^2+2x+2$ 에서 x 가 $-1,\ \frac{1}{2},\ 2$ 그리고 3인 점에서 접선의 기울기를 구하라.

풀이

$$m=\lim_{h\to 0}\frac{f(c+h)-f(c)}{h}$$

$$=\lim_{h\to 0}\frac{-(c+h)^2+2(c+h)+2-(-c^2+2c+2)}{h}$$

$$=\lim_{h\to 0}\frac{-c^2-2ch-h^2+2c+2h+2+c^2-2c-2}{h}$$

$$=\lim_{h\to 0}\frac{h(-2c-h+2)}{h}=-2c+2$$

$c=-1,\ \frac{1}{2},\ 2,\ 3$을 각각 대입하면 기울기는 $4,\ 1,\ -2,\ -4$가 된다.

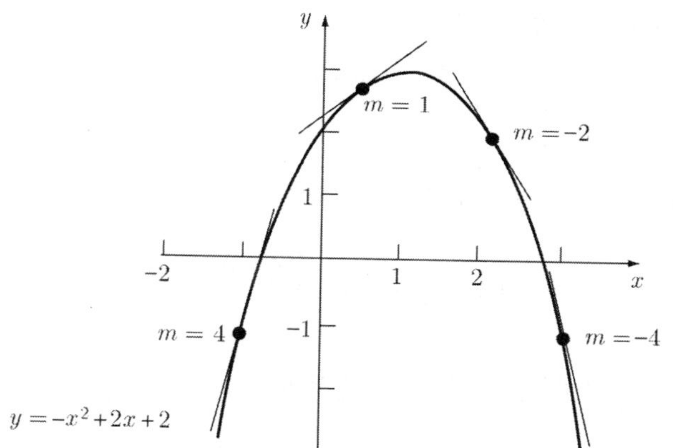

이번에는 직선운동을 하는 물체의 속도에 대해서 생각해보자.

서울에서 부산까지의 거리가 약 440 km이다. KTX가 2시간 동안에 주파한다면 평균 220 km/h의 속도로 달린다는 것을 알 수 있다. 그런데 속도계가 언제나 220 km/h을 나타내는 것은 아니다. 출발할 때는 0 km/h이지만 어느 순간에는 240 km/h를 나타낼 수도 있고 200 km/h를 나타낼 수도 있다. 즉, 기차의 빠르기는 항상 일정하지 않다. 따라서 기차의 빠르기를 평균속도만으로 생각할 수는 없다. 이렇게 일정하지 않은 빠르기로 움직이는 물체의 속도를 어떻게 정의해야 할까? 직선방향으로만 움직이는 물체에 있어서 항상 두 방향을 생각할 수 있다.

점 P 가 실직선 위를 움직인다고 하자. 점 P 의 위치가 시각 t에 대한 함수 $s = f(t)$로 정해진다면, 시각 c 에 점은 $f(c)$의 위치에 있고, c 에 가까운 시각 $c+h$에 점의 위치는 $f(c+h)$가 된다.

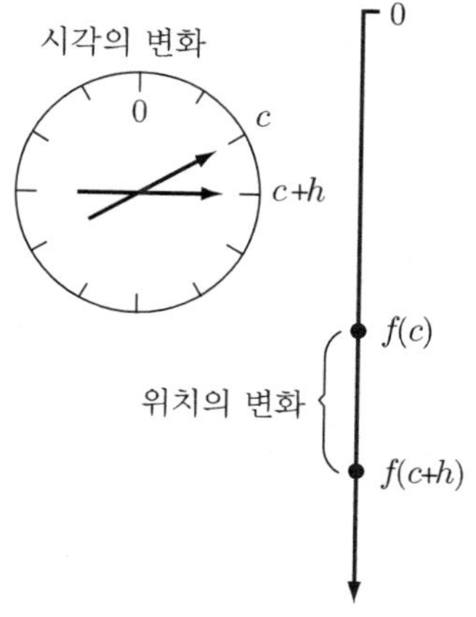

따라서 구간 $[c,\ c+h]$에서의 평균속도는

$$v_{\text{av}} = \frac{f(c+h)-f(c)}{h}$$

이다. 그리고 c에 순간속도는 다음과 같이 정의한다.

$$v = \lim_{h \to 0} v_{\text{av}} = \lim_{h \to 0} \frac{f(c+h)-f(c)}{h}$$

예를 들어 $f(t)=16t^2$이면 $t=1$일 때의 순간속도는

$$\begin{aligned} v &= \lim_{h \to 0} \frac{f(1+h)-f(1)}{h} \\ &= \lim_{h \to 0} \frac{16(1+h)^2-16}{h} \\ &= \lim_{h \to 0} \frac{16+32h+16h^2-16}{h} \\ &= \lim_{h \to 0} (32+16h) = 32 \end{aligned}$$

이다.

여기서 접선의 기울기와 순간속도는 함수에 있어서는 같은 개념임을 알 수 있다.

예제 5.1.3

점 P가 원점 O를 출발하여 직선방향으로 이동하는데 t초 후 P에서 원점까지의 거리 s는 $s = \sqrt{5t+1}\,(\text{cm})$라 한다. $t=3$일 때 점의 순간속도 v를 구하라.

풀이

$$\begin{aligned} v &= \lim_{h \to 0} \frac{f(3+h)-f(3)}{h} \\ &= \lim_{h \to 0} \frac{\sqrt{5(3+h)+1} - \sqrt{5(3)+1}}{h} = \lim_{h \to 0} \frac{\sqrt{16+5h}-4}{h} \\ &= \lim_{h \to 0} \frac{(\sqrt{16+5h}-4)(\sqrt{16+5h}+4)}{h(\sqrt{16+5h}+4)} \\ &= \lim_{h \to 0} \frac{16+5h-16}{h(\sqrt{16+5h}+4)} = \frac{5}{8} \end{aligned}$$

따라서 $t=3$일 때의 순간속도는 $\frac{5}{8}$ cm/sec이다.

■

5.1 연습문제

1. $y=4-x^2$에 대해서 다음에 답하라.

(1) 그래프를 그리라.

(2) $x=3$인 점에서 접선의 기울기를 구하고 접선을 그리라.

2. $y=x^2-3x+2$에 대하여 $x=-2, 1.5, 2, 5$ 인 각 점에서 접선의 기울기를 구하라.

3. $y=\dfrac{1}{1+x}$의 그래프를 그리고 점 $\left(1, \frac{1}{2}\right)$에서 접선의 방정식을 구하라.

4. 낙하하는 한 물체가 t초 동안에 $16t^2$ m 낙하한다고 하자.

(1) $t=3$과 $t=4$ 사이에 얼마나 낙하할까?

(2) 구간 $3 \le t \le 4$에서의 평균속도는 얼마인가?

(3) $t=3$일 때의 순간속도는 얼마인가?

5.2 도함수

함수 $y=f(x)$에서 x가 c에서 $c+h$까지 변하면 함수의 값이 $f(c)$에서 $f(c+h)$까지 변한다. 이때, 비(ratio)

$$\frac{f(c+h)-f(c)}{h}=\frac{y\text{의 변화량}}{x\text{의 변화량}}$$

을 c와 $c+h$ 사이에서 x에 대한 y의 **평균변화율**이라 한다.

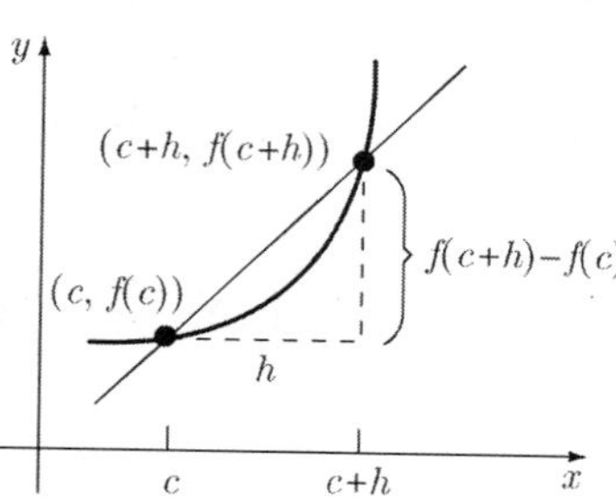

여기서 $h=(c+h)-c$는 x의 **증분**, $f(c+h)-f(c)$는 y의 **증분**이라 하고 각각을 Δx, Δy로 나타낸다. 따라서 함수 $y=f(x)$에서 x가 c에서 $c+\Delta x$까지 변할 때 이 함수

의 평균변화율은

$$\frac{\Delta y}{\Delta x}=\frac{f(c+\Delta x)-f(c)}{\Delta x}$$

와 같이 나타낼 수 있다. 여기서 극한

$$\lim_{\Delta x\to 0}\frac{\Delta y}{\Delta x}=\lim_{\Delta x\to 0}\frac{f(c+\Delta x)-f(c)}{\Delta x}$$

이 존재하면 $f(x)$는 $x=c$에서 **미분가능하다** 하고, 이 극한값을 $y=f(x)$의 $x=c$에서의 **순간변화율**, **도함숫값** 또는 **미분계수**라 한다. 이때 $h=\Delta x$라 놓고 순간변화율을 다시 나타내면

$$f'(c)=\lim_{h\to 0}\frac{f(c+h)-f(c)}{h}$$

이다. 여기서 $x=c+h$라 두면 $h=x-c$이므로

$$f'(c)=\lim_{x\to c}\frac{f(x)-f(c)}{x-c}$$

이다.

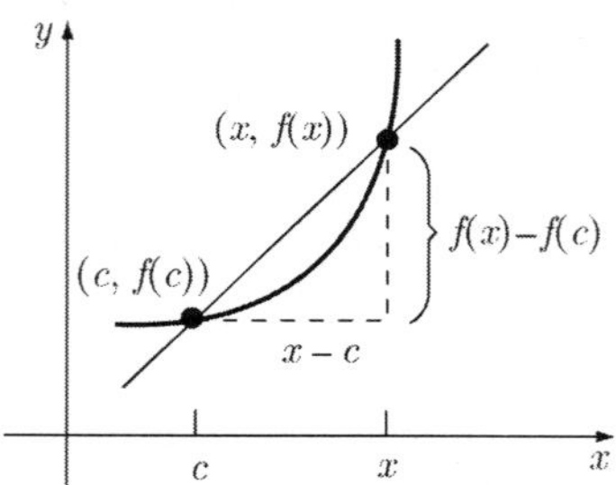

예제 5.2.1

> $f(x)=13x-6$일 때 $f'(4)$을 구하라.

풀이

$$f'(4)=\lim_{h\to 0}\frac{f(4+h)-f(4)}{h}$$

$$=\lim_{h\to 0}\frac{[13(4+h)-6]-[13(4)-6]}{h}$$

$$=\lim_{h\to 0}\frac{13h}{h}=13$$

■

예제 5.2.2

$f(x) = -x^2 + 4x$ 의 $x = 3$ 에서의 순간변화율을 구하라.

풀이

$$f'(3) = \lim_{h\to 0}\frac{f(3+h)-f(3)}{h}$$

$$= \lim_{h\to 0}\frac{-(3+h)^2+4(3+h)-(-3^2+4\cdot 3)}{h}$$

$$= \lim_{h\to 0}\frac{-(3^2+6h+h^2)+4\cdot 3+4h-(-3^2+4\cdot 3)}{h}$$

$$= \lim_{h\to 0}\frac{-2h-h^2}{h} = \lim_{h\to 0}(-2-h) = -2$$

■

함수 $f(x)$가 $x=c$에서 미분가능하기 위해서는 즉, 극한

$$\lim_{x\to c}\frac{f(x)-f(c)}{x-c}$$

이 존재하기 위해서는 우선 $f(c)$가 존재해야 하고, $\lim_{x\to c}(x-c)=0$이므로 $\lim_{x\to c}\{f(x)-f(c)\}=0$ 이어야 한다. 즉, f가 c에서 연속이어야 한다. 이것을 정리하면 다음과 같다.

정리 5.2.1

함수 $f(x)$가 $x=c$에서 미분가능하면 이 함수는 c에서 연속이다.

위의 정리를 증명해 보자. $\lim_{x\to c}f(x)=f(c)$을 보이면 된다. $x\to c$일 때 $x-c\neq 0$이므로

$$f(x)=f(c)+\frac{f(x)-f(c)}{x-c}(x-c)$$

이고 따라서

$$\begin{aligned}\lim_{x\to c}f(x) &= \lim_{x\to c}\left[f(c)+\frac{f(x)-f(c)}{x-c}(x-c)\right] \\ &= \lim_{x\to c}f(c)+\lim_{x\to c}\frac{f(x)-f(c)}{x-c}\cdot\lim_{x\to c}(x-c) \\ &= f(c)+f'(c)\cdot 0=f(c)\end{aligned}$$

그러므로 $f(x)$가 $x=c$에서 연속이다.

그러나 이 정리의 역은 성립하지 않는다. 즉, $y=f(x)$가 c에서 연속이라 할지라도 $y=f(x)$가 c에서 반드시 미분가능일 필요는 없다.

예를 들면, 함수 $f(x)=|x|$는 $x=0$에서 연속이다.

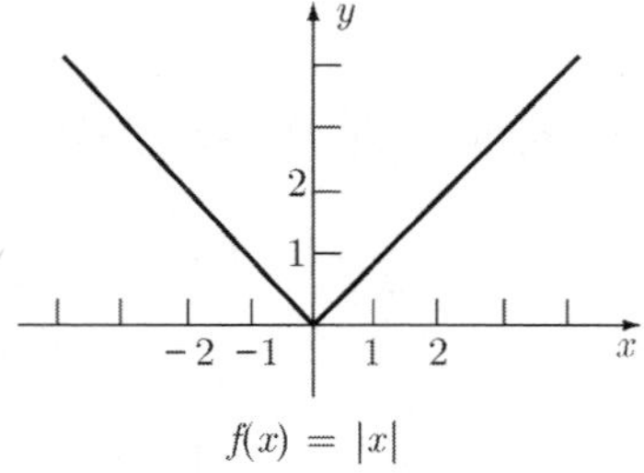

$f(x)=|x|$

그러나

$$\lim_{x\to 0^+}\frac{|x|}{x}=\lim_{x\to 0^+}\frac{x}{x}=1,\quad \lim_{x\to 0^-}\frac{|x|}{x}=\lim_{x\to 0^-}\frac{-x}{x}=-1$$

이므로 극한

$$\lim_{x\to 0}\frac{f(x)-f(0)}{x-0}=\lim_{x\to 0}\frac{|x|-|0|}{x}=\lim_{x\to 0}\frac{|x|}{x}$$

이 존재하지 않는다. 즉, $f'(0)$은 존재하지 않는다.

따라서 함수 $f(x)=|x|$는 $x=0$에서 연속이지만 미분불가능이다.

함수 $y=f(x)$에 대하여, $f'(x)$가 존재하는 모든 x들의 집합을 D라 하면 다음과 같이 함수를 하나 정의할 수 있다.

$$f':D\to\mathbb{R},\quad x\mapsto f'(x)$$

여기서

$$f'(x) = \lim_{h \to 0} \frac{f(x+h) - f(x)}{h}$$

이다. 이 새로운 함수 f'을 $f(x)$의 **도함수**(derivative)라 한다. 함수 $y = f(x)$의 도함수를

$$y',\ f'(x),\ \frac{dy}{dx},\ \frac{d}{dx}f(x),\ D_x f(x)$$

등으로 나타낸다.

함수 $y = f(x)$에 대하여 $f'(x)$을 구하는 것을 $f(x)$를 x에 대하여 **미분한다**(differentiate)고 한다.

예제 5.2.3

$f(x) = x^3 + 7x$의 도함수를 구하고 $f'(-1)$, $f'(2)$을 구하라.

| 풀이 |

$$\begin{aligned} f'(x) &= \lim_{h \to 0} \frac{f(x+h) - f(x)}{h} \\ &= \lim_{h \to 0} \frac{(x+h)^3 + 7(x+h) - (x^3 + 7x)}{h} \\ &= \lim_{h \to 0} \frac{x^3 + 3x^2h + 3xh^2 + h^3 + 7x + 7h - x^3 - 7x}{h} \\ &= \lim_{h \to 0} \frac{3x^2h + 3xh^2 + h^3 + 7h}{h} \\ &= \lim_{h \to 0} (3x^2 + 3xh + h^2 + 7) = 3x^2 + 7 \end{aligned}$$

$f'(-1)$, $f'(2)$는 $f'(x) = 3x^2 + 7$에서 $x = -1$, $x = 2$을 대입한 값이므로

$f'(-1) = 3(-1)^2 + 7 = 10$, $f'(2) = 3(2)^2 + 7 = 19$

이다.

■

예제 5.2.4

$f(x) = \dfrac{1}{x}$의 도함수를 구하라.

| 풀이 | $f'(x) = \lim_{h \to 0} \frac{f(x+h) - f(x)}{h} = \lim_{h \to 0} \frac{\frac{1}{x+h} - \frac{1}{x}}{h}$

$$= \lim_{h \to 0} \left[\frac{x - (x+h)}{(x+h)x} \cdot \frac{1}{h} \right] = \lim_{h \to 0} \left[\frac{-h}{(x+h)x} \cdot \frac{1}{h} \right]$$

$$= \lim_{h \to 0} \frac{-1}{(x+h)x} = -\frac{1}{x^2}$$

■

예제 5.2.5

$f(x) = \sqrt{x}$ 의 도함수를 구하라.

| 풀이 | $f'(x) = \lim_{h \to 0} \frac{f(x+h) - f(x)}{h} = \lim_{h \to 0} \frac{\sqrt{x+h} - \sqrt{x}}{h}$

$$= \lim_{h \to 0} \frac{(x+h) - x}{h(\sqrt{x+h} + \sqrt{x})} = \lim_{h \to 0} \frac{1}{\sqrt{x+h} + \sqrt{x}}$$

$$= \frac{1}{\sqrt{x+0} + \sqrt{x}} = \frac{1}{2\sqrt{x}}$$

■

5.2 연습문제

1. $f(x) = x^2 - 2x$ 의 $x = -1$ 에서의 미분계수를 구하라.

2. 함수 $f(x) = x^3$ 에 대하여 다음과 같은 그래프 위의 점에서 접선의 방정식과 법선의 방정식을 각각 구하라.

(1) $(1, 1)$　　(2) $(2, 8)$

(3) $(-2, -8)$

3. 함수 $y = \sqrt{x}$ 의 그래프에서 $x = 4$ 인 점에서의 접선의 방정식과 법선의 방정식을 구하라.

4. 다음 곡선에서 주어진 점에서의 접선의 방정식과 법선의 방정식을 구하라.

(1) $f(x) = \dfrac{1}{x+1}$, $x = -2$ (2) $f(x) = \dfrac{2}{\sqrt{x}}$, $x = 1$

5. 다음 함수의 도함수를 정의에 의해 구하라.

(1) $y = 3x^2 - 2x + 1$ (2) $y = \dfrac{1}{x^2}$

(3) $y = \dfrac{1}{\sqrt{x}}$ (4) $y = \sqrt[3]{x}$

(5) $y = \dfrac{x-1}{x+1}$ (6) $y = \dfrac{6}{x^2+1}$

(7) $y = \sqrt{3x}$ (8) $y = \dfrac{3}{\sqrt{x-2}}$

5.3 미분법의 기본공식

함수를 미분할 때마다 도함수의 정의에 따라 계산하는 것보다 먼저 기본적인 형태의 함수의 도함수를 정의에 의하여 구하고, 그 결과를 여러 함수에 적용하여 그 도함수를 얻는 것이 편리하다. 미분법의 기본공식을 알아보자.

정리 5.3.1

k는 상수이고 n이 양의 정수일 때

(1) $f(x) = k$이면 $f'(x) = 0$ (2) $f(x) = x$이면 $f'(x) = 1$

(3) $f(x) = x^n$ 이면 $f'(x) = nx^{n-1}$

증명 (1) $f'(x) = \lim\limits_{h \to 0} \dfrac{f(x+h) - f(x)}{h} = \lim\limits_{h \to 0} \dfrac{k-k}{h} = \lim\limits_{h \to 0} 0 = 0$

(2) $f'(x) = \lim\limits_{h \to 0} \dfrac{f(x+h) - f(x)}{h} = \lim\limits_{h \to 0} \dfrac{x+h-x}{h} = \lim\limits_{h \to 0} 1 = 1$

(3) $f'(x)=\lim_{h\to 0}\frac{f(x+h)-f(x)}{h}=\lim_{h\to 0}\frac{(x+h)^n-x^n}{h}$

$$=\lim_{h\to 0}\frac{x^n+nx^{n-1}h+\frac{n(n-1)}{2}x^{n-2}h^2+\cdots+nxh^{n-1}+h^n-x^n}{h}$$

$$=\lim_{h\to 0}\frac{h\left[nx^{n-1}+\frac{n(n-1)}{2}x^{n-2}h+\cdots+nxh^{n-2}+h^{n-1}\right]}{h}$$

$$=nx^{n-1}$$

■

예제 5.3.1

다음 함수를 미분하라.

(1) $y=10$ (2) $y=x^6$

풀이 (1) $y'=0$ (2) $y'=6x^{6-1}=6x^5$

■

정리 5.3.2

$f(x)$와 $g(x)$가 미분가능하면

$kf(x)$(k는 상수), $f(x)\pm g(x)$, $f(x)g(x)$, $\frac{f(x)}{g(x)}$ $(g(x)\neq 0)$가 미분가능하고 다음이 성립한다.

(1) $\{kf(x)\}'=kf'(x)$

(2) $\{f(x)\pm g(x)\}'=f'(x)\pm g'(x)$

(3) $\{f(x)g(x)\}'=f'(x)g(x)+f(x)g'(x)$

(4) $\left\{\frac{f(x)}{g(x)}\right\}'=\frac{f'(x)g(x)-f(x)g'(x)}{\{g(x)\}^2}$ $(g(x)\neq 0)$

증명 (1) $(kf(x))'=\lim_{h\to 0}\frac{kf(x+h)-kf(x)}{h}$

$$=\lim_{h\to 0}\frac{k\{f(x+h)-f(x)\}}{h}$$

$$=k\lim_{h\to 0}\frac{f(x+h)-f(x)}{h}=kf'(x)$$

(2) $$(f(x)\pm g(x))' = \lim_{h\to 0}\frac{f(x+h)\pm g(x+h)-\{f(x)\pm g(x)\}}{h}$$

$$= \lim_{h\to 0}\frac{\{f(x+h)-f(x)\}\pm\{g(x+h)-g(x)\}}{h}$$

$$= \lim_{h\to 0}\frac{f(x+h)-f(x)}{h}\pm\lim_{h\to 0}\frac{g(x+h)-g(x)}{h}$$

$$= f'(x)\pm g'(x)$$

(3) $$(f(x)g(x))' = \lim_{h\to 0}\frac{f(x+h)g(x+h)-f(x)g(x)}{h}$$

$$= \lim_{h\to 0}\frac{f(x+h)g(x+h)-f(x)g(x+h)+f(x)g(x+h)-f(x)g(x)}{h}$$

$$= \lim_{h\to 0}\left(\frac{f(x+h)-f(x)}{h}\cdot g(x+h)+f(x)\cdot\frac{g(x+h)-g(x)}{h}\right)$$

$$= \lim_{h\to 0}\frac{f(x+h)-f(x)}{h}\cdot g(x+h)+\lim_{h\to 0}f(x)\cdot\frac{g(x+h)-g(x)}{h}$$

$$= f'(x)g(x)+f(x)g'(x)$$

(4) $$\left\{\frac{f(x)}{g(x)}\right\}' = \lim_{h\to 0}\frac{\dfrac{f(x+h)}{g(x+h)}-\dfrac{f(x)}{g(x)}}{h}$$

$$= \lim_{h\to 0}\frac{\dfrac{f(x+h)g(x)-f(x)g(x+h)}{g(x)g(x+h)}}{h}$$

$$= \lim_{h\to 0}\frac{f(x+h)g(x)-f(x)g(x+h)}{g(x)g(x+h)}\cdot\frac{1}{h}$$

$$= \lim_{h\to 0}\frac{1}{g(x)g(x+h)}\cdot\frac{f(x+h)g(x)-f(x)g(x+h)}{h}$$

$$= \lim_{h\to 0}\frac{1}{g(x)g(x+h)}\cdot\frac{f(x+h)g(x)-f(x)g(x)+f(x)g(x)-f(x)g(x+h)}{h}$$

$$= \lim_{h\to 0}\frac{1}{g(x)g(x+h)}\left\{\frac{f(x+h)-f(x)}{h}\cdot g(x)-f(x)\cdot\frac{g(x+h)-g(x)}{h}\right\}$$

$$= \frac{1}{g(x)g(x)}\{f'(x)g(x)-f(x)g'(x)\}$$

$$= \frac{f'(x)g(x)-f(x)g'(x)}{\{g(x)\}^2}$$

■

예제 5.3.2

다음 함수를 미분하라.

(1) $y = 2x^3 + 2x^2 - x - 3$

(2) $y = (3x+1)(x^2+2x-2)$

(3) $y = \dfrac{2x-1}{2x+1}$

풀이 (1)
$$\begin{aligned} y' &= (2x^3+2x^2-x-3)' \\ &= (2x^3)' + (2x^2)' - (x)' - (3)' \\ &= 2(x^3)' + 2(x^2)' - (x)' - (3)' \\ &= 2 \cdot 3x^2 + 2 \cdot 2x - 1 - 0 \\ &= 6x^2 + 4x - 1 \end{aligned}$$

(2)
$$\begin{aligned} y' &= \{(3x+1)(x^2+2x-2)\}' \\ &= (3x+1)'(x^2+2x-2) + (3x+1)(x^2+2x-2)' \\ &= 3(x^2+2x-2) + (3x+1)(2x+2) \\ &= 3x^2+6x-6+6x^2+8x+2 \\ &= 9x^2+14x-4 \end{aligned}$$

(3)
$$\begin{aligned} y' &= \left(\frac{2x-1}{2x+1}\right)' = \frac{(2x-1)'(2x+1)-(2x-1)(2x+1)'}{(2x+1)^2} \\ &= \frac{2(2x+1)-(2x-1)2}{(2x+1)^2} = \frac{4}{(2x+1)^2} \end{aligned}$$

■

예제 5.3.3

양의 정수 n에 대하여 $y = x^{-n}$을 미분하면 $y' = -nx^{-n-1}$임을 증명하라.

증명
$$y' = (x^{-n})' = \left(\frac{1}{x^n}\right)' = \frac{0-(x^n)'}{(x^n)^2} = \frac{-nx^{n-1}}{x^{2n}} = -nx^{-n-1}$$

■

예제 5.3.4

다음 함수를 미분하라.

(1) $y = -\dfrac{3}{x^3}$ (2) $y = \dfrac{3}{5x^5}$

풀이 (1) $y' = \left(-\dfrac{3}{x^3}\right)' = (-3x^{-3})' = (-3)(-3)x^{-3-1} = 9x^{-4} = \dfrac{9}{x^4}$

(2) $y' = \left(\dfrac{3}{5x^5}\right)' = \left(\dfrac{3}{5}x^{-5}\right)' = \left(\dfrac{3}{5}\right)(-5)x^{-5-1} = -3x^{-6} = -\dfrac{3}{x^6}$

■

5.3 연습문제

1. 다음 함수를 미분하라.

(1) $y = (2x+1)(x^2+x-1)$

(2) $y = \dfrac{x^2+x+1}{x+1}$

(3) $y = 5x^6 - 3x^5 + 11x - 9$

(4) $y = x(x^2+1)$

(5) $y = \dfrac{1}{x^2}$

(6) $y = \dfrac{1}{4x^2-3x+9}$

(7) $y = \dfrac{3x-5}{x^2+7}$

2. $y = \dfrac{1}{1+x^2}$ 위의 점 $\left(1, \dfrac{1}{2}\right)$에서 접선의 방정식을 구하라.

5.4 삼각함수 미분법

$\lim_{x\to 0}\frac{\sin x}{x}=1$, $\lim_{x\to 0}\frac{\cos x-1}{x}=0$임을 알고 있다. 이것과 삼각함수의 덧셈정리를 적용하여 삼각함수의 미분법을 알아보자.

정리 5.4.1

(1) $(\sin x)'=\cos x$　　(2) $(\cos x)'=-\sin x$

(3) $(\tan x)'=\sec^2 x$　　(4) $(\csc x)'=-\csc x\cot x$

(5) $(\sec x)'=\sec x\tan x$　　(6) $(\cot x)'=-\csc^2 x$

증명 (1) $f(x)=\sin x$

$$\begin{aligned}f'(x)=(\sin x)'&=\lim_{h\to 0}\frac{\sin(x+h)-\sin x}{h}\\&=\lim_{h\to 0}\frac{\sin x\cos h+\cos x\sin h-\sin x}{h}\\&=\lim_{h\to 0}\left(\sin x\frac{\cos h-1}{h}+\cos x\frac{\sin h}{h}\right)\\&=\sin x\lim_{h\to 0}\frac{\cos h-1}{h}+\cos x\lim_{h\to 0}\frac{\sin h}{h}\\&=(\sin x)\cdot 0+(\cos x)\cdot 1=\cos x\end{aligned}$$

(2) $f(x)=\cos x$

$$\begin{aligned}f'(x)=(\cos x)'&=\lim_{h\to 0}\frac{\cos(x+h)-\cos x}{h}\\&=\lim_{h\to 0}\frac{\cos x\cos h-\sin x\sin h-\cos x}{h}\\&=\lim_{h\to 0}\left(\cos x\frac{\cos h-1}{h}-\sin x\frac{\sin h}{h}\right)\\&=\cos x\lim_{h\to 0}\frac{\cos h-1}{h}-\sin x\lim_{h\to 0}\frac{\sin h}{h}\\&=(\cos x)\cdot 0-\sin x\cdot 1=-\sin x\end{aligned}$$

(3) $f(x) = \tan x$

$$f'(x) = (\tan x)' = \left(\frac{\sin x}{\cos x}\right)' = \frac{(\sin x)'\cos x - \sin x(\cos x)'}{\cos^2 x}$$

$$= \frac{\cos^2 x - \sin x \cdot (-\sin x)}{\cos^2 x} = \frac{1}{\cos^2 x}$$

$$= \sec^2 x$$

(4), (5), (6)도 (3)과 같은 방법으로 증명된다.

■

예제 5.4.1

$y = 3\sin x - 2\cos x$을 미분하라.

풀이

$$y' = (3\sin x - 2\cos x)' = 3(\sin x)' - 2(\cos x)'$$

$$= 3\cos x + 2\sin x$$

■

예제 5.4.2

$y = \dfrac{\sin x}{1 - \cot x}$을 미분하라.

풀이

$$y' = \left(\frac{\sin x}{1 - \cot x}\right)' = \frac{(\sin x)'(1 - \cot x) - \sin x(1 - \cot x)'}{(1 - \cot x)^2}$$

$$= \frac{\cos x(1 - \cot x) - \sin x \csc^2 x}{(1 - \cot x)^2}$$

$$= \frac{\cos x - \cot x \cos x - \csc x}{(1 - \cot x)^2}$$

■

예제 5.4.3

$y = 6\sin x \cos x$ 위의 점 $\left(\frac{\pi}{2}, 0\right)$에서 접선의 방정식을 구하라.

풀이 $y' = (6\sin x \cos x)' = 6(\sin x \cos x)'$

$= 6[(\sin x)'\cos x + \sin x(\cos x)']$

$= 6(\cos^2 x - \sin^2 x) = 6\cos 2x$

이므로 $x = \frac{\pi}{2}$ 에서 접선의 기울기는 -6이다. 따라서 접선의 방정식은

$y - 0 = -6\left(x - \frac{\pi}{2}\right)$에서 $y = -6x + 3\pi$이다.

■

5.4 연습문제

1. 다음 함수를 미분하라.

(1) $y = 3\sin x - 5\cos x$

(2) $y = \cot x = \dfrac{\cos x}{\sin x}$

(3) $y = \sec x = \dfrac{1}{\cos x}$

(4) $y = \csc x = \dfrac{1}{\sin x}$

(5) $y = \dfrac{\sin x}{\sin x + \cos x}$

(6) $y = \dfrac{\cos x}{x}$

(7) $y = x\cos x$

(8) $y = \sin x \cos x$

(9) $y = \dfrac{1+x^2}{\cos x}$

2. $y = \sqrt{2}\sin x$와 $y = \sqrt{2}\cos x$는 $0 < x < \frac{\pi}{2}$의 한 점에서 직교함을 밝히라.

(두 곡선이 한 점에서 만나고, 그 교점에서 각 곡선에 대한 접선이 서로 수직일 때 두 곡선은 직교한다고 한다.)

5.5 합성함수 미분법

함수 $f(x) = (2x^2 - 4x + 1)^{60}$을 미분할 때에는 60개의 이차식 $(2x^2 - 4x + 1)$을 곱해서 차수가 120인 다항함수를 미분해야 하므로 매우 복잡하고 긴 시간이 필요하다. 그러나 합성함수 미분법인 연쇄법칙을 사용하면 쉽게 도함수를 구할 수 있다.

정리 5.5.1 연쇄법칙

두 함수 $y=f(u)$와 $u=g(x)$에 의하여 정의된 합성함수 $y=f(g(x))=(f\circ g)(x)$에서, g가 x에서 미분가능하고 f가 $u=g(x)$에서 미분가능하면 $f\circ g$는 x에서 미분가능하고

$$(f\circ g)'(x)=f'(g(x))g'(x)=f'(u)g'(x)$$

즉,

$$\frac{dy}{dx}=\frac{dy}{du}\cdot\frac{du}{dx}$$

이다.

증명 $y=f(g(x))$라 하면

$$\frac{dy}{dx}=\lim_{\Delta x\to 0}\frac{f(g(x+\Delta x))-f(g(x))}{\Delta x}$$

이다. 여기서 x의 증분 Δx에 대하여 $u=g(x)$, $y=f(u)$의 증분을 각각 Δu, Δy라 하면

$$\Delta y=f(g(x+\Delta x))-f(g(x))=f(u+\Delta u)-f(u)$$

여기서 $\Delta x\to 0$이면 $\Delta u=g(x+\Delta x)-g(x)\to 0$이다. 따라서

$$\begin{aligned}\frac{dy}{dx}&=\lim_{\Delta x\to 0}\frac{f(g(x+\Delta x))-f(g(x))}{\Delta x}=\lim_{\Delta x\to 0}\frac{f(u+\Delta u)-f(u)}{\Delta x}\\&=\lim_{\Delta x\to 0}\left(\frac{f(u+\Delta u)-f(u)}{\Delta u}\cdot\frac{\Delta u}{\Delta x}\right)\\&=\lim_{\Delta u\to 0}\frac{f(u+\Delta u)-f(u)}{\Delta u}\cdot\lim_{\Delta x\to 0}\frac{\Delta u}{\Delta x}\\&=\lim_{\Delta u\to 0}\frac{f(u+\Delta u)-f(u)}{\Delta u}\cdot\lim_{\Delta x\to 0}\frac{g(x+\Delta x)-g(x)}{\Delta x}\\&=f'(u)g'(x)\end{aligned}$$

■

예제 5.5.1

$y=(2x^2-4x+1)^{60}$ 을 미분하라.

풀이 $u=2x^2-4x+1$이라 하면 $y=u^{60}$이므로

$$\frac{dy}{dx}=\frac{dy}{du}\frac{du}{dx}=60u^{59}\cdot(4x-4)=60(2x^2-4x+1)^{59}(4x-4)$$이다.

■

예제 5.5.2

$y = \dfrac{1}{(2x^5 - 7)^3}$ 을 미분하라.

풀이 $u = 2x^5 - 7$ 이라 하면 $y = \dfrac{1}{u^3} = u^{-3}$ 이므로

$$\frac{dy}{dx} = \frac{dy}{du}\frac{du}{dx} = -3u^{-4} \cdot 10x^4 = \frac{-3}{u^4} \cdot 10x^4 = \frac{-30x^4}{(2x^5 - 7)^4}$$ 이다.

■

예제 5.5.3

$y = \sin(x^3 - 3x)$ 을 미분하라.

풀이 $u = x^3 - 3x$ 이라 하면 $y = \sin u$ 이므로

$$\frac{dy}{dx} = \frac{dy}{du}\frac{du}{dx} = \cos u \cdot (3x^2 - 3) = (3x^2 - 3)\cos(x^3 - 3x)$$ 이다.

■

예제 5.5.4

$y = \left(\dfrac{x^2 - 1}{x + 4}\right)^4$ 을 미분하라.

풀이 $u = \dfrac{x^2 - 1}{x + 4}$ 이라 하면 $y = u^4$ 이므로

$$\frac{dy}{dx} = \frac{dy}{du}\frac{du}{dx} = 4u^3 \cdot \frac{(x^2 - 1)'(x + 4) - (x^2 - 1)(x + 4)'}{(x + 4)^2}$$

$$= 4u^3 \cdot \frac{2x(x + 4) - (x^2 - 1)}{(x + 4)^2}$$

$$= 4\left(\frac{x^2 - 1}{x + 4}\right)^3 \frac{x^2 + 8x + 1}{(x + 4)^2} = \frac{4(x^2 - 1)^3(x^2 + 8x + 1)}{(x + 4)^5}$$

이다.

■

$y = f(u)$, $u = g(v)$, $v = h(x)$ 이면 다음이 성립한다.

$$\frac{dy}{dx}=\frac{dy}{du}\frac{du}{dv}\frac{dv}{dx}=f'(g(h(x)))\cdot g'(h(x))\cdot h'(x)$$

여러 함수의 합성함수를 미분할 때는 마치 양파 껍질을 하나하나 벗기듯이 바깥 괄호부터 안쪽으로 미분한다고 생각하면 도움이 될 것이다.

예제 5.5.5

$y=\sin^3(4x)$ 을 미분하라.

풀이 $u=\sin v$, $v=4x$ 이라 하면 $y=u^3$ 이므로

$$\frac{dy}{dx}=\frac{dy}{du}\frac{du}{dv}\frac{dv}{dx}=3u^2\cdot\cos v\cdot 4$$
$$=3\sin^2(4x)\cdot\cos(4x)\cdot 4$$
$$=12\sin^2(4x)\cos(4x)$$

이다.

■

예제 5.5.6

$y=\sin[\cos(x^2)]$ 을 미분하라.

풀이 $u=\cos(v)$, $v=x^2$ 이라 하면 $y=\sin u$ 이므로

$$\frac{dy}{dx}=\frac{dy}{du}\frac{du}{dv}\frac{dv}{dx}=\cos u\cdot[-\sin(v)]\cdot 2x$$
$$=\cos[\cos(x^2)]\cdot[-\sin(x^2)]\cdot 2x$$
$$=-2x\cos[\cos(x^2)]\sin(x^2)$$

이다.

■

5.5 연습문제

1. 다음 함수를 미분하라.

(1) $y=(5x^2+2x-9)^5$

(2) $y=(x^3-3x^2+11x)^9$

(3) $y=(3x^4+8x-8)^{-3}$

(4) $y=\dfrac{1}{(3x^4+x-8)^9}$

(5) $y=(4x-7)^2(2x+3)$

(6) $y=(2x-1)^3(x^2-3)^2$

(7) $y=\dfrac{(3x^2+2)^2}{2x^2-5}$

(8) $y=\dfrac{x^3}{(x^2+4)^2}$

(9) $y=\left(\dfrac{3x-2}{x+5}\right)^3$

2. 다음 함수를 미분하라.

(1) $y=\sin^3 x$

(2) $y=\sin(3x^2+11x)$

(3) $y=\sin\dfrac{3x-1}{2x+5}$

(4) $y=\left(\dfrac{\sin x}{\cos 2x}\right)^3$

(5) $y=\sin^4(x^2+3x)$

(6) $y=\sin^3(\cos x)$

(7) $y=\cos^4[\sin(x^2)]$

(8) $y=\sin[\cos(\sin 2x)]$

(9) $y=\dfrac{\cos x}{\sin^2 x}$

3. $y=(x^2+1)^3(x^4+1)^2$ 위의 점 $(1, 32)$에서 접선의 방정식을 구하라.

5.6 고계도함수

함수 $y=f(x)$의 도함수 $y'=f'(x)$가 미분가능하면, f'의 도함수

$$(f')'(x)=\lim_{h\to 0}\frac{f'(x+h)-f'(x)}{h}$$

를 $y=f(x)$의 **2계도함수**라 하고 다음과 같이 나타낸다.

$$y'', \ f''(x), \ \frac{d^2y}{dx^2}, \ \frac{d^2}{dx^2}f(x), \ D_x^2 f(x)$$

또한 $f''(x)$가 미분가능하면 $f''(x)$을 미분하여 얻어진 함수를 $y=f(x)$의 **3계도함수**라 한다. 이와 같이 $y=f(x)$을 거듭 n회 미분가능하면 **n계도함수**를 정의할 수 있고 이 n계도함수를 다음과 같이 나타낸다.

$$y^{(n)}, \ f^{(n)}(x), \ \frac{d^ny}{dx^n}, \ \frac{d^n}{dx^n}f(x), \ D_x^n f(x)$$

$n \geq 2$일 때 $f^{(n)}(x)$을 $y=f(x)$의 **고계도함수**라 한다. 예를 들면

$$f(x)=2x^3-4x^2+7x-8$$

이라 할 때

$$f'(x)=6x^2-8x+7$$
$$f''(x)=12x-8$$
$$f^{(3)}(x)=12$$
$$f^{(4)}(x)=0$$

이다. 4계 이상의 도함수는 4계도함수가 0이므로 모두 0이다.

예제 5.6.1

$y=\sin 2x$일 때 $\dfrac{d^3y}{dx^3}$, $\dfrac{d^4y}{dx^4}$ 그리고 $\dfrac{d^{12}y}{dx^{12}}$을 구하라.

풀이

$$\frac{dy}{dx}=2\cos 2x, \ \frac{d^2y}{dx^2}=-2^2\sin 2x$$

$$\frac{d^3y}{dx^3}=-2^3\cos 2x, \ \frac{d^4y}{dx^4}=2^4\sin 2x$$

$$\frac{d^5y}{dx^5}=2^5\cos 2x, \ \cdots, \ \frac{d^{12}y}{dx^{12}}=2^{12}\sin 2x$$

■

예제 5.6.2

다음 함수의 2계도함수와 3계도함수를 구하라.

(1) $y = x^3$ (2) $y = x\sin x$

(3) $y = \dfrac{1}{1-x^2}$

풀이 (1) $y' = 3x^2$, $y'' = 6x$, $y^{(3)} = 6$

(2) $y' = (x)'\sin x + x(\sin x)' = \sin x + x\cos x$

$$y'' = \cos x + \cos x - x\sin x = 2\cos x - x\sin x$$

$$y^{(3)} = -2\sin x - \sin x - x\cos x = -3\sin x - x\cos x$$

(3) $y = \dfrac{1}{1-x^2} = (1-x^2)^{-1}$ 이므로

$$y' = -(1-x^2)^{-2}(-2x) = \frac{2x}{(1-x^2)^2}$$

$$y'' = \frac{(2x)'(1-x^2)^2 - 2x\left[(1-x^2)^2\right]'}{(1-x^2)^4} = \frac{2(1-x^2)^2 + 8x^2(1-x^2)}{(1-x^2)^4}$$

$$= \frac{2+6x^2}{(1-x^2)^3}$$

$$y^{(3)} = \frac{(2+6x^2)'(1-x^2)^3 - (2+6x^2)\left[(1-x^2)^3\right]'}{(1-x^2)^6}$$

$$= \frac{12x(1-x^2)^3 - (2+6x^2)3(1-x^2)^2(-2x)}{(1-x^2)^6}$$

$$= \frac{24x(1+x^2)}{(1-x^2)^4}$$

■

5.6 연습문제

1. 다음 함수에 대하여 $\dfrac{d^3y}{dx^3}$ 을 구하라.

(1) $y = x^3 + 3x^2 - 2x - 8$ (2) $y = (2x+5)^4$

(3) $y = \sin 3x$ (4) $y = \dfrac{1}{x-3}$

(5) $y = \sin^2(\pi x)$ (6) $y = \cos x$

5.7 음함수 미분법

음함수 $f(x, y)=0$에서 $\frac{dy}{dx}$을 구하려면 $f(x, y)=0$을 $y=g(x)$꼴로 고쳐서 미분하거나 y를 x의 함수로 보고 합성함수 미분법에 따라 $f(x, y)=0$의 각 변을 x에 대하여 미분한 다음 $\frac{dy}{dx}$에 대하여 풀면 된다.

예를 들면 $y^3+7y=x^3$의 그래프는 다음과 같다.

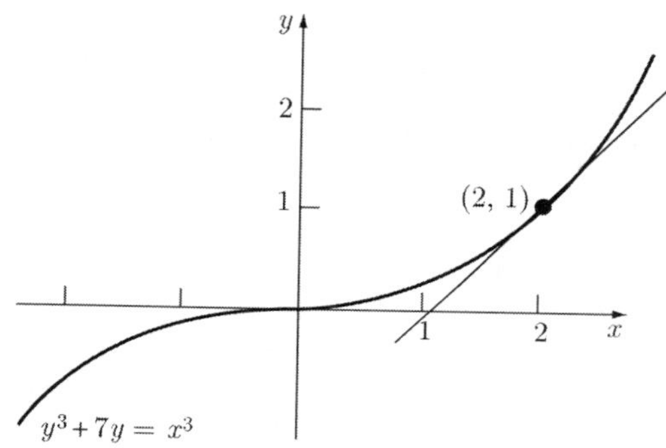

점 $(2, 1)$에서 접선의 기울기를 구하려면 이 점에서 $\frac{dy}{dx}$을 계산하면 된다. 위 방정식에서 y를 x의 함수로 보면 y를 x에 대한 식으로 고치지 않고 풀 수 있다.

$$3y^2\frac{dy}{dx}+7\frac{dy}{dx}=3x^2$$

이다. 여기서 $\frac{dy}{dx}$을 구하면

$$\frac{dy}{dx}=\frac{3x^2}{3y^2+7}$$

이다. 그런데 $\frac{dy}{dx}$는 x, y의 함수이므로 $\frac{dy}{dx}$을 x의 함수로 나타내는 것은 간단한 문제가 아니다. 그러나 점 $(2, 1)$에서 $\frac{dy}{dx}$을 구하는 문제이므로 위의 식에 $x=2,\ y=1$을 대입하면

$$\frac{dy}{dx}=\frac{3(2)^2}{3(1)^2+7}=\frac{12}{10}=\frac{6}{5}$$

이다. 따라서 기울기는 $\frac{6}{5}$이다.

$x^2 + y^2 = 25$을 생각하자.

이것은 두 함수 함수 $y = f(x) = \sqrt{25 - x^2}$과 함수 $y = g(x) = -\sqrt{25 - x^2}$을 결정한다.

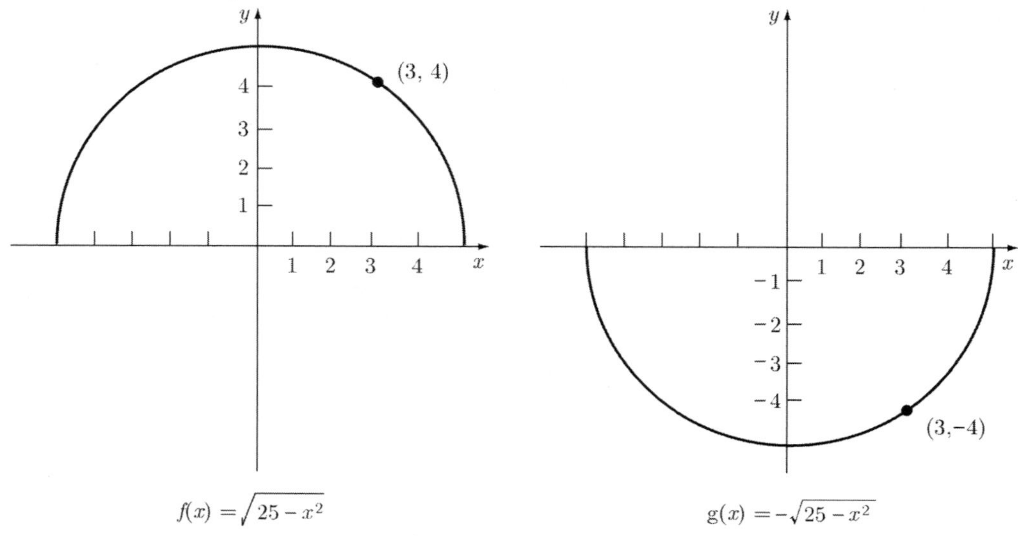

두 함수 모두 열린구간 $(-5, 5)$에서 미분가능하다. 먼저 $f(x)$을 생각하자. 이것은 다음을 만족한다.

$$x^2 + [f(x)]^2 = 25$$

양변을 x에 대하여 미분하면

$$2x + 2f(x)f'(x) = 0$$

$$f'(x) = -\frac{x}{f(x)} = -\frac{x}{\sqrt{25 - x^2}}$$

마찬가지 방법으로 $g'(x)$을 구하면

$$g'(x) = -\frac{x}{g(x)} = \frac{x}{\sqrt{25 - x^2}}$$

이다. 그러나 $x^2 + y^2 = 25$을 음함수 미분법으로 하면 $f'(x), g'(x)$을 동시에 구할 수 있다. 즉,

$$2x + 2y\frac{dy}{dx} = 0$$

$$\frac{dy}{dx} = -\frac{x}{y} = \begin{cases} \dfrac{-x}{\sqrt{25-x^2}}, & y = f(x) \\ \dfrac{x}{\sqrt{25-x^2}}, & y = g(x) \end{cases}$$

이 된다. 이제 곡선 $x^2 + y^2 = 25$에 대하여 $x = 3$인 점에서 접선의 기울기를 구해 보자. $x = 3$인 점은 (3, 4)와 (3, −4)이고 $\frac{dy}{dx} = -\frac{x}{y}$이므로 기울기는 각각 $-\frac{3}{4}, \frac{3}{4}$이 된다. 따라서 $\frac{dy}{dx} = -\frac{x}{y}$만 알아도 기울기를 구하는 데 충분하다.

예제 5.7.1

$x^2 - 3xy + y^2 - 2 = 0$일 때 $\frac{dy}{dx}$을 구하라.

풀이 x에 대하여 미분하고 $\frac{dy}{dx}$에 대하여 풀면

$$2x - \left(3y + 3x\frac{dy}{dx}\right) + 2y\frac{dy}{dx} = 0$$

$$2x - 3y + (-3x + 2y)\frac{dy}{dx} = 0$$

$$\frac{dy}{dx} = \frac{3y - 2x}{2y - 3x}$$

■

예제 5.7.2

$y^3 - xy^2 + \cos(xy) = 2$ 위의 점 $(0, 1)$에서 접선의 방정식을 구하라.

풀이 $\frac{dy}{dx}$ 대신 y'을 사용하자.

$$3y^2y' - x(2yy') - y^2 - \sin(xy)(xy' + y) = 0$$

$$y'\left[3y^2 - 2xy - x\sin(xy)\right] = y^2 + y\sin(xy)$$

$$y' = \frac{y^2 + y\sin(xy)}{3y^2 - 2xy - x\sin(xy)}$$

점 $(0, 1)$에서 $y' = \dfrac{1}{3}$ 이므로 $(0, 1)$에서 접선의 방정식은

$$y - 1 = \frac{1}{3}(x - 0)$$

$$y = \frac{1}{3}x + 1$$

이다.

■

n이 정수일 때 $(x^n)' = nx^{n-1}$임을 알았다. 이것을 n이 유리수인 경우로 확장하여 보자.

정리 5.7.1

r이 유리수일 때 $y = x^r$의 도함수는 $y' = rx^{r-1}$이다.

증명 r이 유리수이므로 $r = \dfrac{p}{q}$로 나타낼 수 있다. 여기서 p, q는 정수이며 $q \neq 0$이다.

$$y = x^r = x^{p/q}$$

에서 양변에 q 제곱하면 $y^q = x^p$ 이므로 음함수 미분하면

$$qy^{q-1}\frac{dy}{dx} = px^{p-1}$$

이다. 따라서

$$\frac{dy}{dx} = \frac{px^{p-1}}{qy^{q-1}} = \frac{p}{q}\,\frac{x^{p-1}}{\left(x^{p/q}\right)^{q-1}} = \frac{p}{q}\,\frac{x^{p-1}}{x^{p-(p/q)}}$$

$$= \frac{p}{q}x^{p-1-p+(p/q)} = \frac{p}{q}x^{(p/q)-1} = rx^{r-1}$$

■

예제 5.7.3

$y = 2x^{11/3} + 4x^{3/4} - 6x^{-2/3}$에서 $\dfrac{dy}{dx}$을 구하라.

|풀이| $\dfrac{dy}{dx} = 2\dfrac{11}{3}x^{(11/3)-1} + 4\dfrac{3}{4}x^{(3/4)-1} - 6\left(-\dfrac{2}{3}\right)x^{(-2/3)-1}$

$$= \frac{22}{3}x^{8/3} + 3x^{-1/4} + 4x^{-5/3}$$

■

예제 5.7.4

$y = \sqrt{x^4 - 3x + 17}$ 에서 $\dfrac{dy}{dx}$을 구하라.

|풀이| $u = x^4 - 3x + 17$이라 하면 $y = u^{1/2}$이므로

$$\frac{dy}{dx} = \frac{dy}{du}\frac{du}{dx}$$

$$= \left(\frac{1}{2}u^{-1/2}\right)(4x^3 - 3) = \frac{4x^3 - 3}{2\sqrt{u}}$$

$$= \frac{4x^3 - 3}{2\sqrt{x^4 - 3x + 17}}$$

■

5.7 연습문제

1. 다음에서 $\dfrac{dy}{dx}$을 구하라.

(1) $2x^2 - xy + 2y^2 = 0$

(2) $x^3 - x^2y + 3xy^2 - y^3 = 0$

(3) $x^{2/3} - y^{2/3} - 2y = 2$

(4) $\sqrt{xy} - 4y^2 = 12$

(5) $\sin(xy) = x^2 - 3$

(6) $y - 3x^2y = \cos x$

(7) $y = \cos\sqrt{x^2 - 1}$

(8) $y = \sqrt[3]{x} + \dfrac{1}{\sqrt[3]{x}}$

(9) $y = \sqrt[4]{3x^2 - 4x}$

(10) $y = \sqrt{x^2 + \sin x}$

(11) $y = \dfrac{1}{\sqrt[3]{x^2 \sin x}}$ (12) $y = \sqrt[4]{1 + \cos(x^2 + 2x)}$

2. $y = \sqrt{x^2 + 16}$ 의 $x = 3$에서의 접선의 방정식을 구하라.

5.8 도함수의 응용

어림값을 계산하는 데 미분을 이용하려 한다. 함수 $y = f(x)$가 x_0에서 미분가능하면 x_0에 가까운 값 $x_0 + \Delta x$에서의 함숫값 $f(x_0 + \Delta x)$의 어림값을 다음과 같이 구할 수 있다.

$\Delta y = f(x_0 + \Delta x) - f(x_0)$라 하면, 분명히 $f(x_0 + \Delta x) = f(x_0) + \Delta y$이다. 그런데 Δy는 $f(x_0 + \Delta x)$의 값을 알아야 구할 수 있다. 아래 그림과 같이 점 $(x_0,\ f(x_0))$에서 접선을 그렸을 때, Δx가 충분히 작다면 Δy와 dy의 차는 얼마든지 작아질 수 있다. 따라서 dy를 Δy의 어림값으로 쓸 수 있다. 그림에서 접선의 기울기는 $\dfrac{dy}{\Delta x}$임을 알 수 있다. 그런데 접선의 기울기는 $f'(x_0)$이므로 $\dfrac{dy}{\Delta x} = f'(x_0)$ 즉, $dy = f'(x_0)\Delta x$이다. Δx가 충분히 작을 때, x의 증분 Δx를 x의 미분이라 하고 dx로 나타낸다. 그러면 $dy = f'(x_0)dx$이고, 이것을 y의 미분이라 한다. 따라서 $f(x + \Delta x)$의 값은

$$f(x_0 + \Delta x) \approx f(x_0) + dy = f(x_0) + f'(x_0)dx$$

로 어림할 수 있다.

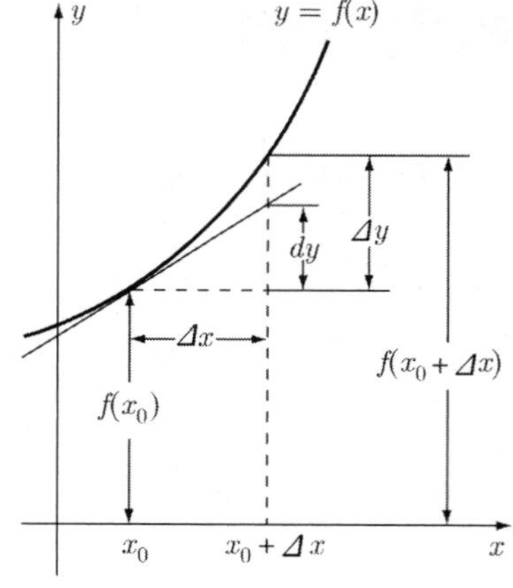

예제 5.8.1

미분을 이용하여 무리수 $\sqrt{4.6}$, $\sqrt{8.2}$ 을 각각 유리수로 어림하라.

| 풀이 | 함수 $f(x)=\sqrt{x}$ 을 생각하자. 그러면 $\sqrt{4.6}=f(4.6)=f(4+0.6)$이다.

여기서 $dx=\Delta x=0.6$이라 하면

$$f(4+0.6)=f(4)+\Delta y\approx f(4)+dy$$

$f(4)=\sqrt{4}=2$이고 $f'(x)=\frac{1}{2}x^{-1/2}=\frac{1}{2\sqrt{x}}$이므로

$$dy=f'(4)dx=\frac{1}{2\sqrt{4}}\cdot 0.6=\frac{0.6}{4}=0.15$$

따라서 $\sqrt{4.6}\approx\sqrt{4}+dy=2+0.15=2.15$이다.

마찬가지로 $x=9,\ dx=-0.8$이면

$$dy=\frac{1}{2\sqrt{9}}(-0.8)=-\frac{0.8}{6}=-0.133$$

따라서 $\sqrt{8.2}\approx\sqrt{9}+dy=3-0.133=2.867$이다.

■

예제 5.8.2

미분을 사용하여 비눗방울의 반지름이 3 cm 에서 3.025 cm 로 증가할 때 겉넓이 증가량의 어림값을 구하라.

| 풀이 | 비눗방울의 겉넓이는 $A=4\pi r^2$이다. ΔA의 어림값은

$$dA=8\pi r\,dr$$

이다. $r=3,\ dr=\Delta r=0.025$이므로 $dA=8\pi(3)(0.025)\approx 1.885\ \text{cm}^2$이다.

■

일상생활에서 어떤 것을 제일 잘하기 위한 방법을 찾는 문제와 부딪치게 된다. 이 문제는 어떤 구간에서 정의된 함수의 최댓값 또는 최솟값과 관련된 문제로 생각될 수 있다. 이러한 문제를 도함수를 이용하여 알아보자.

정의

함수 $y=f(x)$가 c을 포함한 어떤 구간 I에서 정의되어 있을 때,

(i) 모든 $x \in I$에 대하여 $f(c) \geq f(x)$이면 $f(c)$는 I에서 함수 $f(x)$의 **최댓값**이고,

(ii) 모든 $x \in I$에 대하여 $f(c) \leq f(x)$이면 $f(c)$는 I에서 함수 $f(x)$의 **최솟값**이다.

함수 $y=f(x)$가 최댓값 또는 최솟값을 갖는가? 이 질문에 대한 답은 함수 $y=f(x)$의 정의역과 함수의 형태에 관련된다. 예를 들면 $f(x)=\dfrac{1}{x}$의 정의역이 $(0, \infty)$라 하자. 그러면 최댓값도 최솟값도 갖지 않는다. 그러나 정의역이 $[1,3]$이면 $x=1$에서 최댓값 1을 $x=3$에서 최솟값 $\dfrac{1}{3}$을 갖는다. 그리고 정의역이 $[1,3)$이면 최솟값은 없어도 $x=1$에서 최댓값 1을 갖는다. 불연속함수 $g(x)=\begin{cases} x, & 1 \leq x < 2 \\ x-2, & 2 \leq x \leq 3 \end{cases}$은 $[1,3]$에서 최댓값은 없어도 $x=2$에서 최솟값 0을 갖는다.

그런데 함수가 닫힌구간에서 정의된 연속함수라면 최대·최소 정리에 의해 반드시 최댓값과 최솟값이 있다.

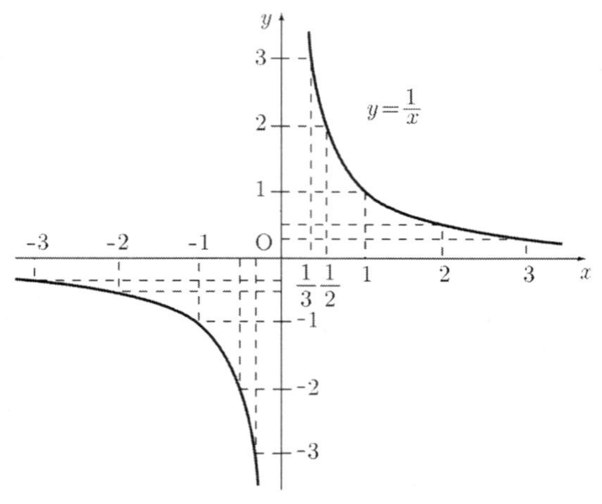

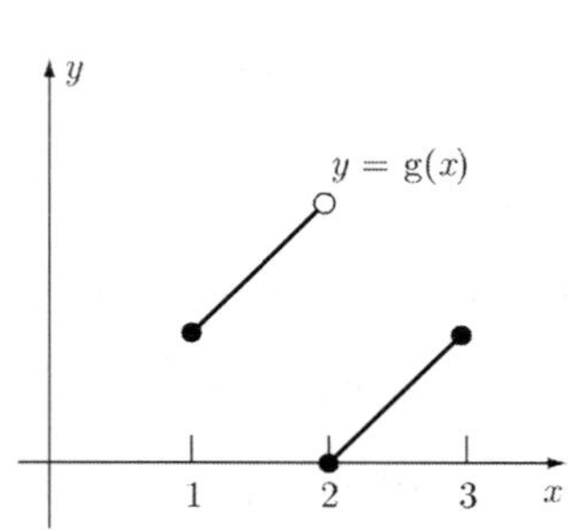

함수 $y=f(x)$의 최댓값과 최솟값은 정의역의 **경계점** 또는 $f'(x)=0$을 만족시키는 **정점** 또는 f가 미분 불가능한 **특이점**에서 생길 수 있다. 이러한 경계점, 정점 그리고 특이점을 **임계점**이라 한다.

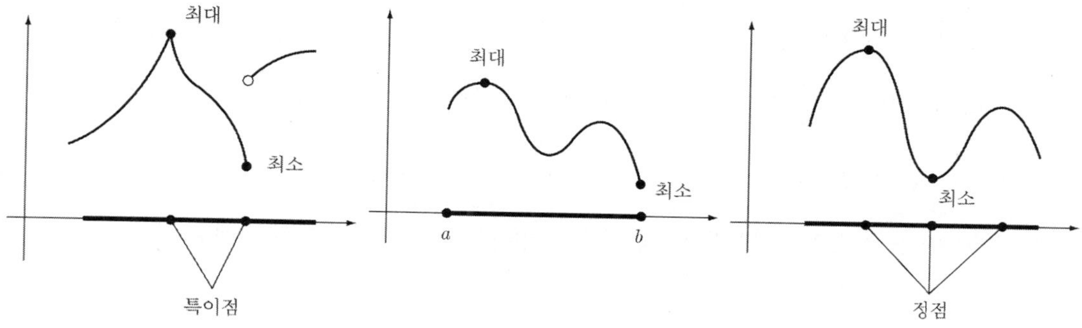

정리 5.8.1 임계점 정리

$y=f(x)$가 c을 포함한 어떤 구간에서 정의된 함수라 하자. $f(c)$가 최댓값 또는 최솟값이면 c는 임계점이다.

증명 $f(c)$가 최댓값이라 하자. 그리고 c가 경계점도 특이점도 아니라고 하자. 그러면 c가 정점인 것을 보이면 된다.

$f(c)$가 최댓값이므로 어떤 구간의 모든 점 x에 대하여 $f(x) \le f(c)$이고

$$f(x)-f(c) \le 0$$

이다. 따라서 $x<c$이면 $x-c<0$이므로

$$\frac{f(x)-f(c)}{x-c} \ge 0$$

또 $x>c$이면 $x-c>0$이므로

$$\frac{f(x)-f(c)}{x-c} \le 0$$

이다. 그런데 c가 특이점이 아니므로 $f'(c)$가 존재한다. 그러면

$$f'(c)=\lim_{x\to c}\frac{f(x)-f(c)}{x-c}=\lim_{x\to c^-}\frac{f(x)-f(c)}{x-c} \ge 0$$

이고

$$f'(c)=\lim_{x\to c}\frac{f(x)-f(c)}{x-c}=\lim_{x\to c^+}\frac{f(x)-f(c)}{x-c} \le 0$$

이므로 $f'(c)=0$이다. 그러므로 c는 정점이다. 최솟값일 때도 같은 방법으로 증명된다. ■

예제 5.8.3

$f(x)=-2x^3+3x^2$ 이 $\left[-\frac{1}{2}, 2\right]$ 에서 정의되었을 때 최댓값과 최솟값을 구하라.

풀이 이 함수는 주어진 닫힌구간에서 연속이므로, 최댓값과 최솟값을 갖는다. 임계점을 모두 구해보자. 경계점은 $-\frac{1}{2}, 2$ 이다. 정점은 $f'(x)=-6x^2+6x=-6x(x-1)=0$ 에서 $0, 1$ 이다. 특이점은 없으므로 임계점은 $-\frac{1}{2}, 2, 0, 1$ 이다. $f\left(-\frac{1}{2}\right)=1, f(0)=0, f(1)=1$ 그리고 $f(2)=-4$ 이므로 임계점정리에 의하여 최댓값은 1 이고 최솟값은 -4 이다.

■

예제 5.8.4

$f(x)=x^{2/3}$ 이 $[-1, 2]$ 에서 정의되었을 때 최댓값과 최솟값을 구하라.

풀이 경계점은 $-1, 2$ 이다. $f'(x)=\frac{2}{3}x^{-1/3}$ 에서 정점은 없고, $f'(0)$ 이 없으므로 0 은 특이점이다. 임계점은 $-1, 2, 0$ 이고, $f(-1)=1, f(2)=\sqrt[3]{4}, f(0)=0$ 이므로 최댓값은 $\sqrt[3]{4}$ 이고 최솟값은 0 이다.

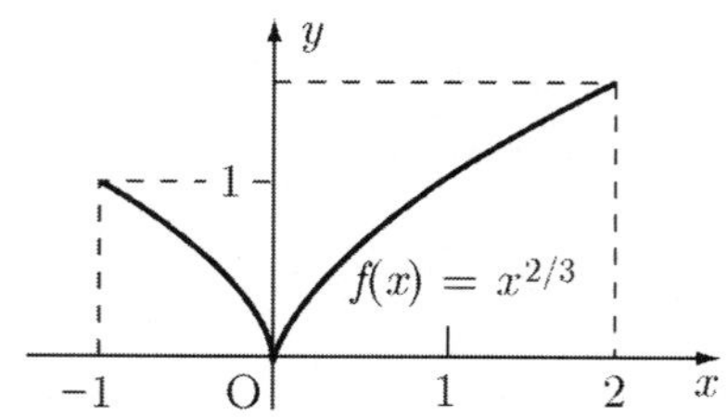

■

함수가 어느 구간에서 증가하고 감소하는지 도함수를 이용하여 알아보자.

정의

함수 $y=f(x)$가 어떤 구간의 임의의 두 점 x_1, x_2에 대하여
(i) $x_1 < x_2$이면 $f(x_1) < f(x_2)$일 때 함수 $f(x)$는 이 구간에서 **증가한다**고 하며,
(ii) $x_1 < x_2$이면 $f(x_1) > f(x_2)$일 때 함수 $f(x)$는 이 구간에서 **감소한다**고 한다.

함수 $f(x)$의 도함수 $f'(x)$는 점 x에서 $f(x)$의 그래프에 접하는 접선의 기울기를 의미한다. 따라서 $f'(x)>0$이면 접선은 오른쪽으로 올라가고 $f'(x)<0$이면 오른쪽으로 내려간다. 이 사실로부터 다음 정리를 이해할 수 있고 함수 $f(x)$가 어디에서 증가, 감소하는지 알 수 있다.

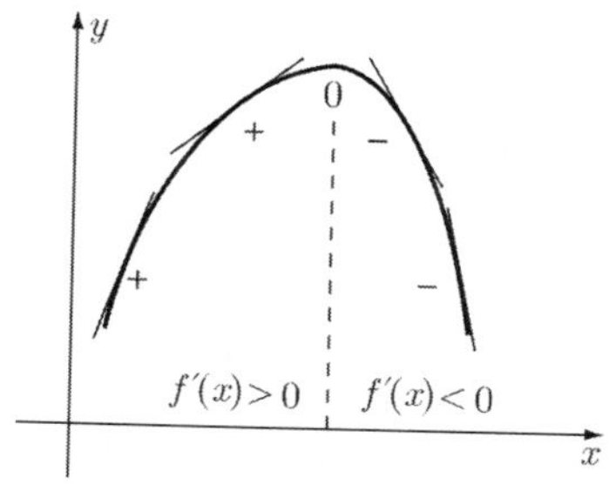

정리 5.8.2

함수 $f(x)$가 어떤 구간에서 미분가능하고
(i) $f'(x)>0$이면 $f(x)$는 이 구간에서 증가하고,
(ii) $f'(x)<0$이면 $f(x)$는 이 구간에서 감소한다.

예제 5.8.5

$f(x)=2x^3-3x^2-12x+7$의 증가구간과 감소구간을 조사하라.

| 풀이 | 우선 $f(x)$의 도함수를 구하자.

$$f'(x)=6x^2-6x-12=6(x+1)(x-2)$$

$f'(x)>0$인 점에서 증가하므로 $(x+1)(x-2)>0$을 만족하는 구간 $(-\infty, -1)$과 $(2, \infty)$에서 증가한다. 그런데 경계점 -1과 2를 포함시켜도 정의의 조건이 만족되므로 구간

$(-\infty, -1]$과 $[2, \infty)$에서 $f(x)$는 증가한다. $f'(x) < 0$인 구간은 $(-1, 2)$이고 따라서 $f(x)$는 구간 $[-1, 2]$에서 감소한다. 표를 만들면 다음과 같다.

x	$\cdots$	-1	$\cdots$	2	$\cdots$
$f'(x)$	$+$	0	$-$	0	$+$
$f(x)$	↗	14	↘	-13	↗

■

예제 5.8.6

$f(x) = x^3 + x^2 + x + 1$은 실수 전체 구간에서 증가함을 밝히라.

풀이 $f'(x) = 3x^2 + 2x + 1$

$f'(x) = 3x^2 + 2x + 1 = 0$의 판별식 $\dfrac{D}{4} = 1^2 - 3 \cdot 1 = -2 < 0$이므로 $y = 3x^2 + 2x + 1$의 그래프는 x축과 만나지 않고 x축 위쪽에만 존재한다. 따라서 모든 실수 x에 대하여

$$f'(x) = 3x^2 + 2x + 1 > 0$$

이다. 그러므로 $f(x) = x^3 + x^2 + x + 1$는 실수 전체 구간에서 증가한다.

■

함수의 그래프가 많은 굴곡을 갖는 경우를 생각하자. 함수 $y = f(x)$에 대하여, 주어진 구간에 속하는 임의의 서로 다른 두 실수 x_1, x_2에 대하여 두 점 $(x_1, f(x_1))$, $(x_2, f(x_2))$을 이은 선분이 이 두 점 사이 부분의 그래프보다 위에 있으면 그래프는 그 구간에서 **위로 오목하다**(concave up)하고, 선분이 그래프보다 아래에 있으면 **아래로 오목하다**(concave down)고 한다.

아래 그림에서 보듯이, 함수 $y = f(x)$가 어떤 구간에서 미분가능할 때, $f'(x)$가 그 구간에서 증가하면 그 그래프는 위로 오목하고 감소하면 아래로 오목하다.

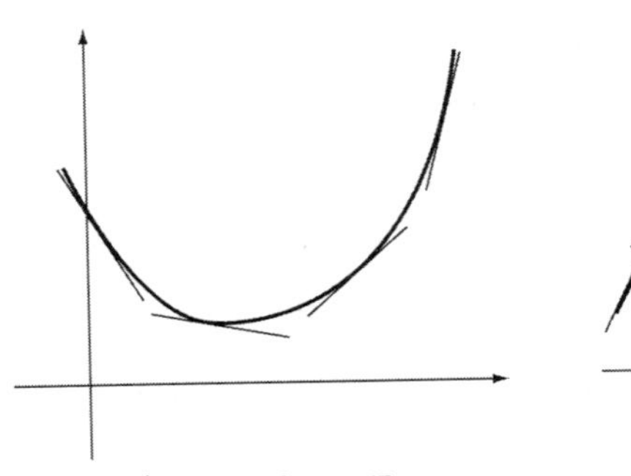

f' 증가 : 위로 오목

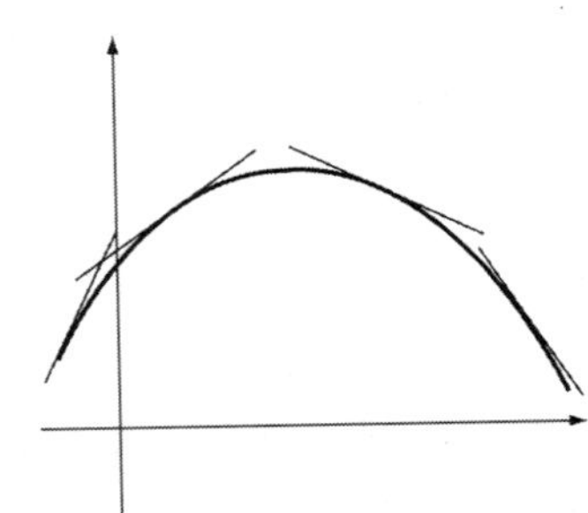

f' 감소 : 아래로 오목

따라서 다음이 성립한다.

정리 5.8.4 오목성 정리

함수 $y=f(x)$가 (a,b)에서 두 번 미분가능하다 하자. (a,b)의 모든 점 x에 대하여
(i) $f''(x)>0$이면 $f(x)$의 그래프는 (a,b)에서 위로 오목하고,
(ii) $f''(x)<0$이면 $f(x)$의 그래프는 (a,b)에서 아래로 오목하다.

예제 5.8.7

$f(x)=\dfrac{1}{3}x^3-x^2-3x+4$가 증가, 감소, 위로 오목 그리고 아래로 오목인 구간을 조사하라.

풀이 우선 $f(x)$의 1계도함수와 2계도함수를 구하자.

$$f'(x)=x^2-2x-3=(x+1)(x-3),\ f''(x)=2x-2=2(x-1)$$

$(-\infty,-1)$과 $(3,\infty)$에서 $f'(x)>0$이므로 $f(x)$는 증가하고 $(-1,3)$에서 $f'(x)<0$이므로 $f(x)$는 감소한다. 그리고 $(1,\infty)$에서 $f''(x)=2(x-1)>0$이고 $(-\infty,1)$에서 $f''(x)=2(x-1)<0$이므로 $f(x)$의 그래프는 $(1,\infty)$에서 위로 오목하고 $(-\infty,1)$에서 아래로 오목하다. 따라서 그래프는 다음과 같다.

x	$\cdots$	-1	$\cdots$	1	$\cdots$	3	$\cdots$
$f'(x)$	$+$	0	$-$			0	$+$
$f(x)$	↗	$\frac{17}{3}$	↘			-5	↗
$f''(x)$	$-$			0	$+$		
$f(x)$	⌒			$\frac{1}{3}$	∪		

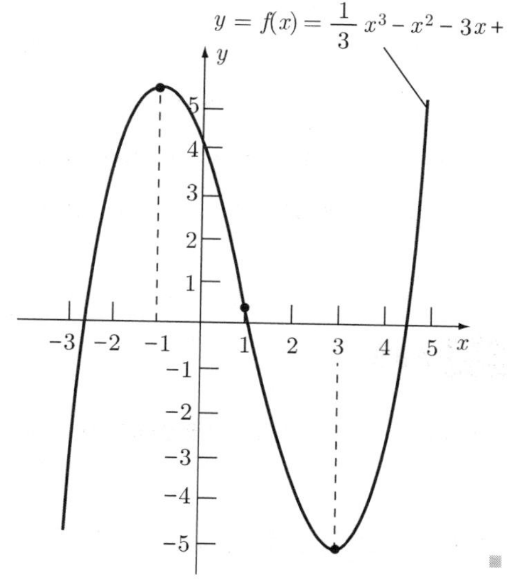

함수 $y=f(x)$가 c을 포함한 어떤 구간에서 연속이라 하자. $f(x)$의 그래프가 c을 경계로 한 쪽에서는 위로 오목하고 다른 쪽에서는 아래로 오목하면 $(c, f(c))$을 $f(x)$의 **변곡점**이라 한다.

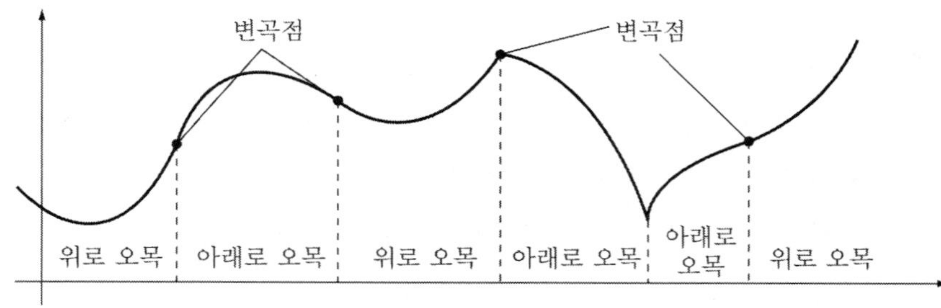

오목성 정리에 의하여 함수 $y=f(x)$의 그래프에서 점 $(c,\ f(c))$가 변곡점이면 $f''(c)$가 존재하지 않거나 $f''(c)=0$이어야 한다. 즉, 변곡점의 후보는 2계도함숫값을 갖지 않거나 2계도함숫값이 0인 점이다.

그러나 후보가 모두 임계점은 아니다. 예를 들면 $f(x)=(x-1)^4$에서 $f''(x)=12(x-1)^2$이고 $f''(1)=0$이지만 $(1, 0)$은 변곡점이 아니다. $f(x)=(x-1)^4$은 항상 위로 오목하고 변곡점이 없다.

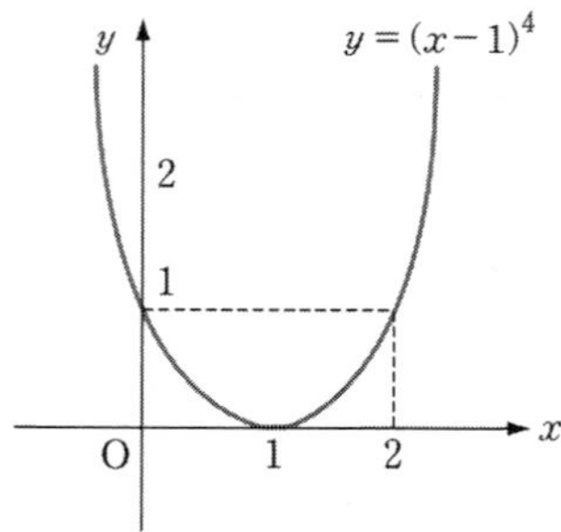

그러므로 $f(x)$의 변곡점을 찾으려면 $f''(c)=0$이거나 $f''(x)$가 존재하지 않는 점 c를 찾아서 그 좌우에서 $f''(x)$의 부호가 변하는지 조사하여야 한다.

예제 5.8.8

$f(x)=\dfrac{1}{6}x^3-2x$의 그래프에서 모든 변곡점을 조사하라.

풀이 $f(x)$의 2계도함수를 구하면

$$f'(x)=\frac{1}{2}x^2-2,\ \ f''(x)=x$$

이다. $f''(x) = x = 0$인 점 $(0, 0)$이 변곡점 후보이다. 그런데 $x < 0$이면 $f''(x) < 0$이고 $x > 0$이면 $f''(x) > 0$이므로 $(0, 0)$은 변곡점이다.

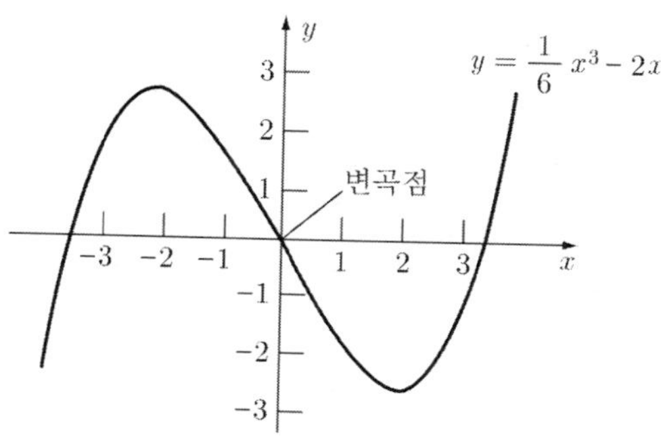

■

예제 5.8.9

$f(x) = x^{1/3} + 2$ 의 그래프에서 모든 변곡점을 조사하라.

풀이 $f(x)$의 2계도함수를 구하면

$$f'(x) = \frac{1}{3x^{2/3}}, \quad f''(x) = \frac{-2}{9x^{5/3}}$$

이다. $x = 0$일 때 $f''(x)$는 존재하지 않는다. 그런데 $x < 0$이면 $f''(x) > 0$이고 $x > 0$이면 $f''(x) < 0$이므로 $(0, 2)$는 변곡점이다.

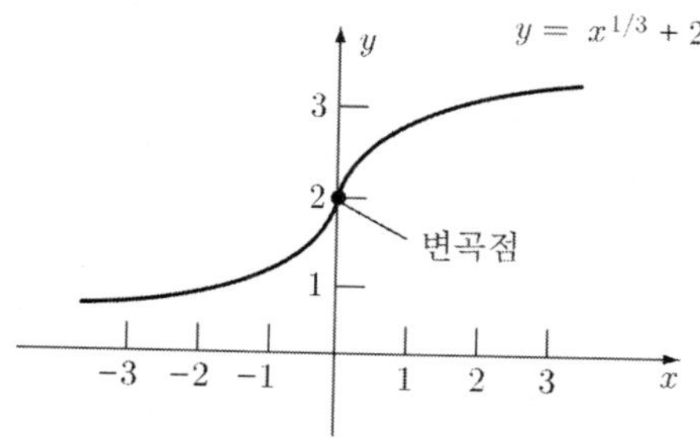

■

어떤 구간에서 정의된 함수 $y = f(x)$에서 최댓값 또는 최솟값이 존재하면 정의된 구간에서 제일 큰 값이나 제일 작은 값을 의미한다. 정의역의 어떤 점 c에서의 함숫값 $f(c)$는 최댓값 또는 최솟값은 아니지만 c의 적당한 근방에서는 최댓값 또는 최솟값이 될 수 있다. 이러한 값을 각각 **극댓값**, **극솟값**이라 한다. 최댓값과 최솟값이 존재하는 경우 최댓값은 극댓값들과 경계점에서의 함숫값 중 가장 큰 값이고, 최솟값은 극솟값들과 경계점에서의 함숫값 중 가장 작은 값이다.

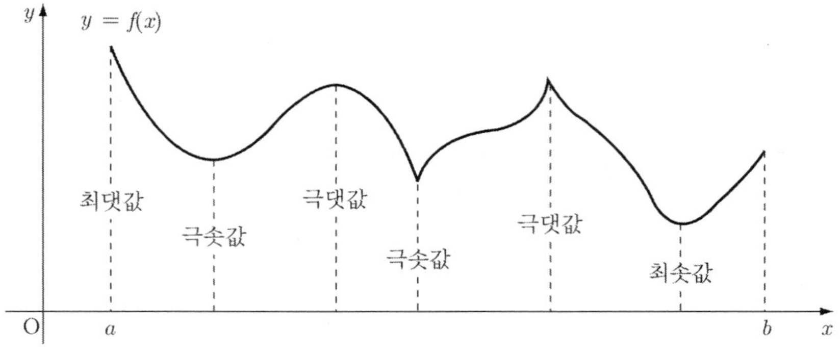

정의

$y=f(x)$을 c을 포함한 구간에서 정의된 함수라 하자.

(i) c을 포함한 정의역 내의 어떤 열린구간 (a, b)에서 $f(c)$가 최댓값이면, $f(c)$를 $f(x)$의 **극댓값**이라 하고,

(ii) c을 포함한 정의역 내의 어떤 열린구간 (α, β)에서 $f(c)$가 최솟값이면, $f(c)$를 함수 $f(x)$의 **극솟값**이라 하며,

(iii) $f(c)$가 극댓값이거나 극솟값이면 $f(c)$을 정의역에서 함수 $f(x)$의 **극값**이라 한다.

어디에서 극값이 생기는가? 임계점 정리에서 최댓값이나 최솟값을 갖는 점의 경우와 같이 생각할 수 있다. 다만 경계점은 제외하고 생각하면 된다. 따라서 정점과 특이점이 극값이 될 후보점이다. 그러나 도함수가 임계점을 중심으로 부호의 변화가 있어야 극값이 존재한다.

예를 들면 $f(x)=x^3$에서 $f'(x)=3x^2=0 \Leftrightarrow x=0$이다. 그렇지만 $f'(x)$의 부호는 $x=0$의 좌우에서 바뀌지 않고 $x \neq 0$인 모든 점에 대하여 $f'(x)=3x^2>0$이므로 이 함수 $f(x)=x^3$은 $x=0$에서 극값을 갖지 않는다.

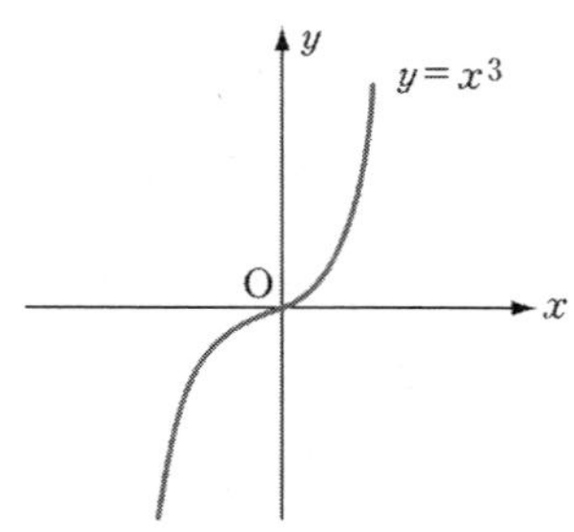

정리 5.8.5 1계도함수 극값 판정법

함수 $y=f(x)$가 c을 포함한 열린구간 (a,b)에서 연속이라 하자.

(i) (a,c)의 모든 점 x에 대하여 $f'(x)>0$이고, (c,b)의 모든 점 x에 대하여 $f'(x)<0$이면 $f(c)$는 함수 $f(x)$의 극댓값이고,

(ii) (a,c)의 모든 점 x에 대하여 $f'(x)<0$이고, (c,b)의 모든 점 x에 대하여 $f'(x)>0$이면 $f(c)$는 함수 $f(x)$의 극솟값이며,

(iii) c의 양쪽에서 $f'(x)$의 부호가 같으면 $f(c)$는 함수 $f(x)$의 극값이 아니다.

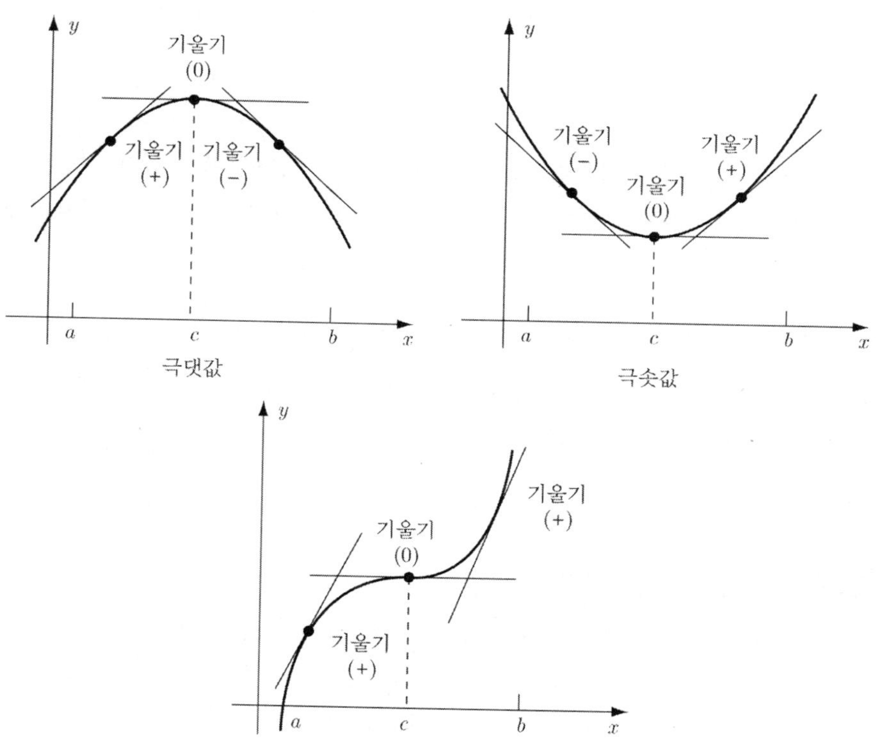

예제 5.8.10

$f(x)=x^3-6x^2+9x+2$ 의 극값을 구하고 그래프를 그리라.

풀이 $f(x)$의 도함수를 구하면

$$f'(x)=3x^2-12x+9=3(x-1)(x-3)$$

이다. $f'(x)=0$에서 $x=1,3$만이 $f(x)$의 임계점이다. $f'(x)>0$과 $f'(x)<0$인 구간을

각각 구하면 $(-\infty, 1)$과 $(3, \infty)$에서 $f'(x) > 0$이고 $(1, 3)$에서 $f'(x) < 0$이다. 따라서 $f(1) = 6$은 극댓값이고 $f(3) = 2$는 극솟값이다.

x		1		3	
$f'(x)$	+	0	−	0	+
$f(x)$	↗	6	↘	2	↗

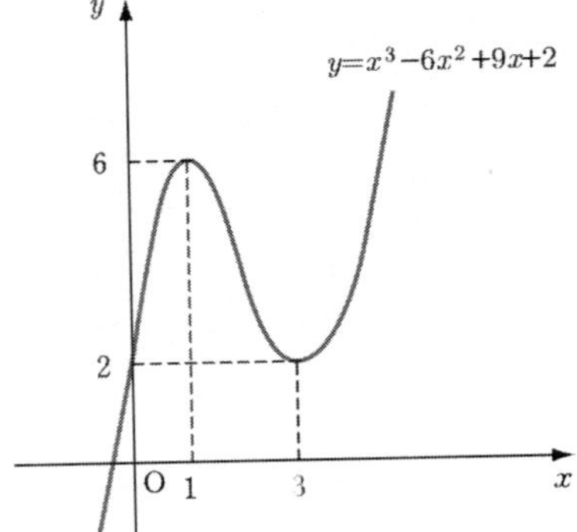

■

1계도함수에 의한 판정법을 적용시키는 것보다 더 편리한 판정법이 있다. 이 판정법을 사용하려면 정점에서 2계도함숫값을 계산하여야 한다. 이 판정법은 경우에 따라 적용할 수 없을 때가 있다. 특히, 특이점에 대해서는 적용할 수 없다.

예를 들면 $f(x) = x^3$과 $f(x) = x^4$ 모두 $f'(0) = 0$, $f''(0) = 0$이다. $f(x) = x^3$은 $x = 0$에서 극값이 없으나 $f(x) = x^4$은 $x = 0$에서 극솟값이 존재한다. 이것은 정점에서 $f''(x) = 0$이면 극값에 대한 아무런 결론도 내릴 수 없다는 것을 보여준다.

정리 5.8.6 2계도함수 극값 판정법

함수 $y = f(x)$가 c를 포함한 열린구간 (a, b)에서 두 번 미분가능하고 $f'(c) = 0$이라 하자.

(i) $f''(c) < 0$이면 $f(c)$는 함수 $f(x)$의 극댓값이고,

(ii) $f''(c) > 0$이면 $f(c)$는 함수 $f(x)$의 극솟값이며,

(iii) $f''(c) = 0$이면 판정할 수 없다.

예제 5.8.11

$f(x) = x^3 - 3x^2 + 2$ 의 극값을 구하라.

풀이 $f'(x)$와 $f''(x)$을 구하면

$$f'(x)=3x^2-6x=3x(x-2),\ f''(x)=6x-6=6(x-1)$$

이다. $f'(x)=0$에서 $x=0, 2$가 임계점이다.

$$f''(0)=-6<0$$

이므로 $f(0)=2$는 극댓값이고,

$$f''(2)=6>0$$

이므로 $f(2)=-2$는 극솟값이다.

■

예제 5.8.12

열린구간 $(0, 2\pi)$에서 $f(x)=\sqrt{3}x+2\sin x$의 극값을 구하라.

풀이 $f'(x)$와 $f''(x)$을 구하면

$$f'(x)=\sqrt{3}+2\cos x,\ f''(x)=-2\sin x$$

이다. $f'(x)=0$에서 $\cos x=-\frac{\sqrt{3}}{2}$이므로 $x=\frac{5\pi}{6}, \frac{7\pi}{6}$가 임계점이다.

$$f''\left(\frac{5\pi}{6}\right)=-2\sin\frac{5\pi}{6}=-2\cdot\frac{1}{2}=-1<0$$

이므로 $f\left(\frac{5\pi}{6}\right)=\sqrt{3}\cdot\frac{5\pi}{6}+2\sin\frac{5\pi}{6}=\frac{5\sqrt{3}\pi+6}{6}$는 극댓값이고,

$$f''\left(\frac{7\pi}{6}\right)=-2\sin\frac{7\pi}{6}=-2\cdot\left(-\frac{1}{2}\right)=1>0$$

이므로 $f\left(\frac{7\pi}{6}\right)=\sqrt{3}\cdot\frac{7\pi}{6}+2\sin\frac{7\pi}{6}=\frac{7\sqrt{3}\pi-6}{6}$는 극솟값이다.

■

예제 5.8.13

닫힌구간 $[-3, 3]$에서 $f(x)=-2x^3+3x^2+12x-5$의 증가구간, 감소구간, 위로 오목구간, 아래로 오목구간, 변곡점, 극값, 최댓값, 최솟값을 구하고, 그래프를 그리라.

풀이 $f'(x)$와 $f''(x)$을 구하면

$$f'(x)=-6x^2+6x+12=-6(x+1)(x-2),\ f''(x)=-12x+6$$

이다. 경계점 $x=-3, 3$이고 $f'(x)=0$에서 $x=-1, 2$이므로 $x=-3, -1, 2, 3$이 임계점이다. $f'(x)>0$과 $f'(x)<0$인 구간을 각각 구하면 $(-1, 2)$에서 $f'(x)>0$이고

$[-3, -1)$과 $(2, 3]$에서 $f'(x) < 0$이다. 증가구간은 $[-1, 2]$이고 감소구간은 $[-3, -1]$과 $[2, 3]$이다. 따라서 $f(-3) = 40$과 $f(2) = 15$은 극댓값이고 $f(3) = 4$와 $f(-1) = -12$는 극솟값이며, $f(-3) = 40$은 최댓값, $f(-1) = -12$은 최솟값이다. 그리고 $f''(x) = -12x + 6 = 0$인 점 $\left(\frac{1}{2}, f\left(\frac{1}{2}\right)\right)$이 변곡점 후보이다. 그런데 $\left[-3, \frac{1}{2}\right)$이면 $f''(x) > 0$이고 $\left(\frac{1}{2}, 3\right]$이면 $f''(x) < 0$이므로 $\left(\frac{1}{2}, \frac{3}{2}\right)$은 변곡점이다. 따라서 위로 오목구간은 $\left[-3, \frac{1}{2}\right)$이고 아래로 오목구간은 $\left(\frac{1}{2}, 3\right]$이다.

x	-3		-1		$\frac{1}{2}$		2		3
$f'(x)$		$-$	0		$+$		0	$-$	
$f(x)$	40	↘	-12		↗		15	↘	4
$f''(x)$		$+$			0		$-$		
$f(x)$		∪			$\frac{3}{2}$		∩		

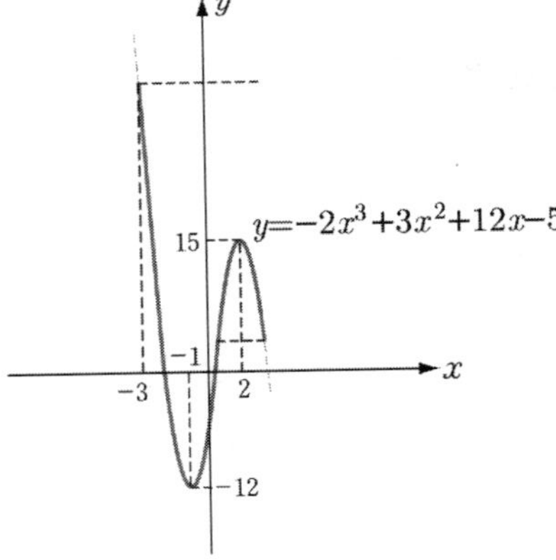

■

예제 5.8.14

24 cm × 9 cm 의 두꺼운 종이의 네 모퉁이에서 정사각형을 떼어내고 가장자리를 접어 직육면체 상자를 만들려고 한다. 부피가 최대인 상자의 치수와 부피를 구하라.

풀이 x를 떼어내는 정사각형의 한 변의 길이라 하고 V를 상자의 부피라 하자. 그러면

$$V = x(9-2x)(24-2x) = 216x - 66x^2 + 4x^3$$

이다. 여기서 $0 < x < 4.5$이다.

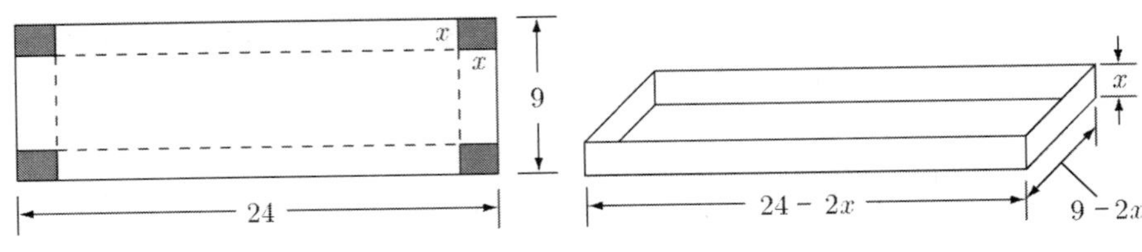

$$\frac{dV}{dx} = 216 - 132x + 12x^2 = 12(18 - 11x + x^2) = 12(9-x)(2-x) = 0$$

에서 $x=2, x=9$인데 $0<x<4.5$이므로 임계점은 $x=2$이고 $V(2)=200$이다. 그러므로 상자의 부피는 $x=2$일 때 최대 부피 200 cm^3이며 가로 20 cm, 세로 5 cm, 높이 2 cm이다.

■

평균값 정리는 미적분학에서 매우 중요한 역할을 한다. 중요한 정리를 유도하는 데 "평균값 정리에 의하여"라는 구절을 자주 대하게 될 것이다. 먼저 Rolle의 정리를 알아보자.

정리 5.8.7 Rolle의 정리

함수 $y=f(x)$가 닫힌구간 $[a,b]$에서 연속이고 열린구간 (a,b)에서 미분가능할 때 $f(a)=f(b)$이면 $f'(c)=0$을 만족시키는 c가 a와 b 사이에 존재한다.

증명 f가 닫힌구간 $[a, b]$에서 연속이므로 최댓값과 최솟값을 모두 갖는다.

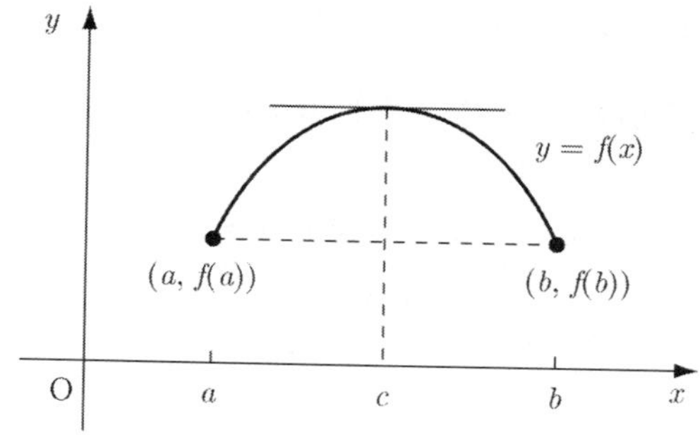

(i) $f(x)$가 상수함수인 경우 (a,b)에서 $f'(x)=0$이므로 자명하다.

(ii) $f(x)$가 상수함수가 아닌 경우 최댓값과 최솟값 중 하나는 구간의 끝점이 아닌 점에서 갖는다. 최댓값을 $a<c<b$인 c에서 갖는다고 하면, $[a,b]$의 모든 x에 대하여 $f(x)\le f(c)$이고 $f(x)-f(c)\le 0$이므로

$$x<c\text{이면 } \frac{f(x)-f(c)}{x-c}\ge 0\text{이고 } x>c\text{이면 } \frac{f(x)-f(c)}{x-c}\le 0$$

이다. 그런데 $f(x)$는 c에서 미분가능하므로

$$0\le \lim_{x\to c^-}\frac{f(x)-f(c)}{x-c}=\lim_{x\to c}\frac{f(x)-f(c)}{x-c}=\lim_{x\to c^+}\frac{f(x)-f(c)}{x-c}\le 0$$

이다. 따라서 $f'(c)=\lim_{x\to c}\frac{f(x)-f(c)}{x-c}=0$이다.

■

기하학적으로 평균값 정리란 "그래프상의 두 점 A, B 사이의 모든 점에서 수직이 아닌 접선을 가지면 A, B 사이에 적어도 한 점 C가 있어 C에서 접선의 기울기는 할선 $\overline{\mathrm{AB}}$의 기울기와 같다."라는 뜻을 가지고 있다.

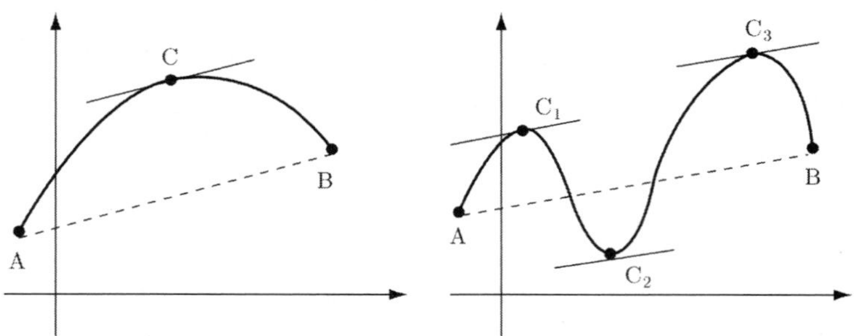

정리 5.8.8 평균값 정리

함수 $y=f(x)$가 닫힌구간 $[a, b]$에서 연속이고 열린구간 (a, b)에서 미분가능이면 $f'(c)=\dfrac{f(b)-f(a)}{b-a}$을 만족시키는 c가 a와 b 사이에 존재한다.

증명 두 점 $(a, f(a))$와 $(b, f(b))$을 지나는 직선의 방정식은

$$y=f(a)+\frac{f(b)-f(a)}{b-a}(x-a)$$

이다. 여기서 $g(x)=f(a)+\dfrac{f(b)-f(a)}{b-a}(x-a)$라 두자.

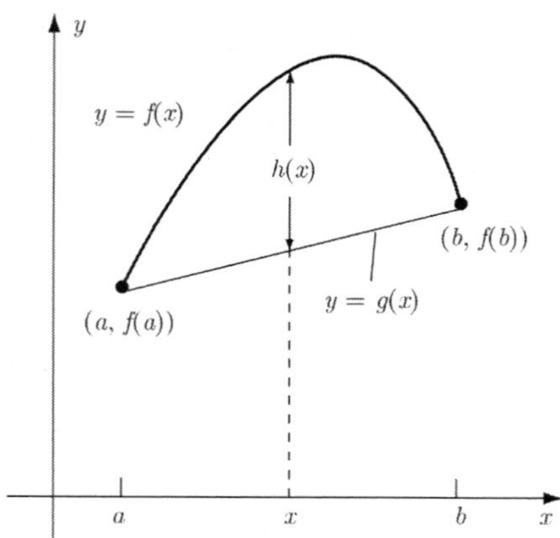

$h(x)=f(x)-g(x)$라 하면 h는 구간 $[a, b]$에서 연속이고 구간 (a, b)에서 미분가능하다. 실제로 $h'(x)=f'(x)-g'(x)=f'(x)-\dfrac{f(b)-f(a)}{b-a}$이다.

그리고 $h(a)=0=h(b)$이므로 Rolle의 정리에 의하여

$$h'(c)=f'(c)-\frac{f(b)-f(a)}{b-a}=0$$

인 c가 구간 (a, b)에 존재한다. 즉, $f'(c)=\dfrac{f(b)-f(a)}{b-a}$인 c가 a와 b 사이에 존재한다.

■

예제 5.8.15

닫힌구간 $[1, 4]$에서 $f(x)=2\sqrt{x}$ 에 대하여 평균값 정리를 만족시키는 c를 구하라.

|풀이| $f'(x)=2\cdot\frac{1}{2}x^{-1/2}=\frac{1}{\sqrt{x}}$ 이고 $\frac{f(4)-f(1)}{4-1}=\frac{2\sqrt{4}-2\sqrt{1}}{3}=\frac{4-2}{3}=\frac{2}{3}$이다. 따라서 $\frac{1}{\sqrt{c}}=\frac{2}{3}$을 풀면 $c=\frac{9}{4}$이고 1과 4 사이에 있다.

■

예제 5.8.16

닫힌구간 $[-1, 2]$에서 $f(x)=x^3-x^2-x+1$에 대하여 평균값 정리를 만족시키는 c를 구하라.

|풀이| $f'(x)=3x^2-2x-1$이고 $\frac{f(2)-f(-1)}{2-(-1)}=\frac{3-0}{3}=1$이므로

$$3c^2-2c-1=1$$

이다. 따라서 $c=\frac{2\pm\sqrt{4+24}}{6}$이다. $c_1\approx-0.55, c_2\approx 1.22$이며 모두 열린구간 $(-1, 2)$에 있다.

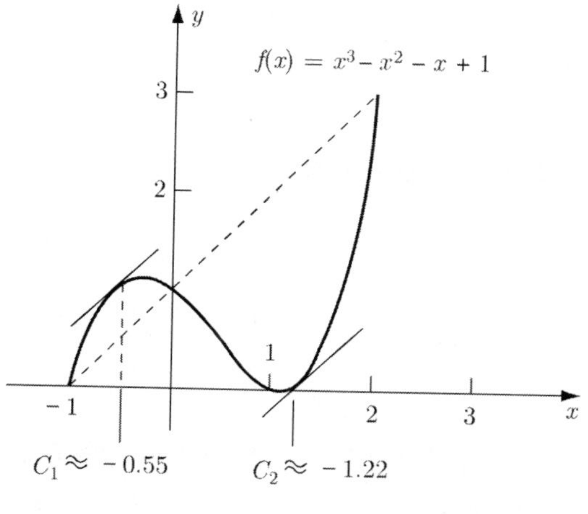

■

예제 5.8.17

닫힌구간 $[-8, 27]$에서 $f(x)=x^{2/3}$에 대하여 평균값 정리를 적용할 수 없음을 설명하라.

풀이

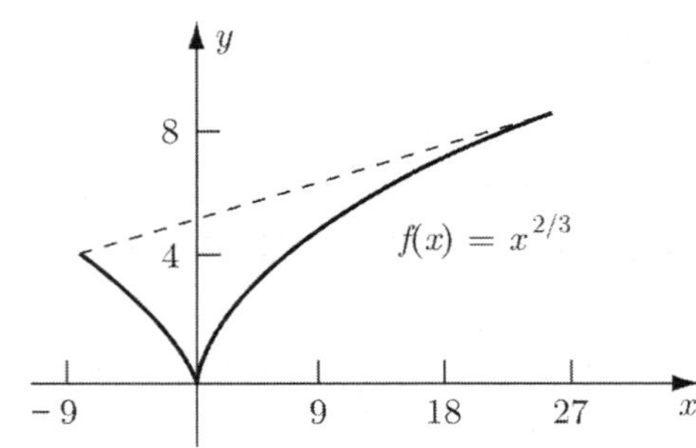

$$f'(x)=\frac{2}{3}x^{-1/3},\quad x\neq 0 \text{ 이고 } \frac{f(27)-f(-8)}{27-(-8)}=\frac{9-4}{35}=\frac{1}{7} \text{ 이므로}$$

$$\frac{2}{3}c^{-1/3}=\frac{1}{7}$$

이다. 그런데 $c=\left(\frac{14}{3}\right)^3>27$이므로 c는 열린구간 $(-8, 27)$에 없다. $f(x)$가 $(-8, 27)$의 모든 점에서 미분가능하다 할 수 없기 때문이다. 실제로 $f'(0)$은 존재하지 않는다. ■

5.8 연습문제

1. 미분을 이용하여 주어진 수의 어림값을 구하라.

(1) $\sqrt{402}$ (2) $\sqrt{98}$

(3) $\sqrt[3]{26.91}$ (4) $\sqrt[3]{65}$

2. 다음 함수에서 임계점을 확인하고 최댓값과 최솟값을 구하라.

(1) $f(x)=-x^2+4x-1,\ [0, 3]$ (2) $f(x)=\frac{2}{5}x^3+\frac{3}{5}x^2-\frac{12}{5}x,\ [-3, 3]$

(3) $f(x)=x^3-3x+1,\ \left[-\frac{3}{2}, 3\right]$ (4) $f(x)=\frac{x}{x^2+2},\ [-1, 4]$

3. 한 변의 길이가 30 cm인 정사각형 모양의 두꺼운 종이가 있다. 이 종이의 네 모퉁이에서 정사각형을 떼어내고 가장자리를 접어 상자를 만들려고 한다. 부피가 최대인 상자의 치수와 부피를 구하라.

4. 다음 함수의 증가구간, 감소구간, 위로 오목구간, 아래로 오목구간, 변곡점, 극값을 구하고, 그래프를 그리라.

(1) $f(x) = -x^3 + 3x$ (2) $f(x) = x^3 - 6x^2 + 12x - 3$

(3) $f(x) = 3x^4 - 8x^3 + 4$ (4) $f(x) = x^3 - 3x^2 + 2$

(5) $f(x) = x^3 - 3x - 1$ (6) $f(x) = 3x^4 - 4x^3 + 2$

5. 다음 함수가 평균값 정리를 만족시키는 c 를 구하고, 평균값 정리가 적용되지 않으면 이유를 설명하라. 그리고 함수의 그래프를 그리라.

(1) $f(x) = x^2 + 2x$, $[-2, 2]$ (2) $f(x) = \frac{1}{3}x^3$, $[-2, 2]$

(3) $f(x) = x^{2/3}$, $[-2, 2]$

제 06 장 적분법과 응용

독일의 수학자이자 물리학자, 철학자인 라이프니츠(Gottfried Wilhelm Leibniz, 1646–1716)는 미분법에 대한 그의 독창적인 제안을 저서 《극대, 극솟값을 결정하기 위한 새로운 방법, 1684》를 통하여 발표하였다. 라이프니츠는 적분법에도 기여한 바가 크다. 그 당시 그가 사용하던 기호 $\int f(x)\,dx$는 오늘날에도 그대로 쓰이고 있다.

적분의 개념은 넓이를 구하는 문제에서 비롯되었으며 이러한 개념을 일반화한 것이 적분의 개념이다. 이 장에서는 먼저 부정적분에 대하여 정의하고 정적분의 의미 및 미분과 적분의 관계를 나타내는 미적분학의 기본정리와 응용을 다룰 것이다.

6.1 부정적분

지금까지 미분가능한 함수 $y=f(x)$에 대하여 그의 도함수를 구하는 미분법과 응용을 공부하였다. 이제 그 역연산으로 주어진 함수 $f(x)$에 대하여 $f(x)$를 도함수로 하는 함수 $F(x)$를 대응시키는 연산에 대하여 알아보자.

정의

어떤 구간에서 정의된 함수 $f(x)$에 대하여 이 구간의 모든 x에 대하여 $F'(x)=f(x)$를 만족시키는 함수 $F(x)$를 이 구간에서의 $f(x)$의 **역도함수**(anti-derivative) 또는 **원시함수**(primitive function)라 한다.

함수 $f(x)$의 모든 역도함수를 다음과 같이 나타내고, $f(x)$의 **부정적분**이라 한다.

$$\int f(x)\,dx$$

여기서 $f(x)$를 **피적분함수** 그리고 x를 **적분변수**라 한다.

예를 들어 함수 $f(x)=4x^3$에서 함수 $F(x)=x^4$은 $f(x)$의 한 역도함수이고 또한 함수

$F(x)=x^4+6$도 $f(x)$의 한 역도함수이다. 뿐만 아니라 임의의 실수 C에 대해서 함수 $F(x)=x^4+C$가 $f(x)$의 역도함수이다. 일반적으로 $F(x)$가 $f(x)$의 한 역도함수일 때

$$\int f(x)\,dx = F(x)+C$$

이다.

$\int f(x)\,dx = F(x)+C$를 x에 대하여 미분하면

$$\frac{d}{dx}\int f(x)\,dx = \frac{d}{dx}(F(x)+C)=f(x)$$

이므로 부정적분은 미분법의 역연산이다.

예를 들어 n이 $n\neq -1$인 유리수일 때 $\frac{d}{dx}\left(\frac{x^{n+1}}{n+1}\right)=x^n$ 이므로

$$\int x^n\,dx = \frac{x^{n+1}}{n+1}+C,\ \ n\neq -1$$

이다.

예제 6.1.1

다음을 계산하라.

(1) $\int dx$

(2) $\int x\,dx$

(3) $\int x^5\,dx$

|풀이| (1) $\int dx = \int 1\,dx = \int x^0\,dx = \frac{x^{0+1}}{0+1}+C = x+C$

(2) $\int x\,dx = \int x^1\,dx = \frac{x^{1+1}}{1+1}+C = \frac{x^2}{2}+C$

(3) $\int x^5\,dx = \frac{x^{5+1}}{5+1}+C = \frac{x^6}{6}+C$

■

부정적분의 정의와 미분공식을 이용하면 다음 부정적분에 대한 기본공식을 얻는다.

정리 6.1.1

k는 상수이고 두 함수 $f(x)$와 $g(x)$의 역도함수가 존재하면 다음이 성립한다.

(i) $\int kf(x)\,dx = k\int f(x)\,dx$

(ii) $\int \{f(x) \pm g(x)\}\,dx = \int f(x)\,dx \pm \int g(x)\,dx$

증명 (i) $\dfrac{d}{dx}\left(k\int f(x)\,dx\right) = k\dfrac{d}{dx}\left(\int f(x)\,dx\right) = kf(x)$이므로

$\int kf(x)\,dx = k\int f(x)\,dx$

(ii) $\dfrac{d}{dx}\left(\int f(x)\,dx \pm \int g(x)dx\right) = \dfrac{d}{dx}\left(\int f(x)\,dx\right) \pm \dfrac{d}{dx}\left(\int g(x)dx\right) = f(x) \pm g(x)$

이므로 $\int \{f(x) \pm g(x)\}\,dx = \int f(x)\,dx \pm \int g(x)\,dx$

■

예제 6.1.2

다음 부정적분을 구하라.

(1) $\int (3x^2 - 2x + 4)\,dx$

(2) $\int (2x+1)(3x-1)\,dx$

(3) $\int \cos x\,dx$

(4) $\int \sin x\,dx$

풀이 (1)
$$\begin{aligned}\int (3x^2 - 2x + 4)dx &= \int 3x^2\,dx - \int 2x\,dx + \int 4\,dx \\ &= 3\int x^2\,dx - 2\int x\,dx + \int 4\,dx \\ &= 3 \cdot \frac{1}{3}x^3 - 2 \cdot \frac{1}{2}x^2 + 4 \cdot x + C \\ &= x^3 - x^2 + 4x + C\end{aligned}$$

(2)
$$\begin{aligned}\int (2x+1)(3x-1)\,dx &= \int (6x^2 + x - 1)\,dx \\ &= 6\int x^2\,dx + \int x\,dx - \int dx \\ &= 2x^3 + \frac{1}{2}x^2 - x + C\end{aligned}$$

(3) $\int \cos x\,dx = \sin x + C$

(4) $\int \sin x\, dx = -\cos x + C$

■

예제 6.1.3

다음 부정적분을 구하라.

(1) $\int x\left(\frac{1}{x} - x\right)^3 dx$

(2) $\int \left(\frac{1}{x^2} - \sqrt{x}\right) dx$

(3) $\int \frac{dx}{\sqrt{x+1} - \sqrt{x}}$

풀이 (1) $\int x\left(\frac{1}{x} - x\right)^3 dx = \int x\left(\frac{1}{x^3} - \frac{3}{x} + 3x - x^3\right) dx$

$$= \int \left(\frac{1}{x^2} - 3 + 3x^2 - x^4\right) dx = -\frac{1}{5}x^5 + x^3 - 3x - \frac{1}{x} + C$$

(2) $\int \left(\frac{1}{x^2} - \sqrt{x}\right) dx = \int (x^{-2} - x^{1/2})\, dx$

$$= \frac{x^{-2+1}}{-2+1} - \frac{x^{\frac{1}{2}+1}}{\frac{1}{2}+1} + C = -\frac{1}{x} - \frac{2}{3}x^{3/2} + C$$

(3) $\int \frac{dx}{\sqrt{x+1} - \sqrt{x}} = \int \frac{\sqrt{x+1} + \sqrt{x}}{(\sqrt{x+1} - \sqrt{x})(\sqrt{x+1} + \sqrt{x})}\, dx$

$$= \int (\sqrt{x+1} + \sqrt{x})\, dx$$

$$= \frac{(x+1)^{\frac{1}{2}+1}}{\frac{1}{2}+1} + \frac{x^{\frac{1}{2}+1}}{\frac{1}{2}+1} + C$$

$$= \frac{2}{3}(x+1)^{3/2} + \frac{2}{3}x^{3/2} + C$$

■

피적분함수가 합성함수를 포함하고 있을 때에는 함수식을 치환하여 적분변수를 바꾸어 적분하는 방법을 생각해볼 수 있다. 즉, 함수 f와 미분가능한 함수 g의 합성함수 $f(g(x))$를 포함한 형태의 함수의 부정적분 $\int f(g(x))g'(x)dx$에서 $u = g(x)$라 두면 $du = g'(x)dx$이므로 주어진 부정적분은 $\int f(u)du$와 같이 간단한 형태로 바뀐다. 이제 F가 f의 한 역도함수이면

$$\int f(g(x))g'(x)dx = \int f(u)du = F(u) + C = F(g(x)) + C$$

이다. 이런 방법을 **치환적분법**이라 한다. 이 방법의 타당성은 아래와 같이 간단히 증명할 수 있다.

정리 6.1.2

함수 $g(x)$가 미분가능하고 $F(x)$가 $f(x)$의 한 역도함수라 하면

$$\int f(g(x))g'(x)\,dx = F(g(x)) + C$$

증명 $\dfrac{d}{dx}F(g(x)) = F'(g(x)) \cdot g'(x) = f(g(x)) \cdot g'(x)$이므로

$$\int f(g(x))g'(x)\,dx = F(g(x)) + C$$

이다.

■

예제 6.1.4

다음 부정적분을 구하라.

(1) $\int (x^4+3x)^{30}(4x^3+3)\,dx$

(2) $\int (x^3+6x)^5(6x^2+12)\,dx$

(3) $\int \dfrac{2x+3}{(x^2+3x)^2}\,dx$

(4) $\int \sin^{10}x\cos x\,dx$

(5) $\int x^2\sqrt{x^3-1}\,dx$

풀이 (1) $u = x^4+3x$라 하면 $du = (4x^3+3)dx$이므로

$$\int (x^4+3x)^{30}(4x^3+3)\,dx = \int u^{30}\,du$$

$$= \frac{u^{31}}{31} + C = \frac{(x^4+3x)^{31}}{31} + C$$

(2) $u = x^3+6x$라 하면 $du = (3x^2+6)dx$이다.

따라서 $(6x^2+12)dx = 2(3x^2+6)dx = 2du$이므로

$$\int (x^3+6x)^5(6x^2+12)\,dx = \int u^5\,2\,du = 2\int u^5\,du$$

$$= 2\cdot\frac{u^6}{6}+C = \frac{(x^3+6x)^6}{3}+C$$

(3) $u = x^2+3x$라 하면 $du = (2x+3)dx$이므로

$$\int \frac{2x+3}{(x^2+3x)^2}\,dx = \int \frac{1}{u^2}\,du = -u^{-1}+C = -\frac{1}{x^2+3x}+C$$

(4) $u = \sin x$라 하면 $du = \cos x\,dx$이므로

$$\int \sin^{10}x\cos x\,dx = \int u^{10}\,du = \frac{u^{11}}{11}+C$$

$$= \frac{\sin^{11}x}{11}+C$$

(5) $u = x^3-1$이라 하면 $du = 3x^2\,dx$이므로

$$\int x^2\sqrt{x^3-1}\,dx = \frac{1}{3}\int \sqrt{x^3-1}\cdot 3x^2\,dx$$

$$= \frac{1}{3}\int \sqrt{u}\,du$$

$$= \frac{1}{3}\int u^{1/2}\,du$$

$$= \frac{1}{3}\frac{2}{3}u^{\frac{3}{2}}+C$$

$$= \frac{2}{9}(x^3-1)^{\frac{3}{2}}+C$$

■

6.1 연습문제

1. 다음 함수의 역도함수를 구하라.

(1) $f(x) = 5$

(2) $f(x) = 3x^2+\sqrt{2}$

(3) $f(x) = x^{3/2}-3x+14$

(4) $f(x) = 18x^8-25x^4+3$

(5) $f(x) = 6x^2-6x+1$

(6) $f(x) = \frac{4}{x^5}-\frac{3}{x^4}$

(7) $f(x) = x^{2/3}$

(8) $f(x) = 3\sin x$

2. 다음 부정적분을 구하라.

(1) $\int 24x(x^2+1)^3\,dx$ (2) $\int \sin x\cos^2 x\,dx$

(3) $\int x\sqrt{1-x}\,dx$ (4) $\int 3\sin 2x\,dx$

(5) $\int \frac{x^2+1}{\sqrt{2x}}\,dx$ (6) $\int (x^2+4)^{10}x\,dx$

(7) $\int 3x\sqrt[3]{2x^2-1}\,dx$ (8) $\int \sin^4 x\cos x\,dx$

6.2 정적분

한 평면에서 직사각형이나 삼각형이 아닌, 단일 폐곡선으로 둘러싸인 일반적인 영역의 넓이를 구하는 방법을 알아보자.

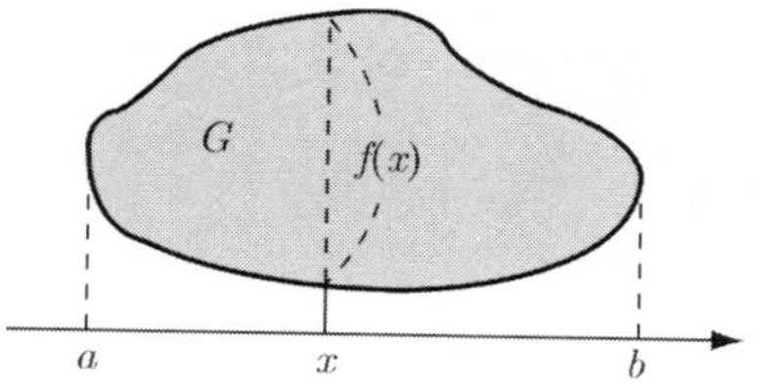

주어진 영역 G가 고정된 수직선의 구간 $[a, b]$에 놓여 있다고 하자. 이 구간에 속하는 임의의 점 x를 지나고 수직선에 수직인 직선과 영역 G의 교선의 길이가 $f(x)$로 정해진다면, 영역 G의 넓이 $A(G)$는 다음과 같이 구할 수 있다.

먼저 구간 $[a, b]$를 n등분하여 각 분할점을

$$x_0=a,\ \ x_1=a+\frac{b-a}{n},\ \ x_2=a+\frac{2(b-a)}{n},\ \ \cdots,\ \ x_{n-1}=a+\frac{(n-1)(b-a)}{n},\ \ x_n=b$$

라 두고, 각 분할점에서 수직선에 수직인 직선으로 영역 G를 분할하여 나누어진 작은 영역들을 $G_k\,(k=1, 2, \cdots, n)$라 하자.

다음으로 각 소구간 $[x_{i-1}, x_i]$에서 임의의 점(**표본점**)을 선택하여 그 좌표를 $\overline{x_i}$라 하자. n이 커지면 표본점 $\overline{x_i}$의 위치에 관계없이 가로의 길이가 $\frac{b-a}{n}$이고 세로의 길이가 $f(\overline{x_k})$인 직사각형의 넓이의 합

$$A_n = \sum_{k=1}^{n} f(\overline{x_i}) \cdot \frac{b-a}{n}$$

은 점점 영역 G의 넓이에 가까워진다. 즉, $\lim_{n \to \infty} A_n = A(G)$이다.

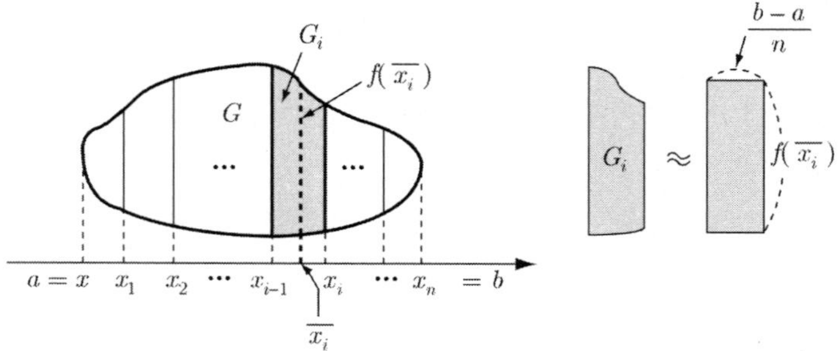

이와 같은 방법으로 영역의 넓이를 구하는 방법을 **구분구적법**이라 한다.

예를 들어 포물선 $f(x) = x^2$과 x축 및 $x = 2$로 둘러싸인 영역 R의 넓이 $A(R)$를 구해보자.

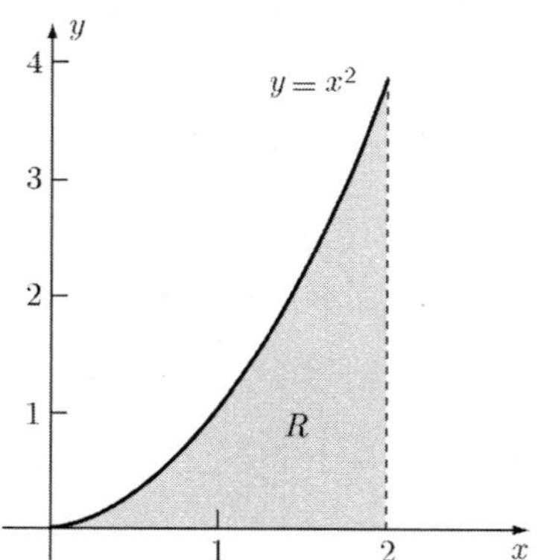

닫힌구간 $[0, 2]$를 n등분하여 길이가 $\Delta x = \frac{2}{n}$인 n 개의 작은 구간 $[x_{i-1}, x_i]\,(i = 1, 2, \cdots, n)$으로 분할하면, 각 분할점의 x 좌표는 $x_0 = 0$, $x_1 = \frac{2}{n}$, $x_2 = 2 \cdot \frac{2}{n}$, $\cdots$, $x_{n-1} = (n-1)\frac{2}{n}$, $x_n = n\frac{2}{n} = 2$이다.

0= x_0 x_1 x_2 x_3 $x_n - 1$ x_n =2

먼저, 각 소구간 $[x_{i-1}, x_i]$에서 x_{i-1}을 표본점으로 택하여, 밑변이 $[x_{i-1}, x_i]$이고 높이가 $f(x_{i-1}) = x_{i-1}^2$인 직사각형을 그리면 이와 같은 직사각형들의 합 R_n은 R에 내접하는 다각형을 이룬다. 따라서 $A(R_n) \le A(R)$이다.

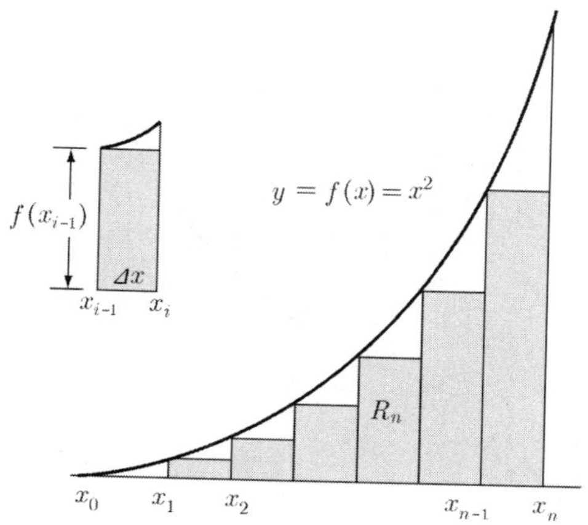

R_n의 넓이 $A(R_n)$은

$$\begin{aligned}
A(R_n) &= f(x_0)\Delta x + f(x_1)\Delta x + f(x_2)\Delta x + \cdots + f(x_{n-1})\Delta x \\
&= \left(\frac{0}{n}\right)^2 \frac{2}{n} + \left(\frac{2}{n}\right)^2 \frac{2}{n} + \left(\frac{4}{n}\right)^2 \frac{2}{n} + \cdots + \left(\frac{2(n-1)}{n}\right)^2 \frac{2}{n} \\
&= \frac{8}{n^3}\left(1^2 + 2^2 + \cdots + (n-1)^2\right) \\
&= \frac{8}{n^3} \frac{(n-1)n(2n-1)}{6} \\
&= \frac{4}{3}\left(\frac{2n^3 - 3n^2 + n}{n^3}\right) \\
&= \frac{8}{3} - \frac{4}{n} + \frac{4}{3n^2}
\end{aligned}$$

이고, n이 한없이 커질 때 그 극한은

$$\lim_{n\to\infty} A(R_n) = \lim_{n\to\infty}\left(\frac{8}{3} - \frac{4}{n} + \frac{4}{3n^2}\right) = \frac{8}{3}$$

이다. 그런데 임의의 자연수 n에 대하여 $A(R_n) \le A(R)$이므로 $A(R) \ge \frac{8}{3}$이 성립한다.

한편, 밑변이 $[x_{i-1}, x_i]$이고 높이가 $f(x_i)=x_i^2$인 직사각형들의 합 S_n은 R에 외접하는 다각형을 이룬다. 따라서 $A(S_n) \geq A(R)$이다.

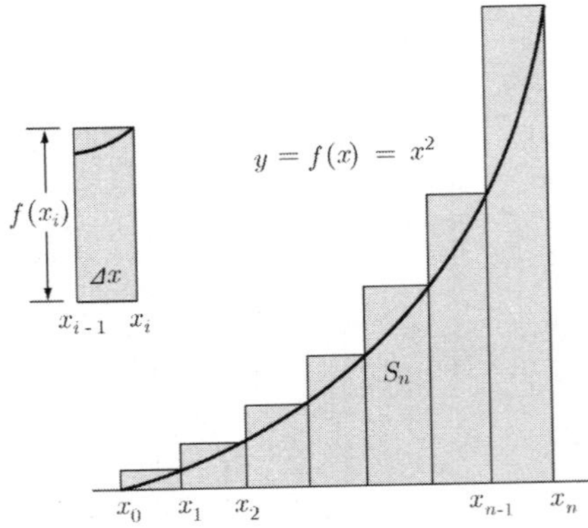

이와 같은 S_n의 넓이 $A(S_n)$은

$$A(S_n) = f(x_1)\Delta x + f(x_2)\Delta x + f(x_3)\Delta x + \cdots + f(x_n)\Delta x$$

이고

$$f(x_i)\Delta x = x_i^2 \Delta x = \left(\frac{2i}{n}\right)^2 \frac{2}{n} = \left(\frac{8}{n^3}\right) i^2$$

이므로

$$\begin{aligned} A(S_n) &= \frac{8}{n^3}(1^2) + \frac{8}{n^3}(2^2) + \cdots + \frac{8}{n^3}(n)^2 \\ &= \frac{8}{n^3}\left(1^2 + 2^2 + \cdots + n^2\right) \\ &= \frac{8}{n^3}\,\frac{n(n+1)(2n+1)}{6} \end{aligned}$$

이고, n이 한없이 커질 때 그 극한은

$$\lim_{n\to\infty} A(S_n) = \lim_{n\to\infty}\left(\frac{8}{3} + \frac{4}{n} + \frac{4}{3n^2}\right) = \frac{8}{3}$$

임의의 자연수 n에 대하여 $A(S_n) \geq A(R)$이므로 $A(R) \leq \dfrac{8}{3}$이 성립한다.

따라서 $A(R)=\dfrac{8}{3}$ 이다.

구분구적법의 원리로부터 정적분의 정의를 유도한다.

함수 f에 대하여 두 실수 m, $M(m \le M)$이 존재해서 f의 치역이 구간 $[m, M]$에 포함될 때 f는 **유계**(bounded)**함수**라 한다.

함수 $f(x)$가 닫힌구간 $[a,b]$에서 유계라 하자.

닫힌구간 $[a,b]$의 내부에 $n-1$개의 점 x_1, x_2, $\cdots$, x_{n-1}을 임의로 정하고 $x_0=a$, $x_n=b$라 하면 구간 $[a,b]$는 n개의 소구간 $[x_{i-1}, x_i]\,(i=1,2,3,\cdots,n)$들로 나누어진다.

$a=x_0 \quad x_1 \quad x_2 \quad x_3 \quad \cdots \quad x_{n-1} \quad x_n=b \quad x$

이 소구간들의 집합 P를 $[a,b]$의 **분할**이라 한다. 분할은 일반적으로 소구간들의 경계점의 좌표를 차례로 나열하여

$$P:\ a=x_0<x_1<x_2<\cdots<x_{n-1}<x_n=b$$

와 같이 나타낸다. 소구간 $[x_{i-1}, x_i]$의 길이를 $\Delta x_i=x_i-x_{i-1}$로 나타내자. 각각의 소구간 $[x_{i-1}, x_i]$에서 임의의 표본점 $\overline{x_i}$를 택하여 만든 합 $\sum_{i=1}^{n} f(\overline{x_i})\Delta x_i$를 함수 $f(x)$의 분할 P에 대한 **Riemann 합**이라 하고 $R_P(f)$로 나타낸다. 이 합은 주어진 $f(x)$에 대해서 $[a,b]$의 분할 방법 및 표본점 $\overline{x_i}$의 선택에 따라 달라진다.

분할 P에 대하여 작은 구간 $[x_{i-1}, x_i]$의 길이 Δx_i 중 최대인 것을 $|P|$로 나타낸다. 즉, $|P|=\max\limits_{1\le i\le n}\Delta x_i$ 이다. 그러면 각 소구간의 길이는 $|P|$을 넘지 않으므로 $|P|$가 작아지면 분할은 점점 세분된다. $|P|\to 0$일 때 Riemann 합 $R_P(f)$가 어떤 일정한 값 A에 수렴하면 $f(x)$는 $[a,b]$에서 **적분가능하다** 하며 A를 $f(x)$의 a부터 b까지 **Riemann 적분** 또는 **정적분**이라 하고 $A=\int_a^b f(x)\,dx$로 나타낸다. 이때 a, b를 각각 이 정적분의 **하한**, **상한**이라 한다. 그러므로 $f(x)$가 $[a,b]$에서 적분가능하면

$$\lim_{|P| \to 0} \sum_{i=1}^{n} f(\overline{x_i})\, \Delta x_i = \int_a^b f(x)\, dx$$

이다.

$a = b$ 이면 명백히

$$\int_a^b f(x)dx = \int_a^a f(x)dx = 0$$

이다.

그리고 $a > b$ 일 때에는, $f(x)$가 구간 $[b,\ a]$ 에서 적분가능하면 $\int_a^b f(x)\,dx$을 다음과 같이 정의한다.

$$\int_a^b f(x)\,dx = -\int_b^a f(x)\,dx$$

예제 6.2.1

함수 $f(x) = x^2 + 1$ 에 대하여 $[-1, 2]$의 분할 $-1 < 0.5 < 0 < 0.5 < 1 < 1.5 < 2$ 와 표본점 $\overline{x_1} = -0.75$, $\overline{x_2} = -0.25$, $\overline{x_3} = 0.25$, $\overline{x_4} = 0.75$, $\overline{x_5} = 1.25$, $\overline{x_6} = 1.75$에 대한 Riemann 합을 구하라.

| 풀이 | $R_P = \sum_{i=1}^{6} f(\overline{x_i}) \Delta x_i$

$= [f(-0.75) + f(-0.25) + f(0.25) + f(0.75) + f(1.25) + f(1.75)](0.5)$

$= [1.5625 + 1.0625 + 1.0625 + 1.5625 + 2.5625 + 4.0625](0.5) = 5.9375$

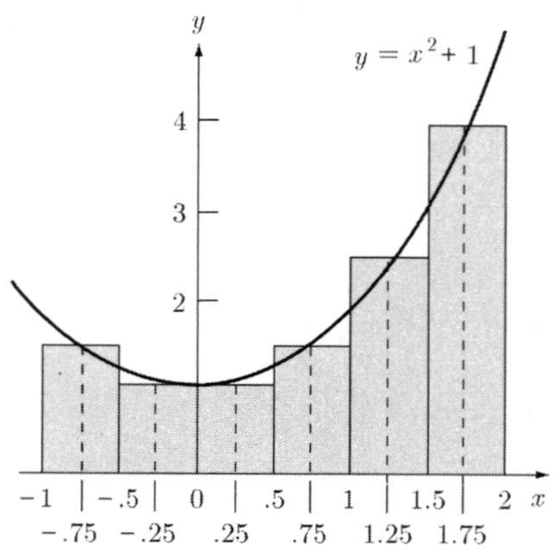

■

예제 6.2.2

상수함수 $f(x)=k$에 대하여 $\int_a^b f(x)\,dx = k(b-a)$이다.

증명 구간 $[a, b]$의 임의의 분할 $P: a=x_0<x_1<x_2<\cdots<x_{n-1}<x_n=b$와 각 소구간 $[x_{i-1}, x_i]$에서 선택된 임의의 표본점 $\overline{x_i}$에 대하여, f의 Riemann 합은

$$R_P=\sum_{i=1}^{n} f(\overline{x_i})\Delta x_i=\sum_{i=1}^{n} k\Delta x_i = k\sum_{i=1}^{n}(x_i-x_{i-1})=k(x_n-x_0)=k(b-a)$$

이다. 따라서

$$\int_a^b f(x)dx=\lim_{|P|\to 0}\sum_{i=1}^{n} f(\overline{x_i})\Delta x_i=\lim_{|P|\to 0} k(b-a)=k(b-a)$$

■

예제 6.2.3

$[a, b]$에서 $f(x)=\begin{cases}1, & x\text{는 유리수}\\ 0, & x\text{는 무리수}\end{cases}$ 로 정의될 때 $f(x)$는 적분가능하지 않음을 보이라.

풀이 구간 $[a, b]$를 어떻게 분할하든지 작은 구간 $[x_{i-1}, x_i]$은 유리수와 무리수를 동시에 포함하고 있다. 따라서 임의의 분할 P에 대하여 표본점 $\overline{x_i}$를 유리수로 택하면 Riemann 합은 $R_P=\sum_{i=1}^{n} f(\overline{x_i})\Delta x_i = b-a$이고 무리수로 택하면 Riemann 합은 $R_P=\sum_{i=1}^{n} f(\overline{x_i})\Delta x_i=0$이다. 따라서 Riemann 합의 극한 $\lim_{|P|\to 0} R_P$이 존재하지 않는다. 따라서 $f(x)$는 $[a, b]$에서 적분 불가능하다.

■

주어진 함수가 적분가능한지의 여부를 알기는 쉽지 않다. 다음 정리는 어떤 함수가 적분가능하기 위한 하나의 충분조건을 제시한다.

정리 6.2.1

함수 $f(x)$가 닫힌구간 $[a, b]$에서 유계이고 유한개의 점을 제외한 모든 점에서 연속이면 그 구간에서 적분가능하다.

그러므로 다항함수, 분수함수, 무리함수, 삼각함수, 지수함수, 로그함수 등은 그 정의역에 포함되는 임의의 닫힌구간 $[a, b]$에서 적분가능하다.

예제 6.2.4

$\int_{-2}^{3}(x+3)\,dx$ 를 구하라.

풀이 $f(x)=x+3$은 구간 $[-2, 3]$에서 연속이므로 적분가능하다. 따라서 임의의 분할과 표본점에 대하여 그 Riemann 합은 일정한 값 즉, 정적분으로 수렴한다. $[-2, 3]$을 각각의 길이가 $\Delta x=\frac{5}{n}$인 n개의 작은 구간 $[x_{i-1}, x_i]$으로 분할하고 표본점을 $\overline{x_i}=x_i$로 정하면

$$x_0=-2,\ x_1=-2+\frac{5}{n},\ x_2=-2+2\left(\frac{5}{n}\right),\ \cdots,\ x_n=-2+n\left(\frac{5}{n}\right)=3$$

이다. $f(\overline{x_i})=x_i+3=1+i\left(\frac{5}{n}\right)$ 이므로

$$\begin{aligned}\sum_{i=1}^{n} f(\overline{x_i})\,\Delta x_i &= \sum_{i=1}^{n}\left[1+i\left(\frac{5}{n}\right)\right]\left(\frac{5}{n}\right)=\frac{5}{n}\sum_{i=1}^{n}1+\frac{25}{n^2}\sum_{i=1}^{n}i \\ &= \frac{5}{n}(n)+\frac{25}{n^2}\left(\frac{n(n+1)}{2}\right) \\ &= 5+\frac{25}{2}\left(1+\frac{1}{n}\right)\end{aligned}$$

이다. $|P|\to 0$이기 위한 필요충분조건은 $n\to\infty$ 이므로

$$\begin{aligned}\int_{-2}^{3}(x+3)\,dx &= \lim_{|P|\to 0}\sum_{i=1}^{n} f(\overline{x_i})\,\Delta x_i \\ &= \lim_{n\to\infty}\left[5+\frac{25}{2}\left(1+\frac{1}{n}\right)\right]=\frac{35}{2}\end{aligned}$$

■

정의에 따라 정적분의 값을 계산할 수 있으나 지루하고 어려우며 때로는 불가능하기도 하다. 몇 개의 정적분에 대한 성질을 알아본 다음 정적분을 간단히 계산할 수 있는 중요한 정리를 소개한다.

정리 6.2.2

k는 상수이고 두 함수 $f(x), g(x)$가 닫힌구간 $[a, b]$에서 적분가능하면 $kf(x)$와 $f(x) \pm g(x)$도 적분가능하고 다음이 성립한다.

(i) $\int_a^b kf(x)\,dx = k\int_a^b f(x)\,dx$

(ii) $\int_a^b \{f(x) \pm g(x)\}dx = \int_a^b f(x)dx \pm \int_a^b g(x)dx$

증명 (i) $\int_a^b kf(x)\,dx = \lim_{|P| \to 0} \sum_{i=1}^n kf(\overline{x_i})\,\Delta x_i = \lim_{|P| \to 0} k\sum_{i=1}^n f(\overline{x_i})\,\Delta x_i$

$$= k \lim_{|P| \to 0} \sum_{i=1}^n f(\overline{x_i})\,\Delta x_i = k\int_a^b f(x)\,dx$$

(ii) $\int_a^b \{f(x)\,dx \pm g(x)\}\,dx = \lim_{|P| \to 0} \sum_{i=1}^n \left[f(\overline{x_i}) \pm g(\overline{x_i})\right] \Delta x_i$

$$= \lim_{|P| \to 0} \left[\sum_{i=1}^n f(\overline{x_i})\Delta x_i \pm \sum_{i=1}^n g(\overline{x_i})\Delta x_i\right]$$

$$= \lim_{|P| \to 0} \sum_{i=1}^n f(\overline{x_i})\,\Delta x_i \pm \lim_{|P| \to 0} \sum_{i=1}^n g(\overline{x_i})\,\Delta x_i$$

$$= \int_a^b f(x)\,dx \pm \int_a^b g(x)\,dx$$

■

정적분은 넓이를 구하는 구분구적법으로부터 일반화된 개념이다.

인접한 두 영역 R_1, R_2가 경계만 공유한다면, 두 영역을 합한 영역 $R = R_1 \cup R_2$의 넓이 $A(R)$는 다음과 같다.

$$A(R) = A(R_1 \cup R_2) = A(R_1) + A(R_2)$$

이제 함수 f가 구간 $[a, b]$에서 연속이고 $f(x) \geq 0$이라 하자. $a < c < b$라 하면 f는 세 구간 $[a, b]$, $[a, c]$, $[b, c]$에서 적분가능하고, 각 정적분은 주어진 구간에서 곡선 $y = f(x)$과 x축 사이 영역의 넓이와 같다. 따라서 다음이 성립한다.

$$\int_a^c f(x)\,dx = \int_a^b f(x)\,dx + \int_b^c f(x)\,dx$$

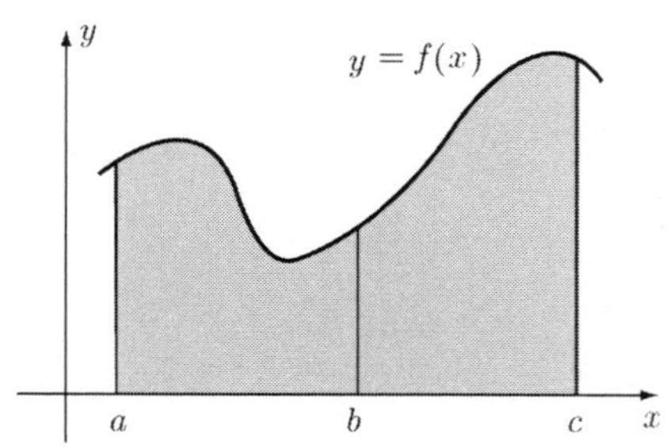

이것을 일반화하면 다음과 같다.

정리 6.2.3

함수 $f(x)$ 가 a, b, c 를 경계로 갖는 각각의 구간에서 적분가능하면

$$\int_a^c f(x)\,dx = \int_a^b f(x)\,dx + \int_b^c f(x)\,dx$$

위의 정리는 a, b, c 의 크기순서에 관계없이 항상 성립한다. 예를 들면

$$\int_0^2 x^2\,dx = \int_0^1 x^2\,dx + \int_1^2 x^2\,dx = \int_0^3 x^2\,dx + \int_3^2 x^2\,dx$$

이다.

정리 6.2.4

함수 $f(x)$ 와 $g(x)$ 가 닫힌구간 $[a, b]$ 에서 적분가능하고 $[a, b]$ 의 모든 점 x 에 대하여 $f(x) \leq g(x)$ 이면

$$\int_a^b f(x)\,dx \leq \int_a^b g(x)\,dx$$

증명 f 와 g 가 모두 적분가능하므로 임의의 분할과 임의의 표본점에 대한 Riemann 합은 각각 $\int_a^b f(x)dx$ 와 $\int_a^b g(x)dx$ 로 수렴한다.

구간 $[a, b]$ 의 임의의 분할 $P: a = x_0 < x_1 < x_2 < \cdots < x_{n-1} < x_n = b$ 와 각 소구간 $[x_{i-1}, x_i]$ 에서 선택된 임의의 표본점 $\overline{x_i}$ 에 대하여, $f(\overline{x_i}) \leq g(\overline{x_i})$ 이므로

$$\sum_{i=1}^{n} f(\overline{x_i})\Delta x_i \le \sum_{i=1}^{n} g(\overline{x_i})\Delta x_i$$

이고 따라서

$$\int_a^b f(x)dx = \lim_{|P|\to 0}\sum_{i=1}^{n} f(\overline{x_i})\Delta x_i \le \lim_{|P|\to 0}\sum_{i=1}^{n} g(\overline{x_i})\Delta x_i = \int_a^b g(x)dx$$

■

따름정리 6.2.5

함수 $f(x)$ 가 닫힌구간 $[a,b]$ 에서 적분가능하고 $[a,b]$ 의 모든 점 x 에 대하여 $m \le f(x) \le M$ 이면

$$m(b-a) \le \int_a^b f(x)\,dx \le M(b-a)$$

다음 그림은 위의 따름정리를 이해하는 데 도움이 된다.

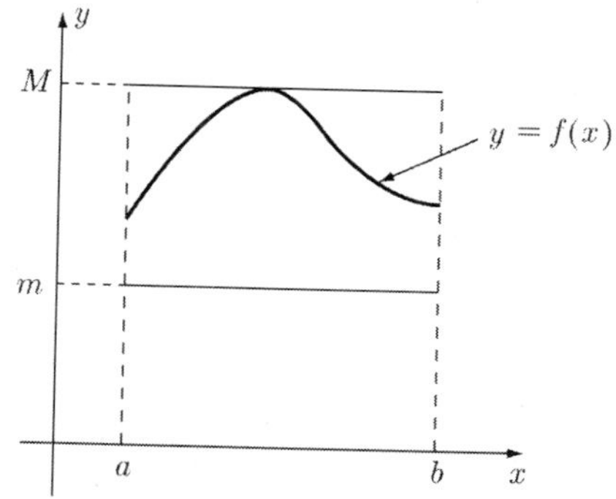

함수 $f(x)$ 가 닫힌구간 $[a,b]$ 에서 연속이면 $a \le x \le b$ 인 임의의 x 에 대하여 $\int_a^x f(t)\,dt$ 가 존재한다. 따라서 각 $x \in [a,b]$ 에 대하여

$$G(x) = \int_a^x f(t)\,dt$$

로 정의되는 함수 $G:[a,b] \to \mathbb{R}$ 가 존재한다.

정리 6.2.6 미적분학의 기본정리 1

함수 $f(x)$가 닫힌구간 $[a,b]$에서 연속일 때, 함수 $G:[a,b]\to\mathbb{R}$를 $G(x)=\int_a^x f(t)\,dt$로 정의하면 다음이 성립한다.

(1) G는 닫힌구간 $[a,b]$에서 연속이고 $G(a)=0$, $G(b)=\int_a^b f(x)dx$

(2) G는 (a,b)에서 미분가능하고 $G'(x)=f(x)$ 이다.

증명 $G'(x)=\lim_{h\to 0}\frac{G(x+h)-G(x)}{h}=f(x)$임을 보이면 된다.

정리 6.2.3에 의하여

$$G(x+h)-G(x)=\int_a^{x+h} f(t)\,dt-\int_a^x f(t)\,dt$$
$$=\int_x^a f(t)\,dt+\int_a^{x+h} f(t)\,dt=\int_x^{x+h} f(t)\,dt$$

이다. $f(t)$는 구간 $[x,x+h]$에서 연속이므로 이 구간에서 최댓값 M_h과 최솟값 m_h가 존재한다.

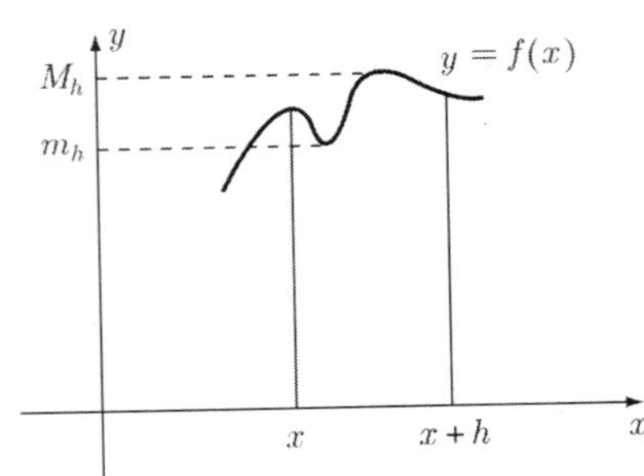

그러면 모든 $t\in[x,\ x+h]$에 대하여 $m_h\le f(t)\le M_h$이므로 따름정리 6.2.5에 의하여

$$m_h h\le\int_x^{x+h} f(t)\,dt\le M_h h$$

이고 따라서

$$m_h h\le G(x+h)-G(x)\le M_h h$$

이다. 여기서 $h>0$이라 하면

$$m_h\le\frac{G(x+h)-G(x)}{h}\le M_h$$

이다. $h\to 0$이면 $M_h\to f(x)$이고 $m_h\to f(x)$이므로 짜내기 정리에 의하여

$$\lim_{h \to 0} \frac{G(x+h) - G(x)}{h} = f(x)$$

이다. $h < 0$ 경우에도 위 극한은 같다.

■

따라서 함수 f가 구간 $[a, b]$에서 연속이면 f의 역도함수가 존재하고 임의의 역도함수 F에 대하여 $F(x) = G(x) + C$인 상수 C가 존재한다.

예제 6.2.5

다음을 구하라.

(1) $\dfrac{d}{dx}\left(\int_1^x t^2\,dt\right)$

(2) $\dfrac{d}{dx}\left(\int_x^2 \dfrac{t^{3/2}}{\sqrt{t^2+17}}\,dt\right)$

(3) $\dfrac{d}{dx}\left(\int_0^{x^2} (3t-1)\,dt\right)$

(4) $\dfrac{d}{dx}\left(\int_{2x}^5 \sqrt{t^2+2}\,dt\right)$

풀이

(1) $\dfrac{d}{dx}\left(\int_1^x t^2\,dt\right) = x^2$

(2) $\dfrac{d}{dx}\left(\int_x^2 \dfrac{t^{3/2}}{\sqrt{t^2+17}}\,dt\right) = \dfrac{d}{dx}\left(-\int_2^x \dfrac{t^{3/2}}{\sqrt{t^2+17}}\,dt\right) = -\dfrac{x^{3/2}}{\sqrt{x^2+17}}$

(3) $\dfrac{d}{dx}\left(\int_0^{x^2} (3t-1)\,dt\right) = (3x^2-1)(2x) = 6x^3 - 2x$

(4) $$\begin{aligned}\frac{d}{dx}\left(\int_{2x}^5 \sqrt{t^2+2}\,dt\right) &= \frac{d}{dx}\left(-\int_5^{2x} \sqrt{t^2+2}\,dt\right)\\ &= -\sqrt{(2x)^2+2}\,(2) = -2\sqrt{4x^2+2}\end{aligned}$$

■

정리 6.2.7 적분의 평균값 정리

함수 $f(x)$가 닫힌구간 $[a, b]$에서 연속이면 $\int_a^b f(x)\,dx = f(c)(b-a)$를 만족시키는 점 c가 $[a, b]$에 적어도 하나 존재한다.

증명 $G(x)=\int_a^x f(t)\,dt$, $a \le x \le b$ 라 하자. 그러면 미분법의 평균값 정리에 의하여

$$G(b)-G(a)=G'(c)(b-a)$$

인 c 가 $[a,b]$ 에 적어도 하나 존재한다. 따라서

$$\int_a^b f(x)\,dx = G'(c)(b-a) = f(c)(b-a)$$

■

구간 $[a, b]$ 에서 $f(x)>0$ 일 때, 적분의 평균값 정리의 기하학적 의미는 $[a,b]$ 에 적어도 하나의 c 가 존재하여 밑변이 $[a,b]$ 이고 높이가 $f(c)$ 인 직사각형의 넓이가 함수 $y=f(x)$ 와 직선 $x=a, x=b$ 및 x 축으로 둘러싸인 부분의 넓이와 같게 된다는 것이다.

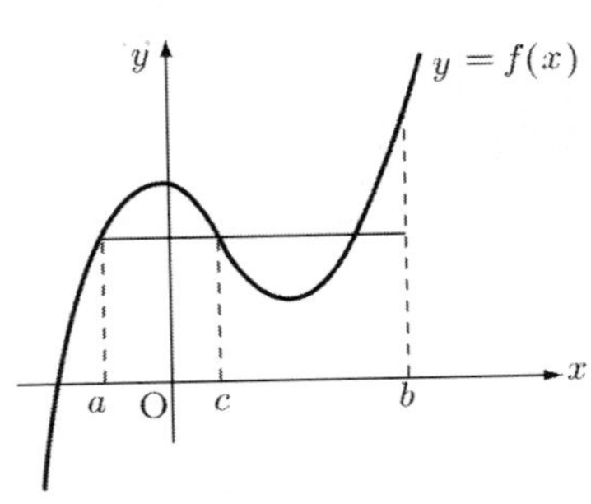

예제 6.2.6

$f(x)=1+x^2$ 가 $[-1,2]$ 에서 적분의 평균값 정리를 만족시키는 c 를 구하라.

풀이 $f(x)=1+x^2$ 는 $[-1,2]$ 에서 연속이므로

$$\int_{-1}^{2}(1+x^2)\,dx = f(c)(2-(-1))$$

을 만족시키는 c 가 $[-1,2]$ 에 존재한다.

$$\left[x+\frac{x^3}{3}\right]_{-1}^{2} = (1+c^2)\cdot 3$$

이므로 $1+c^2=2$ 이다. 따라서 $c=\pm 1$ 이다.

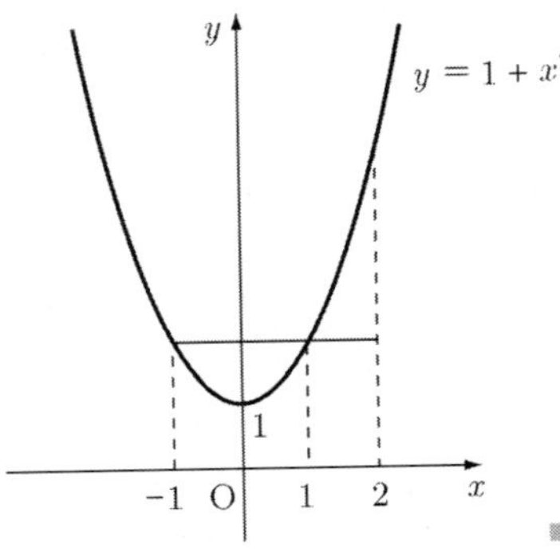

■

이제 적분구간에서 연속인 함수의 경우 그 정적분의 계산을 쉽게 할 수 있는 방법을 소개한다.

정리 6.2.8 미적분학의 기본정리 2

함수 $f(x)$가 닫힌구간 $[a, b]$에서 연속이면, $f(x)$의 임의의 역도함수 $F(x)$에 대하여

$$\int_a^b f(x)\,dx = F(b) - F(a)$$

증명 $F(x)$가 $f(x)$의 한 역도함수라 하자. 미적분학의 기본정리 1에 의하여

함수 $G(x) = \int_a^x f(t)dt$가 미분가능하고 $G'(x) = f(x)$이므로

$$F(x) = G(x) + C$$

인 상수 C가 존재한다.

$G(a) = 0$이므로 $F(a) = G(a) + C = C$이고 따라서

$$F(x) = G(x) + F(a) \text{ 즉, } G(x) = F(x) - F(a)$$

이다. 양변에 $x = b$를 대입하면, $G(b) = \int_a^b f(x)dx$이므로

$$\int_a^b f(x)dx = F(b) - F(a)$$

이다.

■

일반적으로 $F(b) - F(a)$는 $[F(x)]_a^b$로 나타낸다. 예를 들면

$$\int_2^5 x^2\,dx = \left[\frac{x^3}{3}\right]_2^5 = \frac{125}{3} - \frac{8}{3} = 39$$

예제 6.2.7

다음을 구하라.

(1) $\int_{-1}^2 (4x - 6x^2)\,dx$ (2) $\int_0^{\pi} 3\sin x\,dx$

풀이 (1) $\int_{-1}^2 (4x - 6x^2)\,dx = 4\int_{-1}^2 x\,dx - 6\int_{-1}^2 x^2\,dx$

$$= 4\left[\frac{x^2}{2}\right]_{-1}^2 - 6\left[\frac{x^3}{3}\right]_{-1}^2 = 4\left(\frac{4}{2} - \frac{1}{2}\right) - 6\left(\frac{8}{3} + \frac{1}{3}\right) = -12$$

(2) $\int_0^\pi 3\sin x\,dx = 3\int_0^\pi \sin x\,dx = 3[-\cos x]_0^\pi = 3+3=6$

■

정적분의 계산은 두 단계의 과정으로 이루어진다. 먼저 부정적분을 구하고 다음으로 미적분학의 기본정리를 이용하는 것이다. 그러나 부정적분을 구하기가 복잡하여 치환이 필요한 경우가 있다. 이때는 적분변수를 치환하고 적분구간을 변경하여 정적분을 구할 수 있다.

예제 6.2.8

다음을 구하라.

(1) $\int_0^1 \frac{x+1}{(x^2+2x+6)^2}\,dx$

(2) $\int_0^2 x\sqrt{4-x^2}\,dx$

(3) $\int_{\pi^2/9}^{\pi^2/4} \frac{\cos\sqrt{x}}{\sqrt{x}}\,dx$

(4) $\int_0^{\sqrt{\pi}/2} x\sin^3(x^2)\cos(x^2)\,dx$

풀이 (1) $u=x^2+2x+6$ 이라 하면 $du=(2x+2)dx$ 이고 $x=0$ 일 때 $u=6$, $x=1$ 일 때 $u=9$ 이므로

$$\int_0^1 \frac{x+1}{(x^2+2x+6)^2}\,dx = \int_6^9 \frac{1}{2(x^2+2x+6)^2}(2x+2)dx$$

$$= \frac{1}{2}\int_6^9 u^{-2}\,du = \frac{1}{2}\left[-\frac{1}{u}\right]_6^9$$

$$= \frac{1}{2}\left[-\frac{1}{9}-\left(-\frac{1}{6}\right)\right] = \frac{1}{36}$$

(2) $u=4-x^2$ 이라 하면 $du=-2x\,dx$ 이고 $x=0$ 일 때 $u=4$, $x=2$ 일 때 $u=0$ 이므로

$$\int_0^2 x\sqrt{4-x^2}\,dx = \int_0^2 \frac{\sqrt{4-x^2}}{-2}(-2x)dx$$

$$= -\frac{1}{2}\int_4^0 \sqrt{u}\,du$$

$$= \frac{1}{2}\int_0^4 \sqrt{u}\,du$$

$$= \frac{1}{2}\left[\frac{2}{3}u^{3/2}\right]_0^4$$

$$= \frac{1}{2}\left(\frac{2}{3}4^{3/2}\right) = \frac{8}{3}$$

(3) $u = \sqrt{x}$ 이라 하면 $du = \frac{1}{2\sqrt{x}}dx$ 이고 $x = \frac{\pi^2}{9}$ 일 때 $u = \frac{\pi}{3}$, $x = \frac{\pi^2}{4}$ 일 때 $u = \frac{\pi}{2}$ 이므로

$$\int_{\pi^2/9}^{\pi^2/4} \frac{\cos\sqrt{x}}{\sqrt{x}}dx = \int_{\pi^2/9}^{\pi^2/4} 2\cos\sqrt{x}\frac{1}{2\sqrt{x}}dx$$

$$= \int_{\pi/3}^{\pi/2} 2\cos u\, du$$

$$= 2[\sin u]_{\pi/3}^{\pi/2} = 2 - \sqrt{3}$$

(4) $u = \sin(x^2)$이라 하면 $du = 2x\cos(x^2)dx$ 이고 $x = 0$ 일 때 $u = 0$, $x = \frac{\sqrt{\pi}}{2}$ 일 때 $u = \frac{1}{\sqrt{2}}$ 이므로

$$\int_0^{\sqrt{\pi}/2} x\sin^3(x^2)\cos(x^2)\,dx = \int_0^{\sqrt{\pi}/2} \frac{\sin^3(x^2)}{2}2x\cos(x^2)\,dx$$

$$= \frac{1}{2}\int_0^{1/\sqrt{2}} u^3\,du$$

$$= \frac{1}{2}\left[\frac{1}{4}u^4\right]_0^{1/\sqrt{2}} = \frac{1}{32}$$

■

짝함수는 임의의 x에 대하여 $f(-x) = f(x)$를 만족시키고 홀함수는 임의의 x에 대하여 $f(-x) = -f(x)$를 만족시키므로 짝함수의 그래프는 y축에 대칭이고 홀함수의 그래프는 원점에 대칭이다. 이와 같은 함수는 정적분에 대하여 다음 성질이 있다.

정리 6.2.9

(1) $f(x)$가 짝함수이면

$$\int_{-a}^{a} f(x)\,dx = 2\int_{0}^{a} f(x)\,dx$$

(2) $f(x)$가 홀함수이면

$$\int_{-a}^{a} f(x)\,dx = 0$$

|증명| $\int_{-a}^{a} f(x)\,dx = \int_{-a}^{0} f(x)\,dx + \int_{0}^{a} f(x)\,dx$

에서 $-x=u$라 두면 $dx=-du$, $f(x)=f(-u)$이고 $x=-a$일 때 $u=a$, $x=0$일 때 $u=0$이므로 $\int_{-a}^{0} f(x)\,dx = \int_{a}^{0} -f(-u)\,du = \int_{0}^{a} f(-u)\,du$이다. 따라서

(1) $f(x)$가 짝함수이면 $f(-u)=f(u)$이므로 $\int_{-a}^{0} f(x)\,dx = \int_{0}^{a} f(u)\,du = \int_{0}^{a} f(x)\,dx$

이고 따라서 $\int_{-a}^{a} f(x)\,dx = 2\int_{0}^{a} f(x)\,dx$

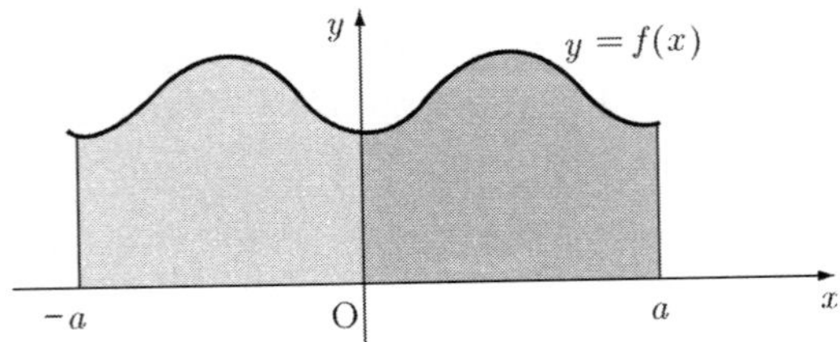

(2) $f(x)$가 홀함수이면

$f(-u)=-f(u)$이므로 $\int_{-a}^{0} f(x)\,dx = -\int_{0}^{a} f(u)\,du = -\int_{0}^{a} f(x)\,dx$ 이고

따라서 $\int_{-a}^{a} f(x)\,dx = \int_{0}^{a} f(x)\,dx - \int_{0}^{a} f(x)\,dx = 0$

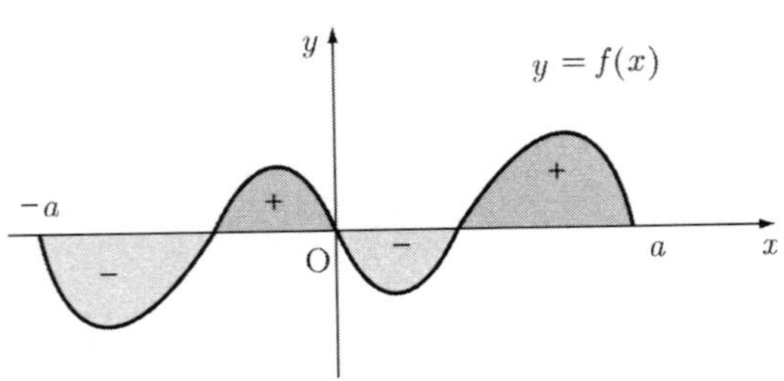

■

예제 6.2.9

다음을 구하라.

(1) $\displaystyle\int_{-\pi}^{\pi} \cos\frac{x}{4}\,dx$

(2) $\displaystyle\int_{-5}^{5} \frac{x^5}{x^2+4}\,dx$

(3) $\displaystyle\int_{-2}^{2} (x\sin^4 x + x^3 - x^4)\,dx$

풀이 (1) $\cos\left(-\frac{x}{4}\right) = \cos\frac{x}{4}$ 이므로 $\cos\frac{x}{4}$ 는 짝함수이다. $u = \frac{x}{4}$ 라 하면 $du = \frac{dx}{4}$ 이고

$x=0$ 이면 $u=0$, $x=\pi$ 이면 $u=\frac{\pi}{4}$ 이므로

$$\begin{aligned}\int_{-\pi}^{\pi} \cos\frac{x}{4}\,dx &= 2\int_{0}^{\pi} \cos\frac{x}{4}\,dx \\ &= 2\int_{0}^{\pi/4} \cos u\, 4\,du = 8\int_{0}^{\pi/4} \cos u\,du \\ &= 8\left[\sin u\right]_{0}^{\pi/4} = 4\sqrt{2}\end{aligned}$$

(2) $f(x) = \dfrac{x^5}{x^2+4}$ 는 홀함수이므로

$$\int_{-5}^{5} \frac{x^5}{x^2+4}\,dx = 0$$

(3) $x\sin^4 x$ 와 x^3 홀함수이고 x^4 은 짝함수이므로

$$\begin{aligned}\int_{-2}^{2} (x\sin^4 x + x^3 - x^4)\,dx &= \int_{-2}^{2} x\sin^4 x\,dx + \int_{-2}^{2} x^3\,dx - \int_{-2}^{2} x^4\,dx \\ &= -2\int_{0}^{2} x^4\,dx = -2\left[\frac{x^5}{5}\right]_{0}^{2} = -\frac{64}{5}\end{aligned}$$

■

함수 $f(x)$ 에 대하여, 모든 실수 x에 대하여 $f(x+p) = f(x)$ 인 상수 p가 존재할 때 $f(x)$ 를 **주기함수**라 한다. $f(x)$가 주기함수이면 위의 조건을 만족시키는 상수 p는 무수히 많이 존재하는데 그 중 가장 작은 양수를 **주기**라 한다.

정리 6.2.10

함수 $f(x)$가 주기 p인 주기함수이면

$$\int_{a+p}^{b+p} f(x)\,dx = \int_a^b f(x)\,dx \text{ 이다.}$$

증명 $x-p=u$라 하면, $dx=du$, $f(x)=f(u+p)$이고 $x=a+p$일 때 $u=a$, $x=b+p$일 때 $u=b$이므로

$$\int_{a+p}^{b+p} f(x)\,dx = \int_a^b f(u+p)\,du$$

f가 주기 p인 주기함수이므로 $f(u+p)=f(u)$이고 따라서

$$\int_{a+p}^{b+p} f(x)\,dx = \int_a^b f(u)\,du = \int_a^b f(x)\,dx$$

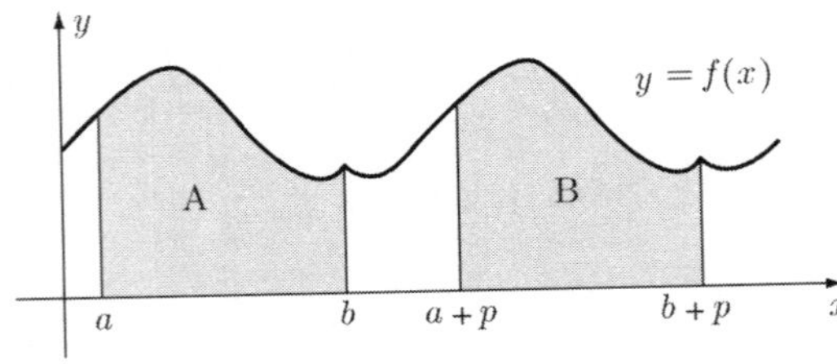

■

예제 6.2.10

$\int_0^{2\pi} |\sin x|\,dx$를 구하라.

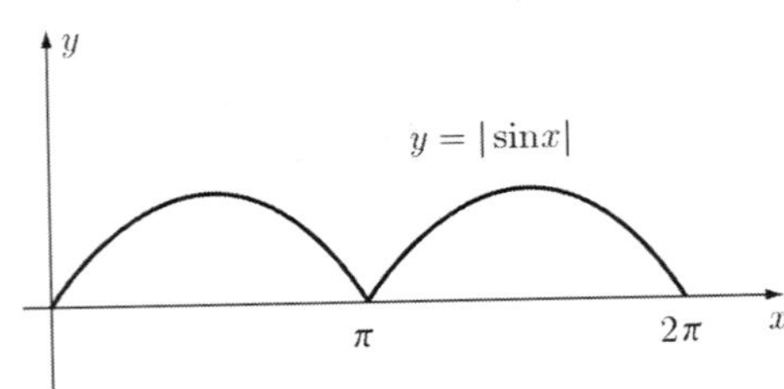

풀이 $f(x)=|\sin x|$는 주기가 π인 주기함수이다. 따라서

$$\int_0^{2\pi} |\sin x|\,dx = \int_0^{\pi} \sin x\,dx + \int_{\pi}^{2\pi} \sin x\,dx$$

$$= \int_0^{\pi} \sin x\,dx + \int_0^{\pi} \sin x\,dx$$

$$= 2\int_0^{\pi} \sin x\, dx = 2[-\cos x]_0^{\pi} = 4$$

■

6.3 ▌정적분의 응용

앞 절에서 설명한 구분구적법에서 $f(x)$는 구간 $[a, b]$에서 연속인 함수이다. 따라서 f는 이 구간에서 적분가능하고, G의 넓이의 어림값 $A_n = \sum_{i=1}^{n} f(\overline{x_i}) \cdot \frac{b-a}{n}$은 f에 대한 하나의 Riemann 합이므로 그 극한값은 정적분 $\int_a^b f(x)dx$이 된다. 즉,

$$A(G) = \lim_{n\to\infty} \sum_{i=1}^{n} f(\overline{x_i}) \Delta x = \int_a^b f(x)dx$$

이다.

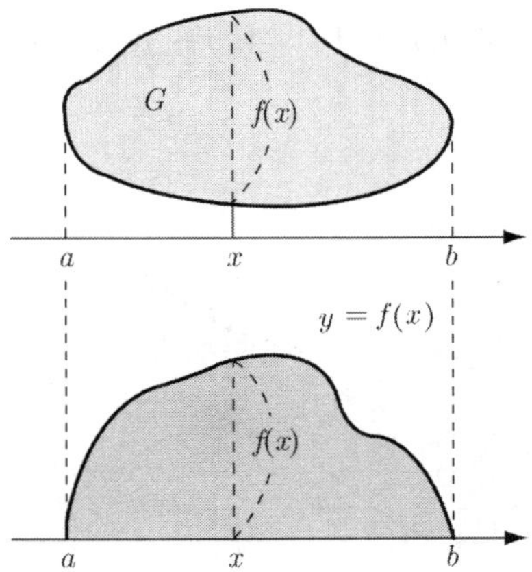

역으로 함수 $y = f(x)$가 닫힌구간 $[a, b]$에서 연속이고 $f(x) \geq 0$이면 정적분 $\int_a^b f(x)dx$은 곡선 $y = f(x)$와 x축 및 두 직선 $x = a$, $x = b$로 둘러싸인 영역 R의 넓이 $A(R)$이 된다. 즉,

$$\int_a^b f(x)dx = A(R)$$

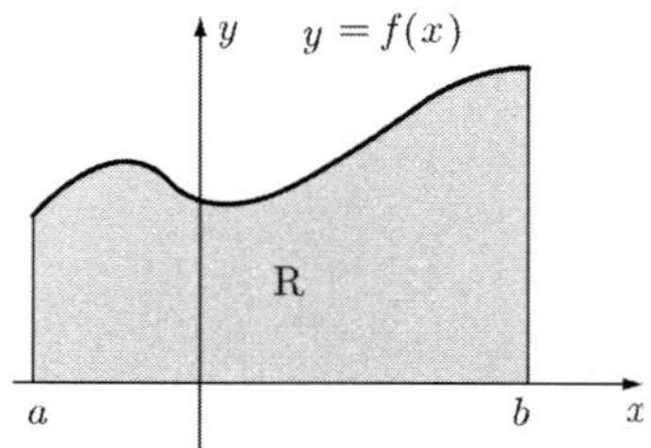

이다.

한편, 함수 $y=f(x)$가 닫힌구간 $[a,b]$에서 연속이고 $f(x)\le 0$이면 곡선 $y=f(x)$와 x축 및 두 직선 $x=a, x=b$로 둘러싸인 영역 R의 넓이 $A(R)$은

$$A(R)=\int_a^b -f(x)\,dx=-\int_a^b f(x)\,dx$$

이다.

닫힌구간 $[a,b]$의 모든 점 x에 대하여 $g(x)\le f(x)$인 두 곡선 $y=g(x)$, $y=f(x)$와 두 직선 $x=a, x=b$로 둘러싸인 부분 R의 넓이 $A(R)$은

$$A(R)=\int_a^b [f(x)-g(x)]\,dx$$

이다.

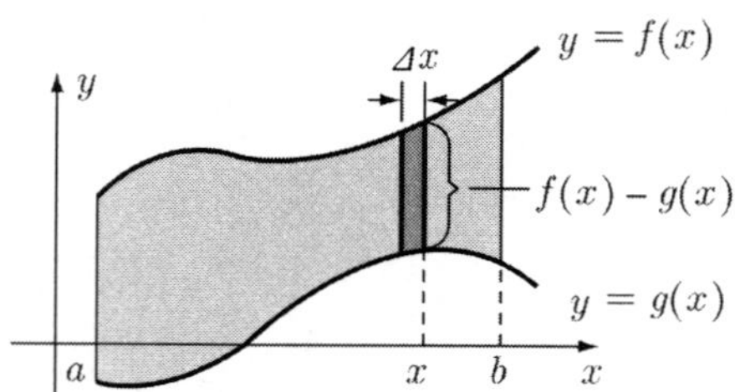

예제 6.3.1

곡선 $y=x^4-2x^3+2$, x축 및 $x=-1, x=2$로 둘러싸인 부분 R의 넓이 $A(R)$을 구하라.

|풀이|

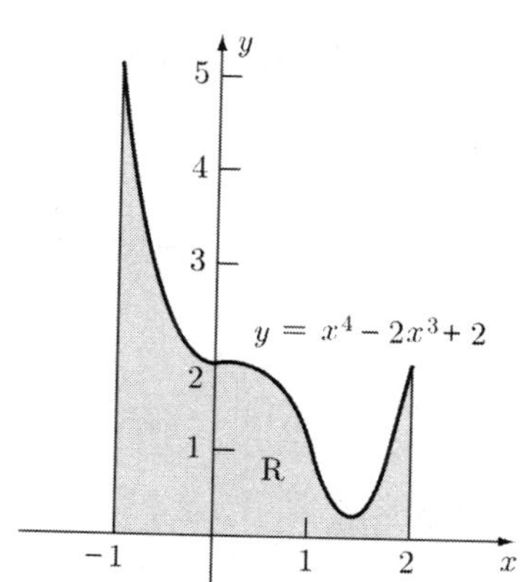

$$A(R) = \int_{-1}^{2} (x^4 - 2x^3 + 2)\,dx = \left[\frac{x^5}{5} - \frac{x^4}{2} + 2x \right]_{-1}^{2}$$

$$= \left(\frac{32}{5} - \frac{16}{2} + 4 \right) - \left(-\frac{1}{5} - \frac{1}{2} - 2 \right) = \frac{51}{10}$$

■

예제 6.3.2

곡선 $y = \dfrac{x^2}{3} - 4$, x 축 및 $x = -2, x = 3$로 둘러싸인 부분 R의 넓이 $A(R)$을 구하라.

|풀이| $y = \dfrac{x^2}{3} - 4$ 의 그래프는 x 축 아래에 있으므로

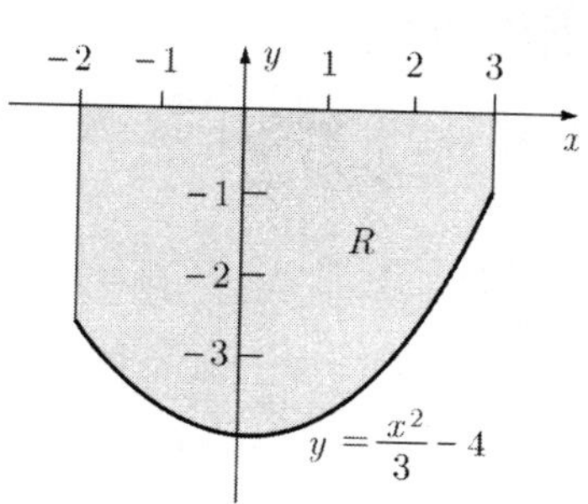

$$A(R) = -\int_{-2}^{3} \left(\frac{x^2}{3} - 4 \right) dx = \int_{3}^{-2} \left(\frac{x^2}{3} - 4 \right) dx$$

$$= \left[\frac{x^3}{9} - 4x \right]_{3}^{-2}$$

$$= \left(\frac{-8}{9} + 8 \right) - (3 - 12) = \frac{145}{9}$$

■

예제 6.3.3

곡선 $y = x^3 - 3x^2 - x + 3$ 과 $x = -1, x = 2$ 사이의 x 축 그리고 직선 $x = 2$ 로 둘러싸인 부분 R 의 넓이 $A(R)$을 구하라.

풀이 $-1 \le x \le 1$ 에서 $y = x^3 - 3x^2 - x + 3$ 의 그래프는 x 축 위에 있고 $1 \le x \le 2$에서는 x 축 아래에 있으므로

$$\begin{aligned} A(R) &= \int_{-1}^{1} (x^3 - 3x^2 - x + 3)\,dx - \int_{1}^{2} (x^3 - 3x^2 - x + 3)\,dx \\ &= \left[\frac{x^4}{4} - x^3 - \frac{x^2}{2} + 3x\right]_{3}^{-2} - \left[\frac{x^4}{4} - x^3 - \frac{x^2}{2} + 3x\right]_{1}^{2} \\ &= 4 - \left(-\frac{7}{4}\right) = \frac{23}{4} \end{aligned}$$

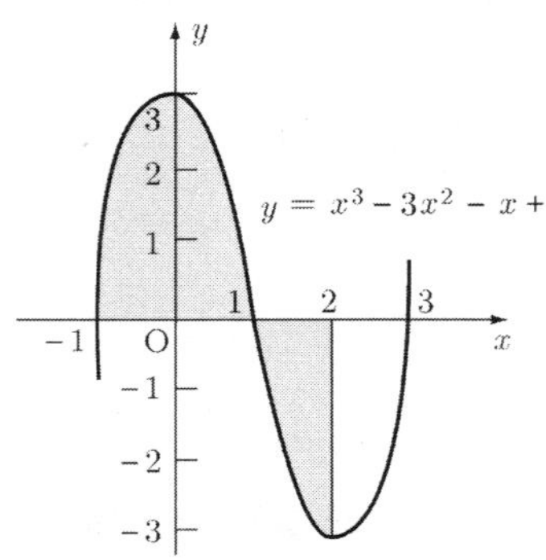

■

예제 6.3.4

두 곡선 $y = x^4$ 과 $y = 2x - x^2$ 으로 둘러싸인 부분 R 의 넓이 $A(R)$을 구하라.

풀이 두 곡선의 그래프를 그리고, 두 곡선이 만나는 점은

$2x - x^2 = x^4$ 에서

$x^4 + x^2 - 2x = 0 \iff x(x-1)(x^2 + x + 2) = 0$

따라서 $x = 0, x = 1$ 이다.

따라서 영역 R의 넓이는

$$A(R) = \int_0^1 (2x - x^2 - x^4)\,dx$$

$$= \left[x^2 - \frac{x^3}{3} - \frac{x^5}{5}\right]_0^1 = 1 - \frac{1}{3} - \frac{1}{5} = \frac{7}{15}$$

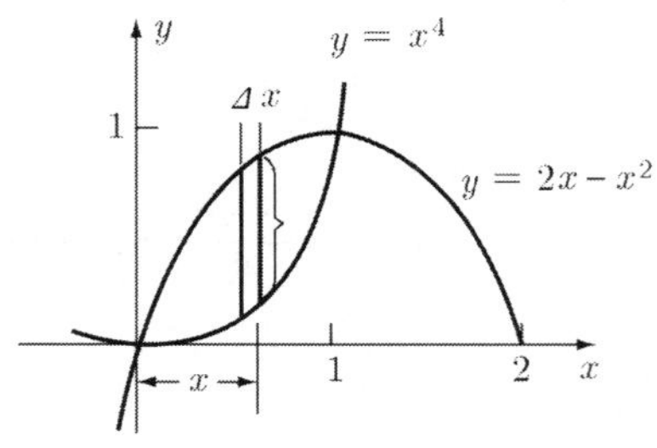

■

구분구적법으로 입체도형의 부피를 구하는 방법을 알아보자.

입체를 기준이 되는 실직선의 구간 $[a, b]$의 위치에 두고 이 구간에 속하는 임의의 위치의 좌표를 x라 하자.

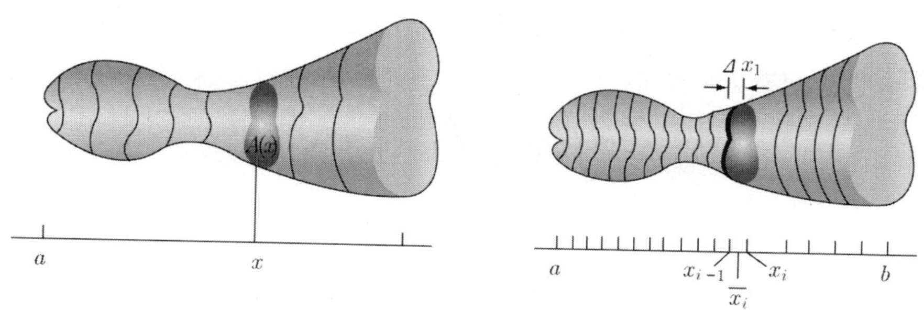

점 x에서 기준 실직선에 수직인 절단면의 넓이가 $S(x)\,(a \le x \le b)$로 측정된다고 가정하자. 닫힌구간 $[a, b]$의 임의의 분할을 $P:\, a = x_0 < x_1 < x_2 < \cdots < x_{n-1} < x_n = b$라 하자. 작은 구간 $[x_{i-1}, x_i]$의 길이를 $\Delta x_i = x_i - x_{i-1}$로 표시하고 $[x_{i-1}, x_i]$에서 표본점 $\overline{x_i}$를 택한다. x축에 수직이고 각각의 점 $x_1, x_2, \cdots, x_{n-1}$을 지나는 평면으로 입체를 자르면 얇은 판 모양의 입체들로 나누어진다. 각각의 얇은 판의 부피 ΔV_i는 $S(\overline{x_i})\Delta x_i$에 가깝기 때문에 입체의 부피 V의 어림값은 $V = \sum_{i=1}^{n} \Delta V_i \approx \sum_{i=1}^{n} S(\overline{x_i})\Delta x_i$이다. 분할을 세분하면 이 어림값은 주어진 입체도형의 부피 V에 한없이 가까워진다. 즉,

$$
\begin{aligned}
V &= \lim_{|P| \to 0} \sum_{i=1}^{n} S(\overline{x_i})\Delta x_i \\
&= \int_a^b S(x)\,dx
\end{aligned}
$$

이다.

이제 원반을 이용하여 회전체의 부피를 구하는 방법을 알아보자. 닫힌구간 $[a, b]$에서 곡선 $y = f(x)$를 x축 둘레로 회전할 때 생기는 회전체의 부피를 V라 하자. 그러면 이 회전체를 점 x에서 x축에 수직으로 자르면 그 절단면은 반지름이 $|f(x)|$인 원이므로 넓이 $S(x)\,(a \le x \le b)$는

$$S(x) = \pi\{f(x)\}^2$$

이다. 따라서

$$V=\pi\int_a^b \{f(x)\}^2\,dx=\pi\int_a^b y^2\,dx$$

이다. 같은 방법으로 곡선 $x=g(y)$, y축 및 두 직선 $y=c, y=d$로 둘러싸인 부분 y축 둘레로 회전하여 생긴 회전체의 부피는

$$V=\pi\int_c^d \{g(y)\}^2\,dy=\pi\int_c^d x^2\,dy$$

이다.

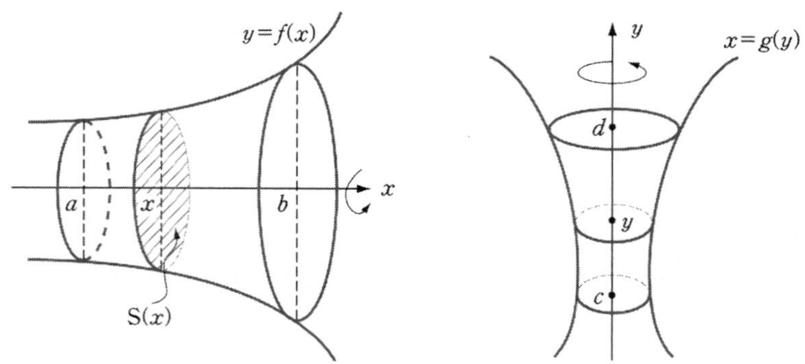

예제 6.3.5

$y=\sqrt{x}$, x축 그리고 $x=4$로 둘러싸인 부분을 x축 둘레로 회전시킬 때 생기는 입체의 부피를 구하라.

| 풀이 | $V=\pi\int_0^4(\sqrt{x})^2\,dx=\pi\int_0^4 x\,dx=\pi\left[\frac{x^2}{2}\right]_0^4=\pi\frac{16}{2}=8\pi$

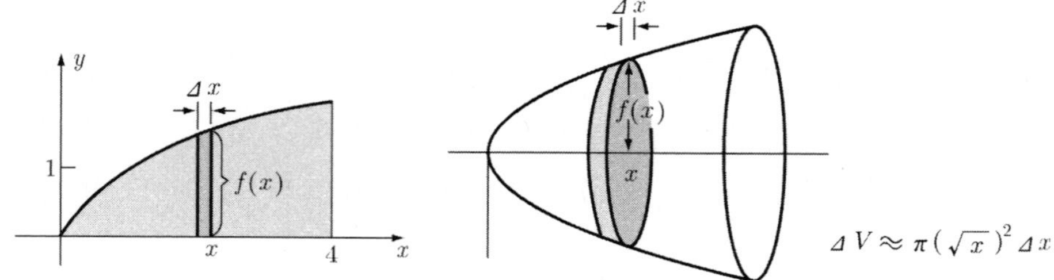

예제 6.3.6

$y = x^3$, y축 그리고 $y = 3$으로 둘러싸인 부분을 y축 둘레로 회전시킬 때 생기는 입체의 부피를 구하라.

풀이 y를 적분변수로 택하자. $y = x^3$과 $x = \sqrt[3]{y}$ 은 동치다. 그러므로

$$V = \pi \int_0^3 (\sqrt[3]{y})^2 \, dy = \pi \int_0^3 y^{2/3} \, dy = \pi \left[\frac{3}{5} y^{5/3} \right]_0^3 = \frac{9\sqrt[3]{9}}{5} \pi$$

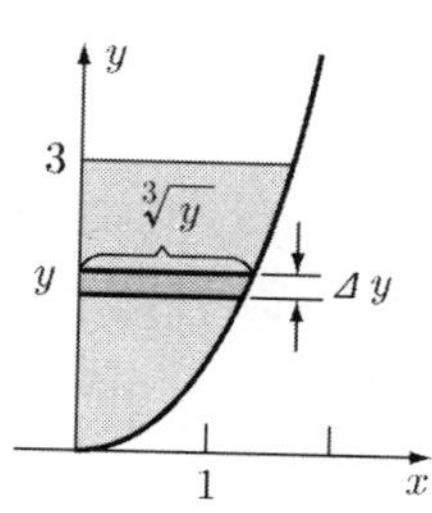

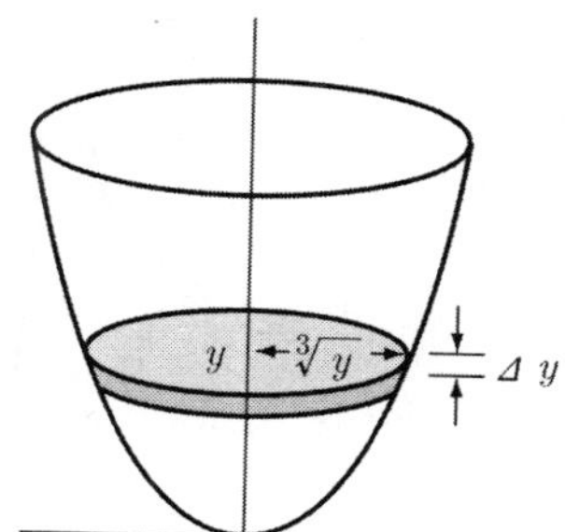

$\Delta V \approx \pi (\sqrt[3]{y})^2 \Delta y$

회전체의 단면에 구멍이 있는 경우를 생각하자. 이때에는 나사받이의 부피를 이용하여 회전체의 부피를 구할 수 있다.

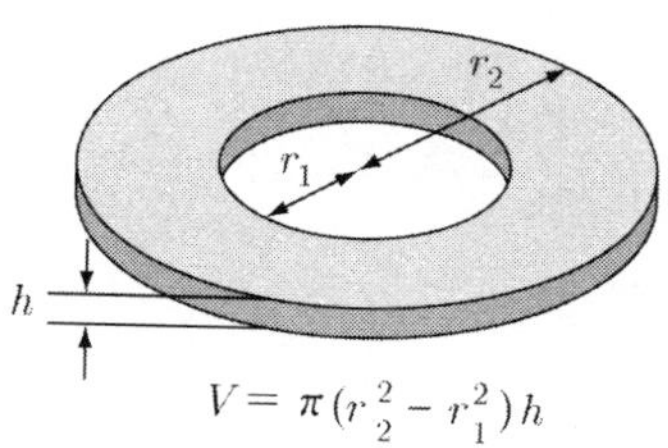

$V = \pi (r_2^2 - r_1^2) h$

예제 6.3.7

$y = x^2$ 과 $y^2 = 8x$ 로 둘러싸인 부분 x축 둘레로 회전시킬 때 생기는 입체의 부피를 구하라.

풀이 $V = \pi \int_0^2 (8x - x^4) \, dx = \pi \left[\frac{8x^2}{2} - \frac{x^5}{5} \right]_0^2 = \frac{48\pi}{5}$

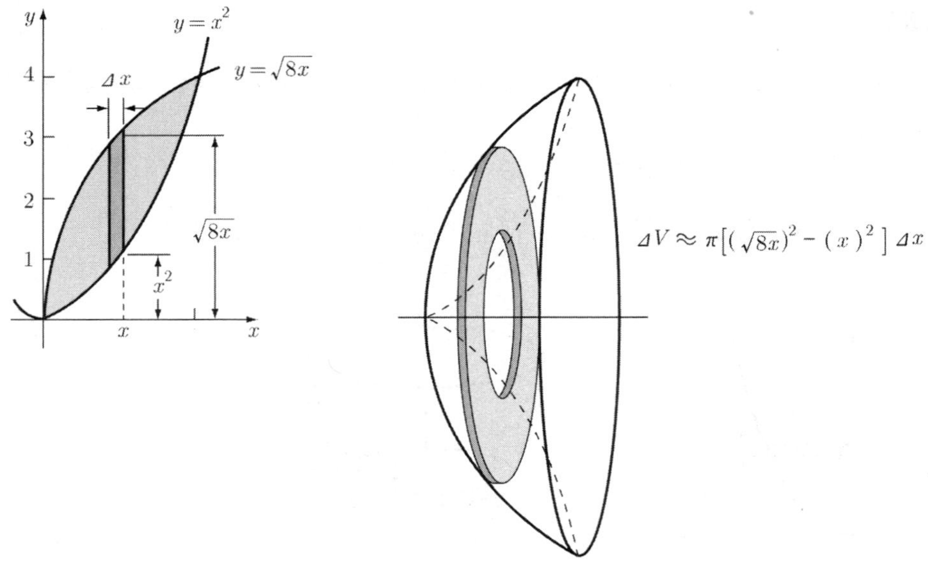

회전체의 부피를 구하는 다른 방법으로 원기둥 껍질 방법이 있다. 원기둥 껍질은 중심이 같은 두 원기둥에 의하여 둘러싸인 입체이다. 안쪽 반지름이 r_1 이고 바깥쪽 반지름이 r_2 이며 높이가 h 인 원기둥 껍질의 부피는 다음과 같다.

$$V=2\pi(\text{반지름의 평균})\cdot(\text{높이})\cdot(\text{두께})=2\pi\bar{r}\,h\Delta r\ \left(\bar{r}=\frac{r_1+r_2}{2}\right)$$

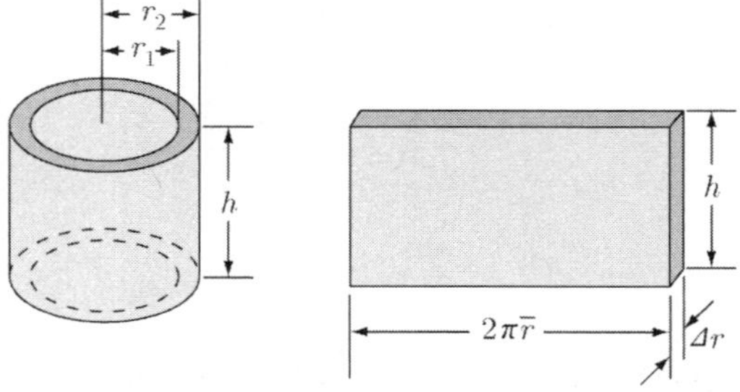

이제 곡선 $y=f(x)$ 와 직선 $x=a, x=b$ 그리고 $y=0$ 으로 둘러싸인 부분을 y 축 둘레로 회전시킨 입체의 부피를 구해보자.

편의상 $0<a<b$라 가정한다. 구간 $[a,b]$의 임의의 분할을 P: $a=x_0<x_1<x_2<\cdots<x_n=b$라 하자. 그러면 회전체의 부피 V는 각 소구간 $[x_{i-1}, x_i]$에 해당하는 영역의 회전체의 부피 V_i의 합과 같다. 구간 $[x_{i-1}, x_i]$에서 표본점 $\overline{x_i}$를 $\overline{x_i}=\dfrac{x_{i-1}+x_i}{2}$로 택하면, 이 구

간에 해당하는 영역의 회전체는 높이가 $f(\overline{x_i})$이고 안쪽 반지름이 x_{i-1}이고 바깥 반지름이 x_i 인 원기둥 껍질 모양에 가깝다. 그러므로 $V=\sum_{i=1}^{n} V_i \approx \sum_{i=1}^{n} 2\pi \overline{x_i} f(\overline{x_i}) \Delta x_i$이고, $|P| \to 0$이면 원기둥 껍질의 부피의 합은 회전체의 부피로 수렴한다. 즉,

$$V=\lim_{|P| \to 0} \sum_{i=1}^{n} 2\pi \overline{x_i} f(\overline{x_i}) \Delta x_i = \int_a^b 2\pi x f(x) dx = 2\pi \int_a^b x f(x) dx$$

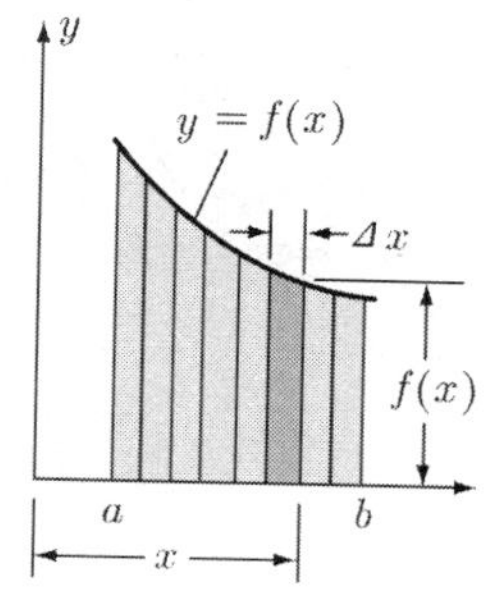

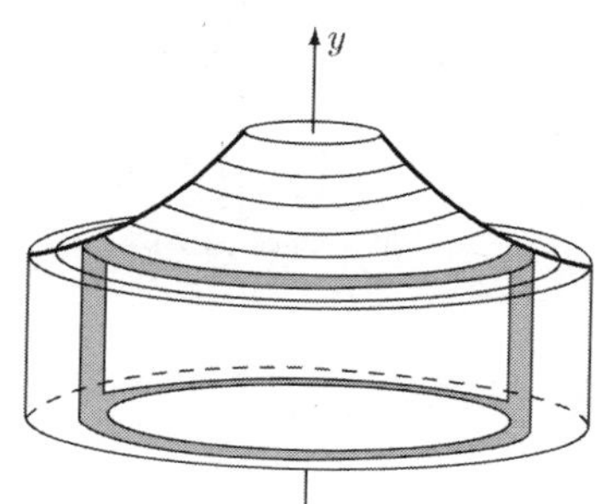

예제 6.3.8

$y = \dfrac{1}{\sqrt{x}}$, x 축 및 직선 $x=1$, $x=4$로 둘러싸인 부분을 y 축 둘레로 회전시킬 때 생기는 입체의 부피를 구하라.

풀이 원기둥 껍질 방법을 이용하면

$$V = 2\pi \int_1^4 x \frac{1}{\sqrt{x}}\, dx = 2\pi \int_1^4 \sqrt{x}\, dx = 2\pi \left[\frac{2}{3} x^{3/2} \right]_1^4$$

$$= 2\pi \left(\frac{2}{3} \cdot 8 - \frac{2}{3} \cdot 1 \right) = \frac{28\pi}{3}$$

■

예제 6.3.9

1사분면에서 $y=x^2$의 윗부분과 $y=2-x^2$의 아랫부분으로 둘러싸인 부분 y 축 둘레로 회전시킬 때 생기는 입체의 부피를 구하라.

풀이 원기둥 껍질 방법을 이용하면

$$V = 2\pi\int_0^1 x\,(2 - x^2 - x^2)\,dx = 4\pi\int_0^1 (x - x^3)\,dx$$

$$= 4\pi\left[\frac{x^2}{2} - \frac{x^4}{4}\right]_0^1 = 4\pi\left(\frac{1}{2} - \frac{1}{4}\right) = \pi$$

■

평면곡선은 두 개의 매개변수 방정식 $x = f(t)$, $y = g(t)$로 표현된다.

여기서 두 함수 $f(t)$와 $g(t)$는 닫힌구간 $[a, b]$에서 연속이고 열린구간 (a, b)에서 미분가능하다고 할 때, 이 평면곡선의 길이를 구하는 방법을 알아보자.

$[a, b]$의 임의의 분할을 P: $a = t_0 < t_1 < t_2 < \cdots < t_n = b$라 하고 점 $(f(t_i), g(t_i))$를 Q_i로 나타내면 곡선은 n개의 부분으로 나누어진다. 여기서 분할점 Q_{i-1}과 Q_i를 직선으로 연결한 다각선의 길이를 구한 다음 분할의 크기가 0으로 갈 때 극한을 취한다.

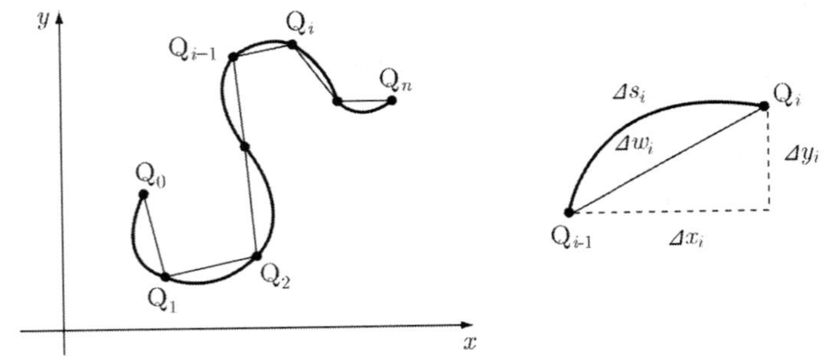

곡선의 호 $\mathrm{Q}_{i-1}\mathrm{Q}_i$의 길이 ΔS_i를 선분 $\mathrm{Q}_{i-1}\mathrm{Q}_i$의 길이

$$\begin{aligned}\Delta w_i &= \sqrt{(\Delta x_i)^2 + (\Delta y_i)^2} \\ &= \sqrt{(f(t_i) - f(t_{i-1}))^2 + (g(t_i) - g(t_{i-1}))^2}\end{aligned}$$

로 어림한다. 도함수의 평균값 정리에 의하여

$$f(t_i) - f(t_{i-1}) = f'(\overline{t_i})\Delta t_i, \ \ g(t_i) - g(t_{i-1}) = g'(\widehat{t_i})\Delta t_i$$

가 성립하는 점 $\overline{t_i}$, $\widehat{t_i}$ 가 (t_{i-1}, t_i)에 존재한다. 따라서

$$\Delta w_i = \sqrt{\left(f'(\overline{t_i})\Delta t_i\right)^2 + \left(g'(\widehat{t_i})\Delta t_i\right)^2} = \sqrt{\left(f'(\overline{t_i})\right)^2 + \left(g'(\widehat{t_i})\right)^2}\,\Delta t_i$$

이다. 따라서 다각선의 길이는

$$\sum_{i=1}^{n} \Delta w_i = \sum_{i=1}^{n} \sqrt{\left(f'(\overline{t_i})\right)^2 + \left(g'(\widehat{t_i})\right)^2}\,\Delta t_i$$

이고, 분할의 크기가 0으로 갈 때 곡선의 길이 L로 수렴한다. 즉,

$$\begin{aligned}L &= \lim_{|P| \to 0} \sum_{i=1}^{n} \sqrt{\left\{f'(\overline{t_i})\right\}^2 + \left\{g'(\widehat{t_i})\right\}^2}\,\Delta t_i \\ &= \int_a^b \sqrt{\{f'(t)\}^2 + \{g'(t)\}^2}\, dt \\ &= \int_a^b \sqrt{\left(\frac{dx}{dt}\right)^2 + \left(\frac{dy}{dt}\right)^2}\, dt\end{aligned}$$

이다. 함수 $y = f(x)\,(a \le x \le b)$의 그래프의 길이는 $x = t$, $y = f(t)$로 하면 $\dfrac{dx}{dt} = 1$, $\dfrac{dy}{dt} = f'(t)$ 이므로

$$L = \int_a^b \sqrt{1 + \{f'(x)\}^2}\, dx = \int_a^b \sqrt{1 + \left(\frac{dy}{dx}\right)^2}\, dx$$

이다.

예제 6.3.10

다음 곡선의 길이를 구하라.

$$x = 3\cos t,\ y = 3\sin t,\ 0 \le t \le 2\pi$$

|풀이| $\dfrac{dx}{dt} = -3\sin t,\ \dfrac{dy}{dt} = 3\cos t$ 이므로

$$L = \int_0^{2\pi} \sqrt{\left(\frac{dx}{dt}\right)^2 + \left(\frac{dy}{dt}\right)^2}\, dt = \int_0^{2\pi} \sqrt{(-3\sin t)^2 + (3\cos t)^2}\, dt$$

$$= \int_0^{2\pi} 3\, dt = 3[t]_0^{2\pi} = 6\pi$$

■

예제 6.3.11

함수 $y = \dfrac{12}{5}x + 1$의 그래프에서 구간 $0 \le x \le 5$에 해당하는 부분의 길이를 구하라.

|풀이| $\dfrac{dy}{dx} = \dfrac{12}{5}$ 이므로

$$L = \int_0^5 \sqrt{1 + \left(\frac{dy}{dx}\right)^2}\, dx = \int_0^5 \sqrt{1 + \left(\frac{12}{5}\right)^2}\, dx$$

$$= \int_0^5 \sqrt{\frac{5^2 + 12^2}{5^2}}\, dx = \int_0^5 \frac{13}{5}\, dx = \frac{13}{5}[x]_0^5 = 13$$

■

6.3 연습문제

1. 다음 정적분을 구하라.

(1) $\displaystyle\int_1^2 (2x+1)\, dx$

(2) $\displaystyle\int_1^0 (x^2 + x - 1)\, dx$

(3) $\displaystyle\int_{-1}^2 (x^2 - 2x - 2)\, dx$

(4) $\displaystyle\int_1^3 (\sqrt{x} - x^2)\, dx$

(5) $\int_{1/2}^{1}(x+2)^2\,dx+\int_{1}^{1/2}(x-2)^2\,dx$ (6) $\int_{0}^{4}\frac{x}{\sqrt{x^2+9}}\,dx$

(7) $\int_{0}^{1}\sqrt{1-x}\,dx$ (8) $\int_{1}^{2}\frac{1}{(x+1)^2}dx$

2. 다음을 구하라.

(1) $\frac{d}{dx}\left(\int_{1}^{x}\sqrt{1+t^4}\,dt\right)$ (2) $\frac{d}{dx}\left(\int_{-6}^{x}(2t+1)\,dt\right)$

(3) $\frac{d}{dx}\left(\int_{0}^{\sin x}(t^2+\cos t)\,dt\right)$

3. 다음 정적분을 구하라.

(1) $\int_{-\pi}^{\pi}(\sin x+\cos x)\,dx$ (2) $\int_{-\pi/2}^{\pi/2}\frac{\sin x}{1+\cos x}\,dx$

(3) $\int_{-\pi}^{\pi}(\sin x+\cos x)^2\,dx$ (4) $\int_{-1}^{1}\left(|x^3|+x^3\right)dx$

(5) $\int_{1}^{3}|x^2-2x|\,dx$ (6) $\int_{0}^{\pi}\cos x\,dx$

4. $f(x)=4x^3$ 가 $[1,3]$에서 적분의 평균값 정리를 만족하는 c를 구하라.

5. 다음을 구하라.

(1) $y=4-\frac{1}{3}x^2$ 과 x축, $x=0$, $x=3$ 으로 둘러싸인 부분의 넓이

(2) $y=x(x-1)(x+2)$ 와 x 축으로 둘러싸인 부분의 넓이

(3) $y=x^2-x-2$ 와 $y=x+1$ 로 둘러싸인 부분의 넓이

(4) $\left[-\frac{\pi}{4},\pi\right]$ 에서 $y=\sin x$ 와 x 축 및 $x=-\frac{\pi}{4}$ 로 둘러싸인 부분의 넓이

6. 다음의 곡선과 직선에 둘러싸인 부분 지정한 축으로 회전시킬 때 생기는 입체의 부피를 구하라.

(1) $y=\frac{x^2}{4}$, $x=4$, $y=0$; x축

(2) $y=\frac{1}{x}$, $x=1$, $x=4$, $y=0$; x축

(3) $y=\sqrt{4-x^2}$, $x=-1$, $x=2$, $y=0$; x축

(4) $x = y^2$, $x = 0$, $y = 2$; y축

(5) $x = \sqrt{y}$, $x = 0$, $y = 4$; y축

(6) $y = \sqrt{x}$, $x = 4$, $y = 0$; y축

(7) $y = \dfrac{4}{x}$, $x = 1$, $x = 4$, $y = 0$; y축

(8) $y = \sqrt{x}$, $x = 4$, $y = 0$; $x = 4$축

(9) $x = y^2$, $x = 0$, $y = 2$; $y = 2$축

7. 다음을 구하라.

(1) $y = 3x + 5$ 의 $x = 1$ 에서 $x = 4$ 까지 길이

(2) $y = 2x^{3/2}$ 의 $x = \dfrac{1}{3}$ 에서 $x = 7$ 까지 길이

(3) $x = t^3$, $y = t^2$ 의 $t = 0$ 에서 $t = 4$ 까지 길이

제 07 장 초월함수

앞에서 기본적인 함수들의 미분법과 적분법에 대해 알아보았다. 이 장에서는 수학이나 기타 여러 분야에서 자주 접하는 함수들, 즉 로그함수, 지수함수, 역삼각함수 및 쌍곡선함수 등을 알아보고 이 함수들의 미분법과 적분법에 대하여 알아보자.

7.1 자연로그함수

우선 자연로그함수부터 시작하자. 이것은 고등학교 과정에서 다루었던 로그함수와 관련이 있다는 것을 알게 되겠지만 당분간 새로운 정의로 받아들이자.

정의

$(0, \infty)$을 정의역으로 하는 함수 $f(x)=\int_1^x \frac{1}{t}\,dt$를 **자연로그함수**라 하고 $\ln x$로 나타낸다.

다음 그림은 $\ln x$의 기하학적 의미를 나타낸다. 자연로그함수는 미적분학의 기본정리 1에 의하여 모든 양수 x에서 미분가능하며 $f'(x)=\frac{d}{dx}(\ln x)=\frac{d}{dx}\left(\int_1^x \frac{1}{t}\,dt\right)=\frac{1}{x}$ 이다.

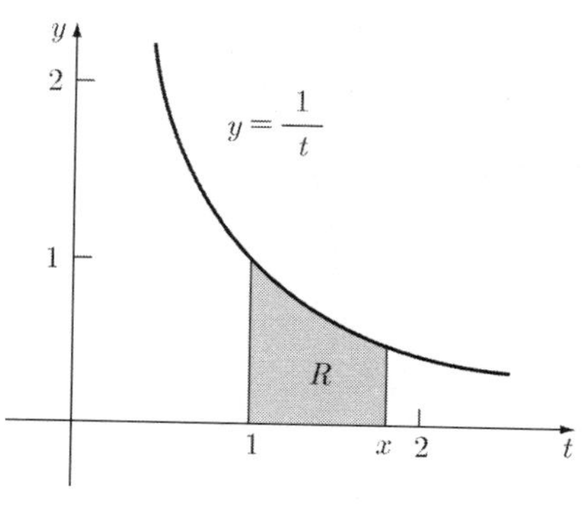

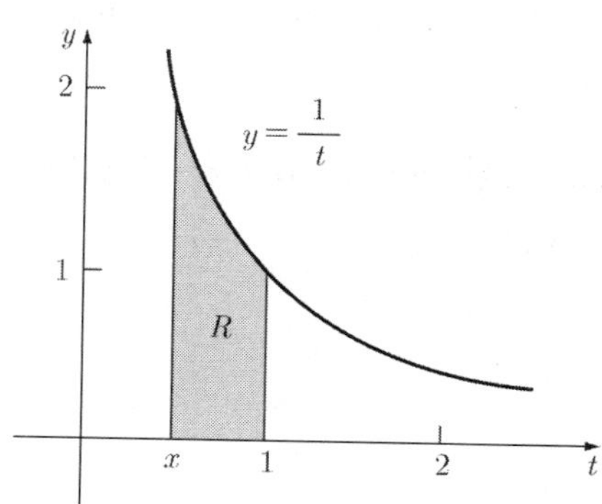

예제 7.1.1

$x \neq 0$일 때 $\dfrac{d}{dx}(\ln|x|) = \dfrac{1}{x}$ 임을 보이라.

|풀이| $x > 0$ 일 때 $|x| = x$ 이고, $\dfrac{d}{dx}(\ln|x|) = \dfrac{d}{dx}(\ln x) = \dfrac{1}{x}$

$x < 0$ 일 때 $|x| = -x$ 이므로

$$\frac{d}{dx}(\ln|x|) = \frac{d}{dx}\{\ln(-x)\} = \frac{1}{-x}\frac{d}{dx}(-x) = \left(-\frac{1}{x}\right)(-1) = \frac{1}{x}$$

■

위 예제로부터 다음 적분 공식을 얻는다.

$$\int \frac{1}{x}\,dx = \ln|x| + C, \quad x \neq 0$$

$y = \ln x$ 의 그래프를 그려보자. 함수 $y = \ln x$ 의 정의역은 $(0, \infty)$이므로 $y = \ln x$ 의 그래프는 y축 오른쪽 부분에 놓여 있다.

$$y' = \frac{d}{dx}(\ln x) = \frac{1}{x} > 0$$

이므로 함수 $y = \ln x$ 는 연속이며 증가함수이다. 또한

$$y'' = -\frac{1}{x^2} < 0$$

이므로 그래프는 아래로 오목하다.

그리고 $\lim\limits_{x \to \infty} \ln x = \infty$, $\lim\limits_{x \to 0^+} \ln x = -\infty$ 이므로 수평점근선은 없고, y축이 수직점근선이다. $\ln 1 = 0$ 이므로 점 $(1, 0)$을 지난다.

이것을 종합하면 $y = \ln x$ 의 그래프는 오른쪽 그림과 같은 모양이다.

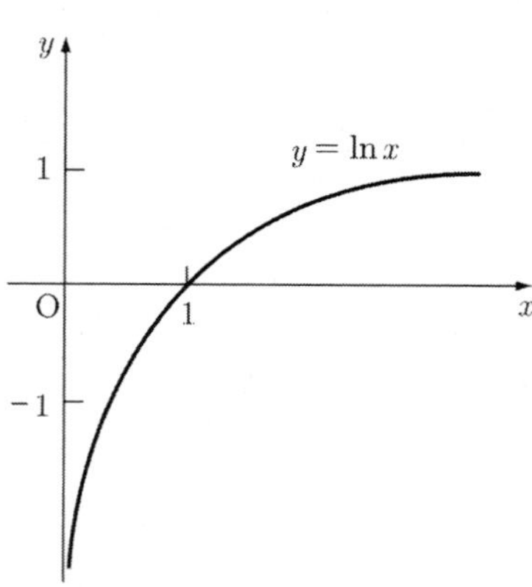

정리 7.1.1

$a, b > 0$ 이고 r 이 유리수이면 다음이 성립한다.

(i) $\ln 1 = 0$

(ii) $\ln ab = \ln a + \ln b$

(iii) $\ln \frac{a}{b} = \ln a - \ln b$

(iv) $\ln a^r = r \ln a$

예제 7.1.2

다음 함수를 미분하라.

(1) $y = \ln \sqrt{x}$

(2) $y = \ln(x^2 - x - 2)$

풀이 (1) $y' = \frac{1}{\sqrt{x}}(\sqrt{x})' = \frac{1}{\sqrt{x}}\left(\frac{1}{2\sqrt{x}}\right) = \frac{1}{2x}$

(2) $y' = \frac{1}{x^2 - x - 2}(x^2 - x - 2)' = \frac{2x - 1}{x^2 - x - 2}$

예제 7.1.3

다음을 구하라.

(1) $\int \frac{5}{2x + 7}\,dx$

(2) $\int \tan x\,dx$

(3) $\int \sec x\,dx$

(4) $\int_{-1}^{3} \frac{x}{10 - x^2}\,dx$

풀이 (1) $u = 2x + 7$ 이라 하면 $du = 2dx$ 이므로

$$\int \frac{5}{2x + 7}\,dx = \int \frac{5}{u}\,\frac{du}{2} = \frac{5}{2}\int \frac{1}{u}\,du = \frac{5}{2}\ln|u| + C$$

$$= \frac{5}{2}\ln|2x + 7| + C$$

(2) $\tan x = \frac{\sin x}{\cos x}$ 이므로 $u = \cos x$ 라 하면 $du = -\sin x\,dx$ 이다.

$$\int \tan x\,dx = \int \frac{\sin x}{\cos x}\,dx = \int \frac{\sin x}{u}\,\frac{du}{-\sin x} = -\int \frac{1}{u}\,du$$

$$= -\ln|u| + C = -\ln|\cos x| + C = \ln|\sec x| + C$$

(3) $\sec x = \sec x \dfrac{\sec x + \tan x}{\sec x + \tan x} = \dfrac{\sec^2 x + \sec x \tan x}{\sec x + \tan x}$ 이므로

$u = \sec x + \tan x$ 라 하면 $du = (\sec x \tan x + \sec^2 x)dx$ 이다. 따라서

$$\int \sec x\, dx = \int \frac{\sec^2 x + \sec x \tan x}{u} \frac{du}{\sec x \tan x + \sec^2 x}$$

$$= \int \frac{1}{u} du = \ln|u| + C = \ln|\sec x + \tan x| + C$$

(4) $u = 10 - x^2$ 이라 하면 $du = -2x\,dx$ 이고 $x = -1$ 이면 $u = 9$, $x = 3$ 이면 $u = 1$ 이므로

$$\int_{-1}^{3} \frac{x}{10 - x^2} dx = \int_{9}^{1} \frac{x}{u} \frac{du}{-2x} = \frac{1}{2}\int_{1}^{9} \frac{1}{u} du = \frac{1}{2}[\ln u]_1^9$$

$$= \frac{1}{2}(\ln 9 - \ln 1) = \frac{1}{2}\ln 9 = \ln 3$$

■

주어진 함수 $y = f(x)$ 의 도함수를 구할 때 직접 미분하는 것보다 먼저 함수의 양변에 자연로그를 취한 다음 미분하는 것이 편리할 때가 많다.

예제 7.1.4

다음 함수를 미분하라.

(1) $y = \ln \sqrt[3]{\dfrac{x-1}{x^2}}$, $x > 1$

(2) $y = \dfrac{\sqrt{1 - x^2}}{(x+1)^{2/3}}$

풀이 (1) 자연로그 성질을 이용하면

$$y = \ln \sqrt[3]{\frac{x-1}{x^2}} = \frac{1}{3}\ln\left(\frac{x-1}{x^2}\right) = \frac{1}{3}\{\ln(x-1) - \ln x^2\}$$

$$= \frac{1}{3}\{\ln(x-1) - 2\ln x\}$$

이다. 따라서

$$y' = \frac{1}{3}\left(\frac{1}{x-1} - \frac{2}{x}\right) = \frac{2-x}{3x^2 - 3x}$$

이다.

(2) 양변에 자연로그를 취하면 자연로그의 성질에 의하여

$$\ln y = \frac{1}{2}\ln(1-x^2) - \frac{2}{3}\ln(x+1)$$

이다. 양변을 x 에 대하여 미분하면

$$\frac{1}{y}y' = \frac{-2x}{2(1-x^2)} - \frac{2}{3(x+1)} = \frac{-(x+2)}{3(1-x^2)}$$

이 된다. 따라서

$$y' = \frac{-y(x+2)}{3(1-x^2)} = \frac{-\sqrt{1-x^2}\,(x+2)}{3(x+1)^{2/3}(1-x^2)} = \frac{-(x+2)}{3(x+1)^{2/3}\sqrt{1-x^2}}$$

이다. ■

7.1 연습문제

1. 다음 함수를 미분하라.

(1) $y = \ln(x^2 - 5x + 6)$

(2) $y = \ln(x-5)^4$

(3) $y = x\ln x$

(4) $y = \ln x^3 + (\ln x)^3$

(5) $y = \ln\left(x + \sqrt{x^2-1}\right)$

(6) $y = \ln\sqrt[3]{x}$

2. 다음 적분을 계산하라.

(1) $\displaystyle\int \frac{4}{2x+1}\,dx$

(2) $\displaystyle\int \frac{4x+2}{x^2+x+5}\,dx$

(3) $\displaystyle\int \frac{\ln x}{x}\,dx$

(4) $\displaystyle\int_0^3 \frac{x^3}{x^4+1}\,dx$

3. 로그미분법을 이용하여 다음 함수를 미분하라.

(1) $y = \dfrac{x+11}{\sqrt{x^3-4}}$

(2) $y = \dfrac{\sqrt{x+13}}{\sqrt[3]{2x+1}\,(x-4)}$

7.2 자연지수함수

자연로그함수는 $(0, \infty)$에서 미분가능하고 증가하며 치역이 실수집합 $\mathbb{R}$이다. 따라서 정의역이 실수집합 $\mathbb{R}$이고 치역이 $(0, \infty)$인 역함수가 존재한다.

정의

자연로그함수 ln의 역함수를 **자연지수함수**라 하고 exp로 나타낸다.

따라서 $y = \exp x$와 $x = \ln y$는 동치이다.

위 정의로부터 다음이 성립한다.

(i) 모든 양수 x에 대하여 $\exp(\ln x) = x$

(ii) 모든 실수 x에 대하여 $\ln(\exp x) = x$

exp와 ln은 역함수 관계이므로 $y = \exp x$의 그래프는 $y = \ln x$의 그래프와 $y = x$에 대칭이다.

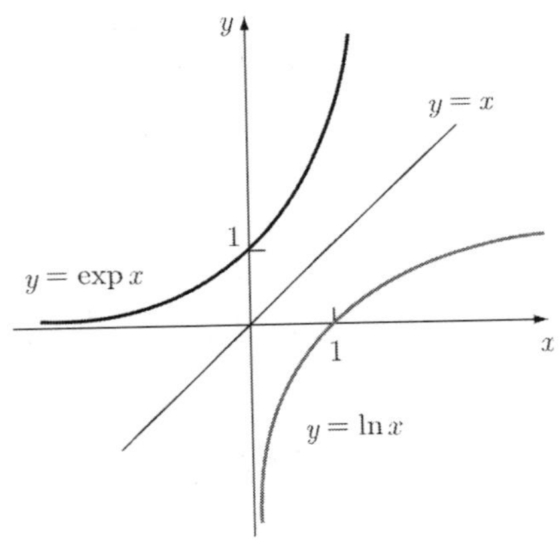

이제 수학에서 매우 중요한 수인 e을 정의하자.

정의

$\ln x = 1$을 만족시키는 유일한 양수 x를 e로 나타낸다.

$\ln e = 1$ 이므로 $\exp 1 = e$ 이다. e 는 π 와 마찬가지로 무리수이며

$$e \approx 2.718281829459045 \cdots$$

이다. 자연로그의 성질에 의하여 r 이 유리수이면

$$e^r = \exp(\ln e^r) = \exp(r \ln e) = \exp r$$

이다. 이것을 확장해서 모든 실수 x 에 대하여 $e^x = \exp x$ 로 정의한다. 그러면

(i) 모든 양수 x 에 대하여 $e^{\ln x} = x$

(ii) 모든 실수 x 에 대하여 $\ln(e^x) = x$

이다.

정리 7.2.1

모든 실수 a 와 b 에 대하여 다음이 성립한다.

(1) $e^a e^b = e^{a+b}$ (2) $\dfrac{e^a}{e^b} = e^{a-b}$

증명 (1) 자연로그의 성질을 이용하면

$$e^a e^b = \exp\{\ln(e^a e^b)\} = \exp(\ln e^a + \ln e^b) = \exp(a+b) = e^{a+b}$$

(2) $\dfrac{e^a}{e^b} = \exp\left(\ln \dfrac{e^a}{e^b}\right) = \exp(\ln e^a - \ln e^b) = \exp(a-b) = e^{a-b}$

■

$y = e^x$ 의 도함수를 구하기 위하여 $x = \ln y$ 라 놓고 음함수 미분법을 사용하여 양변을 x 에 대하여 미분하면

$$1 = \frac{1}{y}\frac{dy}{dx}$$

이다. 따라서 $\dfrac{dy}{dx} = y = e^x$ 이다. 그러므로 다음 적분 공식을 얻는다.

$$\int e^x \, dx = e^x + C$$

예제 7.2.1

다음 함수를 미분하라.

(1) $y = e^{\sqrt{x}}$ (2) $y = e^{x^2 \ln x}$

(3) $y = x\,e^{x/2}$

풀이 (1) $y' = e^{\sqrt{x}}(\sqrt{x})' = e^{\sqrt{x}}\left(\dfrac{1}{2\sqrt{x}}\right) = \dfrac{e^{\sqrt{x}}}{2\sqrt{x}}$

(2) $y' = e^{x^2 \ln x}(x^2 \ln x)' = e^{x^2 \ln x}\left(2x \ln x + x^2 \cdot \dfrac{1}{x}\right) = x\,e^{x^2 \ln x}(1 + \ln x^2)$

(3) $y' = e^{x/2} + x\,e^{x/2} \cdot \dfrac{1}{2} = e^{x/2}\left(\dfrac{x+2}{2}\right)$

■

예제 7.2.2

다음 적분을 구하라.

(1) $\displaystyle\int e^{-4x}\,dx$ (2) $\displaystyle\int x^2 e^{-x^3}\,dx$

(3) $\displaystyle\int_1^3 x\,e^{-3x^2}\,dx$

풀이 (1) $u = -4x$ 라 하면 $du = -4dx$ 이므로

$$\int e^{-4x}\,dx = \int e^u \frac{du}{-4} = -\frac{1}{4}\int e^u\,du = -\frac{1}{4}e^u + C$$

$$= -\frac{1}{4}e^{-4x} + C$$

(2) $u = -x^3$ 이라 하면 $du = -3x^2 dx$ 이므로

$$\int x^2 e^{-x^3}\,dx = \int x^2 e^u \frac{du}{-3x^2} = -\frac{1}{3}\int e^u\,du = -\frac{1}{3}e^u + C$$

$$= -\frac{1}{3}e^{-x^3} + C$$

(3) $u = -3x^2$ 이라 하면 $du = -6xdx$ 이고,

$x = 1$ 이면 $u = -3$ 이고 $x = 3$ 이면 $u = -27$ 이므로

$$\int_1^3 x e^{-3x^2} dx = \int_{-3}^{-27} x e^u \frac{du}{-6x} = -\frac{1}{6}\int_{-3}^{-27} e^u du$$

$$= -\frac{1}{6}[e^u]_{-3}^{-27} = \frac{e^{-3} - e^{-27}}{6}$$

■

7.2 연습문제

1. 다음을 간단히 하라.

(1) $e^{2\ln x}$

(2) $\ln e^{\sin x}$

(3) $\ln(x^2 e^{-2x})$

(4) $e^{\ln 2 + \ln x}$

2. 다음 함수의 도함수를 구하라.

(1) $y = e^{2x+1}$

(2) $y = e^{\sqrt{x+1}}$

(3) $y = e^{\ln x}$

(4) $y = x^2 e^x$

(5) $y = e^{\sqrt{x}} + \sqrt{e^x}$

3. 다음 적분을 구하라.

(1) $\int e^{3x+1} dx$

(2) $\int (x+3) e^{x^2+6x} dx$

(3) $\int \frac{e^{-1/x}}{x^2} dx$

(4) $\int_0^1 e^{2x+3} dx$

7.3 지수함수와 로그함수

$a > 0$ 이고 r 이 유리수이면

$$a^r = \exp(\ln a^r) = \exp(r \ln a) = e^{r \ln a}$$

이다. 따라서 지수 r 을 모든 실수로 확장하여 다음 함수를 정의한다.

정의

$a>0$ 이면 모든 실수 x에 대하여

$$a^x = e^{x\ln a}$$

로 정의한다.

함수 $y=a^x$ 를 a를 밑으로 하는 **지수함수**라 한다. 지수함수 $y=a^x$ 는 모든 실수 x 에 대하여 정의되며 치역이 $(0,\infty)$인 함수이다. 모든 실수 x 에 대하여 다음이 성립한다.

$$\ln(a^x)=\ln(e^{x\ln a})=x\ln a$$

정리 7.3.1

$a>0$, $b>0$ 이면 모든 실수 x 와 y 에 대하여 다음이 성립한다.

(1) $a^x a^y = a^{x+y}$

(2) $\dfrac{a^x}{a^y}=a^{x-y}$

(3) $(a^x)^y=a^{xy}$

(4) $(ab)^x=a^x b^y$

(5) $\left(\dfrac{a}{b}\right)^x=\dfrac{a^x}{b^x}$

|증명| (1) $a^x a^y = e^{x\ln a}e^{y\ln a} = e^{x\ln a+y\ln a} = e^{(x+y)\ln a}=a^{x+y}$

(2) $\dfrac{a^x}{a^y}=\dfrac{e^{x\ln a}}{e^{y\ln a}}=e^{x\ln a-y\ln a}=e^{(x-y)\ln a}=a^{x-y}$

(3) $(a^x)^y=e^{y\ln a^x}=e^{yx\ln a}=e^{(xy)\ln a}=a^{xy}$

(4) $(ab)^x=e^{x\ln ab}=e^{x(\ln a+\ln b)}=e^{x\ln a+x\ln b}=e^{x\ln a}e^{x\ln b}=a^x b^y$

(5) $\left(\dfrac{a}{b}\right)^x=e^{x\ln\frac{a}{b}}=e^{x(\ln a-\ln b)}=e^{x\ln a-x\ln b}=\dfrac{e^{x\ln a}}{e^{x\ln b}}=\dfrac{a^x}{b^x}$

■

정리 7.3.2

(1) $\dfrac{d}{dx}(a^x)=a^x\ln a$

(2) $\displaystyle\int a^x\,dx=\frac{1}{\ln a}a^x+C,\ a\neq 1$

증명 (1) $\frac{d}{dx}(a^x) = \frac{d}{dx}(e^{x\ln a}) = e^{x\ln a}(x\ln a)' = e^{x\ln a}\ln a = a^x \ln a$

(2) $\frac{d}{dx}\left(\frac{a^x}{\ln a}\right) = \frac{1}{\ln a}(a^x \ln a) = a^x$

그러므로 $\int a^x\,dx = \left(\frac{1}{\ln a}\right)a^x + C$

a가 유리수이면 $\frac{d}{dx}(x^a) = ax^{a-1}$이다. a가 무리수일 때도

$$\frac{d}{dx}(x^a) = \frac{d}{dx}(e^{a\ln x}) = e^{a\ln x}(a\ln x)' = e^{a\ln x}\frac{a}{x} = x^a\frac{a}{x} = ax^{a-1}$$

이다.

예제 7.3.1

다음 함수를 미분하라.

(1) $y = 3^{\sqrt{x}}$

(2) $y = 5^{x^4+2}$

(3) $y = x^x,\ x > 0$

(4) $y = (x^2+1)^{\sin x}$

(5) $y = (x^2+1)^{\pi}$

(6) $y = \pi^{\sin x}$

풀이 (1) $y' = 3^{\sqrt{x}}\ln 3(\sqrt{x})' = 3^{\sqrt{x}}\ln 3\left(\frac{1}{2\sqrt{x}}\right) = \frac{3^{\sqrt{x}}\ln 3}{2\sqrt{x}}$

(2) $y' = 5^{x^4+2}\ln 5(x^4+2)' = (4x^3)5^{x^4+2}\ln 5$

(3) 방법 1: $y' = (x^x)' = (e^{x\ln x})' = e^{x\ln x}(x\ln x)' = e^{x\ln x}(\ln x + 1) = x^x(\ln x + 1)$

방법 2: $y = x^x$의 양변에 자연로그를 취하면 $\ln y = x\ln x$이다. 양변을 x에 대하여 미분하면 $\frac{1}{y}y' = \ln x + 1$이고 $y' = y(\ln x + 1) = x^x(\ln x + 1)$이다.

(4) $y = (x^2+1)^{\sin x}$의 양변에 자연로그를 취하면 $\ln y = \sin x \ln(x^2+1)$이다. 양변을 x에 대하여 미분하면 $\frac{1}{y}y' = (\cos x)\ln(x^2+1) + (\sin x)\frac{2x}{x^2+1}$이고

$$y' = y\left\{(\cos x)\ln(x^2+1) + \frac{2x\sin x}{x^2+1}\right\} = (x^2+1)^{\sin x}\left\{(\cos x)\ln(x^2+1) + \frac{2x\sin x}{x^2+1}\right\}$$

이다.

(5) $y' = \pi(x^2+1)^{\pi-1}(2x) = 2\pi x(x^2+1)^{\pi-1}$

(6) $y' = \pi^{\sin x}\ln\pi(\sin x)' = (\cos x)\pi^{\sin x}\ln\pi$

■

예제 7.3.2

다음 적분을 구하라.

(1) $\int 2^{x^3}x^2\,dx$　　　　(2) $\int_{1/2}^{1}\frac{5^{1/x}}{x^2}dx$

풀이 (1) $u = x^3$ 라 하면 $du = 3x^2\,dx$ 이므로

$$\int 2^{x^3}x^2\,dx = \int 2^u x^2\frac{du}{3x^2} = \frac{1}{3}\int 2^u\,du = \frac{1}{3}\frac{2^u}{\ln 2} + C$$

$$= \frac{2^{x^3}}{3\ln 2} + C$$

(2) $u = \frac{1}{x}$ 이라 하면 $du = \frac{dx}{-x^2}$ 이고 $x = \frac{1}{2}$ 이면 $u = 2$ 이고 $x = 1$ 이면 $u = 1$ 이므로

$$\int_{1/2}^{1}\frac{5^{1/x}}{x^2}dx = \int_{2}^{1}\frac{5^u}{x^2}(-x^2)du = \int_{1}^{2}5^u\,du = \left[\frac{5^u}{\ln 5}\right]_1^2 = \frac{20}{\ln 5}$$

■

정리 7.3.3

$$\lim_{h\to 0}(1+h)^{1/h} = e$$

증명 $f(x) = \ln x$ 이면 $f'(x) = \frac{1}{x}$ 이므로 $f'(1) = 1$ 이다. 그러므로 도함수의 정의에 의하여

$$1 = f'(1) = \lim_{h\to 0}\frac{f(1+h)-f(1)}{h} = \lim_{h\to 0}\frac{\ln(1+h)-\ln 1}{h}$$

$$= \lim_{h\to 0}\frac{1}{h}\ln(1+h) = \lim_{h\to 0}\ln(1+h)^{1/h}$$

exp 는 연속함수이므로

$$\lim_{h\to 0}(1+h)^{1/h} = \lim_{h\to 0}\exp\{\ln(1+h)^{1/h}\} = \exp\left\{\lim_{h\to 0}\ln(1+h)^{1/h}\right\}$$

$$= \exp 1 = e$$

■

예제 7.3.3

다음 극한값을 구하라.

(1) $\lim_{x \to 0}\left(1+\frac{x}{2}\right)^{\frac{1}{x}}$ (2) $\lim_{x \to 0}\frac{e^x-1}{x}$

풀이 (1) $\frac{x}{2}=h$로 두면 $x \to 0$일 때 $h \to 0$이므로

$$\lim_{x \to 0}\left(1+\frac{x}{2}\right)^{1/x}=\lim_{h \to 0}(1+h)^{\frac{1}{2h}}=\lim_{h \to 0}\left\{(1+h)^{\frac{1}{h}}\right\}^{1/2}=e^{1/2}=\sqrt{e}$$

(2) $e^{x-1}=h$로 두면 $e^x=1+h$, $x=\ln(1+h)$이고 $x \to 0$일 때 $h \to 0$이므로

$$\lim_{x \to 0}\frac{e^x}{x}=\lim_{h \to 0}\frac{h}{\ln(1+h)}=\lim_{h \to 0}\frac{1}{\frac{1}{h}\ln(1+h)}=\lim_{h \to 0}\frac{1}{\ln(1+h)^{1/h}}=\frac{1}{\ln e}=1$$

■

$0<a<1$ 이면 $f(x)=a^x$ 는 감소함수이며 $a>1$ 이면 $f(x)=a^x$ 는 증가함수이다. 이 두 경우에 $f(x)=a^x$ 의 역함수가 존재한다.

정의

$a>0$, $a \neq 1$일 때 지수함수 $y=a^x$ 의 역함수를 $y=\log_a x$로 나타내고 a를 밑으로 하는 **로그함수**라 한다.

위 정의로부터 $a^{\log_a x}=x$이고 $\log_a a^x=x$이다. 특히 $y=\log_e x$는 자연지수함수 $y=e^x$ 의 역함수임을 알 수 있다. 즉

$$\log_e x=\ln x$$

이다. $y=\log_a x$ 이면 $x=a^y$ 이므로

$$\ln x=y\ln a \text{ 즉, } y=\frac{\ln x}{\ln a}$$

이다. 따라서 다음이 성립한다.

$$\log_a x=\frac{\ln x}{\ln a}$$

이것으로부터 $\log_a x$ 는 자연로그와 같은 성질을 가지고 있다는 것을 알 수 있으며

$$\frac{d}{dx}(\log_a x) = \frac{1}{x\ln a}$$

이다.

예제 7.3.4

다음 함수의 도함수를 구하라.

(1) $y = \log_{10}(x^4 + 13)$ (2) $y = \log_2(1 + x\ln 2)$

풀이 (1) $y' = \{\log_{10}(x^4 + 13)\}' = \left\{\dfrac{\ln(x^4 + 13)}{\ln 10}\right\}' = \dfrac{4x^3}{(x^4 + 13)\ln 10}$

(2) $y' = \{\log_2(1 + x\ln 2)\}' = \left\{\dfrac{\ln(1 + x\ln 2)}{\ln 2}\right\}' = \dfrac{\ln 2}{(1 + x\ln 2)\ln 2} = \dfrac{1}{1 + x\ln 2}$

7.3 연습문제

1. 다음 함수의 도함수를 구하라.

(1) $y = 5^{x^2}$ (2) $y = \log_2 e^x$

(3) $y = \log_4 x + \log_4 x^2$ (4) $y = 3^{\log_2 x}$

(5) $y = 10^{x^2} + (x^2)^{10}$ (6) $y = x^{\pi+1} + (\pi + 1)^x$

(7) $y = x^{\sin x}$ (8) $y = (x^2 + 1)^{\ln x}$

2. 다음 적분을 구하라.

(1) $\displaystyle\int x\, 2^{x^2} dx$ (2) $\displaystyle\int \frac{\log_{10} x}{x} dx$

(3) $\displaystyle\int_1^4 \frac{5^{\sqrt{x}}}{\sqrt{x}} dx$ (4) $\displaystyle\int_2^4 x^{2x}(1 + \ln x)\, dx$

(5) $\displaystyle\int_0^3 3x^{\sqrt{3}} dx$ (6) $\displaystyle\int_0^{\pi/2} 7^{\cos x} \sin x\, dx$

(7) $\int_0^2 \frac{\log_2(x+2)}{x+2}\,dx$

7.4 역삼각함수와 쌍곡선함수의 도함수

역삼각함수의 도함수에 대하여 알아보자. 그리고 쌍곡선함수를 정의하고, 쌍곡선함수와 역쌍곡선함수의 도함수에 대하여 알아보자.

정리 7.4.1

(1) $\frac{d}{dx}(\sin^{-1}x)=\frac{1}{\sqrt{1-x^2}}$, $-1<x<1$

(2) $\frac{d}{dx}(\cos^{-1}x)=\frac{-1}{\sqrt{1-x^2}}$, $-1<x<1$

(3) $\frac{d}{dx}(\tan^{-1}x)=\frac{1}{1+x^2}$

(4) $\frac{d}{dx}(\sec^{-1}x)=\frac{1}{|x|\sqrt{x^2-1}}$, $|x|>1$

(5) $\frac{d}{dx}(\csc^{-1}x)=\frac{-1}{|x|\sqrt{x^2-1}}$, $|x|>1$

(6) $\frac{d}{dx}(\cot^{-1}x)=\frac{-1}{1+x^2}$

증명 (1) $y=\sin^{-1}x$ 라 놓으면 $x=\sin y$ 이다. 양변을 x 에 대하여 미분하면

$$1=\cos y\frac{dy}{dx}=\sqrt{1-\sin^2 y}\,\frac{dy}{dx}=\sqrt{1-x^2}\,\frac{dy}{dx}$$

따라서 $\frac{dy}{dx}=\frac{d}{dx}(\sin^{-1}x)=\frac{1}{\sqrt{1-x^2}}$ 이다.

(3) $y=\tan^{-1}x$ 라 놓으면 $x=\tan y$ 이다. 양변을 x 에 대하여 미분하면

$$1=\sec^2 y\frac{dy}{dx}=(1+\tan^2 y)\frac{dy}{dx}=(1+x^2)\frac{dy}{dx}$$

따라서 $\frac{dy}{dx}=\frac{d}{dx}(\tan^{-1}x)=\frac{1}{1+x^2}$ 이다.

(4) $y=\sec^{-1}x$ 라 놓으면 $x=\sec y$ 이다. 여기서

$$x \le -1 \text{ or } x \ge 1,\ 0 \le y < \frac{\pi}{2} \text{ or } \frac{\pi}{2} < y \le \pi$$

양변을 x 에 대하여 미분하면

$$1=\sec y \tan y \frac{dy}{dx}$$

이다. 여기서 $\sec y=x$ 이고

$$\tan y=\begin{cases} \sqrt{\sec^2 y-1}=\ \sqrt{x^2-1} & \left(0 \le y < \frac{\pi}{2} \text{ 즉, } x \ge 1\right) \\ -\sqrt{\sec^2 y-1}=-\sqrt{x^2-1} & \left(\frac{\pi}{2} < y \le \pi \text{ 즉, } x \le -1\right) \end{cases}$$

이므로

$$1=\sec y \tan y \frac{dy}{dx}=\begin{cases} x\sqrt{x^2-1}\,\frac{dy}{dx} & (x \ge 1) \\ -x\sqrt{x^2-1}\,\frac{dy}{dx} & (x \le -1) \end{cases}$$

$$=|x|\sqrt{x^2-1}\,\frac{dy}{dx}$$

이다. 따라서

$$\frac{dy}{dx}=\frac{d}{dx}(\sec^{-1}x)=\frac{1}{|x|\sqrt{x^2-1}} \quad (|x|>1)$$

이다.

(2), (5), (6)도 같은 방법으로 증명된다.

■

위 미분 공식으로부터 다음 적분 공식을 얻는다.

$$\text{(i)} \int \frac{1}{\sqrt{1-x^2}}\,dx=\sin^{-1}x+C$$

$$\text{(ii)} \int \frac{1}{1+x^2}\,dx=\tan^{-1}x+C$$

$$\text{(iii)} \int \frac{1}{x\sqrt{x^2-1}}\,dx=\sec^{-1}|x|+C$$

예제 7.4.1

다음 함수를 미분하라.

(1) $y=\sin^{-1}2x$ (2) $y=\tan^{-1}(x^2)$

(3) $y=\sec^{-1}\sqrt{x}$

|풀이| (1) $y'=(\sin^{-1}2x)'=\dfrac{1}{\sqrt{1-(2x)^2}}(2x)'=\dfrac{2}{\sqrt{1-4x^2}}$

(2) $y'=\{\tan^{-1}(x^2)\}'=\dfrac{1}{1+(x^2)^2}(x^2)'=\dfrac{2x}{1+x^4}$

(3) $y'=(\sec^{-1}\sqrt{x})'=\dfrac{1}{\sqrt{x}\sqrt{(\sqrt{x})^2-1}}(\sqrt{x})'$

$$=\frac{1}{\sqrt{x}\sqrt{x-1}}\frac{1}{2\sqrt{x}}=\frac{1}{2x\sqrt{x-1}}$$

■

예제 7.4.2

다음 적분을 구하라.

(1) $\displaystyle\int_0^{1/2}\frac{1}{\sqrt{1-x^2}}dx$ (2) $\displaystyle\int_0^1\frac{2}{1+x^2}dx$

|풀이| (1) $\displaystyle\int_0^{1/2}\frac{1}{\sqrt{1-x^2}}dx=[\sin^{-1}x]_0^{1/2}=\sin^{-1}\frac{1}{2}-\sin^{-1}0=\frac{\pi}{6}$

(2) $\displaystyle\int_0^1\frac{2}{1+x^2}dx=2[\tan^{-1}x]_0^1=2(\tan^{-1}1-\tan^{-1}0)=2\frac{\pi}{4}=\frac{\pi}{2}$

■

자연지수함수 $y=e^x$ 와 $y=e^{-x}$ 의 결합으로 이루어진 쌍곡선함수를 정의하자.

정의

$\sinh x=\dfrac{e^x-e^{-x}}{2}$ $\cosh x=\dfrac{e^x+e^{-x}}{2}$ $\tanh x=\dfrac{\sinh x}{\cosh x}$

$\operatorname{sech} x=\dfrac{1}{\cosh x}$ $\operatorname{csch} x=\dfrac{1}{\sinh x}$ $\coth x=\dfrac{\cosh x}{\sinh x}$

임의의 실수 x에 대하여 다음이 성립한다.

$$\cosh^2 x-\sinh^2 x=1$$

이것의 증명은 다음과 같다.

$$\begin{aligned}\cosh^2 x-\sinh^2 x&=\left(\frac{e^{x}+e^{-x}}{2}\right)^2-\left(\frac{e^{x}-e^{-x}}{2}\right)^2\\&=\frac{1}{4}\left[\left(e^{2x}+2+e^{-2x}\right)-\left(e^{x}-2+e^{-2x}\right)\right]=1\end{aligned}$$

위 등식은 $x=\cosh t$, $y=\sinh t$로 할 때 점 (x, y)이 쌍곡선 $x^2-y^2=1$ 위의 점이라는 것을 의미한다. $\sinh(-x)=-\sinh x$이므로 $\sinh$는 홀함수이고 $\cosh(-x)=\cosh x$이므로 $\cosh$는 짝함수이다. 따라서 $y=\sinh x$의 그래프는 원점에 대하여 대칭이고 $y=\cosh x$의 그래프는 y축에 대하여 대칭이다. 그래프는 다음과 같다.

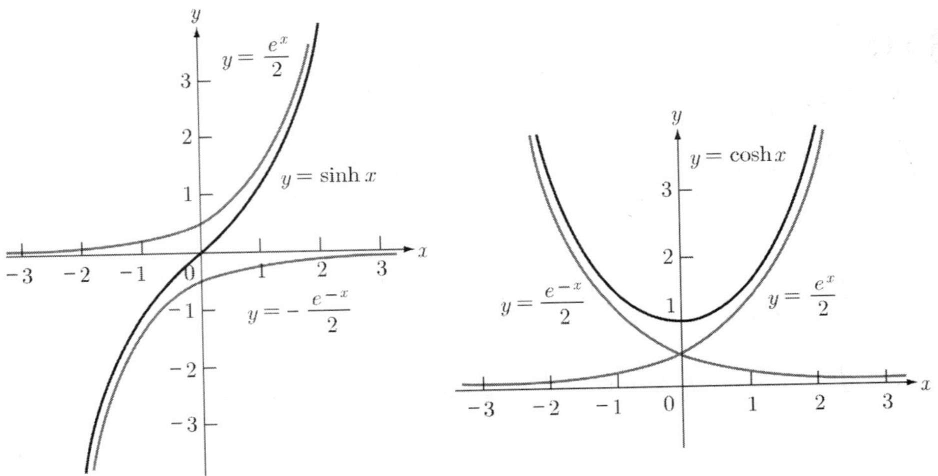

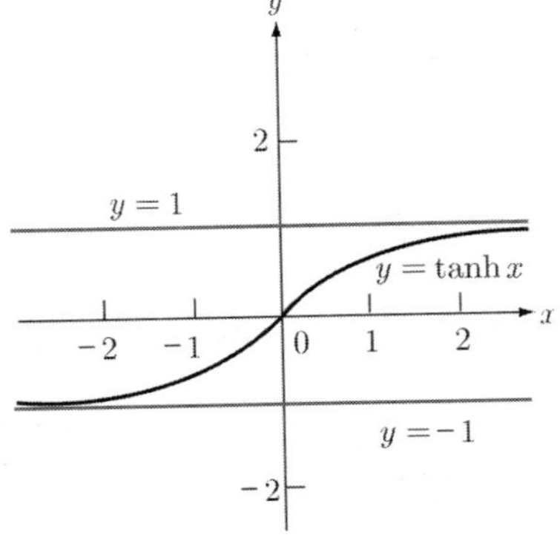

쌍곡선함수에서도 역함수가 존재하고, $y=\sinh^{-1}x$, $y=\cosh^{-1}x$, $y=\tanh^{-1}x$ 등과 같이 나타낸다. 역쌍곡선함수는 자연로그로 나타낼 수 있다.

$y=\sinh^{-1}x$ 에서 $x=\sinh y=\dfrac{e^y-e^{-y}}{2}$ 이므로 $2x=e^y-e^{-y}$ 이고 양변에 e^y 을 곱하면 $e^{2y}-2xe^y-1=0$ 이므로

$$e^y=\frac{2x\pm\sqrt{4x^2+4}}{2}=x\pm\sqrt{x^2+1}$$

이고, $e^y>0$ 이므로 $e^y=x+\sqrt{x^2+1}$ 이다. 따라서

$$y=\sinh^{-1}x=\ln\left(x+\sqrt{x^2+1}\right)$$

이다. 같은 방법으로 다음을 얻는다.

$$y=\cosh^{-1}x=\ln\left(x+\sqrt{x^2-1}\right),\quad x\geq 1$$

$$y=\tanh^{-1}x=\frac{1}{2}\ln\frac{1+x}{1-x},\quad -1<x<1$$

쌍곡선함수와 역쌍곡선함수의 도함수를 알아보자.

정리 7.4.2

(1) $\dfrac{d}{dx}(\sinh x)=\cosh x$ (2) $\dfrac{d}{dx}(\cosh x)=\sinh x$

(3) $\dfrac{d}{dx}(\tanh x)=\operatorname{sech}^2 x$ (4) $\dfrac{d}{dx}(\operatorname{sech} x)=-\operatorname{sech} x\tanh x$

(5) $\dfrac{d}{dx}(\operatorname{csch} x)=-\operatorname{csch} x\coth x$ (6) $\dfrac{d}{dx}(\coth x)=-\operatorname{csch}^2 x$

증명 (1) $y'=\dfrac{d}{dx}(\sinh x)=\left(\dfrac{e^x-e^{-x}}{2}\right)'=\dfrac{e^x+e^{-x}}{2}=\cosh x$

(2) $y'=\dfrac{d}{dx}(\cosh x)=\left(\dfrac{e^x+e^{-x}}{2}\right)'=\dfrac{e^x-e^{-x}}{2}=\sinh x$

(3) $y'=\dfrac{d}{dx}(\tanh x)=\left(\dfrac{\sinh x}{\cosh x}\right)'=\dfrac{(\sinh x)'\cosh x-\sinh x(\cosh x)'}{\cosh^2 x}$

$$=\frac{\cosh^2 x-\sinh^2 x}{\cosh^2 x}=\frac{1}{\cosh^2 x}=\operatorname{sech}^2 x$$

(4), (5), (6)도 같은 방법으로 증명된다.

■

정리 7.4.3

(1) $\frac{d}{dx}(\sinh^{-1}x)=\frac{1}{\sqrt{1+x^2}}$ (2) $\frac{d}{dx}(\cosh^{-1}x)=\frac{1}{\sqrt{x^2-1}}$, $x>1$

(3) $\frac{d}{dx}(\tanh^{-1}x)=\frac{1}{1-x^2}$, $-1<x<1$

|증명| (1) $y'=\frac{d}{dx}(\sinh^{-1}x)=\{\ln(x+\sqrt{x^2+1})\}'=\frac{1}{x+\sqrt{x^2+1}}(x+\sqrt{x^2+1})'$

$$=\frac{1}{x+\sqrt{x^2+1}}\left(1+\frac{x}{\sqrt{x^2+1}}\right)=\frac{1}{\sqrt{1+x^2}}$$

(2) $y'=\frac{d}{dx}(\cosh^{-1}x)=\{\ln(x+\sqrt{x^2-1})\}'=\frac{1}{x+\sqrt{x^2-1}}(x+\sqrt{x^2-1})'$

$$=\frac{1}{x+\sqrt{x^2-1}}\left(1+\frac{x}{\sqrt{x^2-1}}\right)=\frac{1}{\sqrt{x^2-1}}$$

(3) $y'=\frac{d}{dx}(\tanh^{-1}x)=\left(\frac{1}{2}\ln\frac{1+x}{1-x}\right)'=\frac{1}{2}\frac{1-x}{1+x}\left(\frac{1+x}{1-x}\right)'=\frac{1}{2}\frac{1-x}{1+x}\frac{(1-x)+(1+x)}{(1-x)^2}$

$$=\frac{1}{1-x^2}$$

■

예제 7.4.3

다음 함수를 미분하라.

(1) $y=\sinh^2 3x$ (2) $y=\cosh^2(3x-1)$

(3) $y=\tanh(x-3x^2)$ (4) $y=\sinh^{-1}(3x^2)$

(5) $y=\tanh^{-1}(2x)$

|풀이| (1) $y'=2\sinh 3x(\sinh 3x)'=2\sinh 3x\cosh 3x(3x)'=6\sinh 3x\cosh 3x$

(2) $y'=2\cosh(3x-1)\{\cosh(3x-1)\}'=2\cosh(3x-1)\sinh(3x-1)(3x-1)'$

$$=6\cosh(3x-1)\sinh(3x-1)$$

(3) $y' = \text{sech}^2(x-3x^2)(x-3x^2)' = (1-6x)\text{sech}^2(x-3x^2)$

(4) $y' = \dfrac{1}{\sqrt{1+(3x^2)^2}}(3x^2)' = \dfrac{6x}{\sqrt{1+9x^4}}$

(5) $y' = \dfrac{1}{1-(2x)^2}(2x)' = \dfrac{2}{1-4x^2}$

■

7.4 연습문제

1. 다음 함수의 도함수를 구하라.

(1) $y = \sinh^2 x$

(2) $y = \cosh\sqrt{x}$

(3) $y = \sinh(\sin x)$

(4) $y = x^2 \sinh x$

(5) $y = \cosh^{-1}(x^3)$

(6) $y = \tanh(\sin x)$

(7) $y = x\sinh^{-1}(2x)$

(8) $y = \tanh^{-1}(\cos x)$

2. 다음 적분을 구하라.

(1) $\int \tanh x\, dx$

(2) $\int x\cosh(x^2+3)\, dx$

(3) $\int_0^2 \cosh\dfrac{x}{2}\, dx$

제 08 장 적분기법

적분의 계산에서 피적분함수가 두 개 이상의 함수들의 연산(합, 차, 곱, 몫, 합성 등)에 의하여 정의된 경우 매우 복잡하거나 적분이 곤란한 경우가 많다. 이런 경우 적절한 적분기법을 이용하여 피적분함수를 적분하기 수월한 형태로 바꿔야 한다.

중요한 기본적인 적분기법인 치환적분과 부분적분을 알아보고, 직접 부정적분을 알 수 없는 삼각함수들, 삼각함수들의 곱으로 정의된 함수, 무리함수 그리고 유리함수의 적분에 활용해 보도록 한다.

8.1 치환적분과 삼각함수적분

이미 소개한 치환적분법을 복습하고 삼각함수적분을 알아보자. 치환적분을 효과적으로 사용하려면 적분 공식을 잘 활용하여야 한다. 첫 번째 치환으로 해결되지 않으면 다른 치환을 생각하여 본다.

예제 8.1.1

다음 적분을 구하라.

(1) $\int x(x^2-1)^3\,dx$

(2) $\int \frac{x^2}{\sqrt{x+1}}\,dx$

(3) $\int x^3\sqrt{x^4+11}\,dx$

(4) $\int \frac{1}{x-\sqrt{x}}\,dx$

(5) $\int_0^1 (x^2+2)^5\,2x\,dx$

(6) $\int_2^5 x\sqrt{x^2-4}\,dx$

풀이 (1) $u=x^2-1$이라 하면 $du=2xdx$이므로 $xdx=\frac{1}{2}du$이다. 따라서

$$\int x(x^2-1)^3\,dx = \int (x^2-1)^3\,x\,dx = \int u^3 \frac{1}{2}du = \frac{1}{2}\int u^3\,du$$

$$= \frac{1}{8}u^4 + C = \frac{1}{8}(x^2-1)^4 + C$$

(2) $u = \sqrt{x+1}$ 라 하면 $x = u^2 - 1$ 이고 $dx = 2u\,du$ 이므로

$$\int \frac{x^2}{\sqrt{x+1}}\,dx = \int \frac{(u^2-1)^2}{u} 2u\,du = 2\int (u^2-1)^2\,du$$

$$= 2\int (u^4 - 2u^2 + 1)\,du = \frac{2}{5}u^5 - \frac{4}{3}u^3 + 2u + C$$

$$= \frac{2}{5}(\sqrt{x+1})^5 - \frac{4}{3}(\sqrt{x+1})^3 + 2\sqrt{x+1} + C$$

$$= \frac{2}{15}\sqrt{x+1}\,(3x^2 - 4x + 8) + C$$

(3) $u = x^4 + 11$ 이라 하면 $du = 4x^3\,dx$ 이므로 $x^3\,dx = \frac{1}{4}du$ 이다. 따라서

$$\int x^3\sqrt{x^4+11}\,dx = \int \sqrt{u}\,\frac{1}{4}du = \frac{1}{4}\int \sqrt{u}\,du$$

$$= \frac{1}{6}u^{3/2} + C = \frac{1}{6}(x^4+11)^{3/2} + C$$

(4) $u = \sqrt{x}$ 라 하면 $x = u^2$ 이고 $dx = 2u\,du$ 이므로

$$\int \frac{1}{x - \sqrt{x}}\,dx = \int \frac{1}{u^2 - u} 2u\,du = 2\int \frac{1}{u-1}\,du$$

$$= 2\ln|u-1| + C = 2\ln|\sqrt{x} - 1| + C$$

(5) $u = x^2 + 2$ 이라 하면 $du = 2x\,dx$ 이고 $x = 0$ 일 때 $u = 2$, $x = 1$ 일 때 $u = 3$ 이므로

$$\int_0^1 (x^2+2)^5\, 2x\,dx = \int_2^3 u^5\,du = \left[\frac{1}{6}u^6\right]_2^3 = \frac{1}{6}3^6 - \frac{1}{6}2^6 = \frac{665}{6}$$

(6) $u = x^2 - 4$ 이라 하면 $x\,dx = \frac{1}{2}du$ 이고 $x = 2$ 일 때 $u = 0$, $x = 5$ 일 때 $u = 21$ 이므로

$$\int_2^5 x\sqrt{x^2-4}\,dx = \int_0^{21} \sqrt{u}\,\frac{1}{2}du = \frac{1}{2}\int_0^{21}\sqrt{u}\,du$$

$$= \frac{1}{2}\left[\frac{2}{3}u^{3/2}\right]_0^{21} = \frac{1}{3}21^{3/2} = 7\sqrt{21}$$

■

예제 8.1.2

다음 적분을 구하라.

(1) $\displaystyle\int \frac{x}{\cos^2(x^2)}dx$

(2) $\displaystyle\int \frac{6e^{1/x}}{x^2}dx$

(3) $\displaystyle\int \frac{a^{\tan x}}{\cos^2 x}dx$

(4) $\displaystyle\int \frac{1}{x}(\ln x)^3 dx$

(5) $\displaystyle\int_0^{\pi} \cos^2 x \sin x\, dx$

(6) $\displaystyle\int_0^1 xe^{x^2+1}dx$

(7) $\displaystyle\int_0^1 \frac{\tan^{-1}x}{1+x^2}dx$

풀이 (1) $u=x^2$이라 하면 $xdx=\frac{1}{2}du$이므로

$$\int \frac{x}{\cos^2(x^2)}dx = \frac{1}{2}\int \frac{du}{\cos^2 u} = \frac{1}{2}\int \sec^2 u\, du$$

$$= \frac{1}{2}\tan u + C = \frac{1}{2}\tan(x^2) + C$$

(2) $u=\frac{1}{x}$ 라 하면 $\frac{1}{x^2}dx = -du$이므로

$$\int \frac{6e^{1/x}}{x^2}dx = -6\int e^u\, du = -6e^u + C$$

$$= -6e^{1/x} + C$$

(3) $u=\tan x$이라 하면 $du = \sec^2 x\, dx$ 이므로

$$\int \frac{a^{\tan x}}{\cos^2 x}dx = \int a^{\tan x}\sec^2 x\, dx$$

$$= \int a^u\, du = \frac{a^u}{\ln a} + C = \frac{a^{\tan x}}{\ln a} + C$$

(4) $u=\ln x$ 라 하면 $du = \frac{1}{x}dx$ 이므로

$$\int \frac{1}{x}(\ln x)^3 dx = \int u^3 du = \frac{1}{4}u^4 + C$$

$$= \frac{1}{4}(\ln x)^4 + C$$

(5) $u=\cos x$ 라 하면 $du = -\sin x\, dx$ 이고 $x=0$일 때 $u=1$, $x=\pi$ 일 때 $u=-1$이므로

$$\int_0^{\pi} \cos^2 x \sin x\, dx = -\int_1^{-1} u^2\, du = \int_{-1}^{1} u^2\, du$$

$$= \left[\frac{1}{3}u^3\right]_{-1}^{1} = \frac{1}{3} + \frac{1}{3} = \frac{2}{3}$$

(6) $u = x^2 + 1$ 이라 하면 $x\,dx = \frac{1}{2}du$ 이고 $x = 0$ 일 때 $u = 1$, $x = 1$ 일 때 $u = 2$ 이므로

$$\int_0^1 xe^{x^2+1}\,dx = \frac{1}{2}\int_1^2 e^u\,du = \frac{1}{2}\left[e^u\right]_1^2 = \frac{1}{2}(e^2 - e)$$

(7) $u = \tan^{-1}x$ 이라 하면 $du = \frac{1}{1+x^2}dx$ 이고 $x = 0$ 일 때 $u = \tan^{-1}0 = 0$, $x = 1$ 일 때 $u = \tan^{-1}1 = \frac{\pi}{4}$ 이므로

$$\int_0^1 \frac{\tan^{-1}x}{1+x^2}\,dx = \int_0^{\pi/4} u\,du$$

$$= \left[\frac{1}{2}u^2\right]_0^{\pi/4} = \frac{\pi^2}{32}$$

■

예제 8.1.3

다음 적분을 구하라.

(1) $\int \sin^2 x\,dx$ (2) $\int \cos^2 x\,dx$

(3) $\int \sin^3 x(\cos x)^{-4}\,dx$ (4) $\int \frac{\cos x}{1+\cos x}\,dx$

(5) $\int \sin^5 x \cos^4 x\,dx$ (6) $\int \sin^4 x \cos^5 x\,dx$

(7) $\int \tan^3 x\,dx$ (8) $\int_0^{\pi/4} \sin^3 x\,dx$

풀이 (1) $\sin^2 x = \frac{1-\cos 2x}{2}$ 이고 $u = 2x$ 이라 하면 $dx = \frac{1}{2}du$ 이므로

$$\int \sin^2 x\,dx = \int \frac{1-\cos 2x}{2}\,dx = \frac{1}{2}\int dx - \frac{1}{2}\int \cos 2x\,dx$$

$$= \frac{1}{2}x - \frac{1}{4}\int \cos u\,du = \frac{1}{2}x - \frac{1}{4}\sin u + C = \frac{1}{2}x - \frac{1}{4}\sin 2x + C$$

(2) $\cos^2 x = \dfrac{1+\cos 2x}{2}$ 이고 $u = 2x$ 이라 하면 $dx = \dfrac{1}{2}du\, du = 2dx$ 이므로

$$\int \cos^2 x\, dx = \int \frac{1+\cos 2x}{2} dx = \frac{1}{2}\int dx + \frac{1}{2}\int \cos 2x\, dx$$

$$= \frac{1}{2}x + \frac{1}{4}\int \cos u du = \frac{1}{2}x + \frac{1}{4}\sin u + C = \frac{1}{2}x + \frac{1}{4}\sin 2x + C$$

(3) $u = \cos x$ 이라 하면 $du = -\sin x\, dx$ 이므로

$$\int \sin^3 x(\cos x)^{-4} dx = \int \sin^2 x(\cos x)^{-4} \sin x\, dx$$

$$= -\int (1-\cos^2 x)(\cos x)^{-4}(-\sin x)\, dx$$

$$= -\int (1-u^2)u^{-4} du$$

$$= -\int (u^{-4} - u^{-2})\, du = \frac{1}{3}u^{-3} - u^{-1} + C$$

$$= \frac{1}{3\cos^3 u} - \frac{1}{\cos x} + C = \frac{1}{3}\sec^3 x - \sec x + C$$

(4) $\displaystyle\int \frac{\cos x}{1+\cos x} dx = \int \frac{\cos x}{1+\cos x}\frac{1-\cos x}{1-\cos x} dx = \int \frac{\cos x - \cos^2 x}{1-\cos^2 x} dx$

$$= \int \frac{\cos x - \cos^2 x}{\sin^2 x} dx = \int \frac{\cos x - (1-\sin^2 x)}{\sin^2 x} dx$$

$$= \int \frac{\cos x}{\sin^2 x} dx - \int \frac{1}{\sin^2 x} dx + \int dx$$

$$= \int \frac{\cos x}{\sin^2 x} dx - \int \csc^2 x\, dx + \int dx$$

$\displaystyle\int \frac{\cos x}{\sin^2 x} dx$ 에서 $u = \sin x$ 이라 하면 $du = \cos x\, dx$ 이므로

$$\int \frac{1}{u^2} du = \int \frac{1}{u^2} du = -\frac{1}{u} + C = -\frac{1}{\sin x} + C = -\csc x + C$$

이다. 그러므로 $\displaystyle\int \frac{\cos x}{1+\cos x} dx = \int \frac{\cos x}{\sin^2 x} dx - \int \csc^2 x\, dx + \int dx$

$$= -\csc x + \cot x + x + C$$

(5) $\displaystyle\int \sin^5 x \cos^4 x\, dx = \int (\sin^2 x)^2 \cos^4 x \sin x\, dx$

$$= \int (1-\cos^2 x)^2 \cos^4 x \sin x\, dx$$

여기서 $u = \cos x$ 라 하면 $du = -\sin x\,dx$ 이므로

$$\int (1-\cos^2 x)^2 \cos^4 x \sin x\,dx = -\int (1-u^2)^2 u^4\,du$$

$$= -\int (u^4 - 2u^6 + u^8)\,du$$

$$= -\frac{1}{5}u^5 + \frac{2}{7}u^7 - \frac{1}{9}u^9 + C$$

이다. 그러므로

$$\int \sin^5 x \cos^4 x\,dx = -\frac{1}{5}\cos^5 x + \frac{2}{7}\cos^7 x - \frac{1}{9}\cos^9 x + C$$

(6) $\displaystyle\int \sin^4 x \cos^5 x\,dx = \int \sin^4 x\,(\cos^2 x)^2 \cos x\,dx$

$$= \int \sin^4 x\,(1-\sin^2 x)^2 \cos x\,dx$$

여기서 $u = \sin x$ 라 하면 $du = \cos x\,dx$ 이므로

$$\int \sin^4 x\,(1-\sin^2 x)^2 \cos x\,dx = \int u^4 (1-u^2)^2\,du$$

$$= \int (u^4 - 2u^6 + u^8)\,du$$

$$= \frac{1}{5}u^5 - \frac{2}{7}u^7 + \frac{1}{9}u^9 + C$$

$$= \frac{1}{5}\sin^5 x - \frac{2}{7}\sin^7 x + \frac{1}{9}\sin^9 x + \mathrm{C}$$

(7) $\displaystyle\int \tan^3 x\,dx = \int \tan x \tan^2 x\,dx = \int \tan x(\sec^2 - 1)\,dx$

$$= \int \tan x \sec^2 x dx - \int \tan x\,dx$$

$\displaystyle\int \tan x \sec^2 x\,dx$ 에서 $u = \tan x$ 라 하면 $du = \sec^2 x\,dx$ 이므로

$$\int \tan x \sec^2 x\,dx = \int u\,du = \frac{1}{2}u^2 + C$$

$$= \frac{1}{2}\tan^2 x + C$$

이고 $\displaystyle\int \tan x\,dx = \ln|\sec x| + C$ 이므로

$$\int \tan^3 x\,dx = \frac{1}{2}\tan^2 x - \ln|\sec x| + C$$

(8) $\int_0^{\pi/4} \sin^3 x\, dx = \int_0^{\pi/4} \sin^2 x \sin x\, dx = \int_0^{\pi/4} (1-\cos^2 x)\sin x\, dx$

여기서 $u = \cos x$ 라 하면 $du = -\sin x\, dx$ 이고 $x = \frac{\pi}{4}$ 일 때 $u = \cos\frac{\pi}{4} = \frac{1}{\sqrt{2}}$,

$x = 0$ 일 때 $u = 1$이므로

$$\begin{aligned}\int_0^{\pi/4} \sin^3 x\, dx &= -\int_0^{\pi/4} (1-\cos^2 x)(-\sin x)\, dx \\ &= -\int_1^{\sqrt{2}/2} (1-u^2)\, du = \int_{\sqrt{2}/2}^1 (1-u^2)\, du \\ &= \left[u - \frac{1}{3}u^3\right]_{\sqrt{2}/2}^1 = \left(1-\frac{1}{3}\right) - \left(\frac{\sqrt{2}}{2} - \frac{2\sqrt{2}}{24}\right) = \frac{2}{3} - \frac{5\sqrt{2}}{12}\end{aligned}$$

■

8.1 연습문제

1. 다음 적분을 구하라.

(1) $\int (x-1)^4\, dx$

(2) $\int x(x^2+1)^4\, dx$

(3) $\int \frac{x}{x^2+1}\, dx$

(4) $\int 3x\sqrt{2+x^2}\, dx$

(5) $\int \frac{2x^2+x}{x+1}\, dx$

(6) $\int 24x(x^2+1)^3\, dx$

(7) $\int x^2\sqrt{x^3-1}\, dx$

(8) $\int \frac{2x+3}{(x^2+3x)^2}\, dx$

2. 다음 적분을 구하라.

(1) $\int \frac{2x+5}{x^2+5x}\, dx$

(2) $\int \frac{\tan x}{\cos x}\, dx$

(3) $\int \frac{\sqrt{\tan x}}{1-\sin^2 x}\, dx$

(4) $\int \frac{\cos(\ln 4x^2)}{x}\, dx$

(5) $\int \frac{5e^x}{\sqrt{1-e^{2x}}}\, dx$

(6) $\int \cos^3 x\, dx$

(7) $\int_0^1 x\, 10^{x^2}\, dx$

(8) $\int_0^{\pi/2} \frac{\cos x}{1+\sin^2 x}\, dx$

8.2 삼각함수치환

피적분함수가 적분이 곤란한 특별한 형태의 무리함수 또는 분수함수인 경우 함수의 독립변수를 적당한 삼각함수로 치환하면 쉽게 해결되는 경우가 있다.

먼저, 피적분함수가 무리함수 $\sqrt{a^2-x^2}$, $\sqrt{a^2+x^2}$ 또는 $\sqrt{x^2-a^2}\,(a>0)$을 포함하는 경우, 근호를 제거하기 위하여 x를 $x=a\sin t$, $x=a\tan t$, $x=a\sec t$로 각각 치환한다.

이러한 치환의 효과를 알아보자.

(1) $\sqrt{a^2-x^2}$에서 $x=a\sin t$로 두면 $a^2-x^2=a^2-a^2\sin^2 t=a^2(1-\sin^2 t)=a^2\cos^2 t$ 이므로, 역치환이 가능하도록 t의 범위를 $-\dfrac{\pi}{2}\le t\le\dfrac{\pi}{2}$로 제한하면 $\cos t\ge 0$이므로

$$\sqrt{a^2-x^2}=a|\cos t|=a\cos t$$

(2) $\sqrt{a^2+x^2}$에서 $x=a\tan t$로 두면 $a^2+x^2=a^2+a^2\tan^2 t=a^2(1+\tan^2 t)=a^2\sec^2 t$ 이므로, 역치환이 가능하도록 t의 범위를 $-\dfrac{\pi}{2}<t<\dfrac{\pi}{2}$로 제한하면 $\sec t\ge 1$이므로

$$\sqrt{a^2+x^2}=a|\sec t|=a\sec t$$

(3) $\sqrt{x^2-a^2}$에서 $x=a\sec t$로 두면 $x^2-a^2=a^2\sec^2 t-a^2=a^2(\sec^2 t-1)=a^2\tan^2 t$ 이므로, 역치환이 가능하도록 t의 범위를 $0\le t\le\pi\left(t\ne\dfrac{\pi}{2}\right)$로 제한하면

$$\sqrt{x^2-a^2}=a|\tan t|=\begin{cases} a\tan t & \left(0\le t<\dfrac{\pi}{2}\right) \\ -a\tan t & \left(\dfrac{\pi}{2}<t\le\pi\right)\end{cases}$$

이다.

예제 8.2.1

다음 적분을 구하라.

(1) $\int \sqrt{a^2-x^2}\,dx$ (2) $\int \frac{\sqrt{4-x^2}}{x^2}\,dx$

(3) $\int \frac{1}{\sqrt{9+x^2}}\,dx$ (4) $\int_2^4 \frac{\sqrt{x^2-4}}{x}\,dx$

풀이 (1) $x=a\sin t,\ -\frac{\pi}{2}\le t\le\frac{\pi}{2}$ 이라 하면 $dx=a\cos t\,dt$ 이고 $\sqrt{a^2-x^2}=a\cos t$ 이므로

$$\int \sqrt{a^2-x^2}\,dx=\int a\cos t\,a\cos t\,dt=a^2\int\cos^2 t\,dt$$

$$=\frac{a^2}{2}\int(1+\cos 2t)\,dt=\frac{a^2}{2}\left(t+\frac{1}{2}\sin 2t\right)+C$$

$$=\frac{a^2}{2}(t+\sin t\cos t)+C$$

$\sin t=\frac{x}{a}\left(-\frac{\pi}{2}\le t\le\frac{\pi}{2}\right)$이므로 $t=\sin^{-1}\frac{x}{a}$ 이고 $\sqrt{a^2-x^2}=a\cos t$ 이므로

$\cos t=\frac{\sqrt{a^2-x^2}}{a}$ 이다. 따라서

$$\int\sqrt{a^2-x^2}\,dx=\frac{a^2}{2}\left(\sin^{-1}\frac{x}{a}+\frac{x}{a}\frac{\sqrt{a^2-x^2}}{a}\right)+C$$

$$=\frac{a^2}{2}\sin^{-1}\frac{x}{a}+\frac{x}{2}\sqrt{a^2-x^2}+C$$

(2) $x=2\sin t,\ -\frac{\pi}{2}\le t\le\frac{\pi}{2},\ t\ne 0$이라 하면 $dx=2\cos t\,dt$ 이고 $\sqrt{4-x^2}=2\cos t$ 이므로

$$\int\frac{\sqrt{4-x^2}}{x^2}\,dx=\int\frac{2\cos t}{4\sin^2 t}2\cos t\,dt=\int\cot^2 t\,dt$$

$$=\int(\csc^2 t-1)\,dt=-\cot t-t+C$$

$\sin t=\frac{x}{2}\left(-\frac{\pi}{2}\le t\le\frac{\pi}{2}\right)$이므로 $t=\sin^{-1}\frac{x}{2}$ 이다. 그리고 $\sqrt{4-x^2}=2\cos t$ 에서

$\cos t=\frac{\sqrt{4-x^2}}{2}$ 이므로 $\cot t=\frac{\cos t}{\sin t}=\frac{\frac{\sqrt{4-x^2}}{2}}{\frac{x}{2}}=\frac{\sqrt{4-x^2}}{x}$ 이다. 따라서

$$\int \frac{\sqrt{4-x^2}}{x^2}\,dx = -\frac{\sqrt{4-x^2}}{x} - \sin^{-1}\frac{x}{2} + C$$

(3) $x = 3\tan t,\ -\frac{\pi}{2} < t < \frac{\pi}{2}$ 이라 하면 $dx = 3\sec^2 t\,dt$ 이고 $\sqrt{9+x^2} = 3\sec t$ 이므로

$$\int \frac{1}{\sqrt{9+x^2}}\,dx = \int \frac{3\sec^2 t}{3\sec t}\,dt = \int \sec t\,dt$$

$$= \ln|\sec t + \tan t| + C$$

$\tan t = \frac{x}{3}$ 이고 $\sqrt{9+x^2} = 3\sec t$ 로부터 $\sec t = \frac{\sqrt{9+x^2}}{3}$ 이다. 따라서

$$\int \frac{1}{\sqrt{9+x^2}}\,dx = \ln\left|\frac{\sqrt{9+x^2}+x}{3}\right| + C$$

$$= \ln\left(\sqrt{9+x^2}+x\right) - \ln 3 + C$$

$$= \ln\left(\sqrt{9+x^2}+x\right) + K$$

(4) $x = 2\sec t,\ 0 \le t < \frac{\pi}{2}$ 이라 하자. 그러면 $dx = 2\sec t\tan t\,dt$,

$\sqrt{x^2-4} = \sqrt{4\sec^2 t - 4} = \sqrt{4\tan^2 t} = 2|\tan t| = 2\tan t$ 이고, $x=2$ 이면 $t=0$,

$x = 4$ 이면 $t = \frac{\pi}{3}$ 이다. 따라서

$$\int_2^4 \frac{\sqrt{x^2-4}}{x}\,dx = \int_0^{\pi/3} \frac{2\tan t}{2\sec t}\,2\sec t\tan t\,dt = 2\int_0^{\pi/3} \tan^2 t\,dt$$

$$= 2\int_0^{\pi/3} (\sec^2 t - 1)\,dt = 2\left[\tan t - t\right]_0^{\pi/3} = 2\sqrt{3} - \frac{2\pi}{3}$$

■

8.2 연습문제

1. 다음 적분을 구하라.

(1) $\int \frac{\sqrt{1-x^2}}{x}\,dx$

(2) $\int \frac{dx}{x\sqrt{x^2+9}}$

(3) $\int \frac{x}{\sqrt{4-x^2}}\,dx$

(4) $\int \frac{2x-3}{\sqrt{4-x^2}}\,dx$

(5) $\int_0^{2\sqrt{3}} \frac{x}{\sqrt{x^2+4}}\,dx$

(6) $\int_1^2 \frac{\sqrt{4-x^2}}{2x}\,dx$

(7) $\displaystyle\int \frac{dx}{x^2\sqrt{x^2-1}}$ (8) $\displaystyle\int_{4\sqrt{2}}^{8} \frac{dx}{x^2\sqrt{x^2-16}}$

8.3 부분적분

부분적분은 피적분함수가 두 함수의 곱으로 주어진 경우에 시도해볼 수 있는 적분방법이다. 그 원리는 두함수의 곱으로 정의된 함수의 도함수를 구하는 공식에 있다.

미분가능한 두 함수 $f(x)$와 $g(x)$에 대하여

$$\frac{d}{dx}\{f(x)g(x)\}=f(x)g'(x)+f'(x)g(x)$$

이므로,

$$f(x)g'(x)=\frac{d}{dx}\{f(x)g(x)\}-g(x)f'(x)$$

이다. 따라서 양변의 부정적분을 취하면

$$\int f(x)g'(x)dx=f(x)g(x)-\int g(x)f'(x)dx$$

이다.

$f(x)=u$, $g(x)=v$라 하면 $du=f'(x)dx$, $dv=g'(x)dx$이므로 위 등식은 다음과 같이 나타낼 수 있다.

$$\int u\,dv=uv-\int v\,du$$

이 공식은 $u\,dv$를 적분하는 문제를 $v\,du$를 적분하는 문제로 전환하는 것이다. 적분을 구할 수 있는가의 여부는 u와 v의 적절한 선택에 따른다.

정적분에서의 부분적분은 다음과 같다.

$$\int_a^b f(x)g'(x)dx=[f(x)g(x)]_a^b-\int_a^b f'(x)g(x)dx$$

예제 8.3.1

다음 적분을 구하라.

(1) $\int x\cos x\,dx$　　(2) $\int x\,e^x\,dx$

(3) $\int \ln x\,dx$　　(4) $\int \sin^{-1}x\,dx$

(5) $\int_1^2 x\ln x\,dx$

풀이 (1) $x=u$, $\cos x\,dx=dv$이라 하면 $du=dx$, $v=\sin x$ 이므로

$$\int x\cos x\,dx = x\sin x - \int \sin x\,dx = x\sin x + \cos x + C$$

(2) $x=u$, $e^x\,dx=dv$이라 하면 $du=dx$, $v=e^x$ 이므로

$$\int xe^x\,dx = x\,e^x - \int e^x\,dx = x\,e^x - e^x + C$$

(3) $\ln x=u$, $dx=dv$이라 하면 $du=\frac{1}{x}dx$, $v=x$ 이므로

$$\int \ln x\,dx = x\ln x - \int x\frac{1}{x}\,dx = x\ln x - \int dx = x\ln x - x + C$$

(4) $\sin^{-1}x=u$, $dx=dv$이라 하면 $du=\frac{1}{\sqrt{1-x^2}}dx$, $v=x$ 이므로

$$\int \sin^{-1}x\,dx = x\sin^{-1}x - \int \frac{x}{\sqrt{1-x^2}}\,dx$$

이고, $\int \frac{x}{\sqrt{1-x^2}}\,dx$ 은 치환적분을 이용한다. $t=1-x^2$이라 하면 $dt=-2x\,dx$ 이므로

$$\int \frac{x}{\sqrt{1-x^2}}\,dx = \int \frac{x}{\sqrt{t}}\frac{dt}{-2x} = -\frac{1}{2}\int t^{-1/2}dt = -\sqrt{t}+C$$

$$= -\sqrt{1-x^2}+C$$

따라서

$$\int \sin^{-1}x\,dx = x\sin^{-1}x + \sqrt{1-x^2} + C \text{ 이다.}$$

(5) $\ln x=u$, $x\,dx=dv$이라 하면 $du=\frac{1}{x}dx$, $v=\frac{1}{2}x^2$ 이므로

$$\int_1^2 x\ln x dx = \left[\frac{1}{2}x^2\ln x\right]_1^2 - \int_1^2 \frac{1}{2}x^2\frac{1}{x}dx = 2\ln^2 - \frac{1}{2}\int_1^2 x dx$$

$$= 2\ln 2 - \frac{1}{4}[x^2]_1^2 = 2\ln 2 - \frac{3}{4}$$

■

예제 8.3.2

다음 적분을 구하라.

(1) $\int x^2 \sin x\, dx$　　(2) $\int x^2 e^x\, dx$

(3) $\int e^x \sin x\, dx$

풀이 (1) $x^2 = u$, $\sin x\, dx = dv$이라 하면 $du = 2x\, dx$, $v = -\cos x$이므로

$$\int x^2 \sin x\, dx = -x^2 \cos x + 2\int x \cos x\, dx$$

이다. $\int x \cos x\, dx$ 에 부분적분을 다시 적용하면

$$\int x \cos x dx = x \sin x - \int \sin x dx = x \sin x + \cos x + C$$

이므로

$$\int x^2 \sin x\, dx = -x^2 \cos x + 2(x \sin x + \cos x) + C$$

(2) $x^2 = u$, $e^x\, dx = dv$이라 하면 $du = 2x\, dx$, $v = e^x$ 이므로

$$\int x^2 e^x\, dx = x^2 e^x - 2\int x e^x\, dx$$

이다. $\int x e^x\, dx$ 에 부분적분을 다시 적용하면

$$\int x e^x\, dx = xe^x - \int e^x dx = xe^x - e^x + C$$

이므로

$$\int x^2 e^x\, dx = x^2 e^x - 2(x e^x - e^x) + C$$

(3) $e^x = u$, $\sin x\, dx = dv$이라 하면 $du = e^x\, dx$, $v = -\cos x$ 이므로

$$\int e^x \sin x\, dx = -e^x \cos x + \int e^x \cos x\, dx$$

이다. $\int e^x \cos x\, dx$ 에서 다시

$e^x = u$, $\cos x\, dx = dv$이라 하면 $du = e^x\, dx$, $v = \sin x$ 이므로

$$\int e^x \cos x\, dx = e^x \sin x - \int e^x \sin x\, dx$$

이다. 이것을 처음 적분 결과에 대입하면

$$\int e^x \sin x\, dx = -e^x \cos x + e^x \sin x - \int e^x \sin x\, dx$$

이고 따라서

$$2\int e^x \sin x\,dx = e^x(\sin x - \cos x) + C$$

즉,

$$\int e^x \sin x\,dx = \frac{1}{2}e^x(\sin x - \cos x) + K$$

■

8.3 연습문제

1. 다음 적분을 구하라.

(1) $\int \tan^{-1} x\,dx$

(2) $\int e^x \cos x\,dx$

(3) $\int_0^{\pi/2} x\cos x\,dx$

(4) $\int_1^{10} \ln x\,dx$

(5) $\int x^2 \ln x\,dx$

(6) $\int_0^1 x\sin 2x\,dx$

(7) $\int e^x \sin 4x\,dx$

(8) $\int_0^{\pi} 2x\cos x\,dx$

8.4 유리함수의 적분

유리함수는 다항함수, 분수함수 또는 다항함수와 분수함수의 합으로 정의된다. 분수함수는 두 다항식의 분수 형태로, 분모가 1차 이상의 다항식으로 정의된 함수이다. 이 절에서는 피적분 함수가 분수함수일 때의 적분법에 대하여 알아보자.

진분수함수는 분자의 차수가 분모의 차수보다 작은 분수함수이다. 진분수함수가 아닌 분수함수는 항상 다항식과 진분수함수의 합으로 나타낼 수 있다. 예를 들면 분수함수 $\frac{x^3+x}{x-1}$는 $x^2+x+2+\frac{2}{x-1}$와 같다. 그러므로 이 분수함수의 적분은 다항함수와 진분수함수의 적분의 합으로 계산하면 된다.

따라서 여기서는 진분수함수를 적분하는 문제를 주로 다룬다. 어떤 함수는 간단한 분수들의 합으로 분해하여 적분할 수 있다.

예제 8.4.1

다음 적분을 구하라.

(1) $\displaystyle\int \frac{x^3+x}{x-1}\,dx$ (2) $\displaystyle\int \frac{3x-1}{x^2-x-6}\,dx$

(3) $\displaystyle\int \frac{x^2+2x-1}{2x^3+3x^2-2x}\,dx$ (4) $\displaystyle\int \frac{5}{x(x-2)^2}\,dx$

(5) $\displaystyle\int \frac{2x^2-x+4}{x^3+4x}\,dx$ (6) $\displaystyle\int \frac{6x^2-15x+22}{(x+3)(x^2+2)^2}\,dx$

풀이 (1) $\dfrac{x^3+x}{x-1}=x^2+x+2+\dfrac{2}{x-1}$ 이므로

$$\int \frac{x^3+x}{x-1}\,dx=\int\left(x^2+x+2+\frac{2}{x-1}\right)dx=\int(x^2+x+2)dx+2\int\frac{1}{x-1}dx$$

$$=\frac{1}{3}x^3+\frac{1}{2}x^2+2x+2\ln|x-1|+C$$

(2) $\dfrac{3x-1}{x^2-x-6}=\dfrac{3x-1}{(x+2)(x-3)}=\dfrac{A}{x+2}+\dfrac{B}{x-3}$ (A, B는 상수)의 꼴로 분해될 수 있다.

A와 B에 대하여 풀기 위하여 양변에 $(x+2)(x-3)$을 곱하면

$$3x-1=A(x+3)+B(x+2)=(A+B)x+(-3A+2B)$$

가 된다. 따라서

$$A+B=3,\ -3A+2B=-1$$

이다. A와 B에 대하여 연립방정식을 풀면 $A=\dfrac{7}{5}$, $B=\dfrac{8}{5}$ 이다. 그러므로

$$\frac{3x-1}{x^2-x-6}=\frac{3x-1}{(x+2)(x-3)}=\frac{7}{5}\frac{1}{x+2}+\frac{8}{5}\frac{1}{x-3}$$

이고

$$\int\frac{3x-1}{x^2-x-6}\,dx=\frac{7}{5}\int\frac{1}{x+2}\,dx+\frac{8}{5}\int\frac{1}{x-3}\,dx$$

$$=\frac{7}{5}\ln|x+2|+\frac{8}{5}\ln|x-3|+C$$

(3) $\dfrac{x^2+2x-1}{2x^3+3x^2-2x}=\dfrac{x^2+2x-1}{x(2x-1)(x+2)}=\dfrac{A}{x}+\dfrac{B}{2x-1}+\dfrac{C}{x+2}$ 의 꼴로 분해될 수 있

다. A, B와 C에 대하여 풀기 위하여 양변에 $x(2x-1)(x+2)$을 곱하면

$$x^2+2x-1 = A(2x-1)(x+2)+Bx(x+2)+Cx(2x-1)$$
$$= (2A+B+2C)x^2+(3A+2B-C)x-2A$$

가 된다. 따라서

$$2A+B+2C=1,\ 3A+2B-C=2,\ 2A=1$$

이다. A, B와 C에 대하여 연립방정식을 풀면 $A=\frac{1}{2}, B=\frac{1}{5}, C=-\frac{1}{10}$이다. 그러므로

$$\frac{x^2+2x-1}{2x^3+3x^2-2x}=\frac{x^2+2x-1}{x(2x-1)(x+2)}=\frac{1}{2}\frac{1}{x}+\frac{1}{5}\frac{1}{2x-1}-\frac{1}{10}\frac{1}{x+2}$$

이고

$$\int\frac{x^2+2x-1}{2x^3+3x^2-2x}dx=\frac{1}{2}\int\frac{1}{x}dx+\frac{1}{5}\int\frac{1}{2x-1}dx-\frac{1}{10}\int\frac{1}{x+2}dx$$
$$=\frac{1}{2}\ln|x|+\frac{1}{10}\ln|2x-1|-\frac{1}{10}\ln|x+2|+C$$

(4) $\frac{5}{x(x-2)^2}=\frac{A}{x}+\frac{B}{(x-2)}+\frac{C}{(x-2)^2}$의 꼴로 분해될 수 있다. A, B와 C에 대하여 풀기 위하여 양변에 $x(x-1)^2$을 곱하면

$$5=A(x-2)^2+Bx(x-2)+Cx=(A+B)x^2+(-4A-2B+C)x+4A$$

가 된다. 따라서

$$A+B=0,\ -4A-2B+C=0,\ 4A=5$$

이다. A, B와 C에 대하여 연립방정식을 풀면 $A=\frac{5}{4}, B=-\frac{5}{4}, C=\frac{5}{2}$이다. 그러므로

$$\frac{5}{x(x-2)^2}=\frac{5}{4}\frac{1}{x}-\frac{5}{4}\frac{1}{(x-2)}+\frac{5}{2}\frac{1}{(x-2)^2}$$

이고

$$\int\frac{5}{x(x-2)^2}dx=\frac{5}{4}\int\frac{1}{x}dx-\frac{5}{4}\int\frac{1}{x-2}dx+\frac{5}{2}\int\frac{1}{(x-2)^2}dx$$
$$=\frac{5}{4}\ln|x|-\frac{5}{4}\ln|x-2|-\frac{5}{2}\frac{1}{x-2}+C$$

(5) $\frac{2x^2-x+4}{x^3+4x}=\frac{2x^2-x+4}{x(x^2+4)}=\frac{A}{x}+\frac{Bx+C}{x^2+4}$의 꼴로 분해될 수 있다. A, B와 C에 대하여 풀기 위하여 양변에 $x(x^2+4)$을 곱하면

$$2x^2-x+4=A(x^2+4)+(Bx+C)x=(A+B)x^2+Cx+4A$$

가 된다. 따라서

$$A+B=2,\ \ C=-1,\ \ 4A=4$$

이다. A, B와 C에 대하여 연립방정식을 풀면 $A=1, B=1, C=-1$이다. 그러므로

$$\frac{2x^2-x+4}{x^3+4x}=\frac{1}{x}+\frac{x-1}{x^2+4}$$

이고

$$\begin{aligned}\int\frac{2x^2-x+4}{x^3+4x}dx &= \int\frac{1}{x}dx+\int\frac{x-1}{x^2+4}dx \\ &= \int\frac{1}{x}\,dx+\int\frac{x}{x^2+4}\,dx-\int\frac{1}{x^2+4}\,dx \\ &= \ln|x|+\frac{1}{2}\ln(x^2+4)-\frac{1}{2}\tan^{-1}\left(\frac{x}{2}\right)+C\end{aligned}$$

(6) $\dfrac{6x^2-15x+22}{(x+3)(x^2+2)^2}=\dfrac{A}{x+3}+\dfrac{Bx+C}{x^2+2}+\dfrac{Dx+E}{(x^2+2)^2}$ 의 꼴로 분해될 수 있다.

A, B, C, D와 E에 대하여 풀기 위하여 양변에 $(x+3)(x^2+2)^2$을 곱하면

$6x^2-15x+22=A(x^2+2)^2+(Bx+C)(x+3)(x^2+2)+(Dx+E)(x+3)$

가 된다. 우변을 정리해서 양변의 각 항의 계수를 비교하면

$$A+B=0,\ \ 3B+C=0,\ \ 4A+2B+3C+D=6,$$

$$6B+2C+3D+E=-15,\ \ 4A+6C+3E=22$$

이다. A, B, C, D와 E에 대하여 연립방정식을 풀면

$A=1, B=-1, C=3, D=-5, E=0$ 이다. 그러므로

$$\frac{6x^2-15x+22}{(x+3)(x^2+2)^2}=\frac{1}{x+3}+\frac{-x+3}{x^2+2}+\frac{-5x}{(x^2+2)^2}$$

이고

$$\begin{aligned}\int\frac{6x^2-15x+22}{(x+3)(x^2+2)^2}dx &= \int\frac{1}{x+3}dx+\int\frac{-x+3}{x^2+2}dx-5\int\frac{x}{(x^2+2)^2}\,dx \\ &= \int\frac{1}{x+3}\,dx-\int\frac{x}{x^2+2}\,dx+3\int\frac{1}{x^2+2}\,dx-5\int\frac{x}{(x^2+2)^2}\,dx \\ &= \ln|x+3|-\frac{1}{2}\ln(x^2+2)+\frac{3}{\sqrt{2}}\tan^{-1}\left(\frac{x}{\sqrt{2}}\right)+\frac{5}{2(x^2+2)}+C\end{aligned}$$

■

8.4 연습문제

1. 다음 적분을 구하라.

(1) $\displaystyle\int \frac{2}{x^2+2x}\,dx$

(2) $\displaystyle\int \frac{5x+3}{x^2-9}\,dx$

(3) $\displaystyle\int \frac{3x^3}{x^2+x-2}\,dx$

(4) $\displaystyle\int_0^1 \frac{x^3+2x^2-x+10}{x^2-x-6}\,dx$

(5) $\displaystyle\int \frac{x^3-4x}{(x^2+1)^2}\,dx$

(6) $\displaystyle\int \frac{x+1}{(x-3)^2}\,dx$

(7) $\displaystyle\int \frac{2x^2+x-8}{x^3+4x}\,dx$

(8) $\displaystyle\int_0^1 \frac{dx}{(x+1)(x^2+1)}$

제 09 장 부정형 극한과 특이적분

두 함수의 극한이 존재할 때 통상적인 방법으로 구해지지 않는 경우가 있다. 그 극한을 계산하는 방법을 몇 가지로 나누어 알아보자. 그리고 적분구간 또는 피적분함수가 유계가 아닌 적분을 정의하고 계산법을 알아보자.

9.1 부정형 극한

$\lim_{x\to a}$, $\lim_{x\to\infty}$, $\lim_{x\to-\infty}$ 일 때 $f(x)$와 $g(x)$의 극한이 0, 1, $\pm\infty$가 되어서 $\dfrac{f(x)}{g(x)}$, $f(x)g(x)$, $f(x)\pm g(x)$, $\{f(x)\}^{g(x)}$의 극한이 $\dfrac{0}{0}$, $\dfrac{\infty}{\infty}$, $0\cdot\infty$, $\infty-\infty$, 1^{∞}, 0^0, ∞^0의 꼴이 될 때가 있다. 이러한 꼴을 부정형이라 한다. 이러한 부정형의 극한은 L'Hopital 법칙을 적용하여 구할 수 있다.

정리 9.1.1 L'Hopital 법칙 1

$\lim_{x\to a}\dfrac{f(x)}{g(x)}$에서 $\lim_{x\to a}f(x)=0$, $\lim_{x\to a}g(x)=0$일 때, a를 포함하는 어떤 구간에서 f와 g가 미분가능하고 $\lim_{x\to a}\dfrac{f'(x)}{g'(x)}$가 존재하면 $\lim_{x\to a}\dfrac{f(x)}{g(x)}=\lim_{x\to a}\dfrac{f'(x)}{g'(x)}$이다.

예제 9.1.1

다음 극한값을 구하라.

(1) $\lim_{x \to 3} \frac{x^2 - 9}{x^2 - x - 6}$

(2) $\lim_{x \to -1} \frac{x^2 + 5x + 4}{x^2 - 4x - 5}$

(3) $\lim_{x \to 0} \frac{\sin x}{x}$

(4) $\lim_{x \to 0} \frac{\tan x}{x}$

(5) $\lim_{x \to 0} \frac{\cos x - 1}{x}$

(6) $\lim_{x \to 0} \frac{e^x - e^{-x}}{\sin x}$

(7) $\lim_{x \to 0} \frac{1 - \cos x}{x^2 + 3x}$

(8) $\lim_{x \to 0} \frac{\sin x - x}{x^3}$

풀이 (1) $\lim_{x \to 3} \frac{x^2 - 9}{x^2 - x - 6} = \lim_{x \to 3} \frac{(x^2 - 9)'}{(x^2 - x - 6)'} = \lim_{x \to 3} \frac{2x}{2x - 1} = \frac{6}{5}$

(2) $\lim_{x \to -1} \frac{x^2 + 5x + 4}{x^2 - 4x - 5} = \lim_{x \to -1} \frac{(x^2 + 5x + 4)'}{(x^2 - 4x - 5)'} = \lim_{x \to -1} \frac{2x + 5}{2x - 4} = -\frac{1}{2}$

(3) $\lim_{x \to 0} \frac{\sin x}{x} = \lim_{x \to 0} \frac{\cos x}{1} = 1$

(4) $\lim_{x \to 0} \frac{\tan x}{x} = \lim_{x \to 0} \frac{\sec^2 x}{1} = 1$

(5) $\lim_{x \to 0} \frac{\cos x - 1}{x} = \lim_{x \to 0} \frac{-\sin x}{1} = 0$

(6) $\lim_{x \to 0} \frac{e^x - e^{-x}}{\sin x} = \lim_{x \to 0} \frac{e^x + e^{-x}}{\cos x} = \frac{1+1}{1} = 2$

(7) $\lim_{x \to 0} \frac{1 - \cos x}{x^2 + 3x} = \lim_{x \to 0} \frac{\sin x}{2x + 3} = 0$

(8) L'Hopital 법칙을 계속해서 세 번 적용한다.

$$\lim_{x \to 0} \frac{\sin x - x}{x^3} = \lim_{x \to 0} \frac{\cos x - 1}{3x^2} = \lim_{x \to 0} \frac{-\sin x}{6x} = \lim_{x \to 0} \frac{-\cos x}{6} = -\frac{1}{6}$$

■

정리 9.1.2 L'Hopital 법칙 2

$f(x)$와 $g(x)$가 미분가능이고, $\lim_{x\to a}$, $\lim_{x\to\infty}$, $\lim_{x\to-\infty}$ 을 $\lim$로 나타내자. $\lim|f(x)|=\infty$, $\lim|g(x)|=\infty$일 때 $\lim\frac{f'(x)}{g'(x)}$가 존재하면 $\lim\frac{f(x)}{g(x)}=\lim\frac{f'(x)}{g'(x)}$이다.

예제 9.1.2

다음 극한값을 구하라.

(1) $\lim_{x\to\infty}\frac{x}{x^2+1}$ (2) $\lim_{x\to-\infty}\frac{2x^2-x+5}{5x^2+6x-1}$

(3) $\lim_{x\to\infty}\frac{x}{e^x}$ (4) $\lim_{x\to\infty}\frac{\ln x}{x^2}$

풀이

(1) $\lim_{x\to\infty}\frac{x}{x^2+1}=\lim_{x\to\infty}\frac{1}{2x}=0$

(2) $\lim_{x\to-\infty}\frac{2x^2-x+5}{5x^2+6x-1}=\lim_{x\to\infty}\frac{4x-1}{10x+6}=\lim_{x\to\infty}\frac{4}{10}=\frac{2}{5}$

(3) $\lim_{x\to\infty}\frac{x}{e^x}=\lim_{x\to\infty}\frac{1}{e^x}=0$

(4) $\lim_{x\to\infty}\frac{\ln x}{x^2}=\lim_{x\to\infty}\frac{\frac{1}{x}}{2x}=\lim_{x\to\infty}\frac{1}{2x^2}=0$

■

예제 9.1.3

다음 극한값을 구하라.

(1) $\lim_{x\to0^+}\sin(3x)\cot(2x)$ (2) $\lim_{x\to0^+}(\csc x-\cot x)$

(3) $\lim_{x\to0}(1-\sin x)^{1/x}$ (4) $\lim_{x\to0^+}x^x$

(5) $\lim_{x\to\infty}x^{1/x}$

풀이 (1) $0\cdot\infty$꼴이므로 $\frac{0}{0}$꼴로 바꾸어 구한다.

$$\lim_{x\to0^+}\sin(3x)\cot(2x)=\lim_{x\to0^+}\frac{\sin 3x}{\tan 2x}=\lim_{x\to0^+}\frac{3\cos 3x}{2\sec^2 2x}=\frac{3}{2}$$

(2) $\infty - \infty$ 꼴이므로 $\dfrac{0}{0}$ 꼴로 바꾸어 구한다.

$$\lim_{x \to 0^+} (\csc x - \cot x) = \lim_{x \to 0^+} \left(\frac{1}{\sin x} - \frac{\cos x}{\sin x} \right) = \lim_{x \to 0^+} \frac{1 - \cos x}{\sin x} = \lim_{x \to 0^+} \frac{\sin x}{\cos x} = 0$$

(3) 이것은 1^∞ 꼴인 부정형이다. $y = (1 - \sin x)^{1/x}$ 라 하면

$$\ln y = \frac{1}{x} \ln(1 - \sin x) = \frac{\ln(1 - \sin x)}{x}$$

이므로 $\dfrac{0}{0}$ 꼴이 된다. 따라서

$$\lim_{x \to 0} \ln y = \lim_{x \to 0} \frac{\ln(1 - \sin x)}{x} = \lim_{x \to 0} \frac{\dfrac{-\cos x}{1 - \sin x}}{1} = \lim_{x \to 0} \frac{-\cos x}{1 - \sin x} = -1$$

그러므로 $\displaystyle\lim_{x \to 0} (1 - \sin x)^{1/x} = \lim_{x \to 0} \exp(\ln y) = \exp\left(\lim_{x \to 0} \ln y \right) = \exp(-1) = \frac{1}{e}$

(4) 이것은 0^0 꼴인 부정형이다. $y = x^x$ 라 하면

$$\ln y = x \ln x = \frac{\ln x}{\dfrac{1}{x}}$$

이므로 $-\dfrac{\infty}{\infty}$ 꼴이 된다. 따라서

$$\lim_{x \to 0^+} \ln y = \lim_{x \to 0^+} \frac{\ln x}{\dfrac{1}{x}} = \lim_{x \to 0^+} \frac{\dfrac{1}{x}}{-\dfrac{1}{x^2}} = \lim_{x \to 0^+} (-x) = 0$$

그러므로 $\displaystyle\lim_{x \to 0^+} x^x = \lim_{x \to 0^+} \exp(\ln y) = \exp\left(\lim_{x \to 0^+} \ln y \right) = \exp 0 = 1$

(5) 이것은 ∞^0 꼴인 부정형이다. $y = x^{1/x}$ 이라 하면

$$\ln y = \frac{1}{x} \ln x = \frac{\ln x}{x}$$

이므로 $\dfrac{\infty}{\infty}$ 꼴이 된다. 따라서

$$\lim_{x \to \infty} \ln y = \lim_{x \to \infty} \frac{\ln x}{x} = \lim_{x \to \infty} \frac{\dfrac{1}{x}}{1} = \lim_{x \to \infty} \frac{1}{x} = 0$$

그러므로 $\displaystyle\lim_{x \to \infty} x^{1/x} = \lim_{x \to \infty} \exp(\ln y) = \exp\left(\lim_{x \to \infty} \ln y \right) = \exp 0 = 1$ ■

9.1 연습문제

1. 다음 극한값을 구하라.

(1) $\lim_{x \to 0} \dfrac{\sqrt{4+x} - \sqrt{4-x}}{x}$

(2) $\lim_{x \to 0} \dfrac{\tan x - x}{x - \sin x}$

(3) $\lim_{x \to 0} \dfrac{e^x - \cos x}{x \sin x}$

(4) $\lim_{x \to 0} \dfrac{e^{2x^2} - 1}{\sin^2 x}$

(5) $\lim_{x \to \infty} \dfrac{x}{\sqrt{2+x^2}}$

(6) $\lim_{x \to \left(\frac{\pi}{2}\right)^-} \dfrac{\sec x + 1}{\tan x}$

(7) $\lim_{x \to \infty} \dfrac{\ln(\ln x)}{\ln x}$

(8) $\lim_{x \to \infty} \dfrac{(\ln x)^2}{x}$

(9) $\lim_{x \to 0} \left(\csc x - \dfrac{1}{x}\right)$

(10) $\lim_{x \to 0} (\cos x)^{1/x}$

(11) $\lim_{x \to 0^+} x^{\sin x}$

(12) $\lim_{x \to 0} (2x \ln x^2)$

(13) $\lim_{x \to 0^+} (\sin x)^x$

(14) $\lim_{x \to 0^+} (x+1)^{\cot x}$

(15) $\lim_{x \to \pi/2^-} (\tan x)^{\cos x}$

(16) $\lim_{x \to 0} \left(\dfrac{1}{x}\right)^{\sin x}$

9.2 특이적분

정적분은 피적분함수가 유한구간 $[a, b]$에서 유계일 때 정의할 수 있었다. 이 정적분의 개념을 확장하여 무한구간에서 또는 유한구간에서 유계가 아닌 함수에 대해서도 정의할 수 있는데, 이것을 **특이적분**이라 한다.

먼저, 무한구간에서의 특이적분은 다음과 같이 세 가지가 있다.

(1) $\displaystyle\int_a^{\infty} f(x)dx$ (2) $\displaystyle\int_{-\infty}^{b} f(x)dx$ (3) $\displaystyle\int_{-\infty}^{\infty} f(x)dx$

정의

무한구간에서의 특이적분

(1) 특이적분 $\int_a^\infty f(x)\,dx$

$t \ge a$인 임의의 실수 t에 대하여 구간 $[a,\ t]$에서 f가 적분가능하고 극한 $\lim_{t\to\infty}\int_a^t f(x)dx$이 존재할 때 이 특이적분은 **수렴한다**고 하며, 그 극한값을 특이적분의 값으로 정의한다. 즉,

$\int_a^\infty f(x)\,dx = \lim_{t\to\infty}\int_a^t f(x)dx$로 정의한다.

(2) 특이적분 $\int_{-\infty}^b f(x)\,dx$

$s \le b$인 임의의 실수 s에 대하여 구간 $[s,\ b]$에서 f가 적분가능하고 극한 $\lim_{s\to-\infty}\int_s^b f(x)dx$이 존재할 때 이 특이적분은 수렴한다고 하며, 그 극한값을 특이적분의 값으로 정의한다. 즉,

$\int_{-\infty}^b f(x)\,dx = \lim_{s\to-\infty}\int_s^b f(x)dx$로 정의한다.

(3) 특이적분 $\int_{-\infty}^\infty f(x)\,dx$

임의의 상수 a에 대하여 두 특이적분 $\int_{-\infty}^a f(x)\,dx$와 $\int_a^\infty f(x)\,dx$이 모두 수렴할 때, 이 특이적분은 수렴한다고 하고 $\int_{-\infty}^\infty f(x)\,dx = \int_{-\infty}^a f(x)\,dx + \int_a^\infty f(x)\,dx$로 정의한다.

특이적분이 수렴하지 않을 때 **발산한다**고 한다.

예제 9.2.1

다음 특이적분을 구하라.

(1) $\int_0^{\infty} e^{-x}\,dx$

(2) $\int_{-\infty}^{\infty} \frac{1}{1+x^2}\,dx$

(3) $\int_0^{\infty} \sin x\,dx$

(4) $\int_1^{\infty} \frac{1}{x}\,dx$

(5) $\int_1^{\infty} \frac{1}{x^2}\,dx$

(6) $\int_1^{\infty} \frac{1}{\sqrt{x}}\,dx$

(7) $\int_{-\infty}^{-1} x\,e^{-x^2}\,dx$

풀이 (1) $\int_0^{\infty} e^{-x}\,dx = \lim_{b\to\infty}\int_0^{b} e^{-x}\,dx = \lim_{b\to\infty}\left[-e^{-x}\right]_0^b = \lim_{b\to\infty}(1-e^{-b}) = 1$

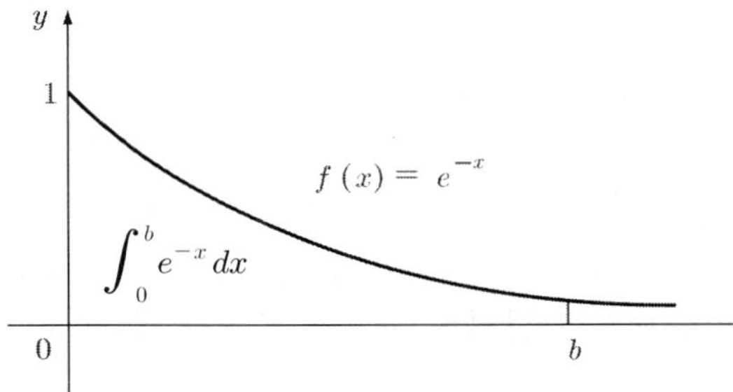

(2) $f(x) = \frac{1}{1+x^2}$ 는 짝함수이므로

$$\int_{-\infty}^{\infty} \frac{1}{1+x^2}\,dx = 2\int_0^{\infty} \frac{1}{1+x^2}\,dx = 2\lim_{b\to\infty}\int_0^{b} \frac{1}{1+x^2}\,dx$$

$$= 2\lim_{b\to\infty}\left[\tan^{-1}x\right]_0^b = 2\lim_{b\to\infty}\tan^{-1}b = \pi$$

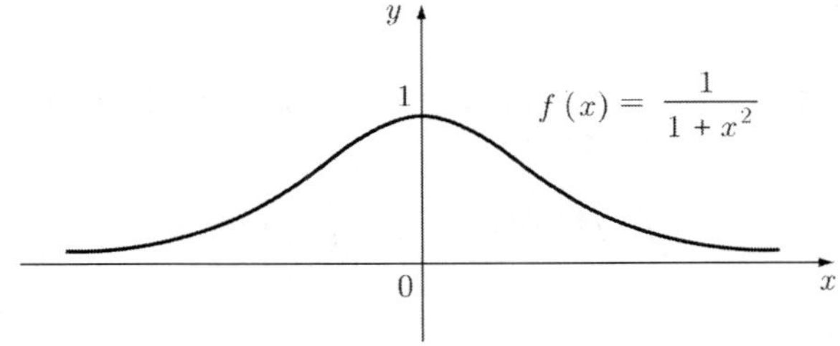

(3) $\int_0^{b} \sin x\,dx = \left[-\cos x\right]_0^b = (1-\cos b)$ 이므로 극한 $\lim_{b\to\infty}\int_0^{b} \sin x dx$ 가 존재하지 않는

다. 따라서 특이적분 $\int_0^{\infty} \sin x dx$ 는 발산한다.

(4) $\int_1^{\infty} \frac{1}{x} dx = \lim_{b\to\infty} \int_1^b \frac{1}{x} dx = \lim_{b\to\infty} [\ln x]_1^b = \lim_{b\to\infty} \ln b = \infty$

(5) $\int_1^{\infty} \frac{1}{x^2} dx = \lim_{b\to\infty} \int_1^b \frac{1}{x^2} dx = \lim_{b\to\infty} \left[-\frac{1}{x}\right]_1^b = \lim_{b\to\infty} \left(1 - \frac{1}{b}\right) = 1$

(6) $\int_1^{\infty} \frac{1}{\sqrt{x}} dx = \lim_{b\to\infty} \int_1^b \frac{1}{\sqrt{x}} dx = \lim_{b\to\infty} [2\sqrt{x}]_1^b = \lim_{b\to\infty} (2\sqrt{b} - 2) = \infty$

(7) $u = -x^2$ 이라 하면 $xdx = -\frac{1}{2}du$ 이고 $x = a$ 이면 $u = -a^2$, $x = -1$ 이면 $u = -1$ 이므로

$$\int_a^{-1} x e^{-x^2} dx = \int_{-a^2}^{-1} e^u \left(-\frac{1}{2}\right) du = \int_{-1}^{-a^2} \frac{e^u}{2} du = \left[\frac{e^u}{2}\right]_{-1}^{-a^2} = \frac{1}{2e^{a^2}} - \frac{1}{2e}$$

따라서

$$\int_{-\infty}^{-1} x e^{x^2} dx = \lim_{a\to-\infty} \int_a^{-1} x e^{-x^2} dx = \lim_{a\to-\infty} \left(\frac{1}{2e^{a^2}} - \frac{1}{2e}\right) = -\frac{1}{2e}$$

■

이번에는 유한구간에서 유계가 아닌 함수의 특이적분을 정의한다.

정의

유한구간에서 유계가 아닌 함수의 특이적분

(1) $f(x)$ 가 $[a, b)$ 에서 연속이고 $\lim_{x\to b^-} |f(x)| = \infty$ 일 때, 극한 $\lim_{t\to b^-} \int_a^t f(x) dx$ 이 존재하면

$$\int_a^b f(x) dx = \lim_{t\to b^-} \int_a^t f(x) dx$$

으로 정의한다.

(2) $f(x)$ 가 $(a, b]$ 에서 연속이고 $\lim_{x\to a^+} |f(x)| = \infty$ 일 때, 극한 $\lim_{s\to a^+} \int_s^b f(x) dx$ 이 존재하면

$$\int_a^b f(x) dx = \lim_{s\to a^+} \int_s^b f(x) dx$$

으로 정의한다.

(1), (2)에서 극한이 존재하면 특이적분은 수렴한다고 한다. 그렇지 않으면 발산한다고 한다.

(3) $a < c < b$이고 $\lim_{x \to c^-} |f(x)| = \infty$ 이거나 $\lim_{x \to c^+} |f(x)| = \infty$ 일 때에는

$$\int_a^b f(x)dx = \int_a^c f(x)dx + \int_c^b f(x)dx$$

로 정의한다.

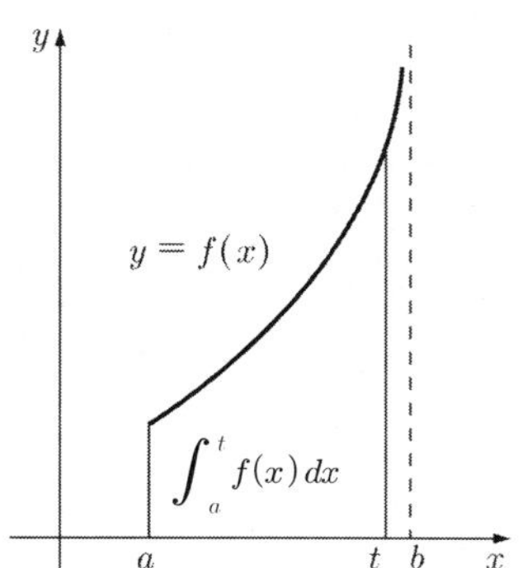

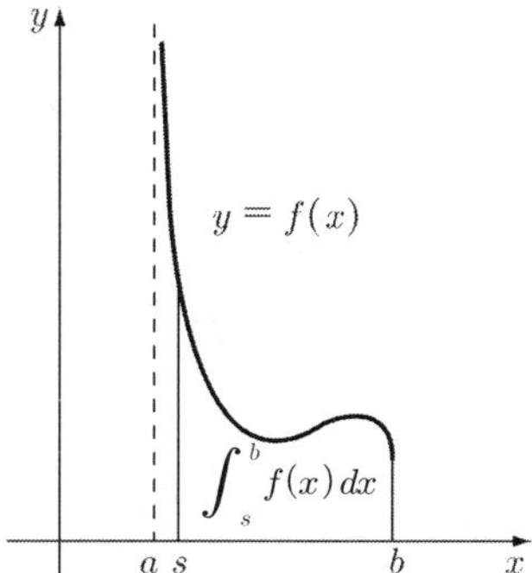

예제 9.2.2

다음을 구하라.

(1) $\displaystyle\int_0^2 \frac{dx}{\sqrt{4-x^2}}$

(2) $\displaystyle\int_0^1 \frac{1}{\sqrt{x}}\,dx$

(3) $\displaystyle\int_0^1 \ln x\,dx$

(4) $\displaystyle\int_0^1 \frac{1}{x}\,dx$

(5) $\displaystyle\int_{-2}^1 \frac{1}{x^2}\,dx$

(6) $\displaystyle\int_0^3 \frac{1}{(x-1)^{2/3}}\,dx$

풀이 (1) $\displaystyle\int_0^2 \frac{dx}{\sqrt{4-x^2}} = \lim_{t \to 2^-} \int_0^t \frac{dx}{\sqrt{4-x^2}} = \lim_{t \to 2^-} \left[\sin^{-1}\frac{x}{2}\right]_0^t = \sin^{-1} 1 = \frac{\pi}{2}$

(2) $\displaystyle\int_0^1 \frac{dx}{\sqrt{x}} = \lim_{s \to 0^+} \int_s^1 \frac{dx}{\sqrt{x}} = \lim_{s \to 0^+} [2\sqrt{x}\,]_s^1 = \lim_{s \to 0^+} (2 - 2\sqrt{s}\,) = 2$

(3) $\displaystyle\int_0^1 \ln x\,dx = \lim_{s \to 0^+} \int_s^1 \ln x\,dx = \lim_{s \to 0^+} [x \ln x - x]_s^1 = \lim_{s \to 0^+} (-1 - s\ln s + s) = -1$

(4) $\displaystyle\int_0^1 \frac{dx}{x} = \lim_{s \to 0^+} \int_s^1 \frac{dx}{x} = \lim_{s \to 0^+} [\ln x]_s^1 = \lim_{s \to 0^+} (-\ln s) = \infty$

(5) $\displaystyle\int_{-2}^1 \frac{dx}{x^2} = \int_{-2}^0 \frac{dx}{x^2} + \int_0^1 \frac{dx}{x^2} = \lim_{t \to 0^-} \int_{-2}^t \frac{dx}{x^2} + \lim_{s \to 0^+} \int_s^1 \frac{dx}{x^2}$

$$= \lim_{t \to 0^-} \left[-\frac{1}{x} \right]_{-2}^{t} + \lim_{s \to 0^+} \left[-\frac{1}{x} \right]_{s}^{1} = \lim_{t \to 0^-} \left(-\frac{1}{t} - \frac{1}{2} \right) + \lim_{s \to 0^+} \left(-1 + \frac{1}{s} \right) = \infty$$

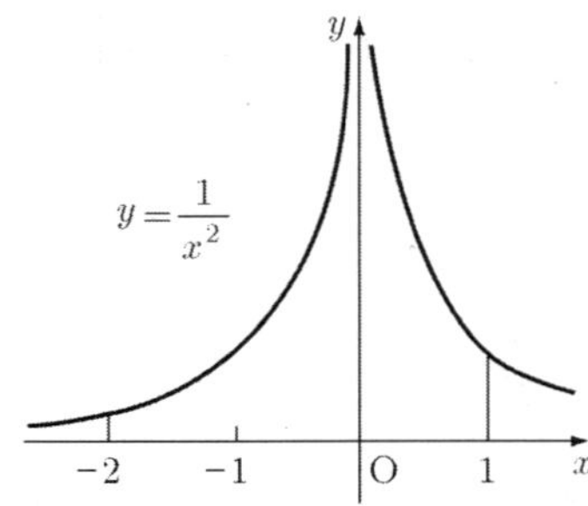

(6) $$\int_0^3 \frac{dx}{(x-1)^{2/3}} = \int_0^1 \frac{dx}{(x-1)^{2/3}} + \int_1^3 \frac{dx}{(x-1)^{2/3}}$$

$$= \lim_{t \to 1^-} \int_0^t \frac{dx}{(x-1)^{2/3}} + \lim_{s \to 1^+} \int_s^3 \frac{dx}{(x-1)^{2/3}}$$

$$= \lim_{t \to 1^-} \left[3(x-1)^{1/3} \right]_0^t + \lim_{s \to 1^+} \left[3(x-1)^{1/3} \right]_s^3$$

$$= 3\lim_{t \to 1^-} \left((t-1)^{1/3} + 1 \right) + 3\lim_{s \to 1^+} \left(\sqrt[3]{2} - (s-1)^{1/3} \right) = 3 + 3\sqrt[3]{2}$$

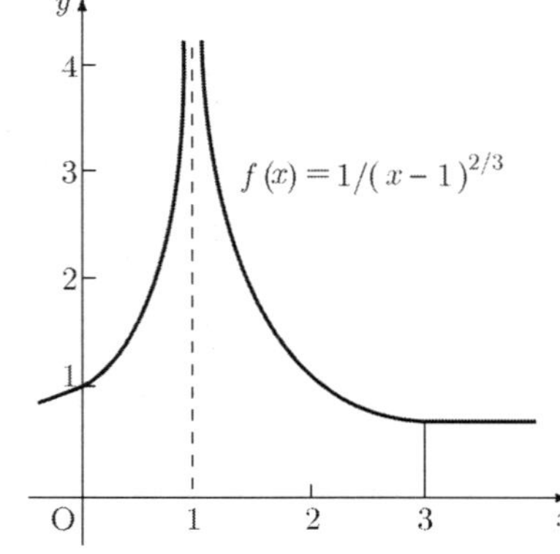

■

9.2 연습문제

1. 다음을 구하라.

(1) $\displaystyle\int_1^\infty \frac{dx}{x^3}$

(2) $\displaystyle\int_{-\infty}^\infty x e^{-x^2} dx$

(3) $\displaystyle\int_0^\infty \cos x\,dx$

(4) $\displaystyle\int_0^\infty \frac{5}{2x+3}\,dx$

(5) $\displaystyle\int_1^\infty \frac{\ln x}{x}\,dx$

(6) $\displaystyle\int_1^\infty \frac{dx}{1+\ln x}$

(7) $\displaystyle\int_0^1 \frac{dx}{\sqrt[3]{x}}$

(8) $\displaystyle\int_0^1 \frac{dx}{\sqrt{1-x^2}}$

(9) $\displaystyle\int_{-3}^2 \frac{dx}{x^4}$

(10) $\displaystyle\int_0^1 \frac{\ln x}{x}\,dx$

(11) $\displaystyle\int_1^2 \frac{dx}{(x-1)^{1/3}}$

(12) $\displaystyle\int_0^2 \frac{dx}{(2x-1)^{2/3}}$

제 10 장 무한급수와 Taylor 급수

이 장에서는 무한급수에 대하여 알아보자. 거듭제곱급수와 Taylor 급수 및 Maclaurin 급수에 대하여 알아보고, 함수를 급수로 표현하는 방법 등을 공부하고자 한다. 함수의 급수 표현은 피적분함수의 역도함수를 구하기 힘든 경우 적분의 계산 및 여러 응용 분야에서 유용하게 쓰인다.

10.1 수열

지금까지 주로 실수구간에서 정의된 함수를 다루어 왔으나 자연수를 정의역으로 하는 함수를 생각하여 보자.

정의

자연수 $\mathbb{N}$ 을 정의역, 실수 $\mathbb{R}$ 을 치역으로 하는 함수

$$a : \mathbb{N} \to \mathbb{R}$$

을 **(실)수열(sequence)**이라 한다. 이때 각 자연수 n에 대한 함숫값 $a(n)$ 을 **제n항**이라 하고 a_n 으로 나타낸다. 수열은

$$a_1, a_2, a_3, \cdots, a_n, \cdots \quad \text{또는 } \{a_n\}$$

으로 나타낸다.

어떤 수열의 모든 항을 자연수 변수 n에 대한 식 $f(n)$으로 정의할 수 있을 때 $f(n)$을 **일반항**이라 한다.

예를 들어, 수열

$$1,\ 4,\ 9,\ 16,\ 25, \cdots$$

은 나열된 수의 규칙성으로부터 그 일반항을 n^2으로 추론할 수 있다. 따라서 이 수열은 $\{n^2\}$ 으로 나타낼 수 있다. 한편, 수열 $\{b_n\}$의 일반항이 $b_n = (-1)^n 2 + 1$ 이라면 이 수열은

$$-1,\ 3,\ -1,\ 3,\ -1, \cdots$$

로 나타낼 수 있다.

수열 $\{a_n\}$에서 n이 한없이 커지면 a_n의 값이 실수 L에 한없이 가까워질 때 이 수열은 L에 **수렴한다**고 하고, L을 수열 $\{a_n\}$의 **극한**이라 한다. 이것을

$$\lim_{n\to\infty} a_n = L$$

로 나타낸다. 수열이 수렴하는 실수가 없으면 **발산한다**고 한다.

수열 $\{a_n\}$이 모든 n에 대하여 $a_n = k$(k는 상수)인 상수수열이면 $\lim_{n\to\infty} a_n = k$이다.

일반적인 함수와 같이 수열에 대해서도 다음의 극한정리가 성립한다.

정리 10.1.1

두 수열 $\{a_n\}$과 $\{b_n\}$이 수렴하고 $\lim_{n\to\infty} a_n = A$, $\lim_{n\to\infty} b_n = B$이면 다음이 성립한다.

(1) $\lim_{n\to\infty} ka_n = kA$

(2) $\lim_{n\to\infty} (a_n \pm b_n) = A \pm B$

(3) $\lim_{n\to\infty} (a_n \cdot b_n) = AB$

(4) $B \neq 0$일 때 $\lim_{n\to\infty} \dfrac{a_n}{b_n} = \dfrac{A}{B}$

예제 10.1.1

다음 극한값을 구하라.

(1) $\lim_{n\to\infty} \dfrac{n+1}{n+2}$

(2) $\lim_{n\to\infty} \dfrac{n^2+2}{1+2+3+\cdots+n}$

(3) $\lim_{n\to\infty} \dfrac{3n^2}{7n^2+1}$

(4) $\lim_{n\to\infty} \dfrac{n^2}{2n+1}$

(5) $\lim_{n\to\infty} \left(\sqrt{n^2+n} - n\right)$

(6) $\lim_{n\to\infty} \dfrac{\ln n}{e^n}$

(7) $\lim_{n\to\infty} \dfrac{n^2}{2^n}$

(8) $\lim_{n\to\infty} (-1)^n \dfrac{n}{n+1}$

풀이 (1) $\lim_{n\to\infty}\frac{n+1}{n+2}=\lim_{n\to\infty}\frac{1+\frac{1}{n}}{1+\frac{2}{n}}=\frac{1+0}{1+0}=1$

(2) $\lim_{n\to\infty}\frac{n^2+2}{1+2+3+\cdots+n}=\lim_{n\to\infty}\frac{n^2+2}{\frac{n(n+1)}{2}}=\lim_{n\to\infty}\frac{2(n^2+2)}{n(n+1)}$

$$=2\lim_{n\to\infty}\frac{n^2+2}{n^2+n}=2\lim_{n\to\infty}\frac{1+\frac{2}{n^2}}{1+\frac{1}{n}}=2$$

(3) $\lim_{n\to\infty}\frac{3n^2}{7n^2+1}=\lim_{n\to\infty}\frac{3}{7+\frac{1}{n^2}}=\frac{3}{7}$

(4) $\lim_{n\to\infty}\frac{n^2}{2n+1}=\lim_{n\to\infty}\frac{n}{2+\frac{1}{n}}=\infty$

(5) $\lim_{n\to\infty}\left(\sqrt{n^2+n}-n\right)=\lim_{n\to\infty}\frac{\left(\sqrt{n^2+n}-n\right)\left(\sqrt{n^2+n}+n\right)}{\sqrt{n^2+n}+n}=\lim_{n\to\infty}\frac{n^2+n-n^2}{\sqrt{n^2+n}+n}$

$$=\lim_{n\to\infty}\frac{1}{\sqrt{1+\frac{1}{n}}+1}=\frac{1}{\sqrt{1+0}+1}=\frac{1}{2}$$

(6) $\lim_{x\to\infty}\ln x=\infty$, $\lim_{x\to\infty}e^x=\infty$ 이므로 L'Hopital 법칙을 적용하면

$$\lim_{x\to\infty}\frac{\ln x}{e^x}=\lim_{x\to\infty}\frac{\frac{1}{x}}{e^x}=0$$

따라서 $\lim_{n\to\infty}\frac{\ln n}{e^n}=0$ 이다.

(7) $\lim_{x\to\infty}x^2=\infty$, $\lim_{x\to\infty}2^x=\infty$ 이므로 L'Hopital 법칙을 적용하면

$$\lim_{x\to\infty}\frac{x^2}{2^x}=\lim_{x\to\infty}\frac{2x}{2^x\ln 2}=\lim_{x\to\infty}\frac{2}{2^x(\ln 2)^2}=0$$

따라서 $\lim_{n\to\infty}\frac{n^2}{2^n}=0$ 이다.

(8) $(-1)^n\frac{n}{n+1}=\begin{cases}1-\frac{1}{n+1}, & (n:\text{ 짝수})\\ -1+\frac{1}{n+1}, & (n:\text{ 홀수})\end{cases}$ 이므로 $n\to\infty$ 일 때 짝수항은 1에, 홀수항

은 −1에 각각 수렴한다. 따라서 이 수열은 발산한다.

■

모든 자연수 n에 대하여 $a_n \le b_n$를 만족시키는 두 수열 $\{a_n\}$과 $\{b_n\}$이 수렴한다면 $\lim_{n\to\infty} a_n \le \lim_{n\to\infty} b_n$이 성립한다.

정리 10.1.2 짜내기 정리

수열 $\{a_n\}$에 대하여 $b_n \le a_n \le c_n$ $(n=1, 2, 3, \cdots)$을 만족시키는 수열 $\{b_n\}$과 $\{c_n\}$이 존재해서 $\lim_{n\to\infty} b_n = L = \lim_{n\to\infty} c_n$이면 수열 $\{a_n\}$이 수렴하고 $\lim_{n\to\infty} a_n = L$이다.

예제 10.1.2

다음 극한값을 구하라.

(1) $\lim_{n\to\infty} \frac{1}{n} \sin \frac{n\pi}{2}$ (2) $\lim_{n\to\infty} \frac{n}{10^n}$

풀이 (1) $-1 \le \sin\frac{n\pi}{2} \le 1$이므로 $-\frac{1}{n} \le \frac{1}{n}\sin\frac{n\pi}{2} \le \frac{1}{n}$이고, $\lim_{n\to\infty}\left(-\frac{1}{n}\right) = 0 = \lim_{n\to\infty}\frac{1}{n}$이다. 따라서 $\lim_{n\to\infty}\frac{1}{n}\sin\frac{n\pi}{2} = 0$

(2) $n^2 < 10^n$이므로 $\frac{1}{10^n} < \frac{1}{n^2}$이다. 각 변에 n을 곱하면 $0 < \frac{n}{10^n} < \frac{1}{n}$이다. $\lim_{n\to\infty}\frac{1}{n} = 0$이므로 $\lim_{n\to\infty}\frac{n}{10^n} = 0$

■

실수 r에 대하여 수열 $\{r^n\}$의 수렴 발산은 r의 값에 따라 다음과 같이 결정된다.

(i) $-1 < r < 1$일 때 $\lim_{n\to\infty} r^n = 0$

(ii) $r = 1$일 때 $\lim_{n\to\infty} r^n = 1$

(iii) $r > 1$ 또는 $r \leq -1$일 때 발산

예제 10.1.3

다음 극한값을 구하라.

(1) $\lim_{n\to\infty} \dfrac{3^{n+1}}{3^n+1}$ (2) $\lim_{n\to\infty} \dfrac{3^n}{2^n+1}$

(3) $\lim_{n\to\infty} \dfrac{5^{n+1}+4^{n+1}}{5^n+4^n}$

풀이 (1) $\lim_{n\to\infty} \dfrac{3^{n+1}}{3^n+1} = \lim_{n\to\infty} \dfrac{3}{1+\left(\dfrac{1}{3}\right)^n}$ 이고 $\lim_{n\to\infty} \left(\dfrac{1}{3}\right)^n = 0$ 이므로

$$\lim_{n\to\infty} \frac{3^{n+1}}{3^n+1} = 3$$

(2) $\lim_{n\to\infty} \dfrac{3^n}{2^n+1} = \lim_{n\to\infty} \dfrac{\left(\dfrac{3}{2}\right)^n}{1+\left(\dfrac{1}{2}\right)^n} = \infty$

(3) $\lim_{n\to\infty} \dfrac{5^{n+1}+4^{n+1}}{5^n+4^n} = \lim_{n\to\infty} \dfrac{5+4\left(\dfrac{4}{5}\right)^n}{1+\left(\dfrac{4}{5}\right)^n}$ 이고 $\lim_{n\to\infty} \left(\dfrac{4}{5}\right)^n = 0$ 이므로

$$\lim_{n\to\infty} \frac{5^{n+1}+4^{n+1}}{5^n+4^n} = 5$$

■

10.1 연습문제

1. 다음 극한값을 구하라.

(1) $\lim_{n\to\infty} \dfrac{4n^2+1}{n^2-2n+3}$ (2) $\lim_{n\to\infty} (-1)^n \dfrac{n+2}{3n-1}$

(3) $\lim_{n\to\infty} (-1)^n \dfrac{n+2}{n^2+4}$ (4) $\lim_{n\to\infty} \left(\sqrt{n+2} - \sqrt{n-1}\right)$

(5) $\lim_{n\to\infty} n\sin\dfrac{1}{n}$ (6) $\lim_{n\to\infty} \dfrac{n}{2^n}$

(7) $\lim_{n\to\infty} \frac{1}{n}\cos\frac{n\pi}{2}$

(8) $\lim_{n\to\infty} 3\left(\frac{1}{5}\right)^n$

(9) $\lim_{n\to\infty} \frac{1}{2}\left(-\frac{1}{3}\right)^n$

10.2 무한급수

무한수열 $\{a_n\}$에 대하여 형식적 합

$$\sum_{n=1}^{\infty} a_n = a_1 + a_2 + a_3 + \cdots$$

의 꼴을 **무한급수**라 한다.

무한급수 $\sum_{n=1}^{\infty} a_n$에 대하여 '**부분합**'의 수열 $\{S_n\}$을 다음과 같이 정의한다.

(i) $n=1$일 때, $S_1 = a_1$

(ii) $n \geq 2$일 때, $S_n = S_{n-1} + a_n$

일반적으로 S_n을

$$S_n = a_1 + a_2 + a_3 + \cdots + a_n \text{ 또는 } S_n = \sum_{k=1}^{n} a_k$$

으로 나타낸다.

정의

무한급수 $\sum_{n=1}^{\infty} a_n$의 부분합 수열 $\{S_n\}$이 수렴할 때 이 급수는 **수렴한다**고 하고 $\{S_n\}$의 극한값을 무한급수의 **합**이라 한다.

이때 $\lim_{n\to\infty} S_n = S$이면 $\sum_{n=1}^{\infty} a_n = S$로 나타낸다.

$\{S_n\}$이 발산할 때 이 급수는 **발산한다**고 한다.

예제 10.2.1

다음 급수의 수렴, 발산을 조사하라.

(1) $\sum_{n=1}^{\infty} n$ (2) $\sum_{n=1}^{\infty} \frac{1}{n(n+1)}$

(3) $\sum_{n=1}^{\infty} (-1)^n$

풀이 (1) $\lim_{n\to\infty} S_n = \lim_{n\to\infty} \sum_{k=1}^{n} k = \lim_{n\to\infty} \frac{n(n+1)}{2} = \infty$ 이므로 발산

(2) $S_n = \sum_{k=1}^{n} \frac{1}{k(k+1)} = \sum_{k=1}^{n} \left(\frac{1}{k} - \frac{1}{k+1}\right)$

$$= \left(\frac{1}{1} - \frac{1}{2}\right) + \left(\frac{1}{2} - \frac{1}{3}\right) + \left(\frac{1}{3} - \frac{1}{4}\right) + \cdots + \left(\frac{1}{n} - \frac{1}{n+1}\right) = 1 - \frac{1}{n+1}$$

이고 $\lim_{n\to\infty} S_n = \lim_{n\to\infty} \left(1 - \frac{1}{n+1}\right) = 1$ 이므로 이 급수는 수렴하고 $\sum_{n=1}^{\infty} \frac{1}{n(n+1)} = 1$ 이다.

(3) $\sum_{n=1}^{\infty} (-1)^n = (-1) + 1 + (-1) + 1 + \cdots$ 에서 n이 짝수이면 $S_n = 0$이고 n이 홀수이면 $S_n = -1$이므로 $\{S_n\}$은 발산한다.

따라서 이 급수는 발산한다.

■

정리 10.2.1

$\sum_{n=1}^{\infty} a_n$ 이 수렴하면 수열 $\{a_n\}$이 수렴하고 $\lim_{n\to\infty} a_n = 0$ 이다. 그러므로 수열 $\{a_n\}$이 발산하거나 0이 아닌 값으로 수렴하면 급수 $\sum_{n=1}^{\infty} a_n$ 은 발산한다.

증명 $S_n = \sum_{k=1}^{n} a_k$, $\sum_{n=1}^{\infty} a_n = \lim_{n\to\infty} S_n = S$ 이라 하면

$$\lim_{n\to\infty} a_n = \lim_{n\to\infty} (S_n - S_{n-1}) = \lim_{n\to\infty} S_n - \lim_{n\to\infty} S_{n-1} = S - S = 0$$

■

기하급수 $\sum_{n=1}^{\infty} ar^{n-1}\ (a \neq 0)$의 수렴성은 r의 값에 의해서 결정된다.

(i) $r \leq -1$ 또는 $r > 1$이면 수열 $\{ar^{n-1}\}$이 발산하므로 정리 10.2.1에 의해서 기하급수는 발산한다.

(ii) $r = 1$ 이면 $\lim_{n \to \infty} ar^n = a \neq 0$이므로 정리 10.2.1에 의해서 기하급수는 발산한다.

(iii) $|r| < 1$ 이면

$$S_n = a + ar + ar^2 + ar^3 + \cdots + ar^{n-1} = \frac{a(1-r^n)}{1-r}$$

에서 $\lim_{n \to \infty} r^n = 0$ 이므로 기하급수는 수렴하고

$$\sum_{n=1}^{\infty} ar^{n-1} = \lim_{n \to \infty} S_n = \lim_{n \to \infty}\left(\frac{a}{1-r} - \frac{ar^n}{1-r}\right) = \frac{a}{1-r}$$

이다.

그러므로 $a \neq 0$일 때 급수 $\sum_{n=1}^{\infty} ar^{n-1} = a + ar + ar^2 + ar^3 + \cdots$가 수렴하기 위한 필요충분조건은 $|r| < 1$ 이고 이때 $\sum_{n=1}^{\infty} ar^{n-1} = \frac{a}{1-r}$ 이다.

조화급수 $\sum_{n=1}^{\infty} \frac{1}{n}$ 에서

$S_1 = 1$

$S_2 = 1 + \frac{1}{2}$

$$S_4 = 1 + \frac{1}{2} + \left(\frac{1}{3} + \frac{1}{4}\right) \geq 1 + \frac{1}{2} + \left(\frac{1}{4} + \frac{1}{4}\right) = 1 + \frac{1}{2} + \frac{1}{2}$$

$$\begin{aligned} S_8 &= 1 + \frac{1}{2} + \left(\frac{1}{3} + \frac{1}{4}\right) + \left(\frac{1}{5} + \frac{1}{6} + \frac{1}{7} + \frac{1}{8}\right) \geq 1 + \frac{1}{2} + \left(\frac{1}{4} + \frac{1}{4}\right) + \left(\frac{1}{8} + \frac{1}{8} + \frac{1}{8} + \frac{1}{8}\right) \\ &= 1 + \frac{1}{2} + \frac{1}{2} + \frac{1}{2} \end{aligned}$$

$$S_{16} = 1 + \frac{1}{2} + \left(\frac{1}{3} + \frac{1}{4}\right) + \left(\frac{1}{5} + \frac{1}{6} + \frac{1}{7} + \frac{1}{8}\right) + \left(\frac{1}{9} + \cdots + \frac{1}{16}\right)$$

$$\geq 1+\frac{1}{2}+\left(\frac{1}{4}+\frac{1}{4}\right)+\left(\frac{1}{8}+\frac{1}{8}+\frac{1}{8}+\frac{1}{8}\right)+\left(\frac{1}{16}+\cdots+\frac{1}{16}\right)=1+\frac{1}{2}+\frac{1}{2}+\frac{1}{2}+\frac{1}{2}$$

$$\vdots$$

이다. 즉, 임의의 자연수 k에 대하여 $S_{2^k} \geq 1+\frac{k}{2}$ 이므로 부분합의 수열 $\{S_n\}$이 발산한다.

따라서 조화급수는 발산한다.

예제 10.2.2

다음 급수의 수렴, 발산을 조사하라.

(1) $\displaystyle\sum_{n=1}^{\infty} \frac{1}{2^n}$ (2) $\displaystyle\sum_{n=1}^{\infty} (-\sqrt{2})^{n-1}$

풀이 (1) 첫째항은 $\frac{1}{2}$ 이고 $r=\frac{1}{2}$ 이므로 수렴한다. 이 급수의 합은

$$\sum_{n=1}^{\infty} \frac{1}{2^n} = \frac{a}{1-r} = \frac{\frac{1}{2}}{1-\frac{1}{2}} = 1$$

(2) 첫째항은 1 이고 $|r| = \sqrt{2} > 1$ 이므로 발산한다.

■

10.2 연습문제

1. 다음 급수의 수렴성을 판정하고 수렴하는 급수는 합을 구하라.

(1) $\displaystyle\sum_{n=1}^{\infty} (-n)$ (2) $\displaystyle\sum_{n=1}^{\infty} n^2$

(3) $\displaystyle\sum_{n=1}^{\infty} \left(-\frac{1}{\sqrt{2}}\right)^{n-1}$ (4) $\displaystyle\sum_{n=1}^{\infty} \frac{4}{3}\left(\frac{3}{2}\right)^n$

(5) $\displaystyle\sum_{n=0}^{\infty} 3\left(\frac{1}{5}\right)^n$ (6) $\displaystyle\sum_{n=0}^{\infty} \frac{1}{2}\left(-\frac{1}{3}\right)^n$

(7) $\displaystyle\sum_{n=0}^{\infty} \frac{3^n}{2}$ (8) $\displaystyle\sum_{n=1}^{\infty} \frac{2}{n}$

10.3 거듭제곱급수

수열 $\{a_n\}$에 대하여 무한급수의 꼴

$$\sum_{n=0}^{\infty} a_n x^n = a_0 + a_1 x + a_2 x^2 + \cdots$$

을 x에 대한 **거듭제곱급수**라 한다.

위 거듭제곱급수는 $x=0$이면 수렴한다. 이 급수가 0 이외의 어떤 x의 값에 대하여 수렴할까? x에 대한 거듭제곱급수가 수렴하게 되는 모든 x의 값들의 집합을 **수렴집합**이라 하는데, 수렴집합은 다음 중 하나의 꼴로 정해진다.

(i) $\{0\}$

(ii) 양수 R에 대하여 $-R$, R을 경계로 갖는 열린구간 또는 경계의 일부를 포함하는 유한구간

(iii) 실수집합 $\mathbb{R}$

여기서 $R=0$이라 하면 $\{0\}=[-R, R]$로 나타낼 수 있고, $R=\infty$라 하면 $\mathbb{R}=(-R, R)$로 나타낼 수 있으므로 수렴집합은 0를 중심으로 하는 구간(열린구간, 닫힌구간 또는 반열린구간)의 꼴이다. 이때 R을 **수렴반지름**이라 한다.

예를 들면 거듭제곱급수

$$\sum_{n=0}^{\infty} x^n = 1 + x + x^2 + \cdots + x^n + \cdots$$

은 첫째항이 1이고 $r=x$인 기하급수의 꼴이므로 $|x|<1$이면 $\dfrac{1}{1-x}$로 수렴하고 $|x| \geq 1$이면 발산한다. 따라서 이 급수의 수렴집합은 열린구간 $(-1, 1)$이다.

한편, $(-1, 1)$에서 $f(x)=\dfrac{1}{1-x}$로 정의하면 $f(x)$는 무한 급수 $\sum_{n=0}^{\infty} x^n$의 합이다. 따라서 $\lim_{n\to\infty} S_n = f(x)$이므로 충분히 큰 n에 대하여 부분합 $S_n = 1 + x + x^2 + \cdots + x^n$은 $f(x)$에 얼마든지 가까운 어림값이 될 수 있다.

역으로, 0을 포함하는 열린구간 $(-R, R)$에서 함수 $f(x)$가 어떤 거듭제곱급수 $\sum_{n=0}^{\infty} a_n x^n$의 합이 될 수 있다면, 이 급수의 부분합을 함숫값 $f(x)$의 어림값으로 계산할 수 있다.

예제 10.3.1

$\sum_{n=0}^{\infty} x_n = \frac{1}{1-x}$ $(|x| < 1)$을 이용하여, 구간 $(-1,\ 1)$에서 다음의 함숫값으로 수렴하는 거듭제곱급수를 구하라.

(1) $\frac{1}{1+x}$ (2) $\frac{x^2}{1+x}$

(3) $\frac{1}{1-3x}$

풀이 (1) $|x| < 1$일 때

$$\frac{1}{1+x} = \frac{1}{1-(-x)} = \sum_{n=0}^{\infty} (-x)^n = 1 - x + x^2 - x^3 + \cdots = \sum_{n=0}^{\infty} (-1)^n x^n$$

(2) $|x| < 1$일 때

$$\frac{x^2}{1+x} = x^2\left(\frac{1}{1+x}\right) = x^2 \sum_{n=0}^{\infty} (-1)^n x^n = x^2 - x^3 + x^4 - x^5 + \cdots = \sum_{n=0}^{\infty} (-1)^n x^{n+2}$$

(3) $|3x| < 1$일 때 즉, $|x| < \frac{1}{3}$일 때

$$\frac{1}{1-3x} = 1 + (3x) + (3x)^2 + \cdots = \sum_{n=0}^{\infty} (3x)^n$$

■

$\sum_{n=0}^{\infty} a_n x^n$ 에서 x 대신에 $x - x_0$ 을 대입하면 급수

$$\sum_{n=0}^{\infty} a_n (x - x_0)^n = a_0 + a_1 (x - x_0) + a_2 (x - x_0)^2 + \cdots$$

의 꼴이 되는데 이것을 $x - x_0$ 에 대한 거듭제곱급수라 한다.

이 급수에 대해서도 수렴반지름 R가 존재하고($R = 0$, R은 양수 또는 $R = \infty$) 수렴집합은 $x_0 - R$와 $x_0 + R$를 경계로 하는 구간의 꼴이다.

이때 $(x_0 - R,\ x_0 + R)$에서 이 급수의 합을 대응시키는 함수가 다음의 성질을 갖는다.

정리 10.3.1

거듭제곱급수 $\sum_{n=0}^{\infty} a_n(x-x_0)^n$ 의 수렴반지름을 $R(R>0)$라 할 때, $|x-x_0|<R$인 모든 x 에 대하여 $f(x)=\sum_{n=0}^{\infty} a_n(x-x_0)^n$로 정의하면 다음이 성립한다.

(1) $f'(x)=a_1+2a_2(x-x_0)+3a_3(x-x_0)^2+\cdots=\sum_{n=1}^{\infty} na_n(x-x_0)^{n-1}$

(2) $\int_{x_0}^{x} f(t)\,dt=a_0(x-x_0)+\frac{a_1}{2}(x-x_0)^2+\frac{a_2}{3}(x-x_0)^3+\cdots=\sum_{n=0}^{\infty}\frac{a_n}{n+1}(x-x_0)^{n+1}$

예제 10.3.2

$\sum_{n=0}^{\infty} x_n=\frac{1}{1-x}$ $(|x|<1)$을 이용하여, 구간 $(-1,\ 1)$에서 다음의 함숫값으로 수렴하는 거듭제곱급수를 구하라.

(1) $\frac{1}{(1-x)^2}$

(2) $\ln(1-x)$

(3) $\tan^{-1}x$

풀이 (1) $|x|<1$일 때 $\frac{1}{1-x}=1+x+x^2+x^3+\cdots=\sum_{n=0}^{\infty}x^n$이므로 그 도함수는

$$\frac{1}{(1-x)^2}=1+2x+3x^2+4x^3+\cdots=\sum_{n=1}^{\infty}nx^{n-1}$$

(2) $|x|<1$일 때 $\frac{1}{1-x}=1+x+x^2+x^3+\cdots=\sum_{n=0}^{\infty}x^n$이므로 그 적분은

$$-\ln(1-x)=\int_0^x\frac{1}{1-t}\,dt=x+\frac{x^2}{2}+\frac{x^3}{3}+\frac{x^4}{4}+\cdots$$

이다. 따라서

$$\ln(1-x)=-x-\frac{x^2}{2}-\frac{x^3}{3}-\frac{x^4}{4}-\cdots=\sum_{n=0}^{\infty}\frac{-1}{n+1}x^{n+1}$$

(3) $|x|<1$일 때 $\frac{1}{1-x}=1+x+x^2+x^3+\cdots=\sum_{n=0}^{\infty}x^n$에서

$$\frac{1}{1+x^2} = 1 - x^2 + x^4 - x^6 + \cdots = \sum_{n=0}^{\infty} (-1)^n x^{2n}$$

이다. 따라서

$$\tan^{-1} x = \int_0^x \frac{1}{1+t^2} dt = x - \frac{x^3}{3} + \frac{x^5}{5} - \frac{x^7}{7} + \cdots = \sum_{n=0}^{\infty} \frac{(-1)^n}{2n+1} x^{2n+1}$$

■

10.3 연습문제

1. 다음 각 함수에 대하여 구간 $(-1,\ 1)$에서 거듭제곱급수의 합으로 나타내라.

(1) $f(x) = \dfrac{x^2}{x+3}$

(2) $f(x) = \dfrac{1}{(1+x)^2}$

(3) $f(x) = \dfrac{x^3}{1-3x}$

(4) $f(x) = \ln(1+x)$

(5) $f(x) = \tan^{-1}(2x)$

(6) $f(x) = \ln\left(\dfrac{1-x}{1+x}\right)$

10.4 Taylor 급수와 Maclaurin 급수

수렴반지름 R을 갖는 거듭제곱급수 $\sum_{n=0}^{\infty} a_n (x-x_0)^n$ 의 합으로 정의된 함수를 $f(x)$라 하면, $|x-x_0| < R$인 모든 x에 대하여 $f(x) = \sum_{n=0}^{\infty} a_n (x-x_0)^n$이므로 $a_0 = f(x_0)$이다. 정리 10.3.1을 반복 이용하면,

$f'(x) = a_1 + 2a_2(x-x_0) + 3a_3(x-x_0)^2 + \cdots$이므로 $a_1 = f'(x_0)$

$f''(x) = 2 \cdot 1a_2 + 3 \cdot 2a_3(x-x_0) + \cdots$이므로 $f''(x_0) = 2 \cdot 1a_2$이고 따라서

$$a_2 = \frac{f''(x_0)}{2!}$$

$f'''(x) = 3 \cdot 2 \cdot 1a_3 + 4 \cdot 3 \cdot 2a_4(x-x_0) + \cdots$이므로 $f'''(x_0) = 3 \cdot 2 \cdot 1a_3$이고 따라서

$$a_3 = \frac{f'''(x_0)}{3!}$$

$$\vdots$$

$$a_n = \frac{f^{(n)}(x_0)}{n!}$$

$$\vdots$$

따라서 주어진 급수는 f의 미분계수를 써서 다음과 같이 나타낼 수 있다.

$$\sum_{n=0}^{\infty} a_n (x-x_0)^n = \sum_{n=0}^{\infty} \frac{f^{(n)}(x_0)}{n!}(x-x_0)^n$$

역으로 함수 f가 x_0에서 모든 계수의 도함수를 갖는다면 x_0를 중심으로 하는 어떤 열린구간 $(x_0 - R,\ x_0 + R)$ $(R > 0)$에서 이 함수를 거듭제곱급수의 합으로 나타낼 수도 있다.

정의

$f(x)$가 $x = x_0$에서 모든 계수의 도함수를 갖는다 하자.

$$\sum_{n=0}^{\infty} \frac{f^{(n)}(x_0)}{n!}(x-x_0)^n$$
$$= f(x_0) + f'(x_0)(x-x_0) + \frac{f''(x_0)}{2!}(x-x_0)^2 + \frac{f^{(3)}(x_0)}{3!}(x-x_0)^3 + \cdots$$

을 $x = x_0$에서 $f(x)$에 대한 Taylor **급수**라 한다. $x_0 = 0$이면 이 급수는

$$\sum_{n=0}^{\infty} \frac{f^{(n)}(0)}{n!}x^n = f(0) + f'(0)x + \frac{f''(0)}{2!}x^2 + \frac{f^{(3)}(0)}{3!}x^3 + \cdots$$

이다. 이것을 $f(x)$에 대한 Maclaurin **급수**라 한다.

함수 $f(x)$가 x_0를 포함하는 어떤 열린구간에서 수렴하는 거듭제곱급수의 합으로 나타낼 수 있을 때 $f(x)$는 x_0에서 **해석적(analytic)**이라 한다.
다항함수, 분수함수, 무리함수, 삼각함수, 지수함수, 로그함수 등은 각각 그 정의역에서 해석적이다. $f(x)$가 x_0에서 해석적이면 $f(x)$의 x_0에서의 Taylor 급수는 $f(x)$로 수렴한다.

예제 10.4.1

$x=1$ 에서 $f(x)=\ln x$ 의 Taylor 급수를 구하라.

풀이

$f(x)=\ln x \qquad f(1)=0$

$f'(x)=\dfrac{1}{x}=x^{-1} \qquad f'(1)=1$

$f''(x)=(-1)x^{-2} \qquad f''(1)=-1$

$f^{(3)}(x)=(-1)(-2)x^{-3} \qquad f^{(3)}(1)=2$

$\vdots$

$f^{(n)}(x)=(-1)^{n-1}(n-1)!\,x^{-n} \qquad f^{(n)}(1)=(-1)^{n-1}(n-1)!$

$\vdots$

따라서 $\ln x$ 의 Taylor 급수는

$$\begin{aligned}\ln x&=0+\frac{1}{1!}(x-1)-\frac{1}{2!}(x-1)^2+\frac{2}{3!}(x-1)^3-\frac{3!}{4!}(x-1)^4+\cdots\\&=(x-1)-\frac{1}{2}(x-1)^2+\frac{1}{3}(x-1)^3-\frac{1}{4}(x-1)^4+\cdots\\&=\sum_{n=1}^{\infty}\frac{(-1)^{n-1}}{n}(x-1)^n\end{aligned}$$

■

예제 10.4.2

다음 함수의 Maclaurin 급수를 구하라.

(1) $f(x)=e^x$ (2) $f(x)=\sin x$

(3) $f(x)=\cos x$

풀이 (1) $f(x)=e^x$ 라 하면 $f'(x)=f''(x)=\cdots=f^{(n)}(x)=\cdots=e^x$ 이고 $f^{(n)}(0)=e^0=1$

따라서 e^x 의 Maclaurin 급수는

$$\sum_{n=0}^{\infty}\frac{x^n}{n!}=1+x+\frac{x^2}{2!}+\frac{x^3}{3!}+\frac{x^4}{4!}+\cdots=e^x$$

(2) $f(x)=\sin x$ $\qquad f(0)=0$

$f'(x)=\cos x$ $\qquad f'(0)=1$

$f''(x)=-\sin x$ $\qquad f''(0)=0$

$f^{(3)}(x)=-\cos x$ $\qquad f^{(3)}(0)=-1$

$f^{(4)}(x)=\sin x=f(x)$ 이므로 계속하여 $x=0$ 에서 도함숫값을 구하면 $0, 1, 0, -1$ 이 반복된다. 따라서 $\sin x$ 의 Maclaurin 급수는

$$\sum_{n=0}^{\infty}\frac{(-1)^n x^{2n+1}}{(2n+1)!}=x-\frac{x^3}{3!}+\frac{x^5}{5!}-\frac{x^7}{7!}+\cdots=\sin x$$

(3) $f(x)=\cos x$ $\qquad f(0)=1$

$f'(x)=-\sin x$ $\qquad f'(0)=0$

$f''(x)=-\cos x$ $\qquad f''(0)=-1$

$f^{(3)}(x)=\sin x$ $\qquad f^{(3)}(0)=0$

$f^{(4)}(x)=\cos x=f(x)$ 이므로 계속하여 $x=0$ 에서 도함숫값을 구하면 $1, 0, -1, 0$ 이 반복된다. 따라서 $\cos x$ 의 Maclaurin 급수는

$$\sum_{n=0}^{\infty}\frac{(-1)^n x^{2n}}{(2n)!}=1-\frac{x^2}{2!}+\frac{x^4}{4!}-\frac{x^6}{6!}+\cdots=\cos x$$

한편 $\sin x=\sum_{n=0}^{\infty}\frac{(-1)^n x^{2n+1}}{(2n+1)!}$ 이므로 정리 10.3.1을 이용하여 $\cos x$ 의 Maclaurin 급수를 얻을 수도 있다. 즉,

$$\cos x=\frac{d}{dx}\sin x=\sum_{n=0}^{\infty}\frac{d}{dx}\frac{(-1)^n x^{2n+1}}{(2n+1)!}=\sum_{n=0}^{\infty}\frac{(-1)^n x^{2n}}{(2n)!}$$

■

e 의 값을 소수점 5자리까지 계산하려면 $e^x=1+x+\frac{1}{2!}x^2+\frac{1}{3!}x^3+\frac{1}{4!}x^4+\frac{1}{5!}x^5+\cdots$ 이므로 $x=1$을 대입하여

$$e=1+1+\frac{1}{2!}+\frac{1}{3!}+\frac{1}{4!}+\frac{1}{5!}+\cdots\approx 2.71828$$

을 얻는다.

예제 10.4.3

$\int_0^1 e^{-x^2}dx$ 을 소수점 3자리까지 구하라.

|풀이| $e^x = 1 + x + \frac{1}{2!}x^2 + \frac{1}{3!}x^3 + \frac{1}{4!}x^4 + \frac{1}{5!}x^5 + \cdots$ 이므로 x 대신 $-x^2$ 을 대입하면

$$e^{-x^2} = 1 - x^2 + \frac{x^4}{2!} - \frac{x^6}{3!} + \frac{x^8}{4!} - \cdots$$

이다 따라서

$$\begin{aligned}\int_0^1 e^{-x^2}dx &= \int_0^1\left(1 - x^2 + \frac{x^4}{2!} - \frac{x^6}{3!} + \frac{x^8}{4!} - \cdots\right)dx \\ &= \left[x - \frac{x^3}{3} + \frac{x^5}{2!5} - \frac{x^7}{3!7} + \frac{x^9}{4!9} - \cdots\right]_0^1 \\ &= 1 - \frac{1}{3} + \frac{1}{2!5} - \frac{1}{3!7} + \frac{1}{4!9} - \frac{1}{5!11} + \cdots \\ &\approx 0.747\end{aligned}$$

k 가 실수일 때 $f(x) = (1+x)^k$ 의 Maclaurin 급수

$$\begin{aligned}(1+x)^k &= 1 + kx + \frac{k(k-1)}{2!}x^2 + \frac{k(k-1)(k-2)}{3!}x^3 + \cdots \\ &= 1 + \sum_{n=1}^{\infty}\frac{k(k-1)(k-2)\cdots(k-n+1)}{n!}x^n\end{aligned}$$

을 이항급수라 한다.

예제 10.4.4

다음 함수의 이항급수를 구하라.

(1) $f(x) = \frac{1}{(1+x)^2}$

(2) $f(x) = \frac{1}{\sqrt{1-x^2}}$

|풀이| (1) $\frac{1}{(1+x)^2} = (1+x)^{-2}$ 이므로 $k = -2$ 이라 하면

$$\frac{1}{(1+x)^2} = (1+x)^{-2} = 1 + (-2)x + \frac{(-2)(-3)}{2!}x^2 + \frac{(-2)(-3)(-4)}{3!}x^3 + \cdots$$

$$= 1 - 2x + 3x^2 - 4x^3 + 5x^4 - \cdots$$

$$= \sum_{n=0}^{\infty} (-1)^n (n+1)x^n$$

(2) $\frac{1}{\sqrt{1-x^2}} = (1-x^2)^{-1/2}$ 이므로 x 대신 $-x^2$ 대입하고 $k = -\frac{1}{2}$ 이라 하면

$$\frac{1}{\sqrt{1-x^2}} = (1-x^2)^{-1/2}$$

$$= 1 - \frac{1}{2}(-x^2) + \frac{\left(-\frac{1}{2}\right)\left(-\frac{1}{2}-1\right)}{2!}(-x^2)^2 + \frac{\left(-\frac{1}{2}\right)\left(-\frac{1}{2}-1\right)\left(-\frac{1}{2}-2\right)}{3!}(-x^2)^3 + \cdots$$

$$= 1 + \frac{1}{2}x^2 + \frac{3}{2!\,2^2}x^4 + \frac{3 \cdot 5}{3!\,2^3}x^6 + \frac{3 \cdot 5 \cdot 7}{4!\,2^4}x^8 + \cdots$$

■

예제 10.4.5

$f(x) = \sin^{-1}x$ 의 Maclaurin 급수를 구하라.

풀이 $\int \frac{1}{\sqrt{1-x^2}}\,dx = \sin^{-1}x + C$ 이므로

$\frac{1}{\sqrt{1-x^2}} = 1 + \frac{1}{2}x^2 + \frac{3}{2!\,2^2}x^4 + \frac{3 \cdot 5}{3!\,2^3}x^6 + \frac{3 \cdot 5 \cdot 7}{4!\,2^4}x^8 + \cdots$ 의 양변을 적분하면

$\sin^{-1}x$ 의 Maclaurin 급수를 얻을 수 있다. 즉,

$$\sin^{-1}x = \int_0^x \frac{1}{\sqrt{1-t^2}}\,dt$$

$$= x + \frac{1}{2 \cdot 3}x^3 + \frac{3}{2!\,2^2 \cdot 5}x^5 + \frac{3 \cdot 5}{3!\,2^3 \cdot 7}x^7 + \frac{3 \cdot 5 \cdot 7}{4!\,2^4 \cdot 9}x^9 + \cdots$$

■

10.4 연습문제

1. 다음 함수의 주어진 x_0에서의 Taylor 급수를 구하라.

(1) $f(x) = \ln x, \ x_0 = 2$

(2) $f(x) = e^x, \ x_0 = 1$

(3) $f(x) = \cos x, \ x_0 = \dfrac{\pi}{6}$

(4) $f(x) = \dfrac{1}{x}, \ x_0 = -1$

2. 다음 함수의 Maclaurin 급수를 구하라.

(1) $f(x) = \cos 2x$

(2) $f(x) = xe^{x^2}$

(3) $f(x) = \sin(x^2)$

(4) $f(x) = \sinh x$

3. 다음 함수의 이항급수를 구하라.

(1) $f(x) = \sqrt{1+x}$

(2) $f(x) = \dfrac{1}{\sqrt{1+x}}$

(3) $f(x) = \dfrac{1}{\sqrt{1+x^2}}$

(4) $f(x) = \dfrac{x}{\sqrt{1-x^2}}$

제 11 장 다변수 함수

앞에서 다루었던 모든 함수들은 독립변수가 하나인 실수변수 함수이다. 그러나 실생활에서 우리가 접하는 현상들은 둘 이상의 변수들에 의하여 발생하는 경우가 많이 있다. 실제적으로 물리적 양이나 경제적 수치 등 특정한 값이 단 하나의 변수에 의해서 결정되는 것이 아니라, 두 가지 이상의 변수의 영향을 받는다. 이것은 다변수 함수의 필요성을 의미한다.

11.1 이변수 함수

두 실수의 순서쌍 (x, y)에 실수 z을 대응시키는 함수 f를 **이변수 함수**라 한다. 이때

$$z = f(x, y)$$

로 나타내고, 변수 x와 y를 **독립변수**라 하고 z를 **종속변수**라 한다.

$f(x, y)$가 존재하는 모든 실수의 순서쌍 (x, y)의 집합이 정의역이고 $f(x, y)$의 모든 값의 집합이 치역이다.

같은 이치로 세 개의 독립변수를 갖는 함수를 정의할 수 있다. 함수 f가 세 수의 순서쌍 (x, y, z)에 실수 w을 대응시킬 때

$$w = f(x, y, z)$$

로 나타내고 f는 **삼변수 함수**라 한다.

일반적으로, n개의 수 $x_1, x_2, \cdots, x_n$의 순서쌍 $(x_1, x_2, \cdots, x_n)$에 하나의 실수 y를 대응시키는 함수 f를 n변수 함수라 하고 $y = f(x_1, x_2, \cdots, x_n)$으로 나타낸다. 두 개 이상의 독립변수를 갖는 함수를 **다변수 함수**라 한다.

예제 11.1.1

이변수 함수 $f(x,y)=x^2-3xy-2y^2$와 삼변수 함수 $g(x,y,z)=x^2y-2xyz-3z^3$에 대한 다음 값을 구하라.

(1) $f(-1,2)$ (2) $f(3,-4)$

(3) $g(-2,3,-1)$ (4) $g(2\sqrt{2},1,-\sqrt{2})$

풀이

(1) $f(-1,2)=(-1)^2-3(-1)\cdot 2-2\cdot 2^2=1+6-8=-1$

(2) $f(3,-4)=3^2-3\cdot 3\cdot(-4)-2\cdot(-4)^2=9+36-32=13$

(3) $g(-2,3,-1)=(-2)^2\cdot 3-2\cdot(-2)\cdot 3\cdot(-1)-3\cdot(-1)^3$

$=12-12+3=3$

(4) $g(2\sqrt{2},1,-\sqrt{2})=(2\sqrt{2})^2\cdot 1-2\cdot 2\sqrt{2}\cdot 1\cdot(-\sqrt{2})-3\cdot(-\sqrt{2})^3$

$=8+8+6\sqrt{2}=16+6\sqrt{2}$

■

예제 11.1.2

다음 이변수 함수의 정의역을 구하라.

(1) $f(x,y)=\dfrac{x}{x+y}$ (2) $z=\dfrac{x-y}{xy}$

(3) $f(x,y)=\dfrac{\sqrt{x-y+2}}{x-3}$ (4) $z=\sqrt{4-x^2-y^2}$

(5) $z=\ln(2x^2-y+1)$ (6) $f(x,y)=\ln(\ln(xy))$

풀이

(1) $\{(x,y)\mid y\neq x\}$

(2) $\{(x,y)\mid x\neq 0,\ y\neq 0\}$

(3) $\{(x,y)\mid x-y+2\geq 0,\ x\neq 3\}$

(4) $4-x^2-y^2\geq 0 \Leftrightarrow x^2+y^2\leq 4$이므로 정의역은 $\{(x,y)\mid x^2+y^2\leq 4\}$이다.

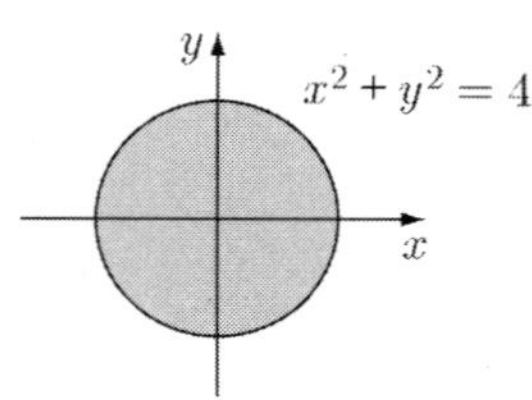

(5) $2x^2 - y + 1 > 0 \Leftrightarrow y < 2x^2 + 1$ 이므로 정의역은 $\{(x, y) | y < 2x^2 + 1\}$ 이다.

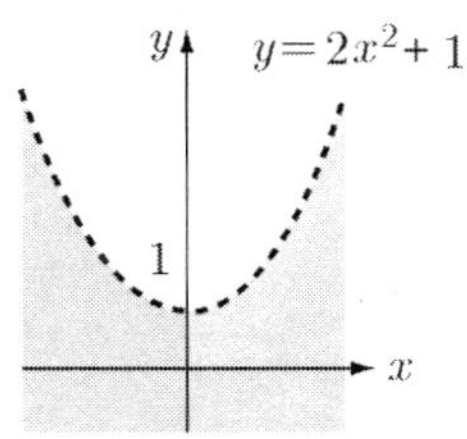

(6) $\ln(xy) > 0 \Leftrightarrow xy > 1$ 이므로

정의역은 $\left\{ (x, y) \middle| y > \frac{1}{x},\ x > 0 \right\} \cup \left\{ (x, y) \middle| y < \frac{1}{x},\ x < 0 \right\}$ 이다.

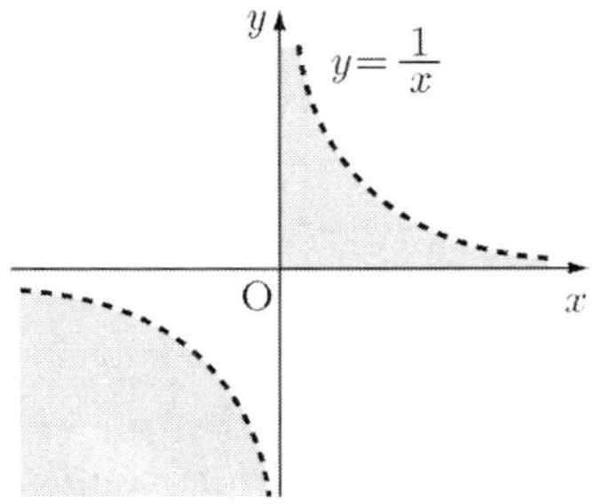

■

함수 $y = f(x)$ 의 그래프는 좌표평면 위의 곡선 혹은 직선으로 나타내었다. 비슷한 원리로 이변수 함수의 그래프는 좌표공간 위의 곡면으로 나타낼 수 있다.

여기서 우리는 공간상의 각 점에 실수의 쌍을 대응시켜서 그 실수의 쌍을 점의 좌표라 하고 이때의 공간을 좌표공간이라 한다.

공간에서 세 개의 실직선(x축, y축, z축)이 서로가 수직으로 만나도록 하면 공간상의 각 점에는 세 실수의 쌍을 유일하게 대응시킬 수 있다.

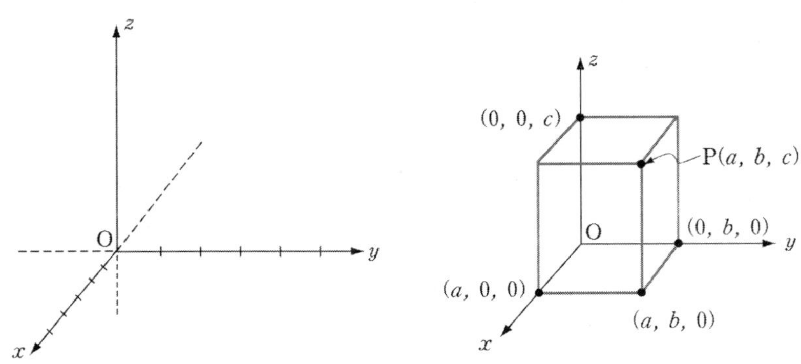

이제 공간상의 모든 점과 세 실수의 쌍 (x, y, z)이 서로 일대일로 대응될 수 있다. 따라서 공간상의 모든 점들의 집합을 다음과 같이 나타낼 수 있다.

$$\{(x, y, z) \mid x, y, z \in \mathbb{R}\}$$

좌표공간에서 두 점 $\mathrm{P}(x_1, y_1, z_1)$와 $\mathrm{Q}(x_2, y_2, z_2)$ 사이의 거리 $\overline{\mathrm{PQ}}$는

$$\overline{\mathrm{PQ}} = \sqrt{(x_1 - x_2)^2 + (y_1 - y_2)^2 + (z_1 - z_2)^2}$$

이다.

중심이 (x_0, y_0, z_0)이고 반지름이 r인 구면의 방정식은

$$(x - x_0)^2 + (y - y_0)^2 + (z - z_0)^2 = r^2$$

이다.

예제 11.1.3

두 점 $\mathrm{P}(-3, 2, -4)$와 $\mathrm{Q}(-4, 3, 1)$ 사이의 거리를 구하라.

풀이 $\overline{\mathrm{PQ}} = \sqrt{(-3-(-4))^2 + (2-3)^2 + (-4-1)^2} = \sqrt{27} = 3\sqrt{3}$

좌표평면 위의 영역 D에서 정의된 이변수 함수 $f: D \to \mathbb{R}$에 대하여 집합

$$G(f) = \{(x, y, z) \mid z = f(x, y),\ (x, y) \in D\}$$

을 f의 **그래프**라 한다. 이 그래프의 원소는 세 실수의 쌍이므로 이 집합을 공간좌표 위의 점들의 집합으로 나타낼 수 있는데 그 점들의 집합은 곡면이 된다.

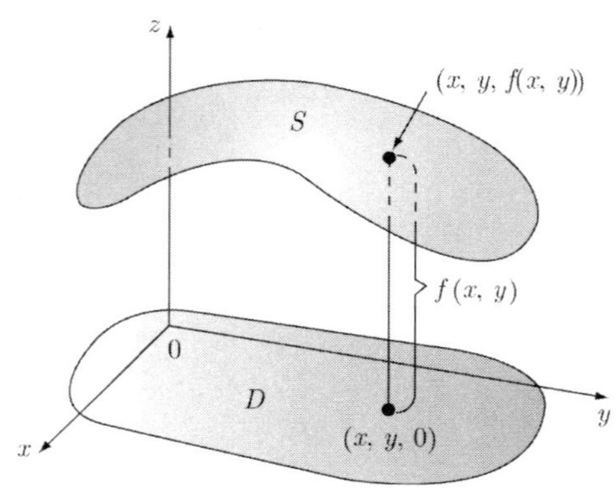

함수 $z=f(x,y)$의 그래프에서 $z=c$인 모든 점 (x,y,z)을 xy평면에 정사영시킨 점들의 집합을 **등고선**이라 한다. 즉, 함수 $z=f(x,y)$의 등고선이란 $f(x,y)=c$을 만족시키는 점 (x,y)들의 집합이다.

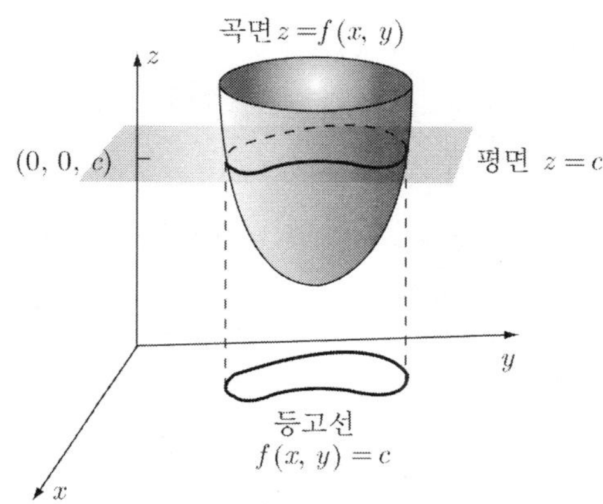

주어진 함수에 대하여 서로 다른 여러 개의 등고선들을 xy평면에 그려서 그 함수의 그래프를 짐작할 수 있다.

예제 11.1.4

다음 함수의 그래프를 그리라.

(1) $f(x,y)=\sqrt{x^2+y^2}$ (2) $g(x,y)=x^2+y^2$

풀이 (1)에서 $z=0,\ 1,\ 2,\ 3$에 대응되는 등고선과 (2)에서 $z=0,\ 1,\ 4,\ 9$에 대응되는 등고선들을 그려보면 다음 그림처럼 똑같다.

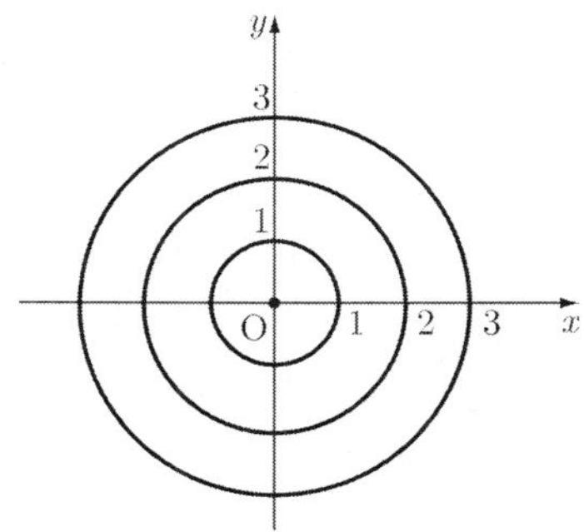

따라서 등고선만으로는 함수의 그래프를 짐작하기 어렵다.

(1)에서 $x=0$을 대입하면 $z=|y|$이고 $y=0$을 대입하면 $z=|x|$이므로 함수의 그래프와 yz평면 및 xz평면과의 교선을 알 수 있다. 그러면 (1)의 그래프는 다음 그림과 같다는 것을 알 수 있다.

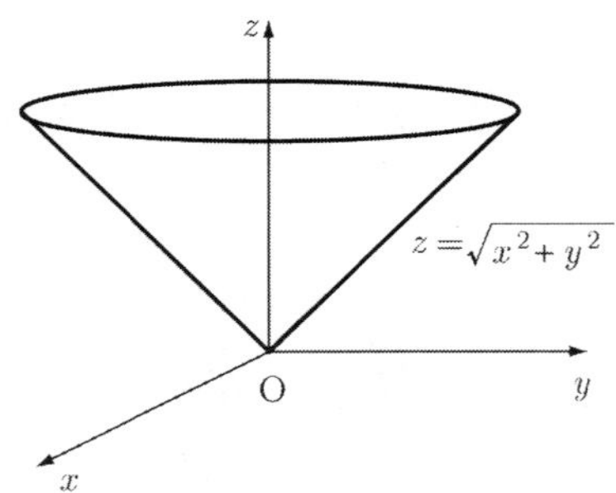

한편, (2)의 경우도 (1)과 같이 생각하면 z축을 포함하는 임의의 평면과 함수의 그래프와의 교선은 포물선임을 알 수 있다. 따라서 그 그래프는 다음 그림과 같다.

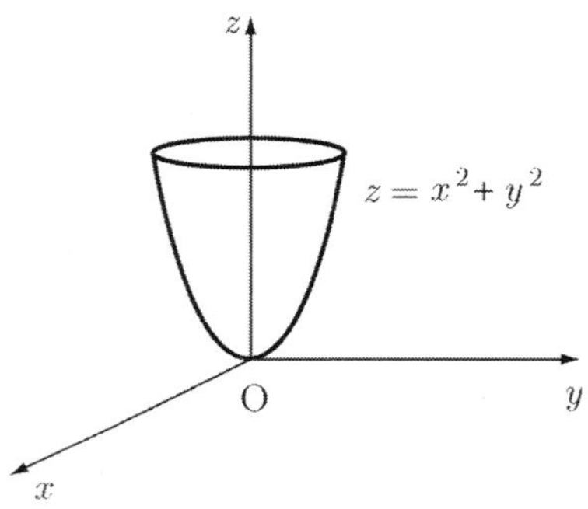

■

예제 11.1.5

$f(x, y) = y^2 - x^2$의 그래프를 등고선으로 유추해보자.

풀이 $z=-5, -4, -3, \cdots, 2, 3, 4$에 대한 등고선들을 그려보면 다음 그림과 같다.

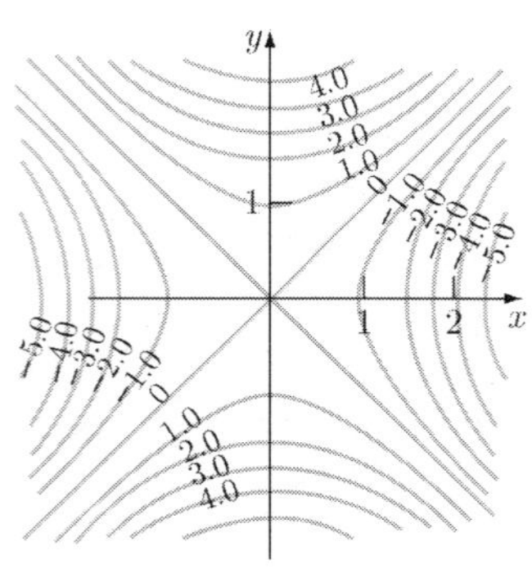

각 등고선들을 값에 해당하는 높이만큼 띄워서 매끄럽게 연결하면 함수의 그래프는 다음 곡면의 모양임을 알 수 있다.

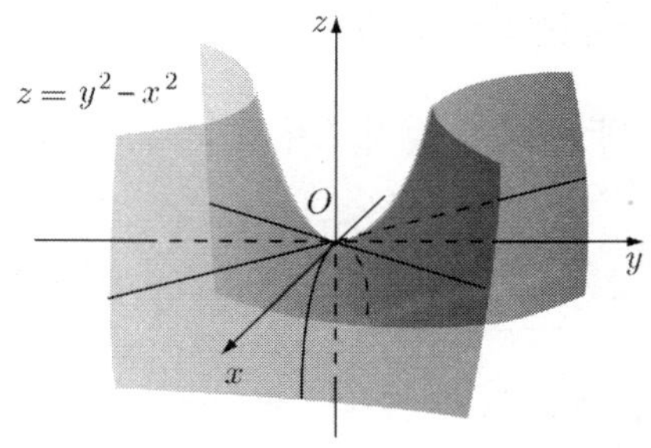

11.1 연습문제

1. 이변수 함수 $f(x, y) = \sqrt{x+y} - x^2$에 대하여 다음 함숫값을 구하라.

(1) $f(2, 7)$ (2) $f(-2, 4)$

2. 삼변수 함수 $g(x, y, z) = \dfrac{2x}{z}\cos\left(\dfrac{1}{6}xy^2\right)$에 대하여 다음 함숫값을 구하라.

(1) $g(\pi, 2, 3\pi)$ (2) $g(-\pi, -1, \sqrt{3})$

3. 다음 이변수 함수의 정의역을 구하라.

(1) $f(x, y) = \dfrac{x}{x-y}$ (2) $h(x, y) = \sqrt{x-2y}$

4. 다음 두 점 사이의 거리를 구하라.

(1) $\mathrm{P}(4, 2, 1)$, $\mathrm{Q}(3, 1, 0)$ (2) $\mathrm{P}(-5, 3, -8)$, $\mathrm{Q}(-2, -3, -6)$

5. 다음과 같은 구면의 방정식을 구하라.

(1) 중심이 $(-1, -2, 3)$이고 반지름이 3 (2) 중심이 $(1, 0, -3)$이고 반지름이 5

6. 다음 함수의 그래프를 그리라.

(1) $z = 2$ (2) $z = x^2$

(3) $z = \sqrt{1-y^2}$ (4) $z = 2x - y + 1$

(5) $z = 4 - x^2 - y^2$

11.2 이변수 함수의 극한과 연속

이변수 함수의 극한과 연속에 대하여 알아보자.

$\lim_{(x,y)\to(a,b)} f(x,y)=L$ 은 직관적으로 (x,y) 가 (a,b) 에 한없이 가까워짐에 따라 $f(x,y)$ 의 값이 L 에 한없이 가까이 접근한다는 것이다. 평면에서 점 (x,y) 는 무수히 많은 서로 다른 경로를 따라 점 (a,b) 에 접근할 수 있고 이 중 어떤 경로를 택해서 (x,y) 가 (a,b) 에 접근하든지 $f(x,y)$ 의 값이 L 에 접근해야 한다.

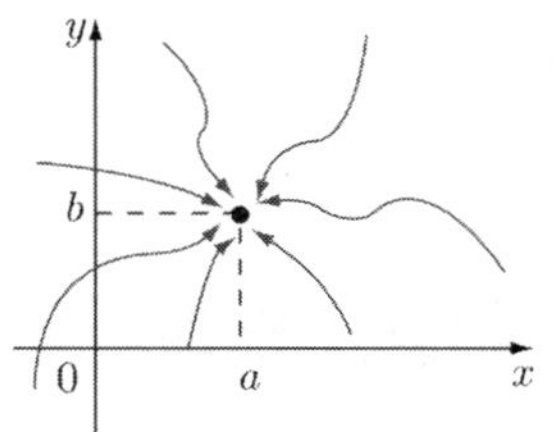

정리 11.2.1 기본 함수의 극한

(1) 상수함수 $f(x,y)=k$에 대하여 $\lim_{(x,y)\to(a,b)} f(x,y)=\lim_{(x,y)\to(a,b)} k=k$

(2) $\lim_{(x,y)\to(a,b)} x=a$

(3) $\lim_{(x,y)\to(a,b)} y=b$

위의 정리는 직관적으로 쉽게 알 수 있을 것이다.

이제 함수의 연산에 의하여 복잡한 형태의 함수가 주어졌을 때 우리는 실변수함수와 마찬가지로 위의 기본함수의 극한값과 몇 가지 극한에 관한 성질들을 이용하면 대부분 쉽게 극한값을 알 수 있게 된다.

정리 11.2.2 이변수 함수의 극한정리

$\lim_{(x,y)\to(a,b)} f(x,y)=L$ 이고 $\lim_{(x,y)\to(a,b)} g(x,y)=M$이면 다음이 성립한다.

(1) $\lim_{(x,y)\to(a,b)} \{f(x,y)\pm g(x,y)\}=L\pm M$

(2) $\lim_{(x,y)\to(a,b)} \{f(x,y)g(x,y)\}=LM$

(3) $M\neq 0$이면 $\lim_{(x,y)\to(a,b)} \dfrac{f(x,y)}{g(x,y)}=\dfrac{L}{M}$

(4) $L\geq 0$이면 $\lim_{(x,y)\to(a,b)} \sqrt{f(x,y)}=\sqrt{L}$

예제 11.2.1

다음을 구하라.

(1) $\lim_{(x,y)\to(1,2)} (2x^2+3y^2)$ (2) $\lim_{(x,y)\to(1,2)} (x^2y+3y)$

(3) $\lim_{(x,y)\to(3,4)} \sqrt{x^2+y^2}$

풀이

(1) $\lim_{(x,y)\to(1,2)} (2x^2+3y^2) = \lim_{(x,y)\to(1,2)} 2x^2 + \lim_{(x,y)\to(1,2)} 3y^2 = 2\cdot 1^2+3\cdot 2^2 = 14$

(2) $\lim_{(x,y)\to(1,2)} (x^2y+3y) = \lim_{(x,y)\to(1,2)} x^2y + \lim_{(x,y)\to(1,2)} 3y = 1^2\cdot 2+3\cdot 2 = 8$

(3) $\lim_{(x,y)\to(3,4)} \sqrt{x^2+y^2} = \sqrt{\lim_{(x,y)\to(3,4)} x^2 + \lim_{(x,y)\to(3,4)} y^2} = \sqrt{3^2+4^2} = 5$

예제 11.2.2

다음 극한의 존재 여부를 설명하라.

(1) $\lim_{(x,y)\to(0,0)} \dfrac{x-y}{x+y}$ (2) $\lim_{(x,y)\to(0,0)} \dfrac{xy}{x^2+y^2}$

(3) $\lim_{(x,y)\to(0,0)} \dfrac{xy^2}{x^2+y^4}$

풀이

(1) (x,y)가 x축을 따라 $(0,0)$에 한없이 가까워지면 $\lim_{(x,y)\to(0,0)} \dfrac{x-0}{x+0} = 1$이고 (x,y)가 y축을 따라 $(0,0)$에 한없이 가까워지면 $\lim_{(x,y)\to(0,0)} \dfrac{0-y}{0+y} = -1$이므로 $\lim_{(x,y)\to(0,0)} \dfrac{x-y}{x+y}$는 존재하지 않는다.

(2) (x,y)가 x축을 따라 $(0,0)$에 한없이 가까워지면 $\lim_{(x,y)\to(0,0)} \dfrac{x\cdot 0}{x^2+0} = 0$이고 (x,y)가 y축을 따라 $(0,0)$에 한없이 가까워지면 $\lim_{(x,y)\to(0,0)} \dfrac{0\cdot y}{0+y^2} = 0$이다. 그러나 직선 $y=x$를 따라 $(0,0)$에 한없이 가까워지면

$$\lim_{(x,x)\to(0,0)} \frac{x^2}{x^2+y^2} = \frac{1}{2}$$

이므로 $\lim_{(x,y)\to(0,0)} \dfrac{xy}{x^2+y^2}$는 존재하지 않는다.

(3) (x, y) 가 x 축을 따라 $(0, 0)$ 에 한없이 가까워지면 $\lim_{(x, y)\to(0, 0)} \frac{x \cdot 0}{x^2 + 0} = 0$, (x, y) 가 y 축을 따라 $(0, 0)$ 에 한없이 가까워지면 $\lim_{(x, y)\to(0, 0)} \frac{0 \cdot y^2}{0 + y^4} = 0$ 이고 직선 $y = x$ 를 따라 $(0, 0)$ 에 한없이 가까워지면 $\lim_{(x, x)\to(0, 0)} \frac{x^3}{x^2 + x^4} = \lim_{(x, x)\to(0, 0)} \frac{x}{1 + x^2} = 0$ 이다. 그러나 곡선 $x = y^2$ 을 따라 $(0, 0)$ 에 한없이 가까워지면

$$\lim_{(y^2, y)\to(0, 0)} \frac{y^4}{y^4 + y^4} = \frac{1}{2}$$

이므로 $\lim_{(x, y)\to(0, 0)} \frac{xy^2}{x^2 + y^4}$ 은 존재하지 않는다.

■

이제 이변수 함수의 연속성에 대하여 알아보자.

함수 $z = f(x, y)$가 점 (a, b)에서 연속이라는 것은 f의 그래프가 점 (a, b)에서 끊어지지 않았다는 것이다. 즉, 점 (a, b)에서의 함숫값과 (a, b)에 가까운 점들에서의 함숫값이 한없이 가까이 밀착해 있다는 것이다.

따라서 함수 $z = f(x, y)$가 조건

(1) (a, b) 에서 함숫값 $f(a, b)$ 가 존재하고

(2) 극한 $\lim_{(x, y)\to(a, b)} f(x, y)$ 가 존재해서

(3) $\lim_{(x, y)\to(a, b)} f(x, y) = f(a, b)$

을 만족시킬 때 점 (a, b)에서 연속이라 한다. 함수 $f(x, y)$ 가 평면 $\mathbb{R}^2$의 영역 D의 모든 점에서 연속일 때 $f(x, y)$ 는 D에서 연속이라 한다.

정리 11.2.1에 의하여 다음의 함수들은 좌표평면의 모든 점에서 연속임을 알 수 있다.

(1) 상수 k에 대하여 함수 $f(x, y) = k$

(2) $f(x, y) = x$

(3) $f(x, y) = y$

이제 극한정리 11.2.2에 의하여 연속인 함수들의 연산에 의한 함수들은 대부분 연속임을 알 수 있다.

정리 11.2.3 연속함수의 성질 1

두 함수 $f(x, y)$, $g(x, y)$가 (a, b)에서 연속이면

(1) 함수 $f(x, y) \pm g(x, y)$와 $f(x, y)g(x, y)$가 (a, b)에서 연속이다.

(2) $g(a, b) \neq 0$이면 $\dfrac{f(x, y)}{g(x, y)}$가 (a, b)에서 연속이다.

(3) $f(a, b) \geq 0$이면 $\sqrt{f(x, y)}$가 (a, b)에서 연속이다.

예를 들면,

(1) 함수 $f(x, y) = 5x^4y^2 - 2xy^3 + 4$는 xy평면 위의 모든 점에서 연속이다.
다항함수는 좌표평면 전체에서 연속이다.

(2) 함수 $f(x, y) = \dfrac{2x+3y}{y^2-4x}$는 포물선 $y^2 = 4x$ 위의 점들을 제외한 모든 xy평면 위에서 연속이다.
분수함수는 분모를 0으로 하는 점을 제외한 평면전체에서 연속이다.

예제 11.2.3

다음 함수가 $(0, 0)$에서 연속인지를 조사하라.

(1) $f(x, y) = \begin{cases} \dfrac{x^2y}{x^2+y^2} & (x, y) \neq (0, 0) \\ 0 & (x, y) = (0, 0) \end{cases}$ (2) $f(x, y) = \begin{cases} \dfrac{x^2-y^2}{x^2+y^2} & (x, y) \neq (0, 0) \\ 0 & (x, y) = (0, 0) \end{cases}$

풀이 (1) $0 \leq |f(x, y)| = \left|\dfrac{x^2y}{x^2+y^2}\right| = \dfrac{x^2}{x^2+y^2}|y| \leq \dfrac{x^2+y^2}{x^2+y^2}|y| = |y|$ 이고 $\lim\limits_{(x, y)\to(0, 0)} |y| = 0$

이므로 $\lim\limits_{(x, y)\to(0, 0)} |f(x, y)| = 0$ 이다. 따라서 $\lim\limits_{(x, y)\to(0, 0)} f(x, y) = 0 = f(0, 0)$

그러므로 $f(x, y)$는 $(0, 0)$에서 연속이다.

(2) 점 (x, y)가 직선 $y = kx$를 따라 $(0, 0)$에 한없이 가까워지면

$$\lim_{(x,y)\to(0,0)} f(x,y) = \lim_{(x,y)\to(0,0)} \frac{x^2 - k^2x^2}{x^2 + k^2x^2} = \lim_{(x,y)\to(0,0)} \frac{1-k^2}{1+k^2} = \frac{1-k^2}{1+k^2}$$

이다. 그런데 $\frac{1-k^2}{1+k^2}$ 의 값은 직선의 기울기 k 의 값에 따라 하나로 정하여지지 않는다. 즉, 점 (x,y) 가 $(0,0)$ 으로 접근하는 경로에 따라 $f(x,y)$ 의 값이 서로 다른 값으로 수렴하기 때문에 극한 $\lim_{(x,y)\to(0,0)} f(x,y)$ 가 존재하지 않는다. 따라서 함수 $f(x,y)$ 는 $(0,0)$ 에서 연속이 아니다.

■

이변수 함수 $z=f(x, y)$에서 x, y가 각각 단일 변수 t에 대한 함수 $x=g(t)$, $y=h(t)$로 주어지면 합성함수 $z=f(g(t), h(t))$는 t에 대한 실수 변수 함수이다. 따라서 z는 x, y에 대한 이변수 함수의 종속변수이기도 하고 t에 대한 실수 변수 함수의 종속변수이기도 하다.

정리 11.2.4 연속함수의 성질 2

이변수 함수 $z=f(x, y)$에 대하여 $\lim_{(x, y)\to(a, b)} f(x, y) = c$이고 실수 변수 함수 g가 c에서 연속이면

$$\lim_{(x, y)\to(a, b)} g(f(x, y)) = g(c)$$

이다. 따라서 함수 $z=f(x, y)$가 점 (a, b)에서 연속이고 실수 변수 함수 g가 $f(a, b)$에서 연속이면 함수 $(g \circ f)(x, y) = g(f(x, y))$가 점 (a, b)에서 연속이다.

예제 11.2.4

다음 극한을 구하라.

$$\lim_{(x,y)\to(0,0)} \frac{\sin(x^2+y^2)}{3x^2+3y^2}$$

풀이 (1) $f(x, y) = x^2 + y^2$라 두고, 실수 변수 함수 g를 $g(t) = \begin{cases} \frac{\sin t}{3t} & (t \neq 0) \\ \frac{1}{3} & (t = 0) \end{cases}$ 로 정의하면

$(x, y) \neq (0, 0)$일 때 $\frac{\sin(x^2+y^2)}{3x^2+3y^2} = g(f(x,y))$이고, f는 점 $(0, 0)$에서 연속이다.

$$\lim_{t \to 0} g(t) = \lim_{t \to 0} \frac{1}{3} \frac{\sin t}{t} = \frac{1}{3} = g(0)$$

이므로 g는 $0 = f(0, 0)$에서 연속이다.

정리 11.2.4에 의하여 $g(f(x, y))$는 $(0, 0)$에서 연속이다. 따라서

$$\lim_{(x,y) \to (0,0)} \frac{\sin(x^2 + y^2)}{3x^2 + 3y^2} = \lim_{(x,y) \to (0,0)} g(f(x, y)) = g(0) = \frac{1}{3}$$

11.2 연습문제

1. 다음 극한을 구하고, 존재하지 않으면 이유를 설명하라.

(1) $\displaystyle\lim_{(x,y) \to (1,3)} (3x^2y - xy^3)$

(2) $\displaystyle\lim_{(x,y) \to (0,0)} \frac{2x^2y}{x^2 + y^2}$

(3) $\displaystyle\lim_{(x,y) \to (0,0)} \frac{x^4 - y^4}{x^4 + y^4}$

(4) $\displaystyle\lim_{(x,y) \to (1,3)} \frac{x^2y}{4x^2 - y}$

(5) $\displaystyle\lim_{(x,y,z) \to (1,0,2)} \frac{4xz}{y^2 + z^2}$

2. 다음 함수가 연속인지 조사하라.

(1) $f(x, y) = \begin{cases} \dfrac{xy}{\sqrt{x^2 + y^2}}, & (x, y) \neq (0, 0) \\ 0, & (x, y) = (0, 0) \end{cases}$

(2) $f(x, y) = \begin{cases} \dfrac{x^2y^2}{x^2 + y^2}, & (x, y) \neq (0, 0) \\ 0, & (x, y) = (0, 0) \end{cases}$

(3) $f(x, y) = \begin{cases} \dfrac{xy^2}{x^2 + y^4}, & (x, y) \neq (0, 0) \\ 0, & (x, y) = (0, 0) \end{cases}$

(4) $f(x, y) = \begin{cases} \dfrac{3x^2y}{x^2 + y^2}, & (x, y) \neq (0, 0) \\ 1, & (x, y) = (0, 0) \end{cases}$

11.3 편도함수와 미분가능성

$z=f(x,y)$가 평면 $\mathbb{R}^2$의 영역 D에서 정의된 함수라 하자. D에 속하는 한 점 (a,b)에 대하여 극한

$$\lim_{h\to 0}\frac{f(a+h,b)-f(a,b)}{h}$$

이 존재하면 $f(x,y)$는 (a,b)에서 x에 대하여 **편미분가능**이라 한다. 이때 그 극한값을 x에 대한 **편미분계수**라 하고 $f_x(a,b)$로 나타낸다.

한편, 극한

$$\lim_{k\to 0}\frac{f(a,b+k)-f(a,b)}{k}$$

이 존재하면 $f(x,y)$는 (a,b)에서 y에 대하여 편미분가능이라 한다. 이때 그 극한값을 y에 대한 편미분계수라 하고 $f_y(a,b)$로 나타낸다.

정의

함수 $z=f(x,y)$가 x에 대하여 편미분가능한 모든 점들의 집합을 D_1, y에 대하여 편미분가능한 모든 점들의 집합을 D_2라 하자.

(1) D_1에 속하는 각 점 (x, y)에 x에 대한 편미분계수

$$f_x(x, y)=\lim_{h\to 0}\frac{f(x+h,y)-f(x,y)}{h}$$

를 대응시키는 함수를 f의 **x에 대한 편도함수**라 하고 다음과 같이 나타낸다.

$$f_x,\ z_x,\ \frac{\partial}{\partial x}f(x,y),\ \frac{\partial z}{\partial x}$$

(2) D_2에 속하는 각 점 (x, y)에 y에 대한 편미분계수

$$f_y(x, y)=\lim_{k\to 0}\frac{f(x,y+k)-f(x,y)}{k}$$

를 대응시키는 함수를 f의 **y에 대한 편도함수**라 하고 다음과 같이 나타낸다.

$$f_y,\ z_y,\ \frac{\partial}{\partial y}f(x,y),\ \frac{\partial z}{\partial y}$$

예제 11.3.1

$f(x, y) = x^2 + xy + y^2$ 의 편도함수를 구하라.

|풀이|

$$f_x(x, y) = \lim_{h \to 0} \frac{f(x+h, y) - f(x, y)}{h}$$

$$= \lim_{h \to 0} \frac{(x+h)^2 + (x+h)y + y^2 - (x^2 + xy + y^2)}{h}$$

$$= \lim_{h \to 0} \frac{2xh + yh + h^2}{h} = \lim_{h \to 0} (2x + y + h) = 2x + y$$

$$f_y(x, y) = \lim_{k \to 0} \frac{f(x, y+k) - f(x, y)}{k}$$

$$= \lim_{k \to 0} \frac{x^2 + x(y+k) + (y+k)^2 - (x^2 + xy + y^2)}{k}$$

$$= \lim_{k \to 0} \frac{xk + 2yk + k^2}{k} = \lim_{k \to 0} (x + 2y + k) = x + 2y$$

■

$f(x, y)$ 로부터 편도함수 $f_x(x, y)$, $f_y(x, y)$ 를 구하는 것을 **편미분한다고** 한다. $f_x(x, y)$ 를 구할 때에는 y 를 상수로 보고, $f_y(x, y)$ 를 구할 때에는 x 를 상수로 보고 각각 x 및 y 에 대한 일변수 함수의 미분법을 적용하면 된다는 의미이다.

예제 11.3.2

다음 함수에 대하여 $\frac{\partial}{\partial x} f(x, y)$, $\frac{\partial}{\partial y} f(x, y)$ 를 각각 구하라.

(1) $f(x, y) = \dfrac{3\sqrt{x}}{y^2}$

(2) $f(x, y) = \ln|2x + y^2|$

(3) $f(x, y) = xe^{x^2 + y^2}$

|풀이| (1) $\frac{\partial}{\partial x} f(x, y) = \frac{\partial}{\partial x}(3x^{1/2}y^{-2}) = 3y^{-2}\frac{d}{dx}(x^{1/2}) = 3y^{-2} \cdot \frac{1}{2}x^{-1/2} = \frac{3}{2y^2\sqrt{x}}$

$\frac{\partial}{\partial y} f(x, y) = \frac{\partial}{\partial x}(3x^{1/2}y^{-2}) = 3x^{1/2}\frac{d}{dy}(y^{-2}) = 3x^{1/2}(-2y^{-3}) = -\frac{3\sqrt{x}}{2y^3}$

(2) $\frac{\partial}{\partial x}f(x,\ y)=\frac{\partial}{\partial x}(\ln|2x+y^2|)=\frac{1}{2x+y^2}\frac{\partial}{\partial x}(2x+y^2)=\frac{2}{2x+y^2}$

$\frac{\partial}{\partial y}f(x,\ y)=\frac{\partial}{\partial y}(\ln|2x+y^2|)=\frac{1}{2x+y^2}\frac{\partial}{\partial y}(2x+y^2)=\frac{2y}{2x+y^2}$

(3) $\frac{\partial}{\partial x}f(x,\ y)=\frac{\partial}{\partial x}\left(xe^{x^2+y^2}\right)=e^{x^2+y^2}\frac{\partial}{\partial x}(x)+x\frac{\partial}{\partial x}\left(e^{x^2+y^2}\right)$

$=e^{x^2+y^2}\cdot 1+xe^{x^2+y^2}\frac{\partial}{\partial x}\left(x^2+y^2\right)$

$=e^{x^2+y^2}+xe^{x^2+y^2}(2x)=\left(1+2x^2\right)e^{x^2+y^2}$

$\frac{\partial}{\partial y}f(x,\ y)=\frac{\partial}{\partial y}\left(xe^{x^2+y^2}\right)=e^{x^2+y^2}\frac{\partial}{\partial y}(x)+x\frac{\partial}{\partial y}\left(e^{x^2+y^2}\right)$

$=e^{x^2+y^2}\cdot 0+xe^{x^2+y^2}\frac{\partial}{\partial y}\left(x^2+y^2\right)$

$=xe^{x^2+y^2}(2y)=2xye^{x^2+y^2}$

■

예제 11.3.3

다음을 구하라.

(1) $f(x,y)=x^2y+3y^3$ 일 때 $f_x(1,2)$와 $f_y(1,2)$

(2) $f(x,y)=x^3+2xy^2+y^4$ 일 때 $f_x(1,0)$와 $f_y(-3,2)$

풀이 (1) $f_x(x,y)=2xy$ 이므로 $f_x(1,2)=2xy|_{(1,2)}=2\cdot 1\cdot 2=4$

$f_y(x,y)=x^2+9y^2$ 이므로 $f_y(1,2)=\left(x^2+9y^2\right)\big|_{(1,2)}=1^2+9\cdot 2^2=37$

(2) $f_x(x,y)=3x^2+2y^2$ 이므로 $f_x(1,0)=\left(3x^2+2y^2\right)\big|_{(1,0)}=3\cdot 1^2+2\cdot 0^2=3$

$f_y(x,y)=4xy+4y^3$ 이므로

$f_y(-3,2)=\left(4xy+4y^3\right)\big|_{(-3,2)}=4\cdot(-3)\cdot 2+4\cdot 2^3=8$

■

함수의 편미분계수의 기하학적 의미를 보자.

이변수 함수 f의 x에 대한 편미분계수 $f_x(a,\ b)$는 함수 $z=f(x,y)$가 나타내는 곡면과 평면 $y=b$의 교선 $z=f(x,\ b)$ 위의 점 $(a,\ b,\ f(a,\ b))$에서 교선에 접하는 접선의 xy평면에 대한 기울기이고, y에 대한 편미분계수 $f_y(a,\ b)$는 곡면 $z=f(x,y)$와 평면 $x=a$의 교선

$z=f(a, y)$ 위의 점 $(a, b, f(a, b))$에서 교선에 접하는 접선의 xy평면에 대한 기울기이다.

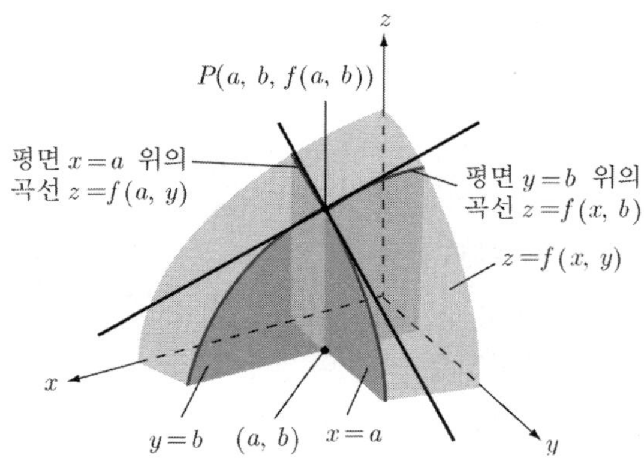

$z=f(x,y)$의 편도함수 $f_x=\dfrac{\partial z}{\partial x}$, $f_y=\dfrac{\partial z}{\partial y}$는 x와 y에 대한 이변수 함수이다. 따라서 f_x, f_y가 다시 x 또는 y에 대하여 편미분가능하면 그 편도함수를 구할 수 있다.

$z=f(x,y)$의 편도함수 f_x, f_y를 다시 x 또는 y에 대하여 편미분한 것을 **2계편도함수**라 한다.

$$f_{xx}=\frac{\partial}{\partial x}\left(\frac{\partial z}{\partial x}\right)=\frac{\partial^2 z}{\partial x^2}$$

$$f_{yy}=\frac{\partial}{\partial y}\left(\frac{\partial z}{\partial y}\right)=\frac{\partial^2 z}{\partial y^2}$$

$$f_{xy}=\frac{\partial}{\partial y}\left(\frac{\partial z}{\partial x}\right)=\frac{\partial^2 z}{\partial y\,\partial x}$$

$$f_{yx}=\frac{\partial}{\partial x}\left(\frac{\partial z}{\partial y}\right)=\frac{\partial^2 z}{\partial x\,\partial y}$$

마찬가지로 2계편도함수의 편도함수를 생각할 수 있겠다. 이런 식으로 2계편도함수, 3계편도함수, ⋯ 등을 **고계편도함수**라 한다. 예를 들어, $f(x,y)$의 하나의 3계편도함수 f_{xyy}는

$$f_{xyy}=(f_{xy})_y=\frac{\partial}{\partial y}\left(\frac{\partial^2 z}{\partial y\partial x}\right)=\frac{\partial^3 z}{\partial y^2\partial x}$$

이다.

정리 11.3.1

함수 $f(x, y)$에 대하여 f, f_x, f_y, f_{xy}, f_{yx}가 정의역 D에서 연속이면 $f_{xy} = f_{yx}$이다.

예제 11.3.4

$f(x, y) = x^2e^y + y^2e^x + xy$의 2계편도함수 f_{xx}, f_{yy}, f_{xy}, f_{yx}을 구하라.

|풀이| 주어진 함수를 x, y에 대하여 편미분하면

$$f_x(x, y) = 2xe^y + y^2e^x + y,\ f_y(x, y) = x^2e^y + 2ye^x + x$$

$$f_{xx}(x, y) = \frac{\partial}{\partial x} f_x(x, y) = \frac{\partial}{\partial x}(2xe^y + y^2e^x + y) = 2e^y + y^2e^x$$

$$f_{yy}(x, y) = \frac{\partial}{\partial y} f_y(x, y) = \frac{\partial}{\partial y}(x^2e^y + 2ye^x + x) = x^2e^y + 2e^x$$

$$f_{xy}(x, y) = \frac{\partial}{\partial y} f_x(x, y) = \frac{\partial}{\partial y}(2xe^y + y^2e^x + y) = 2xe^y + 2ye^x + 1$$

$$f_{yx}(x, y) = \frac{\partial}{\partial x} f_y(x, y) = \frac{\partial}{\partial x}(x^2e^y + 2ye^x + x) = 2xe^y + 2ye^x + 1$$

■

2개 이상의 변수를 갖는 함수에서도 이변수 함수의 편미분법과 마찬가지로 편도함수를 구한다. 예를 들면 삼변수 함수

$$w = f(x, y, z)$$

에 대한 1계편도함수는

$$f_x(x, y, z) = \frac{\partial w}{\partial x},\ f_y(x, y, z) = \frac{\partial w}{\partial y},\ f_z(x, y, z) = \frac{\partial w}{\partial z}$$

이다. 어떤 변수에 대한 편도함수를 구할 때 그 변수 이외의 변수는 모두 상수로 보고 미분하면 된다.

예제 11.3.5

$f(x, y, z) = x^2y^2 + y^2z^2 + z^2x^2$의 편도함수 f_x, f_y, f_z을 구하라.

풀이 $f_x(x, y, z) = 2xy^2 + 2z^2x$, $f_y(x, y, z) = 2x^2y + 2yz^2$, $f_z(x, y, z) = 2y^2z + 2zx^2$

■

일변수 함수 $y = f(x)$가 $x = a$에서 미분가능하다는 것은 그래프 위의 점 $(a, f(a))$에서 접선이 존재한다는 것과 동일한 개념이다. 따라서 실수변수 함수가 미분가능하다는 것은 함수의 그래프가 매끄럽다(smooth)는 것이다.

그런데 점 $(a, f(a))$에서의 접선의 방정식은 $y = f(a) + f'(a)(x-a)$이므로 a 근처에서는 곡선 $y = f(x)$와 직선 $y = f(a) + f'(a)(x-a)$가 매우 가깝다. $f(x) - \{f(a) + f'(a)(x-a)\} = \alpha$라 두면 a에 가까운 x에 대한 함숫값은 $f(x) = f(a) + f'(a)(x-a) + \alpha$로 쓸 수 있고, 여기서 $x \to a$이면 $\alpha \to 0$이다. 따라서 a 근처에서는 함숫값 $f(x)$의 어림값으로 $f(a) + f'(a)(x-a)$를 쓸 수 있겠다.

마찬가지로 이변수 함수 $z = f(x, y)$가 점 (a, b)에서 미분가능하다는 것은 곡면 위의 점 $(a, b, f(a, b))$에서 접평면을 갖는다는 것이다. 이때 접평면의 방정식은

$$z = f(a, b) + m_1(x-a) + m_2(y-b) \quad (m_1,\ m_2\text{는 상수})$$

의 꼴이다. 그러면 점 (a, b) 근방에서는 함수 $z = f(x, y)$의 그래프와 평면 $z = f(a, b) + m_1(x-a) + m_2(y-b)$가 매우 가까이 밀착해 있으므로 점 (x, y)가 (a, b)에 가까이 다가가면 $f(x, y)$는 $f(a, b) + m_1(x-a) + m_2(y-b)$에 한없이 가까이 간다.

함수 $z = f(x, y)$가 점 (a, b)에서 미분가능하면 위의 식에서 상수 m_1과 m_2는 실제로 각각 $f_x(a, b)$과 $f_y(a, b)$이다. 따라서 점 $(a, b, f(a, b))$에서 그래프에 대한 접평면의 방정식은

$$z = f(a, b) + f_x(a, b)(x-a) + f_y(a, b)(y-b)$$

이다.

정리 11.3.2 미분가능 함수

이변수 함수 $z = f(x, y)$가 점 (a, b)를 포함한 영역에서 연속인 1계편도함수들을 가지면 (a, b)에서 미분가능하다.

일변수 함수의 경우와 같이 이변수 함수에 대해서도 연쇄법칙이 성립한다.

정리 11.3.3 연쇄법칙 1

$x=g(t)$, $y=h(t)$가 각각 t_0에서 미분가능하고 $z=f(x,y)$가 점 $(x_0, y_0)=(g(t_0), h(t_0))$에서 미분가능하면 $z=f(g(t), h(t))$가 t_0에서 미분가능하고

$$\left.\frac{dz}{dt}\right|_{t=t_0}=f_x(x_0, y_0)g'(t_0)+f_y(x_0, y_0)h'(t_0)$$

즉,

$$\frac{dz}{dt}=\frac{\partial z}{\partial x}\frac{dx}{dt}+\frac{\partial z}{\partial y}\frac{dy}{dt}$$

가 성립한다.

예제 11.3.6

$x=2t$, $y=t^2$일 때, 함수 $z=x^3y$에 대하여 $\frac{dz}{dt}$을 구하라.

풀이

$$\frac{dz}{dt}=\frac{\partial z}{\partial x}\frac{dx}{dt}+\frac{\partial z}{\partial y}\frac{dy}{dt}=(3x^2y)(2)+(x^3)(2t)$$

$$=6(2t)^2(t^2)+(2t)^4=40t^4$$

■

함수 $z=f(x,y)$에서 x, y가 각각 이변수 함수일 때에도 연쇄법칙이 성립한다.

정리 11.3.4 연쇄법칙 2

$z=f(x,y)$가 미분가능하고, $x=g(u,v)$, $y=h(u,v)$가 u와 v에 대하여 각각 편미분가능하면 $z=f(g(u, v), h(u, v))$가 u와 v에 대하여 편미분가능하고

$$\frac{\partial z}{\partial u}=\frac{\partial z}{\partial x}\frac{\partial x}{\partial u}+\frac{\partial z}{\partial y}\frac{\partial y}{\partial u},\quad \frac{\partial z}{\partial v}=\frac{\partial z}{\partial x}\frac{\partial x}{\partial v}+\frac{\partial z}{\partial y}\frac{\partial y}{\partial v}$$

예제 11.3.7

$z = 3x^2 - y^2$, $x = 2u + 7v$, $y = 5uv$ 에서 $\dfrac{\partial z}{\partial u}$, $\dfrac{\partial z}{\partial v}$ 을 구하라.

풀이

$$\frac{\partial z}{\partial u} = \frac{\partial z}{\partial x}\frac{\partial x}{\partial u} + \frac{\partial z}{\partial y}\frac{\partial y}{\partial u} = (6x)(2) + (-2y)(5v)$$

$$= 6(2u + 7v)(2) - 2(5uv)(5v)$$

$$= 24u + 84v - 50uv^2$$

$$\frac{\partial z}{\partial v} = \frac{\partial z}{\partial x}\frac{\partial x}{\partial v} + \frac{\partial z}{\partial y}\frac{\partial y}{\partial v} = (6x)(7) + (-2y)(5u) = 6(2u + 7v)(7) - 2(5uv)(5u)$$

$$= 84u + 294v - 50u^2v$$

■

11.3 연습문제

1. 다음 함수의 x와 y에 대한 1계편도함수를 각각 구하라.

(1) $f(x, y) = x^3 - 4xy^2 + y^4$

(2) $f(x, y) = x^2y^3 - 3x$

(3) $f(x, y) = x^2\sin(xy) - 3y^3$

(4) $f(x, y) = x^2\sin(xy^2)$

(5) $f(x, y, z) = x\cos(y - z)$

(6) $f(x, y, z) = 3x\sin y + 4x^3y^2z$

(7) $f(x, y) = 3xe^y$

(8) $f(x, y) = \ln(xy)$

(9) $f(x, y) = y^2\ln(x^2y)$

2. 다음의 고계편도함수를 구하라.

(1) $f(x, y) = x^3 - 4xy^2 + 3y$; f_{xx}, f_{yy}, f_{xy}, f_{yx}

(2) $f(x, y, z) = x^3y^2 - \sin(yz)$; f_{xx}, f_{yz}, f_{xyz}

(3) $f(x, y) = x^4 - 3x^2y^3 + 5y$; f_{xx}, f_{xy}, f_{xyy}

(4) $f(x, y, z) = 3x\sin y + 4x^3y^2z$; f_{xx}, f_{yy}, f_{yyzz}

3. 다음의 함수에 대하여 $\dfrac{dz}{dt}$, $\dfrac{dw}{dt}$ 를 구하라.

(1) $z = x^2y^3$; $x = t^3$, $y = t^2$

(2) $z = e^x\sin y + e^y\sin x$; $x = 3t$, $y = 2t$

(3) $z = xy^2 - 2x^2y$; $x = e^t, y = \sin t$ (4) $w = \sin(xyz^2)$; $x = t^3, y = t^2, z = t$

4. 다음의 함수에 대하여 $\dfrac{\partial w}{\partial u}, \dfrac{\partial w}{\partial v}$ 를 구하라.

(1) $w = x^2y$; $x = uv, y = u - v$

(2) $w = x^2 + y^2 + z^2$; $x = uv, y = u - v, z = u + 2v$

(3) $w = x^2y$; $x = 2u + v, y = 1 - uv^2$

(4) $w = e^{x^2 + y^2}$; $x = u\sin v, y = v\sin u$

11.4 접평면과 어림값

x_0에서 미분가능한 실변수 함수 $y = f(x)$의 그래프 위의 점 $(x_0, f(x_0))$에서의 접선의 방정식은

$$y = T(x) = f(x_0) + m(x - x_0)$$

이다. 이때 x_0 근방의 점 x에서 $f(x)$의 어림값으로 $T(a)$를 얻을 수 있다.

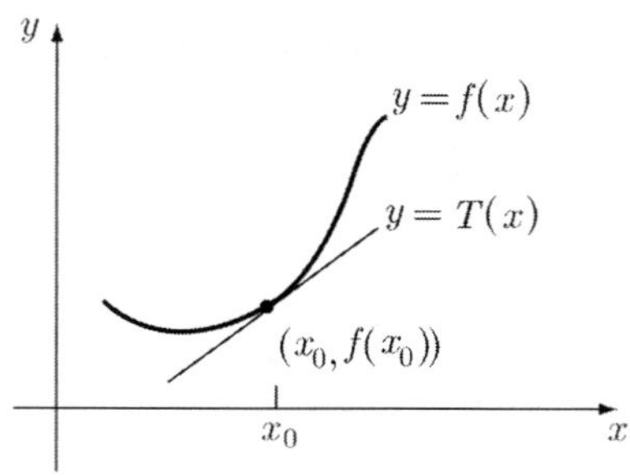

이변수 함수 $z = f(x, y)$가 미분가능하면 곡면 $z = f(x, y)$ 위의 점 $(x_0, y_0, f(x_0, y_0))$에서 접평면의 방정식은

$$z = T(x, y) = f(x_0, y_0) + f_x(x_0, y_0)(x - x_0) + f_y(x_0, y_0)(y - y_0)$$

이다.

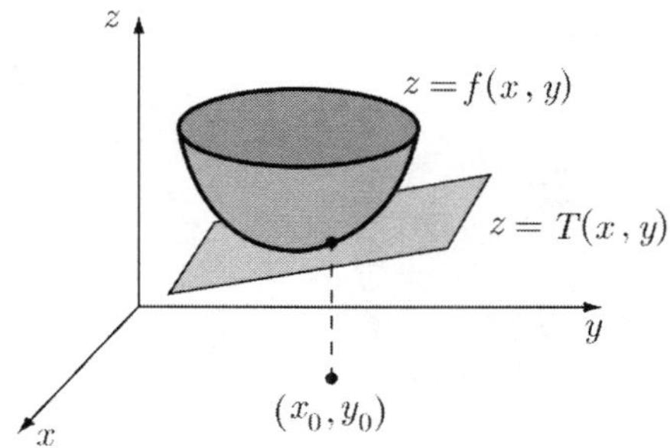

(x_0, y_0) 근방에서 $z=f(x, y)$의 어림값은 다음과 같이 얻을 수 있다.

$$f(x, y)=f(x_0, y_0)+f_x(x_0, y_0)(x-x_0)+f_y(x_0, y_0)(y-y_0)$$

정리 11.4.1

이변수 함수 f가 점 (x_0, y_0)에서 미분가능할 때 곡면 $z=f(x, y)$ 위의 점 $(x_0, y_0, f(x_0, y_0))$에서 접평면의 방정식은

$$z-f(x_0, y_0)=f_x(x_0, y_0)(x-x_0)+f_y(x_0, y_0)(y-y_0)$$

예제 11.4.1

다음 곡면 위의 주어진 점 P에서 접평면의 방정식을 구하라.

(1) $f(x, y)=xe^y+x^2y$; $P(2, 0, f(2, 0))$ (2) $f(x, y)=x^2+y^2$; $P(1, 1, f(1, 1))$

풀이 (1) $f_x(x, y)=e^y+2xy$, $f_y(x, y)=xe^y+x^2$이고 접평면의 방정식은

$$z-f(2, 0)=f_x(2, 0)(x-2)+f_y(2, 0)(y-0)$$

이므로

$$z-2=(x-2)+6y$$

이며, 정리하면 $z=x+6y$이다.

(2) $f_x(x, y)=2x$, $f_y(x, y)=2y$이고 접평면의 방정식은

$$z-f(1, 1)=f_x(1, 1)(x-1)+f_y(1, 1)(y-1)$$

이므로

$$z-2=2(x-1)+2(y-1)$$

이며 정리하면 $z = 2x + 2y - 2$이다.

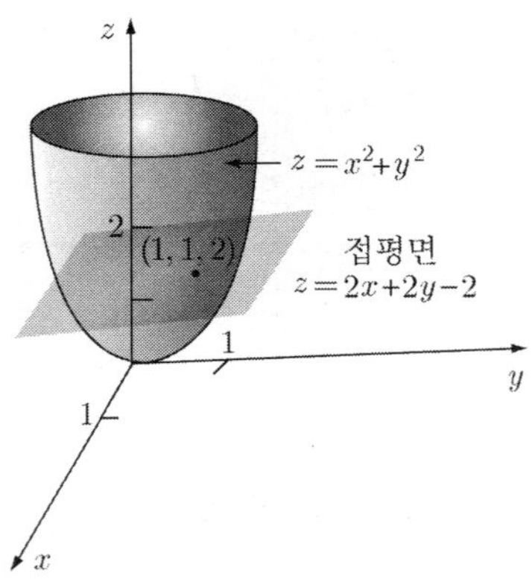

■

실변수 함수 $y=f(x)$가 $x=x_0$에서 미분가능할 때 독립변수 x의 값이 x_0에 매우 가까우면 그 증분 $\Delta x=x-x_0$가 0에 가깝고 x에서의 함숫값 $f(x)$은 $f(x_0)+f'(x_0)(x-x_0) =f(x_0)+f'(x_0)\Delta x$에 매우 가까우므로 종속변수 y의 증분 $\Delta y=f(x)-f(x_0)$은 $f(x_0)+f'(x_0)\Delta x-f(x_0)=f'(x_0)\Delta x$에 매우 가깝다. 독립변수 x의 x_0 근방에서의 미세한 증분 Δx를 x의 미분이라 하고 dx로 나타낸다. 이때 종속변수 y의 증분 Δy의 어림값 $f'(x_0)dx$를 y의 미분이라 하고 dy로 나타낸다.

이변수 함수 $z=f(x,y)$가 점 (x_0, y_0)에서 미분가능할 때 독립변수 x, y의 증분 Δx, Δy가 매우 작으면 각각 x, y의 미분이라 하고 dx, dy로 나타낸다. 이때 함숫값 $f(x_0+\Delta x, y+\Delta y)$는 $f(x_0, y_0)+f_x(x,y)dx+f_y(x,y)dy$에 매우 가까우므로 종속변수 z의 증분 $\Delta z=f(x_0+\Delta x, y_0+\Delta y)-f(x_0, y_0)$은 $f_x(x,y)dx+f_y(x,y)dy$에 매우 가깝다.

정의

$z=f(x,y)$가 미분가능한 함수일 때, x, y의 미분 dx, dy에 대하여

$$f_x(x,y)dx+f_y(x,y)dy$$

를 z의 **전미분**이라 하고 dz로 나타낸다.

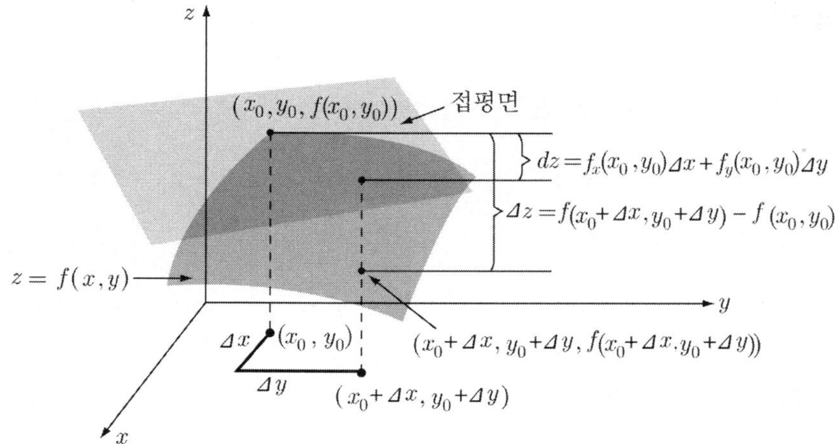

$y = f(x)$ 에서 미분을 이용하여 x_0 근방에서 어림값은

$$f(x) \approx f(x_0) + f'(x_0)(x - x_0)$$

이다. 이변수 함수에 대해서도 마찬가지로 (x_0, y_0)근방에서 어림값은

$$f(x, y) \approx f(x_0, y_0) + f_x(x_0, y_0)(x - x_0) + f_y(x_0, y_0)(y - y_0)$$

이다.

예제 11.4.2

$f(x, y) = 2x^3 + xy - y^3$ 에 대하여 전미분을 이용하여 $f(2.03, 0.98)$ 의 어림값을 구하라.

풀이 $f_x(x, y) = 6x^2 + y$, $f_y(x, y) = x - 3y^2$ 이고, $x_0 = 2$, $y_0 = 1$ 이라 하고 $dx = \Delta x = 0.03$, $dy = \Delta y = -0.02$ 라 하면

$$f(2.03, 0.98) \approx f(2, 1) + f_x(2, 1)\Delta x + f_y(2, 1)\Delta y$$

이므로 $f(2.03, 0.98) \approx 17 + 25(0.03) + (-1)(-0.02) = 17.77$ 이다.

11.4 연습문제

1. 다음 곡면 위의 주어진 점에서 접평면의 방정식을 구하라.

(1) $f(x, y) = \dfrac{x^2}{4} + \dfrac{y^2}{4}$; $(2, 2, 2)$

(2) $f(x, y) = x^2 + y^2 - 1$; $(2, 1, 4)$

(3) $f(x, y) = x^3 - 2xy$; $(-2, 3, 4)$

(4) $f(x, y) = \sin x \cos y$; $(0, \pi, 0)$

(5) $f(x, y) = e^{-x^2-y^2}$; $(0, 0, 1)$

(6) $f(x, y) = 2e^{3y}\cos 2x$; $\left(\dfrac{\pi}{3}, 0, -1\right)$

2. 다음 함수의 전미분을 구하라.

(1) $z = ye^x + \sin x$

(2) $z = x^2 e^y$

11.5 극대, 극소

편도함수를 이용하여 이변수 함수의 극댓값과 극솟값 그리고 최댓값과 최솟값을 알아보자.

정의

함수 $f(x, y)$가 점 (a, b)를 포함하는 영역에서 정의된다고 하자.

(1) (a, b)를 중심으로 하는 적당한 원의 내부에 속하는 모든 점 (x, y)에 대하여

$$f(a, b) \geq f(x, y)$$

이면 $f(a, b)$를 이 영역에서 $f(x, y)$의 **극댓값**이라 한다.

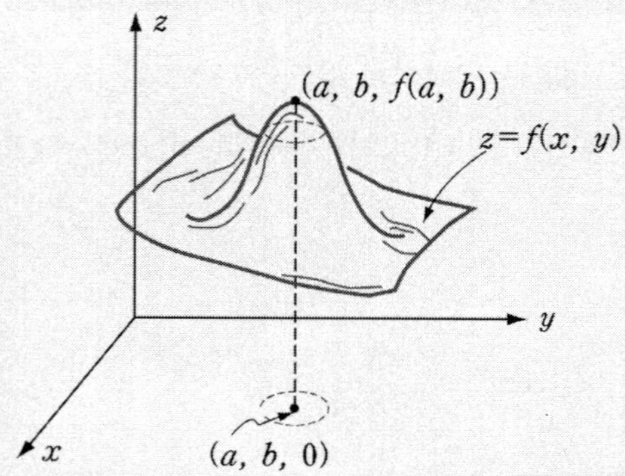

(2) (a, b)를 중심으로 하는 적당한 원의 내부에 속하는 모든 점 (x, y)에 대하여

$$f(a, b) \le f(x, y)$$

이면 $f(a, b)$을 이 영역에서 $f(x, y)$의 **극솟값**이라 한다.

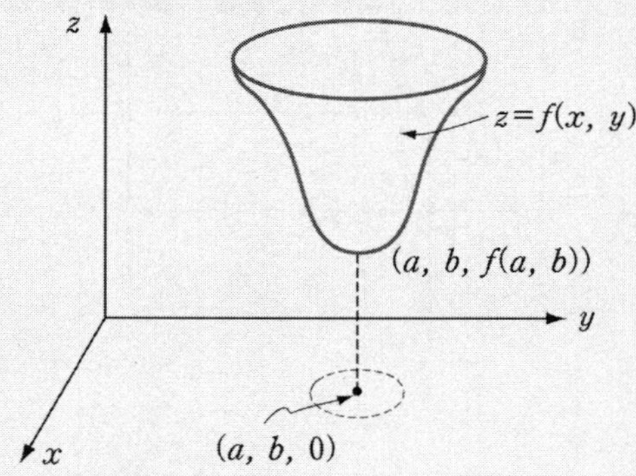

(3) $f(a, b)$가 극댓값 또는 극솟값이면 $f(x, y)$는 (a, b)에서 **극값**을 갖는다고 한다.

함수 $f(x, y)$가 (a, b)에서 극값을 갖고 $f_x(a, b)$, $f_y(a, b)$가 존재한다고 하자. 곡면 $z = f(x, y)$와 평면 $x = a$의 교선인 곡선을 C_1이라 하자. $f(a, y) = f_1(y)$라 두면 $z = f_1(y)$는 C_1을 yz평면으로 정사영한 곡선의 방정식이고 $f_1(b) = f(a, b)$는 $f_1(y)$의 극값이다. 그런데 $f_1(y)$는 b에서 미분가능하고 $f_1{}'(b) = f_y(a, b)$이므로

$$0 = f_1{}'(b) = f_y(a, b)$$

이다. 마찬가지로 곡면 $z = f(x, y)$와 평면 $y = b$의 교선인 곡선을 C_2이라 하고 $f_2(x) = f(x, b)$라 두면 함수 $z = f_2(x)$의 그래프는 C_2를 xz평면 위로 정사영 한 곡선이다. $f_2(a) = f(a, b)$는 f_2의 극값이므로

$$0 = f_2{}'(b) = f_x(a, b)$$

이다. $z = f(x, y)$가 점 (a, b)에서 미분가능하다면 점 $(a, b, f(a, b))$에서 곡선 C_1에 대한 접선과 곡선 C_2에 대한 접선을 포함하는 평면은 곡면 $z = f(x, y)$의 점 $(a, b, f(a, b))$에서 접평면이고 그것은 xy평면에 평행이다.

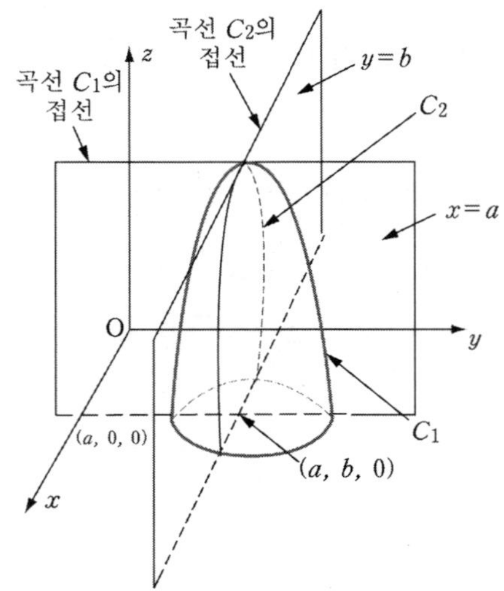

정리 11.5.1

함수 $f(x, y)$가 점 (a, b)에서 극값을 갖고, $f_x(a, b)$와 $f_y(a, b)$가 존재하면

$$f_x(a, b) = 0 \text{ 이고 } f_y(a, b) = 0 \text{이다.}$$

함수 $f(x, y)$의 정의역 내부의 점 (a, b)에 대하여 $f_x(a, b) = f_y(a, b) = 0$이거나 또는 $f_x(a, b)$와 $f_y(a, b)$ 중 어느 하나가 존재하지 않을 때 점 (a, b)를 함수 $f(x, y)$의 **임계점**이라 한다.

함수 $f(x, y)$가 점 (a, b)에서 극값을 가지면 점 (a, b)는 $f(x, y)$의 임계점이다. 그러나 역은 반드시 성립하는 것은 아니다. 점 (a, b)가 $f(x, y)$의 임계점일 때 $f(x, y)$가 점 (a, b)에서 극값을 가질 수도 있고 갖지 않을 수도 있다.

예제 11.5.1

다음 함수의 극값을 구하라.

(1) $f(x, y) = x^2 - 2x + \dfrac{y^2}{4}$　　　　(2) $f(x, y) = y^2 - x^2$

풀이 (1) f가 평면 전체에서 미분가능하므로 임계점은 $f_x(x, y) = 2x - 2 = 0$, $f_y(x, y) = \dfrac{y}{2} = 0$을 만족시키는 $(1, 0)$뿐이다. $f(1, 0) = -1$이고, 모든 (x, y)에 대하여

$$f(x, y) = x^2 - 2x + \frac{y^2}{4} = x^2 - 2x + 1 + \frac{y^2}{4} - 1$$

$$= (x-1)^2 + \frac{y^2}{4} - 1 \geq -1$$

이므로 $f(1, 0) = -1$이 극솟값이고 동시에 최솟값이다. 극댓값은 없다.

(2) 임계점은 $f_x(x, y) = -2x = 0$, $f_y(x, y) = 2y = 0$을 만족시키는 점 $(0, 0)$뿐이다. 그러나 $f(x, y) = y^2 - x^2$은 $(0, 0)$에서 극댓값도 극솟값도 되지 않는다. 이런 점을 **안장점**이라 한다.

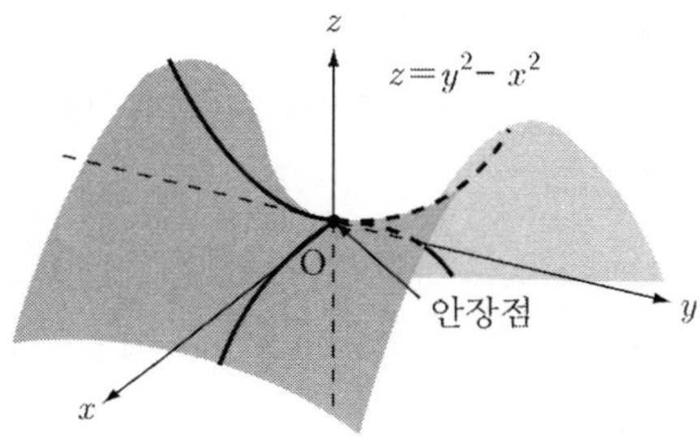

■

이변수 함수에서도 2계편도함수로 극값을 판정할 수 있다.

정리 11.5.2

함수 $z = f(x, y)$가 점 (a, b)의 근방에서 연속인 2계편도함수를 갖고 $f_x(a, b) = 0$, $f_y(a, b) = 0$을 만족시킨다고 하자

$$D = f_{xx}(a, b) f_{yy}(a, b) - \{f_{xy}(a, b)\}^2$$

이라 할 때

(1) $D > 0$이고 $f_{xx}(a, b) < 0$이면 $f(a, b)$는 극댓값이다.

(2) $D > 0$이고 $f_{xx}(a, b) > 0$이면 $f(a, b)$는 극솟값이다.

(3) $D < 0$이면 $f(a, b)$는 극값이 아니다. 점 (a, b)는 안장점이다.

(4) $D = 0$이면 판정할 수 없다.

예제 11.5.2

다음 함수의 극값을 구하라.

(1) $f(x, y) = x^2 + y^2 + xy + 6x - 3$

(2) $f(x, y) = 3x^3 + y^2 - 9x + 4y$

| 풀이 | (1) $f_x(x, y) = 2x + y + 6$, $f_y(x, y) = 2y + x$ 이므로 $f_x(x, y) = f_y(x, y) = 0$ 에서 $(-4, 2)$가 임계점이다. 또

$$f_{xx}(x, y) = 2, \ f_{yy}(x, y) = 2, \ f_{xy}(x, y) = 1$$

이므로 $(-4, 2)$에서

$$D = f_{xx}(-4, 2)f_{yy}(-4, 2) - \{f_{xy}(-4, 2)\}^2 = 2 \cdot 2 - 1^2 = 3 > 0$$

이고 $f_{xx}(-4, 2) = 2 > 0$ 이므로 $f(-4, 2) = -15$ 는 극솟값이다.

(2) $f_x(x, y) = 9x^2 - 9$, $f_y(x, y) = 2y + 4$ 이므로 $f_x(x, y) = f_y(x, y) = 0$ 에서 $(1, -2)$와 $(-1, -2)$가 임계점이다. 또

$$f_{xx}(x, y) = 18x, \ f_{yy}(x, y) = 2, \ f_{xy}(x, y) = 0$$

이므로 $(1, -2)$에서

$$D = f_{xx}(1, -2)f_{yy}(1, -2) - \{f_{xy}(1, -2)\}^2 = 36 > 0$$

이고 $f_{xx}(1, -2) = 18 > 0$ 이므로 $f(1, -2) = -10$ 는 극솟값이다. 또한 $(-1, -2)$에서

$$D = f_{xx}(-1, -2)f_{yy}(-1, -2) - \{f_{xy}(-1, -2)\}^2 = -36 < 0$$

이므로 점 $(-1, -2)$는 안장점이다.

■

실생활에서 사업가는 이익을 최대로 하고 싶지만 원자재의 총량, 노동력 등등의 조건에 의하여 제약을 받는다. 이변수 함수의 어떤 제약조건에서 최댓값, 최솟값을 구하는 문제를 해결하기 위하여 Lagrange 승수를 이용하는 방법을 알아보자.

정리 11.5.3

제약조건 $g(x, y) = 0$ 에서 함수 $z = f(x, y)$ 을 최대 또는 최소가 되게 하는 점 (a, b) 는 Lagrange 함수

$$F(x, y, \lambda) = f(x, y) + \lambda g(x, y)$$

에 대하여 $F_x(x, y, \lambda) = 0$, $F_y(x, y, \lambda) = 0$, $F_\lambda(x, y, \lambda) = 0$을 만족시킨다.

즉, 위의 조건을 만족시키는 점들은 제약조건 아래에서의 $z = f(x, y)$의 임계점이고, 극값을 갖는 후보이다.

이때 λ 는 **Lagrange 승수**라 한다.

예제 11.5.3

제약조건 $x^2+y^2=9$ 에서 $f(x,y)=x+y^2$ 의 최댓값, 최솟값을 구하라.

풀이 제약조건 $x^2+y^2=9$ 에서 $g(x,y)=x^2+y^2-9$ 라 하자. 그러면 Lagrange 함수는

$$F(x,y,\lambda)=x+y^2+\lambda(x^2+y^2-9)$$

이다. $F_x(x,y,\lambda)=1+2x\lambda=0$, $F_y(x,y,\lambda)=2y+2y\lambda=0$, $F_\lambda(x,y,\lambda)=x^2+y^2-9=0$ 으로 한 연립방정식

$$\begin{cases} 1+2x\lambda=0 & \cdots\cdots ① \\ y+y\lambda=0 & \cdots\cdots ② \\ x^2+y^2-9=0 & \cdots\cdots ③ \end{cases}$$

을 푼다. ③에서 x, y 가 동시에 0 이 될 수 없음을 알 수 있다. $y\neq 0$ 이면 ②에서 $\lambda=-1$ 이고 ①에서 $x=\frac{1}{2}$, ③에서 $y=\pm\frac{\sqrt{35}}{2}$ 이다. 그러므로 임계점은 $\left(\frac{1}{2}, \pm\frac{\sqrt{35}}{2}\right)$ 이다. $x\neq 0$ 이면 ①에서 $\lambda=-\frac{1}{2x}$ 이고, ②에서 $y(1+\lambda)=y\left(1-\frac{1}{2x}\right)=0$ 이므로 $y=0$ 또는 $x=\frac{1}{2}$ 이다. $y=0$ 이면 ③에서 $x=\pm 3$ 이고, 이때 ①에서 $\lambda=\pm\frac{1}{6}$ 이다. 따라서 임계점은 $(\pm 3, 0)$ 이다. $x=\frac{1}{2}$ 인 경우는 위와 같다.

$f\left(\frac{1}{2}, \frac{\sqrt{35}}{2}\right)=\frac{37}{4}$, $f\left(\frac{1}{2}, -\frac{\sqrt{35}}{2}\right)=\frac{37}{4}$, $f(3,0)=3$, $f(-3,0)=-3$ 이므로 최댓값은 $\left(\frac{1}{2}, \pm\frac{\sqrt{35}}{2}\right)$ 에서 $\frac{37}{4}$ 이고 최솟값은 $(-3,0)$ 에서 -3 이다. ■

11.5 연습문제

1. 다음 함수의 극값을 구하라.

(1) $f(x,y)=3xy+x^2-y^3$

(2) $f(x,y)=x^2+4y^2-4x$

(3) $f(x,y)=xy+x-y$

(4) $f(x,y)=-x^2-y^2+6x+2y+12$

(5) $f(x,y)=x^3+y^3-3xy+2$

(6) $f(x,y)=2x^4-x^2+3y^2$

2. 다음 제약극값을 구하라.

(1) $\dfrac{x^2}{4}+y^2=1$ 에서 $f(x,y)=y^2-x^2$ 의 최댓값과 최솟값

(2) $x^2+y^2-4=0$ 에서 $f(x,y)=xy$ 의 최댓값

(3) $xy-3=0$ 에서 $f(x,y)=x^2+y^2$ 의 최솟값

(4) $x^2+y^2=1$ 에서 $f(x,y)=4x^2-4xy+y^2$ 의 최댓값

11.6 다중적분

함수 $y=f(x)$에 대한 정적분을 다시 생각해보자. $[a,b]$를 n개의 부분구간 $[x_{i-1}, x_i]$ $(i=1, 2, \cdots, n)$으로 분할하고 각 부분구간에서 표본점 $\overline{x_i}$을 택하여 합 $\displaystyle\sum_{i=1}^{n} f(\overline{x_i})\Delta x_i$ 의 극한 $\displaystyle\lim_{|p|\to 0}\sum_{i=1}^{n} f(\overline{x_i})\Delta x_i$ 을 정적분 $\displaystyle\int_a^b f(x)\,dx$ 으로 정의했다.

$z=f(x,y)$에 대한 적분도 같은 방법으로 정의한다.

각 변이 좌표축에 평행인 직사각형 영역

$$R=\{(x,y)\,|\,a\le x\le b, c\le y\le d\}$$

에서 함수 $f(x,y)$가 유계라 하자. R을 x축에 평행인 직선들과 y축에 평행인 직선들로 나누어 R의 분할 P: $R_1, R_2, \cdots, R_n$을 정한다.

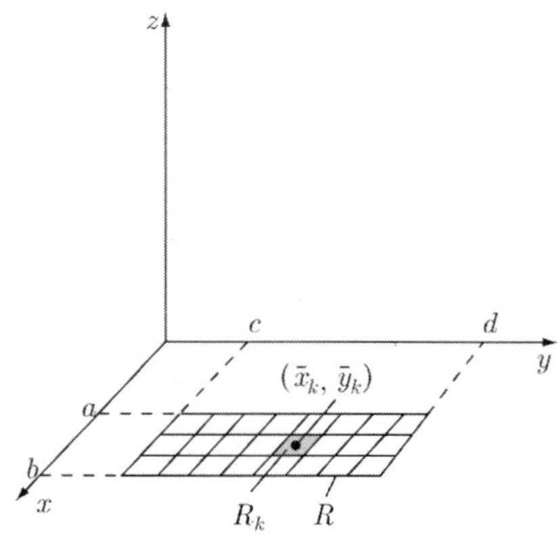

Δx_k 와 Δy_k 을 R_k 의 두 변의 길이라 하면 $\Delta A_k = \Delta x_k \Delta y_k$ 는 R_k 의 넓이가 된다. R_k 에서 표본점 $\left(\overline{x_k}, \overline{y_k}\right)$ 을 택하여 Riemann 합

$$\sum_{k=1}^{n} f(\overline{x_k},\ \overline{y_k})\Delta A_k$$

을 구한다. 이때 $f(x, y) \geq 0$ 이면 Riemann 합은 n 개의 상자의 부피가 된다.

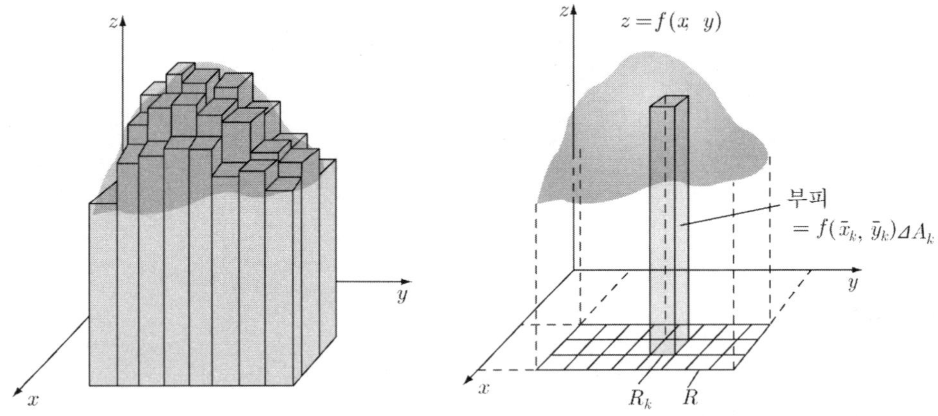

분할 P에서 부분 직사각형들의 대각선 중 가장 긴 대각선의 길이를 $|P|$로 정한다.

정의

$f(x, y)$가 직사각형 영역 R에서 유계인 함수라 할 때 R의 임의의 분할 P: $R, R, \cdots, R_n$과 임의의 표본점 $\left(\overline{x_k},\ \overline{y_k}\right) \in R_k$에 대하여 Riemann 합의 극한

$$\lim_{|P| \to 0} \sum_{k=1}^{n} f(\overline{x_k}, \overline{y_k})\Delta A_k$$

가 존재하면 $f(x, y)$가 R에서 적분가능하다고 한다. 이 극한값을 f의 R에서의 **이중적분**이라 하고

$$\iint_R f(x, y)dA \quad \text{또는} \quad \iint_R f(x, y)dxdy$$

로 나타낸다.

함수 $f(x, y)$가 직사각형 R에서 연속이면 적분가능하다.

$f(x) \geq 0$ 일 때 $\int_a^b f(x)dx$ 는 곡선 $y = f(x)$ 와 구간 $[a, b]$ 사이 영역의 넓이가 되는 것과

마찬가지로 $f(x,y) \geq 0$ 일 때 $\iint_R f(x,y)dA$ 는 곡면 $z=f(x,y)$ 와 직사각형 R 사이의 입체의 부피가 된다.

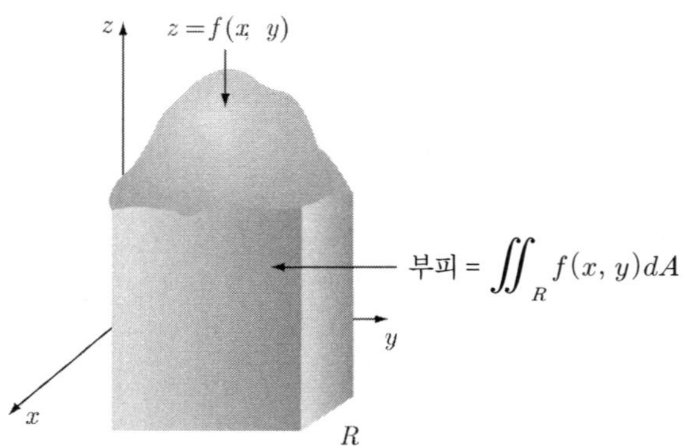

정리 11.6.1

두 함수 $f(x,y)$, $g(x,y)$ 가 직사각형 영역 R 에서 적분가능하다고 하자.

(1) 임의의 상수 k 에 대하여 함수 $kf(x,y)$ 와 함수 $f(x,y) \pm g(x,y)$ 가 적분가능하고

(i) $\iint_R kf(x,y)dA = k\iint_R f(x,y)dA$

(ii) $\iint_R \{f(x,y) \pm g(x,y)\}dA = \iint_R f(x,y)dA \pm \iint_R g(x,y)dA$

(2) 직사각형 R 가 좌표축에 평행인 직선에 의해서 두 직사각형 R_1, R_2 로 나누어지고, f 가 R 에서 적분가능하면

$$\iint_R f(x,y)dA = \iint_{R_1} f(x,y)dA + \iint_{R_2} f(x,y)dA$$

(3) 모든 $(x,y) \in R$ 에 대하여 $f(x,y) \leq g(x,y)$ 이면

$$\iint_R f(x,y)dA \leq \iint_R g(x,y)dA$$

R 에서 $f(x,y)=1$ 이면 $\iint_R f(x,y)dA = \iint_R 1\,dA = A(R)$ 이다. 여기서 $A(R)$ 은 R 의 넓이를 의미한다.

이중적분의 실제 계산은 반복적분으로, 즉 정적분을 두 번 계산한다.

함수 $f(x,y)$가 $R=\{(x,y)|a\le x\le b, c\le y\le d\}$에서 연속이면

$$\iint_R f(x,y)dA=\int_c^d\int_a^b f(x,y)dxdy=\int_a^b\int_c^d f(x,y)dydx$$

이다. 먼저 y를 상수로 보고 $f(x,y)$를 x에 대하여 적분하면 $\int_a^b f(x,y)dx$는 y에 대한 함수이므로 이것을 y에 대하여 적분하면

$$\iint_R f(x,y)dA=\int_c^d\left[\int_a^b f(x,y)dx\right]dy$$

이다. 순서를 바꾸어도 결과는 같다. 즉, x를 상수로 보고 $f(x,y)$를 먼저 y에 대하여 적분한 다음 x에 대하여 적분하면

$$\iint_R f(x,y)dA=\int_a^b\left[\int_c^d f(x,y)dy\right]dx$$

이다. 보통 반복적분에서는 괄호를 생략하고 적분 순서는 $dydx$ 또는 $dxdy$와 같이 나타낸다.

예제 11.6.1

다음 주어진 직사각형 영역 R에서의 이중적분을 계산하라.

(1) $\iint_R (2x+3y)dxdy\,;R=\{(x,y)|\ 1\le x\le 2,\ 0\le y\le 3\}$

(2) $\iint_R (4-x^2-y)dxdy\,;R=\{(x,y)|0\le x\le 1,\ 0\le y\le 2\}$

(3) $\iint_R (3x^2y^3-2xy^2+y-1)dxdy\,;R=\{(x,y)|\ 0\le x\le 1,\ 1\le y\le 2\}$

(4) $\iint_R y\cos(xy)dxdy\,;R=\{(x,y)|-1\le x\le 2,\ 0\le y\le \pi\}$

풀이 (1) $\int_0^3\int_1^2 (2x+3y)dxdy=\int_0^3\left[\int_1^2(2x+3y)dx\right]dy=\int_0^3\left[x^2+3yx\right]_1^2dy$

$$=\int_0^3(3+3y)dy=\left[3y+\frac{3}{2}y^2\right]_0^3=\frac{45}{2}$$

적분 순서를 바꾸어도 결과는 같다.

$$\int_1^2\int_0^3 (2x+3y)dydx = \int_1^2\left[\int_0^3 (2x+3y)dy\right]dx = \int_1^2\left[2xy+\frac{3}{2}y^2\right]_0^3 dx$$

$$= \int_1^2\left(6x+\frac{27}{2}\right)dx = \left[3x^2+\frac{27}{2}x\right]_0^3 = \frac{45}{2}$$

(2) $$\int_0^2\int_0^1 (4-x^2-y)dxdy = \int_0^2\left[\int_0^1 (4-x^2-y)dx\right]dy = \int_0^2\left[4x-\frac{x^3}{3}-yx\right]_0^1 dy$$

$$= \int_0^2\left(\frac{11}{3}-y\right)dy = \left[\frac{11}{3}y-\frac{y^2}{2}\right]_0^2 = \frac{16}{3}$$

(3) $$\int_1^2\int_0^1 (3x^2y^3-2xy^2+y-1)dxdy = \int_1^2\left[\int_0^1 (3x^2y^3-2xy^2+y-1)dx\right]dy$$

$$= \int_1^2 [x^3y^3-x^2y^2+xy-x]_0^1 dy$$

$$= \int_1^2 (y^3-y^2+y-1)dy$$

$$= \left[\frac{y^4}{4}-\frac{y^3}{3}+\frac{y^2}{2}-y\right]_1^2 = \frac{23}{12}$$

(4) $$\int_0^\pi\int_{-1}^2 y\cos(xy)dxdy = \int_0^\pi\left[\int_{-1}^2 y\cos(xy)dx\right]dy = \int_0^\pi [\sin(xy)]_{-1}^2 dy$$

$$= \int_0^\pi (\sin 2y+\sin y)dy = \left[\frac{-\cos 2y}{2}-\cos y\right]_0^\pi$$

$$= \frac{-\cos 2\pi}{2}-\cos\pi-\left(\frac{-\cos 0}{2}-\cos 0\right) = 2$$

■

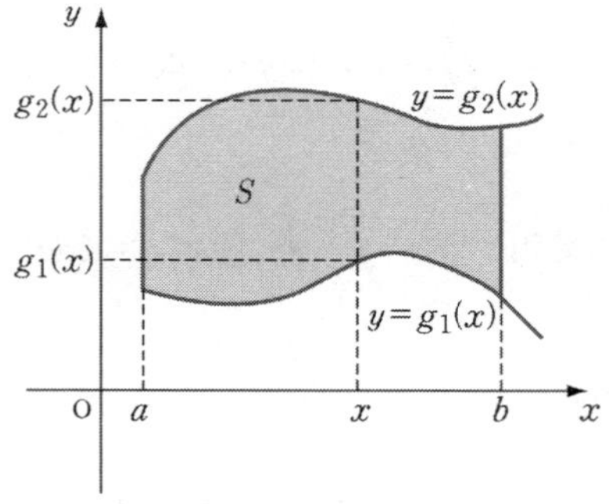

일반적인 영역에서 이중적분을 어떻게 계산하는지 알아보자.

영역 S가 구간 $[a,b]$에서 연속이고 $g_1(x) \le g_2(x)$인 함수 $g_1(x)$, $g_2(x)$에 대하여

$$S=\{(x,y)\,|\,g_1(x) \le y \le g_2(x),\ a \le x \le b\}$$

로 주어졌을 때 함수 $f(x,y)$가 연속이면 영역 S에서 이중적분은

$$\iint_S f(x,y)dA = \int_a^b \int_{g_1(x)}^{g_2(x)} f(x,y)dydx$$

로 계산한다.

한편, 구간 $[c,d]$에서 연속이고 $h_1(y) \le h_2(y)$인 함수 $h_1(y)$, $h_2(y)$에 의해서 정해진 영역

$$S = \{(x,y) \mid h_1(y) \le x \le h_2(y),\ c \le y \le d\}$$

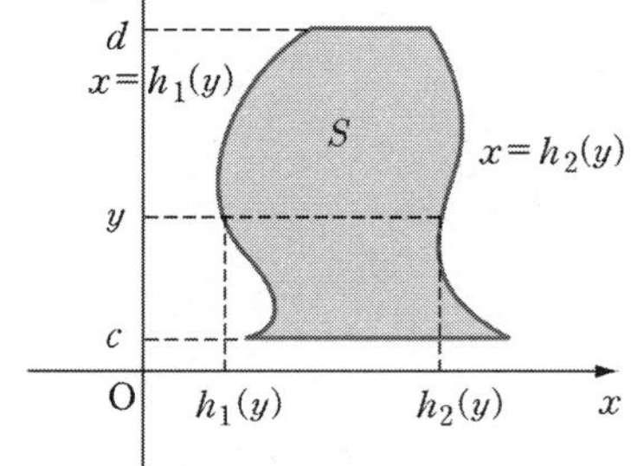

에서 연속인 함수 $f(x,y)$의 이중적분은

$$\iint_S f(x,y)dA = \int_c^d \int_{h_1(y)}^{h_2(y)} f(x,y)dxdy$$

로 계산한다.

예제 11.6.2

다음 주어진 영역 S에서 이중적분을 구하라.

(1) $\iint_S (x+y^2)dxdy\,;S = \{(x,y) \mid x^2 \le y \le 2x,\ 0 \le x \le 2\}$

(2) $\iint_S (x^2+y^2)dxdy\,;S = \{(x,y) \mid 0 \le x \le 3y,\ -1 \le y \le 3\}$

(3) $\iint_S (xy+\cos x)dxdy\,;S = \left\{(x,y) \,\middle|\, 0 \le y \le x,\ 0 \le x \le \frac{\pi}{2}\right\}$

(4) $\iint_S (2ye^x)dxdy\,;S = \{(x,y) \mid 0 \le x \le y^2,\ 0 \le y \le 1\}$

풀이 (1) $\int_0^2 \int_{x^2}^{2x} (x+y^2)dydx = \int_0^2 \left[\int_{x^2}^{2x} (x+y^2)dy\right]dx = \int_0^2 \left[xy + \frac{y^3}{3}\right]_{x^2}^{2x} dx$

$$= \int_0^2 \left[x(2x) + \frac{(2x)^3}{3} - \left\{x(x^2) + \frac{(x^2)^3}{3}\right\}\right]dx$$

$$= \int_0^2 \left(-\frac{x^6}{3} + \frac{5x^3}{3} + 2x^2\right)dx = \left[-\frac{x^7}{21} + \frac{5x^4}{12} + \frac{2x^3}{3}\right]_0^2$$

$$= \frac{124}{21}$$

(2) $$\int_{-1}^{3}\int_{0}^{3y}(x^2+y^2)dxdy = \int_{-1}^{3}\left[\int_{0}^{3y}(x^2+y^2)dx\right]dy = \int_{-1}^{3}\left[\frac{x^3}{3}+y^2x\right]_0^{3y}dy$$

$$= \int_{-1}^{3}12y^3dy = [3y^4]_{-1}^{3} = 240$$

(3) $$\int_{0}^{\pi/2}\int_{0}^{x}(xy+\cos x)dydx = \int_{0}^{\pi/2}\left[\int_{0}^{x}(xy+\cos x)dy\right]dx = \int_{0}^{\pi/2}\left[\frac{xy^2}{2}+y\cos x\right]_0^{x}dx$$

$$= \int_{0}^{\pi/2}\left(\frac{x^3}{2}+x\cos x\right)dx = \int_{0}^{\pi/2}\frac{x^3}{2}dx + \int_{0}^{\pi/2}x\cos x dx$$

$$= \left[\frac{x^4}{8}\right]_0^{\pi/2} + [x\sin x+\cos x]_0^{\pi/2} = \frac{\pi^4}{128}+\frac{\pi}{2}-1$$

(4) $$\int_{0}^{1}\int_{0}^{y^2}2ye^x\,dxdy = \int_{0}^{1}\left[\int_{0}^{y^2}2ye^x\,dx\right]dy = \int_{0}^{1}[2ye^x]_0^{y^2}dy$$

$$= \int_{0}^{1}\left(2ye^{y^2}-2y\right)dy = \left[e^{y^2}-y^2\right]_0^1 = e-2$$

▩

이중적분 개념을 삼중적분으로 확장시켜 보자.

상자 $B=\{(x, y, z)\,|\,a \le x \le b,\ c \le y \le d,\ p \le z \le q\}$에서 유계인 삼변수 함수 $f(x, y, z)$에 대하여, B를 각 좌표평면에 평행인 평면들로 잘라서 작은 상자들로 나눈 분할을 $P : B_1, B_2, \cdots, B_n$ 라 하자. 이 분할의 크기 $|P|$는 부분상자들의 대각선 중에서 가장 긴 대각선의 길이로 정한다. 각 부분상자 B_k 에서 표본점 $(\overline{x_k}, \overline{y_k}, \overline{z_k})$ 을 택하여 얻은 Riemann 합 $\sum_{k=1}^{n} f(\overline{x_k}, \overline{y_k}, \overline{z_k})\Delta V_k$ $(\Delta V_k = \Delta x_k \Delta y_k \Delta z_k)$이 분할의 방법과 표본점의 위치에 관계없이 극한 $\lim_{|P|\to 0}\sum_{k=1}^{n} f(\overline{x_k}, \overline{y_k}, \overline{z_k})\Delta V_k$ 이 존재하면 f는 B에서 적분가능하다고 한다. 이 극한값을 **삼중적분**이라 하고

$$\iiint_B f(x,y,z)dV \text{ 또는 } \iiint_B f(x,y,z)dxdydz$$

로 나타낸다.

$f(x, y, z)$가 B에서 연속이면 삼중적분이 가능하다. 삼중적분에서도 적분의 기본적인 성질이 성립한다.

삼중적분의 계산은 정적분을 세 번 반복하여 계산한다.

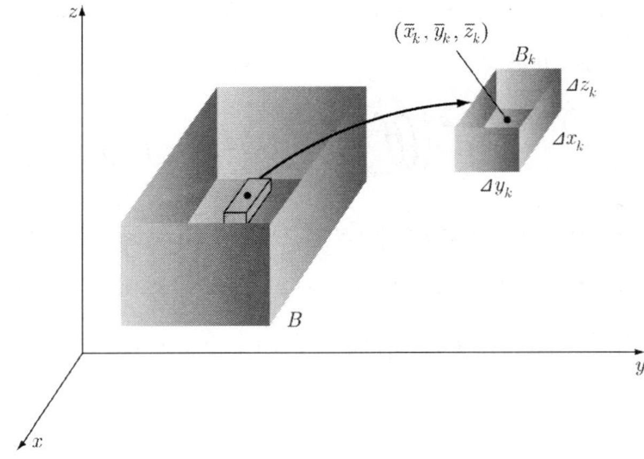

예제 11.6.3

다음 주어진 상자 B에서 삼중적분을 구하라.

(1) $\iiint_B x^2yz\,dx\,dy\,dz\,; B = \{(x, y, z) \mid 1 \le x \le 2,\ 0 \le y \le 1,\ 0 \le z \le 2\}$

(2) $\iiint_B xy^2z\,dx\,dy\,dz\,; B = \{(x, y, z) \mid 1 \le x \le 3,\ -1 \le y \le 0,\ 1 \le z \le 2\}$

|풀이| (1)

$$\int_0^2\int_0^1\int_1^2 x^2yz\,dx\,dy\,dz = \int_0^2\int_0^1\left[\int_1^2 x^2yz\,dx\right]dy\,dz = \int_0^2\int_0^1\left[\frac{x^3yz}{3}\right]_1^2 dy\,dx$$

$$= \int_0^2\int_0^1 \frac{7}{3}yz\,dy\,dz = \int_0^2\left[\int_0^1 \frac{7}{3}yz\,dy\right]dz$$

$$= \int_0^2\left[\frac{7y^2z}{6}\right]_0^1 dz = \int_0^2 \frac{7z}{6}dz = \left[\frac{7z^2}{12}\right]_0^2 = \frac{7}{3}$$

(2)

$$\int_1^2\int_{-1}^0\int_1^3 xy^2z\,dx\,dy\,dz = \int_1^2\int_{-1}^0\left[\int_1^3 xy^2z\,dx\right]dy\,dz = \int_1^2\int_{-1}^0\left[\frac{x^2y^2z}{2}\right]_1^3 dydz$$

$$= \int_1^2\int_{-1}^0\left(\frac{9y^2z}{2} - \frac{y^2z}{2}\right)dy\,dz = \int_1^2\int_{-1}^0 4y^2z\,dy\,dz$$

$$= \int_1^2\left[\int_{-1}^0 4y^2z\,dy\right]dz = \int_1^2\left[\frac{4y^3z}{3}\right]_{-1}^0 dz = \int_1^2 \frac{4z}{3}dz$$

$$= \left[\frac{2z^2}{3}\right]_1^2 = 2$$

■

입체영역이 $S=\{(x,y,z)\,|\,\phi_1(x,y)\le z\le \phi_2(x,y),\ g_1(x)\le y\le g_2(x),\ a\le x\le b\}$의 꼴일 때 연속함수 $f(x,y,z)$의 S에서의 삼중적분은

$$\iiint_S f(x,y,z)\,dV=\int_a^b\int_{g_1(x)}^{g_2(x)}\int_{\phi_1(x,y)}^{\phi_2(x,y)} f(x,y,z)\,dz\,dy\,dx$$

와 같이 반복적분한다. S의 모양에 따라서 적분 순서가 다를 수 있다. 그러나 어떤 경우이든지 첫 번째 적분 구간의 경계는 이변수 함수이고 두 번째 적분 구간의 경계는 일변수 함수이고 마지막 적분 구간의 경계는 상수이어야 한다.

예제 11.6.4

다음 반복적분을 계산하라.

(1) $\displaystyle\int_0^2\int_0^x\int_y^{2-x^2/2} 2xyz\,dz\,dy\,dx$ (2) $\displaystyle\int_0^1\int_0^{-x+1}\int_0^{1-x-y} x\,dz\,dy\,dx$

풀이 (1) $$\int_0^2\int_0^x\int_y^{2-x^2/2} 2xyz\,dz\,dy\,dx=\int_0^2\int_0^x\left[xyz^2\right]_y^{2-x^2/2}dy\,dx$$

$$=\int_0^2\int_0^x\left(4xy-2x^3y+\frac{1}{4}x^5y-xy^3\right)dy\,dx$$

$$=\int_0^2\left[2xy^2-x^3y^2+\frac{1}{8}x^5y^2-\frac{1}{4}xy^4\right]_0^x dx$$

$$=\int_0^2\left(2x^3-\frac{5}{4}x^5+\frac{1}{8}x^7\right)dx$$

$$=\left[\frac{x^4}{2}-\frac{5}{24}x^6+\frac{1}{64}x^8\right]_0^2=-\frac{4}{3}$$

(2) $$\int_0^1\int_0^{-x+1}\int_0^{1-x-y} x\,dz\,dy\,dx=\int_0^1\int_0^{-x+1}\left[xz\right]_0^{1-x-y}dy\,dx$$

$$=\int_0^1\int_0^{-x+1}(x-x^2-xy)\,dy\,dx$$

$$=\int_0^1\left[xy-x^2y-\frac{xy^2}{2}\right]_0^{-x+1}dx$$

$$= \frac{1}{2}\int_0^1 (x^3 - 2x^2 + x)dx$$

$$= \frac{1}{2}\left[\frac{x^4}{4} - \frac{2x^3}{3} + \frac{x^2}{2}\right]_0^1 = \frac{1}{24}$$

■

11.6 연습문제

1. 다음 반복적분을 계산하라.

(1) $\int_0^2 \int_1^3 x^2 y\, dy\, dx$

(2) $\int_1^2 \int_0^3 (xy + y^2)\, dx\, dy$

(3) $\int_0^{\pi} \int_0^1 x \sin y\, dx\, dy$

(4) $\int_0^{\ln 3} \int_0^1 xy\, e^{xy^2}\, dy\, dx$

(5) $\int_0^1 \int_0^{3x} x^2\, dy\, dx$

(6) $\int_{-1}^2 \int_y^{y+1} (xy - y)\, dx\, dy$

(7) $\int_1^2 \int_0^{\ln y} y\, dx\, dy$

(8) $\int_{1/2}^1 \int_0^{2x} \cos(\pi x^2)\, dy\, dx$

(9) $\int_1^3 \int_{-y}^{2y} x\, e^{y^3}\, dx\, dy$

2. 다음 반복적분을 계산하라.

(1) $\int_{-1}^0 \int_{-1}^1 \int_0^2 (x + yz^2)\, dx\, dy\, dz$

(2) $\int_0^1 \int_0^1 \int_0^1 y\, e^{-xy}\, dz\, dx\, dy$

(3) $\int_{-3}^7 \int_0^{2x} \int_y^{x-1} dz\, dy\, dx$

(4) $\int_1^4 \int_{z-1}^{2z} \int_0^{y+2z} dx\, dy\, dz$

(5) $\int_0^1 \int_0^z \int_0^y yz\, dx\, dy\, dz$

(6) $\int_0^2 \int_0^{\sqrt{4-2z}} \int_0^x 2xyz\, dy\, dx\, dz$

제 12 장 미분방정식

양적변화를 나타내는 현상들에 있어서 변화율이 일정한 규칙성을 갖는다면 그 규칙성을 변화율의 함수(도함수)에 대한 등식(방정식)으로 나타낼 수도 있다. 그 방정식을 풀어서 등식을 만족시키는 함수를 구한다면 현상을 예측할 수 있다. 그러므로 미분방정식은 화학, 물리학, 생물학, 공학, 사회학, 경제학 등 다양한 분야에 매우 중요하게 활용되고 있다.

12.1 1계미분방정식

일변수 함수와 그 도함수를 포함하고 있는 방정식을 **상미분방정식**이라 한다. 기본적인 상미분방정식을 알아보자.

미분방정식에 있는 도함수의 최고 계수를 그 미분방정식의 **계수**라 하고 계수가 최고인 도함수의 차수를 그 미분방정식의 **차수**라 한다.

예를 들면, $x^2 - y^2 = y'$ 는 계수가 1, 차수가 1이다. 그리고 $(y'')^3 - 2y' + y = 0$는 계수가 2, 차수는 3이다.

주어진 미분방정식을 만족시키는 함수를 그 방정식의 **해**라 한다.

예를 들어 함수 $y = \sin x$의 도함수는 $y' = \cos x$이다. $\sin^2 x + \cos^2 x = 1$ 이므로 $y = \sin x$는 1계 상미분방정식 $y'^2 + y^2 = 1$ 의 한 해이다. 그런데 모든 실수 C에 대하여 함수 $y = \sin(x + C)$가 위 방정식을 만족시킨다. 이와 같이 모든 실수를 나타내는 문자를 포함한 해를 **일반해**라 한다. 그리고 $y = \sin x$는 일반해에서 $C = 0$인 경우로 **특수해**라고 한다.

미분방정식에 함수의 조건, 가령 $y'^2 + y^2 = 1$, $y(0) = 1$과 같이 특별한 값에서의 함숫값을 만족시키도록 하는 조건이 함께 제시될 경우 **초깃값 문제**라 하고, 조건 $y(0) = 1$ 을 **초기조건**이라 한다. 일반해 $y = \sin(x + C)$에 초기조건 $y(0) = 1$ 을 적용하면, $x = 0$ 일 때 $y = 1$ 이므로

$$1 = \sin(0 + C),\ \sin C = 1,\ C = \frac{\pi}{2}$$

이다. 따라서 이 초깃값 문제의 해는 $y=\sin\left(x+\frac{\pi}{2}\right)$가 된다.

두 상수함수 $y=1$과 $y=-1$도 위의 방정식을 만족시킨다. 그러나 이 두 함수는 일반해에서 얻을 수 없는 해이다. 이러한 해를 **특이해**라 한다.

1계미분방정식 $\frac{dy}{dx}=F(x,y)$를 변형하여

$$\frac{dy}{dx}=\frac{f(x)}{g(y)} \quad \text{즉,}\quad g(y)dy=f(x)dx$$

의 꼴로 나타낼 수 있을 때 **변수분리형**이라 한다. 이런 미분방정식의 일반해는

$$\int g(y)\,dy=\int f(x)\,dx$$

와 같이 양변을 적분해서 구한다.

예제 12.1.1

다음 미분방정식을 풀라.

(1) $\frac{dy}{dx}=\frac{x}{y}$

(2) $x(y-1)dx+y(x+1)dy=0$

(3) $(x+y+1)dx+(x+y-2)dy=0$

풀이 (1) 변수분리하면 $y\,dy=x\,dx$이고 양변 적분하면 $\int y\,dy=\int x\,dx$에서

$$\frac{y^2}{2}=\frac{x^2}{2}+C_1$$

$2C_1=C$라 하면 일반해는 $y^2=x^2+C$이다.

(2) 양변에 $\frac{1}{(y-1)(x+1)}$을 곱하면 $\frac{x}{x+1}dx+\frac{y}{y-1}dy=0$이고 변형하면

$$\left(1-\frac{1}{x+1}\right)dx+\left(1+\frac{1}{y-1}\right)dy=0$$

이므로 적분하면 $x-\ln|x+1|+y+\ln|y-1|=C$이다.

따라서 일반해는 $x+y+\ln\left|\frac{y-1}{x+1}\right|=C$

(3) $z=x+y$라 하면 $dz=dx+dy$이고

주어진 방정식은 $(z+1)dx+(z-2)(dz-dx)=0$ 이 되고

정리하면 $3dx+(z-2)dz=0$ 이므로 적분하면 $3x+\frac{z^2}{2}-2z=C_1$ 이므로

$$3x+\frac{(x+y)^2}{2}-2(x+y)=C_1$$

이다. $2C_1=C$이라 하면 일반해는 $x^2+2xy+y^2+2x-4y=C$

■

x, y에 대한 다항식 $f(x,y)$가 임의의 λ에 대하여 $f(\lambda x, \lambda y)=\lambda^n f(x,y)$를 만족시킬 때 이 $f(x,y)$를 **n차 동차식**이라 한다.

예를 들면, $f(x,y)=xy^4+x^3y^2$ 이면

$$f(\lambda x, \lambda y)=(\lambda x)(\lambda y)^4+(\lambda x)^3(\lambda y)^2=\lambda^5(xy^4+x^3y^2)=\lambda^5 f(x,y)$$

이므로 $f(x,y)$는 5차 동차식이다.

미분방정식 $P(x,y)dx+Q(x,y)dy=0$ 에서 $P(x,y)$, $Q(x,y)$가 같은 차수의 동차식이면

$$\frac{dy}{dx}=F\left(\frac{y}{x}\right)$$

와 같이 나타내어진다. 이러한 미분방정식을 **동차형 미분방정식**이라 한다.

동차형 미분방정식은 $\frac{y}{x}$를 다른 변수로 치환하여 변수분리형으로 만든다. $\frac{y}{x}=u$ 또는 $y=ux$라 하고 양변을 x에 대하여 미분하면

$$\frac{dy}{dx}=u+\frac{du}{dx}$$

이고, 이것을 방정식에 대입하면 $u+x\frac{du}{dx}=F(u)$ 이며 $xdu=(F(u)-u)dx$이므로

$$\frac{1}{x}dx=\frac{1}{F(u)-u}du$$

으로 변수분리형이 된다. 양변을 적분하면

$$\ln|x|=\int\frac{1}{F(u)-u}du+C$$

이고 u 대신 $\dfrac{y}{x}$ 을 대입하여 일반해를 얻는다.

예제 12.1.2

$x^2dy-(xy+y^2)dx=0$ 을 풀라.

풀이 $P(x,y)=x^2$, $Q(x,y)=xy+y^2$ 이라 하면 $P(\lambda x,\lambda y)=(\lambda x)^2=\lambda^2x^2=\lambda^2P(x,y)$ 이고 $Q(\lambda x,\lambda y)=(\lambda x)^2=(\lambda x)(\lambda x)+(\lambda y)^2=\lambda^2(xy+y^2)=\lambda^2Q(x,y)$ 이므로 $P(x,y)$ 와 $Q(x,y)$ 는 2 차 동차식이다. 주어진 방정식을 변형하면

$$\frac{dy}{dx}=\frac{xy+y^2}{x^2}=\frac{y}{x}+\left(\frac{y}{x}\right)^2$$

이므로 $y=ux$ 라 하면 $\dfrac{dy}{dx}=u+x\dfrac{du}{dx}$ 이고 $u+x\dfrac{du}{dx}=u+u^2$ 이다. 변수 분리하면

$$\frac{1}{u^2}du=\frac{1}{x}dx$$

이고 양변 적분하면 $-\dfrac{1}{u}=\ln|x|+C$ 이므로 $u=\dfrac{y}{x}$ 대입하면

일반해는 $x+y\ln|x|+cy=0$ 이다.

■

미분방정식

$$\frac{dy}{dx}+P(x)y=Q(x)\ \cdots\ (1)$$

을 **선형미분방정식**이라 한다. 특히 $Q(x)=0$ 인 경우 **동차선형미분방정식**이라 하고, $Q(x)\neq 0$ 인 경우 **비동차선형미분방정식**이라 한다. 동차선형미분방정식

$$\frac{dy}{dx}+P(x)y=0\ \cdots\ (2)$$

은 $\dfrac{1}{y}dy+P(x)dx=0$ 으로 변수분리형이 되고 양변을 적분하면 $\ln|y|+\int P(x)\,dx=C_1$ 이므로 일반해는

$$y=Ce^{-\int P(x)\,dx}$$

이다. $(C=\pm e^{C_1})$

이제 (1)이 비동차인 경우 일반해를 구하는 방법을 알아보자.

동차선형미분방정식 (2)의 일반해에서 C에 상수가 아닌 x의 함수 $\mu(x)$를 대입한 함수

$$y=\mu(x)e^{-\int P(x)\,dx}$$

를 (1)의 해로 가정하고, x에 대하여 미분하면

$$\frac{dy}{dx}=\mu'(x)e^{-\int P(x)\,dx}-\mu(x)P(x)e^{-\int P(x)\,dx}=-P(x)y+\mu'(x)e^{-\int P(x)\,dx}$$

이것을 (1)에 대입하면 $\mu'(x)e^{-\int p(x)\,dx}=Q(x)$이고 $\mu'(x)=Q(x)e^{\int P(x)\,dx}$이므로

$$\mu(x)=\int Q(x)e^{\int P(x)\,dx}dx+C$$

이다. 따라서 비동차방정식 $y'+P(x)y=Q(x)$의 일반해는 다음과 같다.

$$y=e^{-\int P(x)\,dx}\left(\int Q(x)e^{\int P(x)\,dx}+C\right)$$

예제 12.1.3

$\dfrac{dy}{dx}-\dfrac{2}{x}y=x^3$을 풀라.

|풀이| 주어진 미분방정식은 $P(x)=-\dfrac{2}{x}$, $Q(x)=x^3$인 선형미분방정식이므로 일반해는

$$y=e^{-\int\left(-\frac{2}{x}\right)dx}\left(\int x^3e^{\int\left(-\frac{2}{x}\right)dx}dx+C\right)=e^{2\ln x}\left(\int x^3e^{-2\ln x}dx+C\right)$$

$$=e^{\ln x^2}\left(\int x^3e^{\ln x^2}dx+C\right)=x^2\left(\int x^3x^{-2}dx+C\right)$$

$$=x^2\left(\frac{x^2}{2}+C\right)=\frac{x^4}{2}+Cx^2$$

■

미분방정식

$$\frac{dy}{dx}+P(x)y=Q(x)y^n$$

을 **베르누이 미분방정식**이라 한다.

베르누이 방정식은 y^n 으로 양변을 나누고 $v=y^{-(n-1)}$ 라 둔 다음 x 에 대하여 미분하여 방정식에 대입하면 선형미분방정식이 된다.

예제 12.1.4

$\frac{dy}{dx}+\frac{1}{x}y=xy^3$ 을 풀라.

풀이 양변을 y^3 으로 나누면

$$y^{-3}\frac{dy}{dx}+\frac{1}{x}y^{-2}=x\cdots ①$$

이다. $v=y^{-2}$ 라 하고 x 에 대하여 미분하면 $\frac{dv}{dx}=-2y^{-3}\frac{dy}{dx}$ 이므로 ①은 선형미분방정식

$$\frac{dv}{dx}-\frac{2}{x}v=-2x$$

으로 되고 이것의 일반해는 $v=y^{-2}=e^{\int\frac{2}{x}dx}\left(\int(-2x)e^{-\int\frac{2}{x}dx}dx+C\right)$ 이다. 따라서

$$\frac{1}{y^2}=e^{\int\frac{2}{x}dx}\left(\int(-2x)e^{-\int\frac{2}{x}dx}dx+C\right)=e^{\ln x^2}\left(\int(-2x)e^{-\ln x^2}+C\right)$$

$$=x^2\left(\int(-2x)\frac{1}{x^2}dx+C\right)=x^2\left(\int\left(-\frac{2}{x}\right)dx+C\right)$$

$$=x^2(-2\ln x+C)=-2x^2\ln x+Cx^2$$

따라서 일반해는 $-2x^2y^2\ln x+Cx^2y^2=1$ 이다.

■

미분방정식

$$P(x,y)dx+Q(x,y)dy=0$$

의 좌변이 어떤 함수 $u(x,y)$ 의 전미분 $du=\frac{\partial u}{\partial x}dx+\frac{\partial u}{\partial y}dy$ 와 같을 때, 즉

$$P(x, y)dx + Q(x, y)dy = du$$

이면 이 미분방정식을 **완전미분방정식**이라 한다. 그러면 주어진 미분방정식은 $du = 0$ 이고 적분하면 $u(x, y) = C$ 이므로 이 미분방정식의 일반해는 $u(x, y) = C$이다.

정리 12.1.1

연속인 함수 $P(x, y)$, $Q(x, y)$가 각각 연속인 1계편도함수를 가질 때 미분방정식 $P(x, y)dx + Q(x, y)dy = 0$ 가 완전미분방정식이기 위한 필요충분조건은

$$\frac{\partial P}{\partial y} = \frac{\partial Q}{dx}$$

증명 $P(x, y)dx + Q(x, y)dy = 0$ 이 완전미분방정식이라 하면 $P(x, y)dx + Q(x, y)dy = du$ 을 만족시키는 $u(x, y)$ 가 존재한다. 그러면

$$P(x, y)dx + Q(x, y)dy = \frac{\partial u}{\partial x}dx + \frac{\partial u}{\partial y}dy$$

이므로 $P = \frac{\partial u}{\partial x}$, $Q = \frac{\partial u}{\partial y}$ 이고 $\frac{\partial P}{\partial y} = \frac{\partial^2 u}{\partial y \partial x}$, $\frac{\partial Q}{\partial x} = \frac{\partial^2 u}{\partial x \partial y}$ 이다. 따라서 $\frac{\partial P}{\partial y} = \frac{\partial Q}{\partial x}$ 이다.

역으로, $\frac{\partial P}{\partial y} = \frac{\partial Q}{\partial x}$ 이라 하자. $\int P(x, y)dx = F(x, y)$ 라 하면 $\frac{\partial F}{\partial x} = P(x, y)$ 이고 $\frac{\partial^2 F}{\partial y \partial x} = \frac{\partial P}{\partial y} = \frac{\partial Q}{\partial x}$ 이다. 따라서 $\frac{\partial^2 F}{\partial y \partial x} - \frac{\partial Q}{\partial x} = 0$ 이고 $\frac{\partial}{\partial x}\left(\frac{\partial F}{\partial y} - Q(x, y)\right) = 0$이므로 $\frac{\partial F}{\partial y} - Q(x, y)$는 y만의 함수이다. $\frac{\partial F}{\partial y} - Q(x, y) = f(y)$ 라 하면 $Q(x, y) = \frac{\partial F}{\partial y} - f(y)$ 이므로

$$\begin{aligned} P(x, y)dx + Q(x, y)dy &= \frac{\partial F}{\partial x}dx + \left(\frac{\partial F}{\partial y} - f(y)\right)dy \\ &= \frac{\partial F}{\partial x}dx + \frac{\partial F}{\partial y}dy - f(y)dy \\ &= dF(x, y) - f(y)dy \\ &= d\left(F(x, y) - \int f(y)\, dy\right) \end{aligned}$$

그러므로 $P(x, y)dx + Q(x, y)dy = 0$ 은 완전미분방정식이다.

정리 12.1.2

완전미분방정식 $P(x,y)dx+Q(x,y)dy=0$ 의 일반해는

$$\int P(x,y)dx+\int\left(Q(x,y)-\frac{\partial}{\partial y}\int P(x,y)dx\right)dy=C$$

|증명| $P(x,y)dx+Q(x,y)dy=0$ 은 완전미분방정식이므로 $P(x,y)dx+Q(x,y)dy=du$ 을 만족시키는 $u(x,y)$ 가 존재한다. 그러면 $\dfrac{\partial u}{\partial x}=P(x,y)$ 이므로 양변을 x 에 대하여 적분하면 적분상수는 y 만의 함수이므로 $f(y)$ 로 둘 수 있다. 그러면 $u(x,y)=\int P(x,y)dx+f(y)$ 이고

$$Q(x,y)=\frac{\partial u}{\partial y}=\frac{\partial}{\partial y}\left(\int P(x,y)dx+f(y)\right)=\frac{\partial}{\partial y}\int P(x,y)\,dx+f'(y)$$

이므로 $f'(y)=Q(x,y)-\dfrac{\partial}{\partial y}\int P(x,y)\,dx$ 에서 양변 적분하면

$$f(y)=\int\left(Q(x,y)-\frac{\partial}{\partial y}\int P(x,y)\,dx\right)dy$$

이다. 따라서 $u(x,y)=\int P(x,y)\,dx+\int\left(Q(x,y)-\dfrac{\partial}{\partial y}\int P(x,y)\,dx\right)dy$ 이다. 그러므로 일반해는 $u(x,y)=C$, 즉

$$\int P(x,y)\,dx+\int\left(Q(x,y)-\frac{\partial}{\partial y}\int P(x,y)\,dx\right)dy=C$$

■

예제 12.1.5

$(x^2+2y)dx+(2x-4y+1)dy=0$ 이 완전미분방정식임을 밝히고 방정식을 풀라.

|풀이| 주어진 방정식에서 $P(x,y)=x^2+2y$, $Q(x,y)=2x-4y+1$ 이라 하면 $\dfrac{\partial P}{\partial y}=2=\dfrac{\partial Q}{\partial x}$ 이므로 완전미분방정식이다. 따라서

$$\begin{aligned}u(x,y)&=\int P(x,y)\,dx+\int\left(Q(x,y)-\frac{\partial}{\partial y}\int P(x,y)\,dx\right)dy\\&=\int(x^2+2y)\,dx+\int\left((2x-4y+1)-\frac{\partial}{\partial y}\int(x^2+2y)dx\right)dy\\&=\frac{x^3}{3}+2xy+\int\left((2x-4y+1)-\frac{\partial}{\partial y}\left(\frac{x^3}{3}+2xy\right)\right)dy\end{aligned}$$

$$= \frac{x^3}{3} + 2xy + \int (2x - 4y + 1 - 2x)\, dy$$

$$= \frac{x^3}{3} + 2xy - 2y^2 + y + C_1$$

따라서 일반해는 $\frac{x^3}{3} + 2xy - 2y^2 + y = C$ 또는 $x^3 + 6xy - 6y^2 + 3y = C$ 이다.

■

미분방정식

$$P(x, y)dx + Q(x, y) = 0 \cdots (1)$$

이 완전미분방정식이 아닐 때, 즉 $\frac{\partial P}{\partial y} \neq \frac{\partial Q}{\partial x}$ 이면 (1) 의 양변에 $\lambda(x, y)$ 을 곱하여 얻은 방정식

$$\lambda(x, y)P(x, y)dx + \lambda(x, y)Q(x, y)dy = 0$$

이 완전미분방정식이 되는 경우가 있다. 이때 $\lambda(x, y)$ 를 미분방정식 (1) 의 **적분인수**라 한다. 따라서 $\lambda(x, y)$ 가 미분방정식 (1) 의 적분인수이기 위한 필요충분조건은

$$P(x, y)\frac{\partial \lambda}{\partial y} - Q(x, y)\frac{\partial \lambda}{\partial x} = \lambda(x, y)\left(\frac{\partial Q}{\partial x} - \frac{\partial P}{\partial y}\right) \cdots (2)$$

임을 알 수 있다. 여기서 적분인수를 구하는 방법을 알아보자.

(i) 만약 λ 가 x 만의 함수라 하면 (2) 에서 $\frac{\partial \lambda}{\partial y} = 0$, $\frac{\partial \lambda}{\partial x} = \frac{d\lambda}{dx}$ 이므로

$$\frac{d\lambda}{dx} + \frac{1}{Q(x, y)}\left(\frac{\partial Q}{\partial x} - \frac{\partial P}{\partial y}\right)\lambda(x) = 0$$

이다. 여기서 $\frac{1}{Q(x, y)}\left(\frac{\partial Q}{\partial x} - \frac{\partial P}{\partial y}\right)$가 x 만의 함수인 경우 $\frac{1}{Q}\left(\frac{\partial Q}{\partial x} - \frac{\partial P}{\partial y}\right) = f(x)$라 두면 $\frac{d\lambda}{dx} + f(x)\lambda(x) = 0$이므로 변수 분리하여 적분하면 적분인수는 $\lambda(x) = e^{-\int f(x)\, dx}$ 이다.

(ii) λ 가 y 만의 함수라 하면 (2) 에서 $\frac{\partial \lambda}{\partial x} = 0$, $\frac{\partial \lambda}{\partial y} = \frac{d\lambda}{dy}$ 이므로

$$\frac{d\lambda}{dy} - \frac{1}{P(x,y)}\left(\frac{\partial Q}{\partial x} - \frac{\partial P}{\partial y}\right)\lambda(y) = 0$$

이다. 여기서 $\frac{1}{P(x,y)}\left(\frac{\partial Q}{\partial x} - \frac{\partial P}{\partial y}\right)$가 y만의 함수인 경우 $\frac{1}{P}\left(\frac{\partial Q}{\partial x} - \frac{\partial P}{\partial y}\right) = g(y)$라 두면 $\frac{d\lambda}{dy} - g(y)\lambda(y) = 0$이므로 변수 분리하여 적분하면 적분인수는 $\lambda(y) = e^{\int g(y)\,dy}$ 이다.

직관적으로 알 수 있는 적분인수는 다음과 같다.

식	적분인수	완전미분
$xdy - ydx$	$\frac{1}{x^2}$	$\frac{xdy - ydx}{x^2} = d\left(\frac{y}{x}\right)$
$xdy - ydx$	$\frac{1}{y^2}$	$\frac{xdy - ydx}{y^2} = d\left(-\frac{x}{y}\right)$
$xdy - ydx$	$\frac{1}{xy}$	$\frac{1}{y}dy - \frac{1}{x}dx = d\left(\ln\frac{y}{x}\right)$
$xdy + ydx$	$\frac{1}{(xy)^n}$	$\frac{xdy + ydx}{(xy)^n} = d\left(\frac{-1}{(n-1)(xy)^{n-1}}\right),\ n \neq 1$ $\frac{xdy + ydx}{xy} = d(\ln(xy)),\ n = 1$

예제 12.1.6

$(2x^2 - xy)dx - x^2dy = 0$ 을 풀라.

풀이 $P(x,y) = 2x^2 - xy$, $Q(x,y) = -x^2$이라 하면 $\frac{\partial P}{\partial y} = -x \neq \frac{\partial Q}{\partial x} = -2x$ 이므로 완전미분방정식이 아니다. 적분인수를 찾아보자.

$$\frac{1}{Q}\left(\frac{\partial Q}{\partial x} - \frac{\partial P}{\partial y}\right) = -\frac{1}{x^2}(-2x + x) = \frac{1}{x}$$

이므로 적분인수는 $\lambda(x) = e^{-\int \frac{1}{x}dx} = e^{-\ln x} = e^{\ln x^{-1}} = x^{-1} = \frac{1}{x}$ 이다. 주어진 미분방정식의 양변에 적분인수 $\frac{1}{x}$ 을 곱하면 $(2x - y)dx - xdy = 0$ 이고 이 방정식을 풀면 주어진 방

정식의 일반해는 $x^2 - xy = C$이다.

■

예제 12.1.7

$(2xy^2 - ye^x)dx + e^x dy = 0$ 을 풀라.

풀이 $P(x, y) = 2xy^2 - ye^x$, $Q(x, y) = e^x$이라 하면 $\frac{\partial P}{\partial y} = 4xy - e^x \neq \frac{\partial Q}{\partial x} = e^x$ 이므로 완전 미분방정식이 아니다. 적분인수를 찾아보자.

$$\frac{1}{P}\left(\frac{\partial Q}{\partial x} - \frac{\partial P}{\partial y}\right) = \frac{e^x - (4xy - e^x)}{2xy^2 - ye^x} = \frac{-2}{y}$$

이므로 적분인수는 $\lambda(y) = e^{\int\left(-\frac{2}{y}\right)dx} = e^{-2\ln y} = e^{\ln y^{-2}} = \frac{1}{y^2}$ 이다. 주어진 미분방정식의 양변에 적분인수 $\frac{1}{y^2}$ 을 곱하면 $\left(2x - \frac{e^x}{y}\right)dx + \frac{e^x}{y^2}dy = 0$ 이고 이 방정식을 풀면 $x^2 - \frac{e^x}{y} = C$ 이고 주어진 방정식의 일반해는 $x^2y - e^x = Cy$이다.

■

12.1 연습문제

다음 미분방정식을 풀라.

(1) $y - 1 + (x - 1)y' = 0$

(2) $y = (x^2 - 1)y'$

(3) $2x + 2y - 1 + (x + y - 2)y' = 0$

(4) $x^2 + y^2 + xyy' = 0$

(5) $(x + y)y' + x - y = 0$

(6) $2x^2y' = x^2 + y^2$

(7) $y' - 2y = x^2e^x$

(8) $y' + \frac{y}{x} = \frac{y^2 \ln x}{x}$

(9) $2x + y + 1 + (2y = x - 1)y' = 0$

(10) $x^2 - 2y + (y^2 - 2x)y' = 0$

(11) $y + e^x \cos y + (x - e^x \sin y)y' = 0$

(12) $y \ln x - x + (y + x \ln x - x)y' = 0$

(13) $y + xy + \sin y + (x + \cos y)y' = 0$

(14) $2y + xy' = 0$

(15) $y - x + yy' = 0$

(16) $y + xy^2 + (x + x^2y)y' = 0$

12.2 1계고차미분방정식

계수가 1이고 차수가 2이상인 미분방정식을 1계고차미분방정식이라 한다. 1계 n차 미분방정식

$$\left(\frac{dy}{dx}\right)^n + P_1(x,y)\left(\frac{dy}{dx}\right)^{n-1} + P_2(x,y)\left(\frac{dy}{dx}\right)^{n-2} + \cdots + P_{n-1}(x,y)\left(\frac{dy}{dx}\right) + P_n(x,y) = 0$$

에서 좌변이 $\left(\frac{dy}{dx} - R_1(x,y)\right)\left(\frac{dy}{dx} - R_2(x,y)\right)\cdots\left(\frac{dy}{dx} - R_{n-1}(x,y)\right)\left(\frac{dy}{dx} - R_n(x,y)\right)$와 같이 인수분해 된다면 주어진 미분방정식으로부터 n개의 1계 1차 미분방정식

$$\frac{dy}{dx} - R_1(x,y) = 0,\ \frac{dy}{dx} - R_2(x,y) = 0, \cdots, \frac{dy}{dx} - R_{n-1}(x,y) = 0,\ \frac{dy}{dx} - R_n(x,y) = 0$$

을 얻는다. 이 n개의 미분방정식의 일반해가 각각

$$\phi_1(x,y) = C_1,\ \phi_2(x,y) = C_2,\ \cdots\ \phi_n(x,y) = C_n$$

이라 하면 주어진 미분방정식의 일반해는

$$(\phi_1(x,y) - C_1)(\phi_2(x,y) - C_2)\cdots(\phi_n(x,y) - C_n) = 0$$

이다.

예제 12.2.1

다음 미분방정식을 풀라.

(1) $\left(\frac{dy}{dx}\right)^2 - \frac{dy}{dx} - 6 = 0$

(2) $\left(\frac{dy}{dx}\right)^2 - 2x\left(\frac{dy}{dx}\right) - 3x^2 = 0$

풀이 (1) 인수분해 하면 $\left(\frac{dy}{dx} - 3\right)\left(\frac{dy}{dx} + 2\right) = 0$이고 두 미분방정식 $\frac{dy}{dx} = 3$, $\frac{dy}{dx} = -2$의 일반해는 각각

$$y = 3x + C_1,\ y = -2x + C_2$$

이다. 따라서 일반해는 $(3x - y + C_1)(2x + y - C_2) = 0$이다.

(2) 인수분해 하면 $\left(\frac{dy}{dx} - 3x\right)\left(\frac{dy}{dx} + x\right) = 0$이고 두 미분방정식 $\frac{dy}{dx} = 3x$, $\frac{dy}{dx} = -x$의 일반해는 각각

$$y = \frac{3x^2}{2} + C_1,\ y = -\frac{x^2}{2} + C_2$$

이다. 따라서 일반해는 $(2y - 3x^2 - 2C_1)(2y + x^2 - 2C_2) = 0$ 이다.

■

$\frac{dy}{dx} = p$ 라 하고 1계고차미분방정식의 풀이 방법을 몇 가지 알아보자.

$y = px + f(p)$ 모양의 방정식을 **클레로미분방정식**이라 한다. 이 미분방정식의 풀이 방법을 알아보자.

$y = px + f(p)$ 의 양변을 x 에 대하여 미분하면

$$p = p + x\frac{dp}{dx} + f'(p)\frac{dp}{dx}$$

이므로 $(x + f'(p))\frac{dp}{dx} = 0$ 이다. 따라서 $\frac{dp}{dx} = 0$ 또는 $x + f'(p) = 0$

(i) $\frac{dp}{dx} = 0$ 이면 $p = C$ 이므로 이것을 주어진 미분방정식에 대입하면 일반해는

$$y = Cx + f(C)$$

(ii) $x + f'(p) = 0$ 이면 이 식과 주어진 미분방정식에서 p 을 소거하면 특이해를 얻는다. 또는 일반해와 이 식을 C 에 대하여 편미분한 식 $x + f'(C) = 0$ 을 연립하여 C 를 소거해서 얻을 수 있다.

예제 12.2.2

$y = px + p^2 + p + 1$, $\frac{dy}{dx} = p$ 을 풀라.

풀이 p 대신 C 을 대입한 것이 일반해이므로 $y = Cx + C^2 + C + 1$
이 일반해를 C 에 대하여 편미분하면 $0 = x + 2C + 1$ 이고 이 식과 일반해에서 C 을 소거하면 특이해는

$$y=\left(-\frac{x+1}{2}\right)x+\left(-\frac{x+1}{2}\right)^2-\frac{x+1}{2}+1$$
$$=\frac{1}{4}(-x^2-2x+1)$$

이다.

■

$y=f(x,p)$ 모양의 미분방정식 풀이 방법을 알아보자.

$y=f(x,p)$의 양변을 x에 대하여 미분하면 $p=\dfrac{\partial f}{\partial x}+\dfrac{\partial f}{\partial p}\dfrac{dp}{dx}$ 이고, 이방정식은 x, p에 대한 1계미분방정식으로 그 일반해가 $\phi(x, y, C)$라 하면 구하는 일반해는

$$y=f(x,p) \text{ 와 } \phi(x,y,C)=0$$

에서 p을 소거한 것이다. p가 소거되지 않을 경우는 p을 매개변수로 하여 일반해를 $x=x(p), y=y(p)$로 나타낸다.

예제 12.2.3

$xp^2-y+p^2=0$, $\dfrac{dy}{dx}=p$ 을 풀라.

| 풀이 | $y=xp^2+p^2 \cdots$ ① 양변을 x에 대하여 미분하면

$$p=p^2+2xp\frac{dp}{dx}+2p\frac{dp}{dx}$$

$p=0$ 이면 ①에서 $y=0$

$p\neq 0$ 이면 $1-p-2(x+1)\dfrac{dp}{dx}=0 \cdots$ ② 이고

이것의 일반해는 $(1+x)(1-p)^2=C \cdots$ ③ 이다. ①은 $y=p^2(x+1)$ 이므로 ③과 ①에서 p을 소거하면 일반해는

$$(1+x+y-C)^2=4y(x+1)$$

이다.

■

12.2 연습문제

다음 미분방정식을 풀라. $\dfrac{dy}{dx}=p$

(1) $p^4-(x+2y+1)p^3+(x+2y+2xy)p^2-2xyp=0$

(2) $y=\dfrac{9}{2}xp^{-1}+\dfrac{1}{2}px$

(3) $y=2px+y^2p^3$

(4) $(y-px)^2=1+p^2$

(5) $y=px-\ln|p|$

(6) $y=2xp+p^2$

(7) $y=px+\sqrt{4+p^2}$

(8) $(y-px)^2=1+p^2$

12.3 2계선형미분방정식

$$A(x)y''+B(x)y'+C(x)y=G(x)\cdots(1)$$

의 형태의 방정식을 **2계선형미분방정식**이라 한다. $G(x)=0$ 이면 즉,

$$A(x)y''+B(x)y'+C(x)y=0\cdots(2)$$

와 같은 방정식을 **동차선형방정식**이라 하고 $G(x)\neq 0$ 이면 **비동차선형방정식**이라 한다.

$y_1=y_1(x), y_2=y_2(x)$ 가 (2) 의 해이면 임의의 상수 C_1, C_2 에 대하여

$$y=C_1y_1(x)+C_2y_2(x)\cdots(3)$$

가 (2) 의 해임을 알 수 있다. 두 함수 $y_1(x)$, $y_2(x)$ 중 하나가 다른 함수의 상수배가 될 수 있을 때 이들은 **일차종속**이라 한다. 일차종속이 아닌 두 함수는 **일차독립**이라 한다. 예를 들면 $y_1=e^x$, $y_2=xe^x$ 이면 y_1, y_2 는 일차독립이고, $y_1=x^3, y_2=2x^3$ 이면 y_1, y_2 는 일차종속이다.

만약 $y_1(x)$, $y_2(x)$가 (2)의 해이고 일차독립이면 (2)의 일반해는 (3)의 꼴이다.

(2) 에서 $A(x)$, $B(x)$, $C(x)$ 가 모두 상수인 경우 즉, 상수 a, b, c에 대하여

$$ay''+by'+cy=0\cdots(4)$$

의 일반해를 구하여 보자. 지수함수의 도함수는 그 함수의 상수배이므로 $y=e^{tx}$(t는 상수)가 이 방정식의 해라고 가정하자.

$y=e^{tx}$, $y'=te^{tx}$, $y''=t^2e^{tx}$를 (4)에 대입하면

$$(at^2+bt+c)e^{tx}=0$$

이고 $e^{tx}\neq 0$이므로

$$at^2+bt+c=0 \cdots (5)$$

이다. 이때 (5)를 미분방정식 (4)의 **특성방정식**이라 한다. 미분방정식 (4)의 해는 (5)의 근인 t의 값이 결정되면 구할 수 있다. 따라서 특성방정식 (5)의 근을 먼저 구한다. (5)가 서로 다른 두 실근, 중근, 허근을 갖는 세 경우로 나누어 생각한다.

특성방정식 (5)가 서로 다른 두 실근 t_1, t_2를 가지면 e^{t_1x}와 e^{t_2x}는 일차독립이므로 미분방정식 (4)의 일반해는

$$y=C_1e^{t_1x}+C_2e^{t_2x} \ (C_1, C_2\text{는 임의 상수})$$

이다.

예제 12.3.1

다음 미분방정식을 풀라.

(1) $y''+2y'-8y=0$ (2) $y''-4y'+y=0$

풀이 (1) 특성방정식은 $t^2+2t-8=0$이고 $(t-2)(t+4)=0$이므로 $t=2$, $t=-4$이다. 따라서 일반해는 $y=C_1e^{2x}+C_2e^{-4x}$이다.

(2) 특성방정식은 $t^2-4t+1=0$이고 $t=\dfrac{4\pm\sqrt{(-4)^2-4\cdot1\cdot1}}{2\cdot1}=2\pm\sqrt{3}$이므로 일반해는 $y=C_1e^{(2+\sqrt{3})x}+C_2e^{(2-\sqrt{3})x}$이다. ■

특성방정식 (5)가 중근 $t=t_1$을 가지면 $y_1=e^{t_1x}$는 (4)의 한 해이다. $y_2=xe^{t_1x}$라 하면 $y_2{}'=e^{t_1x}+txe^{t_1x}$, $y_2{}''=2te^{t_1x}+t_1^2xe^{t_1x}$이므로 (4)에 대입하면

$$\begin{aligned} ay_2{}''+by_2{}'+cy_2 &= a\left(2t_1e^{t_1x}+t_1^2xe^{t_1x}\right)+b\left(e^{t_1x}+t_1xe^{t_1x}\right)+cxe^{t_1x} \\ &= (2at_1+b)e^{t_1x}+(at_1^2+bt_1+c)xe^{t_1x}=0 \end{aligned}$$

이다. 따라서 $y_2=xe^{t_1x}$도 (4)의 해이다. y_1와 y_2가 일차독립이므로 (4)의 일반해는

$$y=C_1e^{t_1x}+C_2xe^{t_1x}$$

이다.

예제 12.3.2

다음 미분방정식을 풀라.

(1) $9y''+6y'+y=0$ (2) $y''-\sqrt{8}\,y'+2y=0$

풀이 (1) 특성방정식은 $9t^2+6t+1=0$이고 $(3t+1)^2=0$이므로 $t=-\dfrac{1}{3}$이다. 따라서 일반해는 $y=C_1e^{-x/3}+C_2xe^{-x/3}$이다.

(2) 특성방정식은 $t^2-\sqrt{8}t+2=0$이고 $(t-\sqrt{2})^2=0$이므로 $t=\sqrt{2}$이다. 따라서 일반해는 $y=C_1e^{\sqrt{2}x}+C_2xe^{\sqrt{2}x}$이다.

■

특성방정식 (5)가 허근 $t_1=\alpha+i\beta$, $t_2=\alpha-i\beta$ (α,β는 실수)을 가지면 미분방정식 (4)의 일반해는 Euler의 정리에 의하여 $e^{i\beta}=\cos\beta+i\sin\beta$, $e^{-i\beta}=\cos\beta-i\sin\beta$이므로 이것을 사용하여 정리하면, 임의의 상수 D_1, D_2에 대하여

$$\begin{aligned} y &= D_1e^{t_1x}+D_2e^{t_2x} \\ &= D_1e^{(\alpha+i\beta)x}+D_2e^{(\alpha-i\beta)x}=D_1e^{\alpha x}e^{i\beta x}+D_2e^{\alpha x}e^{-i\beta x} \\ &= D_1e^{\alpha x}(\cos\beta x+i\sin\beta x)+D_2e^{\alpha x}(\cos\beta x-i\sin\beta x) \end{aligned}$$

$$= e^{\alpha x}\left[(D_1 + D_2)\cos\beta x + i(D_1 - D_2)\sin\beta x\right]$$

$$= e^{\alpha x}(C_1\cos\beta x + C_2\sin\beta x) \qquad (D_1 + D_2 = C_1,\, i(D_1 - D_2) = C_2)$$

예제 12.3.3

다음 미분방정식을 풀라.

(1) $y'' - 8y' + 20y = 0$　　　(2) $y'' + 3y = 0$

풀이 (1) 특성방정식 $t^2 - 8t + 20 = 0$ 의 근은 $t = 4 \pm 2i$ 이므로 일반해는 $y = e^{4x}(C_1\cos 2x + C_2\sin 2x)$ 이다.

(2) 특성방정식 $t^2 + 3 = 0$ 의 근은 $t = \pm\sqrt{3}\,i$ 이므로 일반해는 $y = C_1\cos\sqrt{3}\,x + C_2\sin\sqrt{3}\,x$ 이다.

■

이제 계수가 상수인 비동차선형미분방정식

$$ay'' + by' + cy = G(x) \cdots (6)$$

의 풀이 방법을 알아보자.

(6) 에서 $G(x) = 0$ 으로 한 동차선형미분방정식

$$ay'' + by' + cy = 0 \cdots (7)$$

을 (6) 의 **여방정식**이라 한다. 여기서 (6) 의 한 특수해를 $y_p = y_p(x)$ 이라 하고 (7) 의 일반해를 $y_c = y_c(x)$ 이라 하면 (6) 의 일반해는

$$y = y_c(x) + y_p(x)$$

이다. 여기서 y_c 를 (6) 의 **여함수**라 한다.

(6) 의 여함수는 동차선형미분방정식의 풀이 방법을 참고하면 된다. 그러나 (6) 의 특수해를 얻는 방법은 $G(x)$ 에 따라 여러 가지이다.

예를 들어 (6) 에서 $G(x)$ 가 x 의 2차 다항식이면 $y_p = Ax^2 + Bx + C$ 이라 두고 y_p, y_p', y_p'' 을 주어진 방정식에 대입하여 미정인 계수 A, B, C 을 정하여 특수해 y_p 를 구한다.

예제 12.3.4

$y'' - y' - 2y = 2x^2$ 을 풀라.

풀이 특성방정식 $t^2 - t - 2 = 0$ 의 근은 $t = -1, 2$이므로 여함수는 상수 C_1, C_2에 대하여 $y_c = C_1 e^{-x} + C_2 e^{2x}$ 이다.

그리고 특수해를 $y_p = Ax^2 + Bx + C$ 이라 하면 $y_p' = 2Ax + B$, $y_p'' = 2A$ 이므로 주어진 방정식에 대입하면

$$2A - (2Ax + B) - 2(Ax^2 + Bx + C) = 2x^2$$

이고, 정리하면 $-2Ax^2 - 2(A+B)x + (2A - B - 2C) = 2x^2$ 이므로 양변의 계수를 비교하면

$$-2A = 2,\ -2A - 2B = 0,\ 2A - B - 2C = 0$$

이므로 $A = -1$, $B = 1$, $C = -\dfrac{3}{2}$ 이다. 따라서 $y_p = -x^2 + x - \dfrac{3}{2}$ 이므로 일반해는

$$y = y_c + y_p = C_1 e^{-x} + C_2 e^{2x} - x^2 + x - \frac{3}{2}$$

이다. ■

$G(x)$가 Ce^{kx} 의 꼴이면 $y_p = Ae^{kx}$ 라 두고 y_p, y_p', y_p'' 을 주어진 방정식에 대입하여 미정인 계수 A를 정한다. 그런데 여함수 y_c에 e^{kx} 의 항이 있으면 $y_p = Axe^{kx}$ 이라 둔다.

예제 12.3.5

다음 미분방정식을 풀라.

(1) $y'' + 16y = e^{2x}$ (2) $y'' + 2y' - 3y = e^x$

풀이 (1) 특성방정식 $t^2 + 16 = 0$ 의 근이 $t = \pm 4i$ 이므로 여함수는 $y_c = C_1 \cos 4x + C_2 \sin 4x$ 이다. 특수해를 $y_p = Ae^{2x}$ 이라 하면 $y_p' = 2Ae^{2x}$, $y_p'' = 4Ae^{2x}$ 이므로 주어진 방정식에 대입하면

$$4Ae^{2x} + 16Ae^{2x} = e^{2x}$$

이고, 양변의 계수를 비교하면 $A = \dfrac{1}{20}$ 이다. 따라서 $y_p = \dfrac{1}{20}e^{2x}$ 이므로 일반해는

$$y = y_c + y_p = C_1 \cos 4x + C_2 \sin 4x + \frac{e^{2x}}{20}$$

이다.

(2) 특성방정식 $t^2+2t-3=0$ 의 근이 $t=1, -3$ 이므로 $y_c = C_1e^x + C_2e^{-3x}$ 이다. 특수해는 여함수에 e^x 항이 있으므로 $y_p = Axe^x$ 이라 하면 $y_p' = A(1+x)e^x$, $y_p'' = A(2+x)e^x$ 이므로 주어진 방정식에 대입하면

$$A(2+x)e^x + 2A(1+x)e^x - 3(Axe^x) = e^x$$

이고, 정리하여 양변의 계수를 비교하면 $A = \frac{1}{4}$ 이다. 따라서 $y_p = \frac{1}{4}xe^x$ 이므로 일반해는

$$y = y_c + y_p = C_1e^x + C_2e^{-3x} + \frac{1}{4}xe^x$$

이다.

■

$G(x)$ 가 $C\cos(kx) + D\sin(kx)$의 꼴일 때 $y_p = A\cos(kx) + B\sin(kx)$ 이라 두고 y_p, y_p', y_p'' 을 주어진 방정식에 대입하여 미정인 계수 A, B를 정한다.

예제 12.3.6

$y'' + 4y' + 4y = 3\sin 2x$ 을 풀라.

풀이 특성방정식 $t^2+4t+4=(t+2)^2=0$ 이 중근 $t=-2$를 가지므로 여함수는 $y_c = C_1e^{-2x} + C_2xe^{-2x}$ 이다.

특수해를 $y_p = A\cos 2x + B\sin 2x$ 이라 하면 $y_p' = -2A\sin 2x + 2B\cos 2x$, $y_p'' = -4A\cos 2x - 4B\sin 2x = -4y_p$ 이므로 주어진 방정식에 대입하여 정리하면

$$-8A\sin 2x + 8B\cos 2x = 3\sin 2x$$

이고, 양변의 계수를 비교하면 $A = -\frac{3}{8}$, $B=0$이다. 따라서 $y_p = -\frac{3}{8}\cos 2x$ 이므로 일반해는

$$y = y_c + y_p = C_1e^{-2x} + C_2xe^{-2x} - \frac{3}{8}\cos 2x$$

이다.

■

$G(x)$가 x의 다항식, 지수함수, 삼각함수를 혼합한 것일 때 특수해는 다항식, 지수함수, 삼각함수의 혼합된 형태를 택한다.

예제 12.3.7

$y'' - 3y' - 4y = 26e^{x}\sin 2x$ 을 풀라.

풀이 특성방정식 $t^2 - 3t - 4 = (t+1)(t-4) = 0$ 의 근은 $t = -1,\ 4$이므로

여함수는 $y_c = C_1 e^{-x} + C_2 e^{4x}$ 이다.

특수해를 $y_p = e^{x}(A\cos 2x + B\sin 2x)$ 이라 두면

$$y_p' = e^{x}(A\cos 2x + B\sin 2x) + e^{x}(-2A\sin 2x + 2B\cos 2x)$$

$$= e^{x}[(A+2B)\cos 2x + (-2A+B)\sin 2x]$$

$$\begin{aligned} y_p'' &= e^{x}[(A+2B)\cos 2x + (-2A+B)\sin 2x] \\ &\quad + e^{x}[(-2A-4B)\sin 2x + (-4A+2B)\cos 2x] \\ &= e^{x}[(-3A+4B)\cos 2x + (-4A-3B)\sin 2x] \end{aligned}$$

이므로 주어진 방정식에 대입하면

$$e^{x}[(-3A+4B)\cos 2x + (-4A-3B)\sin 2x]$$

$$-3e^{x}[(A+2B)\cos 2x + (-2A+B)\sin 2x]$$

$$-4e^{x}(A\cos 2x + B\sin 2x)$$

$$= 26e^{x}\sin 2x$$

이고, 정리하면

$$e^{x}[(-10A-2B)\cos 2x + (2A-10B)\sin 2x] = 26e^{x}\sin 2x$$

이다. 양변의 계수를 비교하면 $-10A - 2B = 0,\ 2A - 10B = 26$ 이므로

$A = \frac{1}{2},\ B = -\frac{5}{2}$ 이다. 따라서 $y_p = e^{x}\left(\frac{1}{2}\cos 2x - \frac{5}{2}\sin 2x\right)$ 이므로 일반해는

$$y = y_c + y_p = C_1 e^{-x} + C_2 e^{4x} + e^{x}\left(\frac{1}{2}\cos 2x - \frac{5}{2}\sin 2x\right)$$

이다.

■

12.3 연습문제

1. 다음 미분방정식을 풀라.

(1) $y'' + y' - 2y = 0$

(2) $y'' + 4y' + 4y = 0$

(3) $y'' - 2y' + 10y = 0$

(4) $y'' + 3y' - 4y = 0$

(5) $y'' + 2y' - y = 0$

(6) $4y'' - 4y' + y = 0$

(7) $y'' + \sqrt{12}\,y' + 3y = 0$

(8) $y'' + 5y = 0$

(9) $2y'' - 4y' + 3y = 0$

2. 다음 미분방정식을 풀라.

(1) $y'' + y = 1$

(2) $y'' + y' - 6y = e^{4x}$

(3) $y'' + 4y = 8x^2$

(4) $y'' - y' - 6y = 6x^2 - x$

(5) $y'' - 4y' + 13y = 5e^{3x}$

(6) $y'' + 3y' - 10y = e^{2x}$

(7) $y'' - 3y' + 2y = 4\sin x$

(8) $y'' - 6y' + 9y = 3\cos 3x$

(9) $y'' - y = e^x + \cos x$

(10) $y'' + 2y' + 2y = 12e^{2x}\cos 2x$

제 01 장 ~ 제 12 장

연습문제 풀이

1.3 연습문제

1. $a > 0$ 일 때 $a^2 = a \cdot a = |a| \cdot |a| = |a|^2 > 0$,

$a = 0$ 일 때 $a^2 = 0 \cdot 0 = 0$,

$a < 0$ 일 때 $a^2 = a \cdot a = (-|a|)(-|a|) = |a|^2 > 0$.

따라서 $a^2 \geq 0$이다.

2. (1) $a > b$이므로 양변에 $-b$를 더하면 $a-b > 0$이고, 양변에 c를 더하고 빼주면 $(a+c)-(b+c) > 0$이다. 따라서 $a+c > b+c$이다.

(2) $a > b$이므로 양변에 $-b$를 더하면 $a-b > 0$이다. 이때 음수인 c를 양변에 곱하면 $c(a-b) < 0$이다. 이것을 정리하면 $ac - bc < 0$. 따라서 $ac < bc$이다.

3. 절댓값의 정의에 의해 $a = |a|$ 또는 $a = -|a|$이므로 $-|a| \leq a \leq |a|$이다.

마찬가지로 $-|b| \leq b \leq |b|$ 이다. 이것은 $-|ab| = -|a||b| \leq ab \leq |a||b| = |ab|$이므로 $ab \leq |ab| \leq |a||b|$가 된다.

4. (1) $-|a| \leq a \leq |a|$이고 $-|b| \leq b \leq |b|$이므로 $-(|a|+|b|) \leq a+b \leq |a|+|b|$이다.

따라서 $|a+b| \leqq |a|+|b|$이다.

(2) (1)의 결과를 이용하면 $|a-b| = |a+(-b)| \leq |a|+|-b| = |a|+|b|$이다.

(3) $|a| = |a-b+b| \leq |a-b|+|b|$이므로 $|a|-|b| \leq |a-b|$이다. $|b| = |b-a+a| \leq |b-a|+|a|$ $|b|-|a| \leq |b-a| = |-(a-b)| = |a-b|$이다. 따라서 $-|a-b| \leq |a|-|b| \leq |a-b|$이다.

그러므로 $||a|-|b|| \leq |a-b|$이다.

5. (1) $|3x+4| < 8$이면 $-8 < 3x+4 < 8$이고 $-12 < 3x < 4$이므로 $-4 < x < \frac{4}{3}$이다.

(2) $|4x+2| \geq 10$ 이면 $4x+2 \geq 10$ 또는 $4x+2 \leq -10$이므로 $4x \geq 8$ 또는 $4x \leq -12$이다.

따라서 $x \geq 2$ 또는 $x \leq -3$이다.

(3) $\left|2+\frac{5}{x}\right|>1 \Leftrightarrow 2+\frac{5}{x}>1$ 또는 $2+\frac{5}{x}<-1 \Leftrightarrow \frac{5}{x}>-1$ 또는 $\frac{5}{x}<-3$이다.

(i) $\frac{5}{x}>-1$에서 $x>0$일 때 항상 성립, $x<0$일 때 양변에 $-x$를 곱하면 $-5>x$이므로 $x>0$ 또는 $x<-5$

(ii) $\frac{5}{x}<-3$에서 $x>0$이면 성립할 수 없고, $x<0$일 때 양변에 $-\frac{x}{3}$를 곱하면 $-\frac{5}{3}<x$이므로 $-\frac{5}{3}<x<0$

(i), (ii)에 의하여 $x>0$ 또는 $x<-5$ 또는 $-\frac{5}{3}<x<0$

(4) $2x^2-5x-4 \le 0$ 의 좌변을 완전제곱식으로 변환하면 $\left(x-\frac{5}{4}\right)^2 \le \frac{57}{16}$이 된다.

그러면 $\left|x-\frac{5}{4}\right| \le \frac{\sqrt{57}}{4}$이다. 따라서 $\frac{5-\sqrt{57}}{4} \le x \le \frac{5+\sqrt{57}}{4}$이다.

(5) $4x^2+x-2>0$ 의 좌변을 완전제곱식으로 변환하면 $\left(x+\frac{1}{8}\right)^2 > \frac{33}{64}$이다.

그러면 $\left|x+\frac{1}{8}\right| > \frac{\sqrt{33}}{8}$이다. 따라서 $x > \frac{-1+\sqrt{33}}{8}$ 또는 $x < \frac{-1-\sqrt{33}}{8}$이다.

(6) $|x-3| \ge 2$ 이면 $x-3 \ge 2$ 또는 $x-3 \le -2$이다. 따라서 $x \ge 5$ 또는 $x \le 1$이다.

(7) $2|2x-3| < |x-10|$이면 $|4x-6| < |x-10|$이고 $(4x-6)^2 < (x-10)^2$이다.

그러면 $15x^2-28x-64<0$이고 $(3x+4)(5x-16)<0$이다. 따라서 $-\frac{4}{3}<x<\frac{16}{5}$이다.

(8) $|x-2| < 3|x+7|$이면 $|x-2| < |3x+21|$이고 $8x^2+130x+437>0$ 이므로 $(2x+23)(4x+19)>0$이다. 따라서 $x>-\frac{19}{4}$ 또는 $x<-\frac{23}{2}$이다.

1.6 연습문제

1. (1) 두 점 사이의 거리: $2\sqrt{5}$ 기울기: $\frac{6-2}{3-1}=2$

(2) 두 점 사이의 거리: $2\sqrt{2}$ 기울기: $\frac{4-2}{3-1}=1$

(3) 두 점 사이의 거리: $\frac{\sqrt{74}}{5}$ 기울기: $\frac{-0.4-(-1.4)}{-1.1-0.3}=-\frac{1}{1.4}=-\frac{5}{7}$

(4) 두 점 사이의 거리: $\sqrt{74}$ 기울기: $\frac{4-(-3)}{2-(-3)}=\frac{7}{5}$

2. (1) $y-3=2(x-1) \Leftrightarrow y=2x+1$

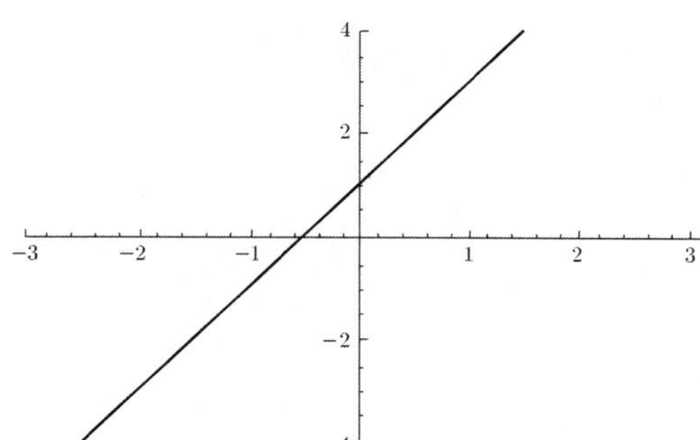

(2) $y-4=2(x-1) \Leftrightarrow y=2x+2$

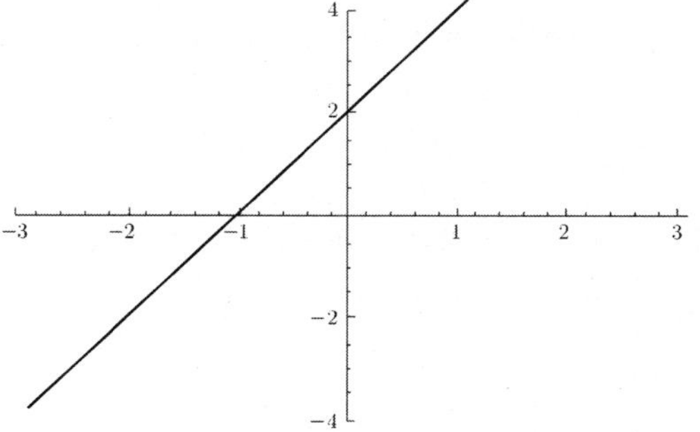

(3) $y-1=0(x+1) \Leftrightarrow y=1$

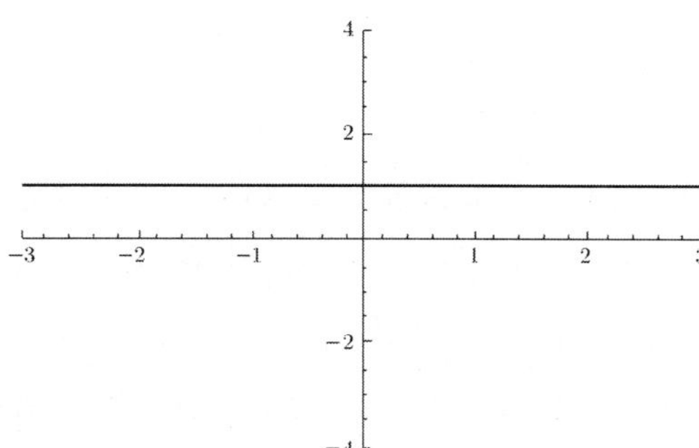

(4) $y-1=\frac{1}{2}(x-2) \Leftrightarrow y=\frac{1}{2}x$

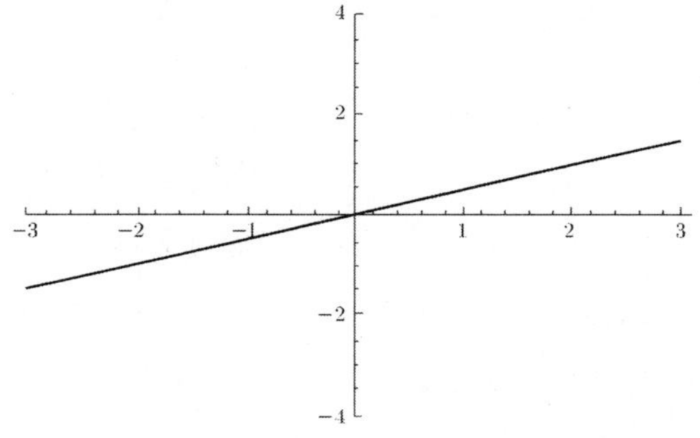

3. (1) 평행 (2) 수직 (3) 수직 (4) 평행

4. (1) 평행인 직선: $y-1=2(x-2) \Leftrightarrow y=2x-3$

수직인 직선: $y-1=-\frac{1}{2}(x-2) \Leftrightarrow y=-\frac{1}{2}x+2$

(2) 평행인 직선: $y-3=3x \Leftrightarrow y=3x+3$, 수직인 직선: $y-3=-\frac{1}{3}x \Leftrightarrow y=-\frac{1}{3}x+3$

(3) 평행인 직선: $y=-1$, 수직인 직선: $x=0$

(4) $2x+3y=6 \Leftrightarrow y=-\frac{2}{3}x+2$

평행인 직선: $y+3=-\frac{2}{3}(x-3) \Leftrightarrow y=-\frac{2}{3}x-1$

수직인 직선: $y+3=\frac{3}{2}(x-3) \Leftrightarrow y=\frac{3}{2}x-\frac{15}{2}$

5. (1) $(x-1)^2+(y+2)^2=36$

(2) 반지름 $r=\sqrt{(5-2)^2+(3+1)^2}=\sqrt{25}=5$이므로 원의 방정식은

$(x-2)^2+(y+1)^2=25$

6. (1) $x^2+y^2+2x-10y+25=0$이면 $(x+1)^2+(y-5)^2=1$이다.

중심: $(-1,5)$, 반지름: 1

(2) $x^2+y^2-12x+35=0$이면 $(x-6)^2+y^2=1$이다.

중심: $(6,0)$, 반지름: 1

(3) $4x^2+4y^2+4x-12y+1=0$이면 $\left(x+\frac{1}{2}\right)^2+\left(y-\frac{3}{2}\right)^2=\frac{9}{4}$이다.

중심: $\left(-\frac{1}{2},\frac{3}{2}\right)$, 반지름: $\frac{3}{2}$

7. $x^2+y^2-4x-2y-11=0$은 $(x-2)^2+(y-1)^2=16$이므로 중심이 $(2,1)$, 반지름이 4인 원이다. 또한 $x^2+y^2+20x-12y+72=0$은 $(x+10)^2+(y-6)^2=64$이므로 중심이 $(-10,6)$, 반지름이 8인 원이다. 두 원의 중심 사이의 거리는 $\sqrt{(-10-2)^2+(6-1)^2}=\sqrt{169}=13$이고 두 원의 반지름의 합은 12이다. 두 원의 중심 사이의 거리가 두 원의 반지름의 합보다 크므로 두 원은 만나지 않는다.

2.1 연습문제

1. X의 원소 3에 Y의 원소 c와 d가 대응되므로 함수가 되지 않는다.

2. (1) 정의역: $\mathbb{R}$ 치역: $\mathbb{R}$

(2) 정의역: $\{x \mid x\neq 0, x\in\mathbb{R}\}$ 치역: $\{y \mid y\neq 0, y\in\mathbb{R}\}$

(3) 정의역: $\mathbb{R}$ 치역: $\{y \mid y\leq 2\}$

3. (1) 일대일대응

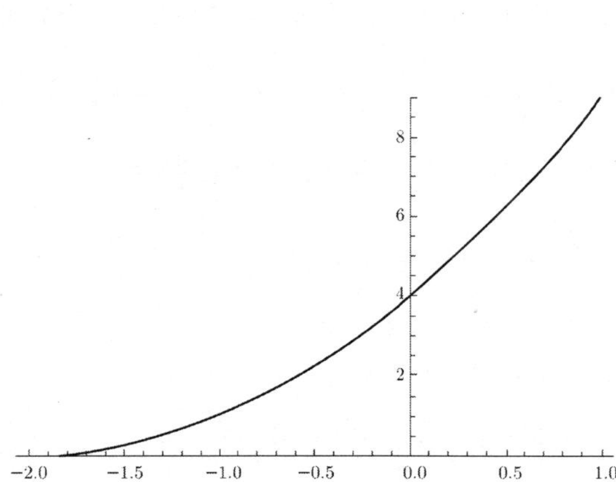

(2) 위로 함수

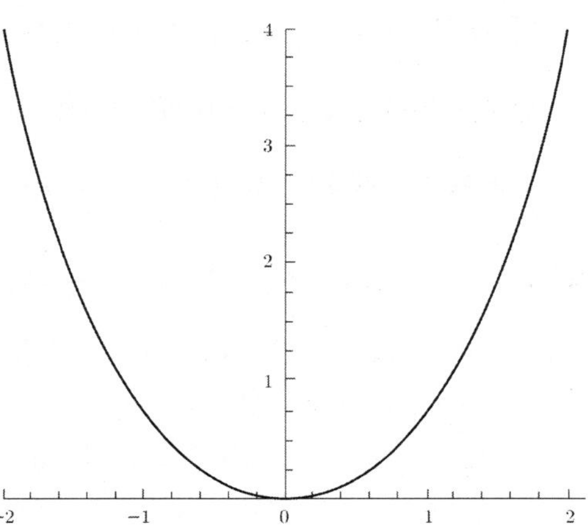

(3) 일대일함수

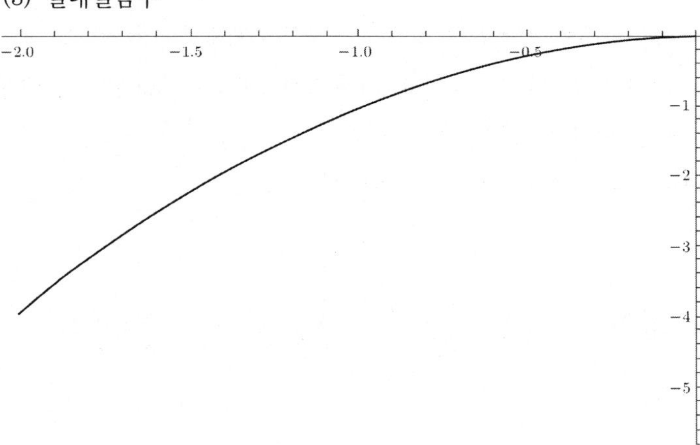

(4) 일대일함수, 위로 함수 모두 아니다.

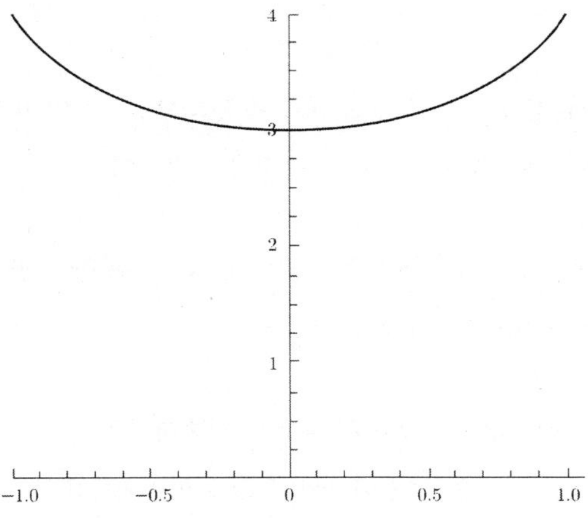

4. 정의역의 서로 다른 두 원소 x_1, x_2에 대하여 0이 아닌 a를 양변에 곱하면 $ax_1 \neq ax_2$이고 b를 양변에 더하면 $ax_1+b \neq ax_2+b$이다. 따라서 $f(x_1) \neq f(x_2)$이므로 이 함수는 일대일함수이다. 또한 공역의 임의의 원소 $y \in \mathbb{R}$ 에 대하여 $a \neq 0$이므로 $x = \dfrac{y-b}{a}$이고 $f(x) = a\left(\dfrac{y-b}{a}\right)+b = y$인 $x \in \mathbb{R}$ 이 존재한다. 따라서 $f(x)$는 위로 함수이다. 그러므로 이 함수는 일대일대응함수이다.

5. (1) $(f \circ g)(x) = f(g(x)) = f(x^2-3) = -(x^2-3)+1 = -x^2+4$

(2) $(g \circ f)(x) = g(f(x)) = g(-x+1) = (-x+1)^2-3 = x^2-2x-2$

(3) $(f \circ f)(x) = f(f(x)) = f(-x+1) = -(-x+1)+1 = x$

(4) $(g \circ g)(x) = g(g(x)) = g(x^2-3) = (x^2-3)^2-3 = x^4-6x^2+6$

6. (1) $f^{-1}(x) = x-2$, $g^{-1}(x) = \dfrac{x}{3}+\dfrac{1}{3}$

(2) $(f^{-1})^{-1}$는 f^{-1}의 역함수이다. (1)에서 구한 $f^{-1}(x) = x-2$의 역함수를 구하면 $(f^{-1})^{-1}(x) = x+2$ 이다. 따라서 $(f^{-1})^{-1} = f$이다. 이와 마찬가지로 $g^{-1}(x)$의 역함수를 구하면$(g^{-1})^{-1}(x) = 3x-1$이다. 따라서 $(g^{-1})^{-1} = g$이다.

(3) $(g \circ f)(x) = g(f(x)) = g(x+2) = 3(x+2)-1 = 3x+5$

$(g \circ f)^{-1}(x) = \dfrac{x}{3}-\dfrac{5}{3}$

(4) $(f^{-1} \circ g^{-1})(x) = f^{-1}(g^{-1}(x)) = f^{-1}\left(\dfrac{x}{3}+\dfrac{1}{3}\right) = \left(\dfrac{x}{3}+\dfrac{1}{3}\right)-2 = \dfrac{x}{3}-\dfrac{5}{3}$이므로

$(g \circ f)^{-1} = f^{-1} \circ g^{-1}$이다.

2.2 연습문제

1. $f(x) = -x^2+4x = -(x-2)^2+4$ 이므로 양 끝점 $x=-1, x=3$과 꼭짓점인 $x=2$만 비교해 주면 된다. $f(-1) = -5, f(2) = 4, f(3) = 3$이므로 최댓값은 4, 최솟값은 -5이다.

2. $-x^2 = ax+9$를 정리하면 $x^2+ax+9=0$이다. 두 함수가 서로 만나지 않기 위해서 판별식 $D<0$을 만족해야한다. $D = a^2-36<0$이므로 $-6<a<6$이다.

3. 판별식 $D<0$일 때 모든 실수 x에 대하여 $x^2+(k+4)x+(k+7)>0$을 만족하므로 $D = (k+4)^2-4(k+7) = k^2+4k-12 = (k+6)(k-2)<0$이므로 $-6<k<2$이다.

4. (1) 정의역: $\{x \in \mathbb{R} \mid x \neq 1\}$, 치역: $\{y \in \mathbb{R} \mid y \neq 0\}$

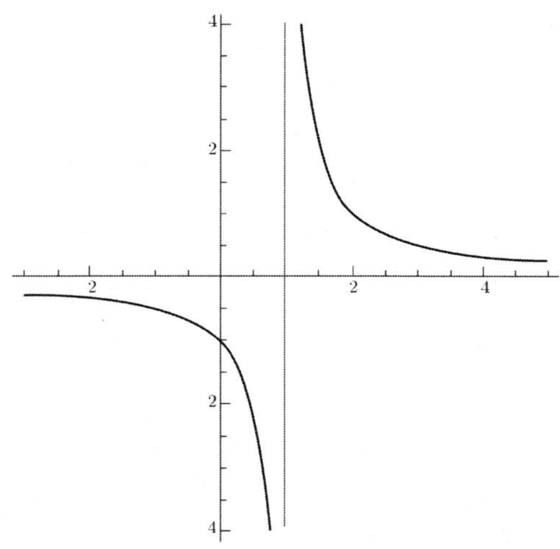

(2) $y = \dfrac{\frac{1}{2}(2x+3) - \frac{3}{2}}{2x+3} = -\dfrac{3}{2}\dfrac{1}{2x+3} + \dfrac{1}{2}$

정의역: $\left\{x \in \mathbb{R} \mid x \neq -\dfrac{3}{2}\right\}$, 치역: $\left\{y \in \mathbb{R} \mid y \neq \dfrac{1}{2}\right\}$

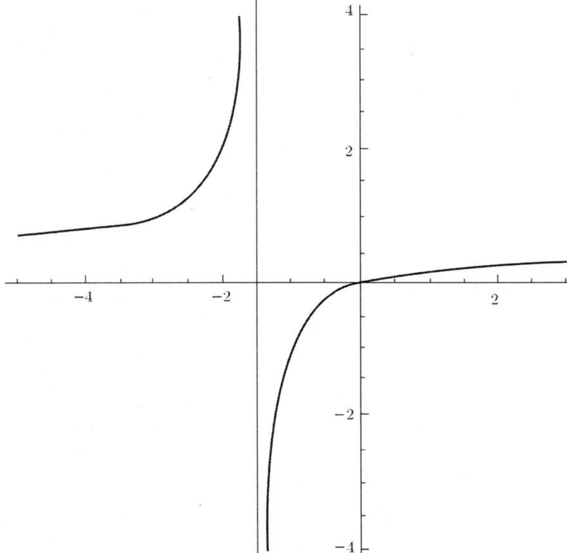

(3) $y=\dfrac{2(x-3)+5}{x-3}=\dfrac{5}{x-3}+2$, 정의역: $\{x\in\mathbb{R}\,|\,x\neq 3\}$, 치역: $\{y\in\mathbb{R}\,|\,y\neq 2\}$

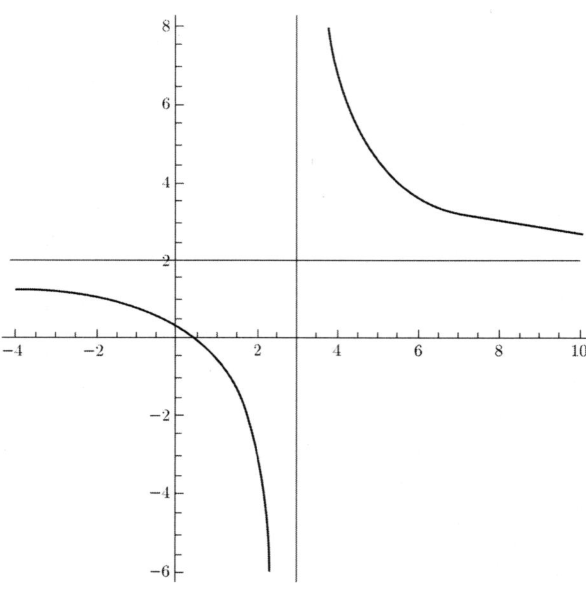

(4) 정의역: $\{x\in\mathbb{R}\,|\,x\neq 0\}$, 치역: $\{y\in\mathbb{R}\,|\,y\neq 0\}$

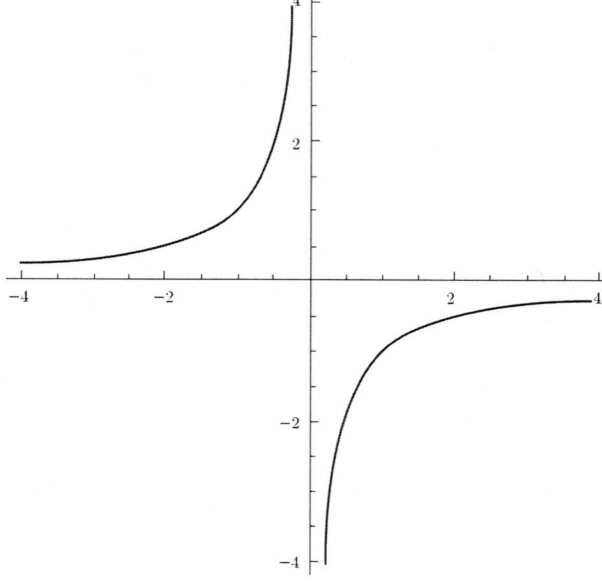

(5) 정의역: $\{x \in \mathbb{R} \mid x \neq 0\}$, 치역: $\{y \in \mathbb{R} \mid y \neq 0\}$

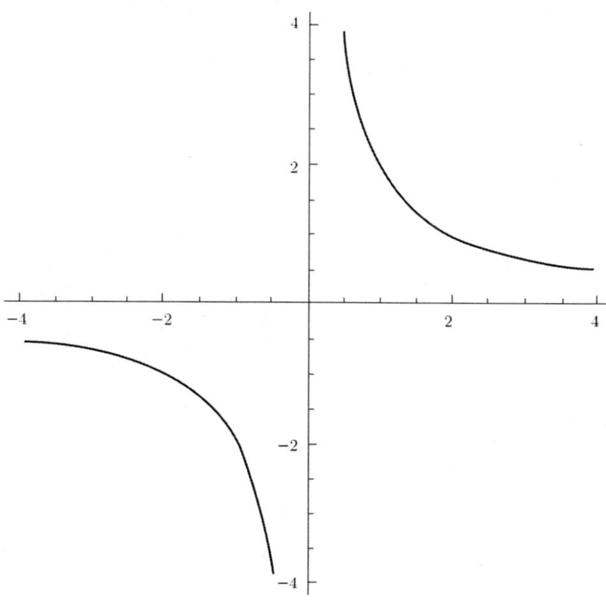

(6) 정의역: $\{x \in \mathbb{R} \mid x \neq 0\}$, 치역: $\{y \in \mathbb{R} \mid y \neq 0\}$

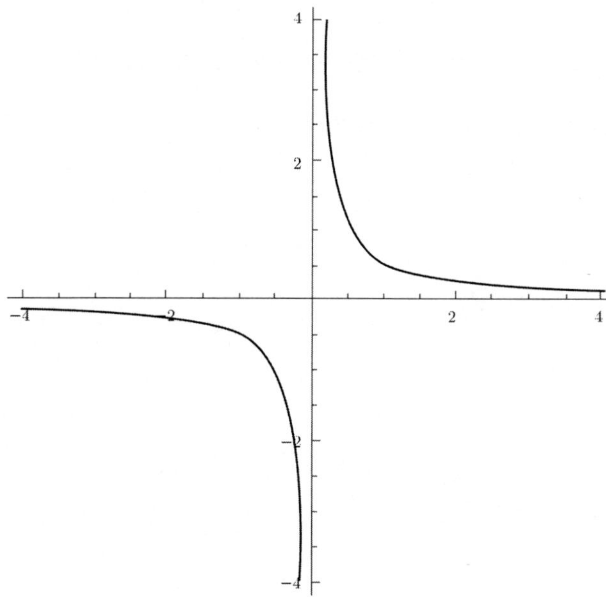

5. (1) $y=\dfrac{2(x+2)-3}{x+2}=-\dfrac{3}{x+2}+2$이므로 $y=-\dfrac{3}{x}$ 함수를 x축으로 -2, y축으로 2만큼 평행 이동한 함수이다. 그러므로 점근선은 $x=-2, y=2$이다.

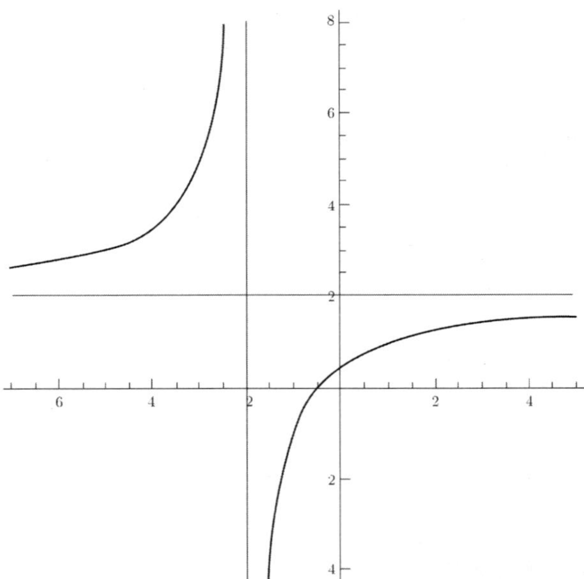

(2) $y=-\dfrac{2(x-3)+2}{x-3}=-\dfrac{2}{x-3}-2$이므로 $y=-\dfrac{2}{x}$ 함수를 x축으로 3, y축으로 -2만큼 평행 이동한 함수이다. 그러므로 점근선은 $x=3$, $y=-2$이다.

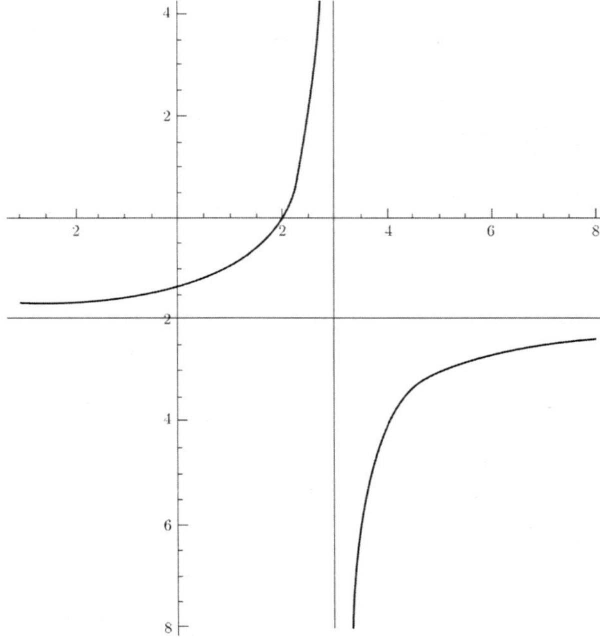

(3) $y = -\dfrac{(x-2)-1}{x-2} = \dfrac{1}{x-2} - 1$이므로 $y = \dfrac{1}{x}$ 함수를 x축으로 2, y축으로 -1만큼 평행 이동한 함수이다. 그러므로 점근선은 $x=2$, $y=-1$이다.

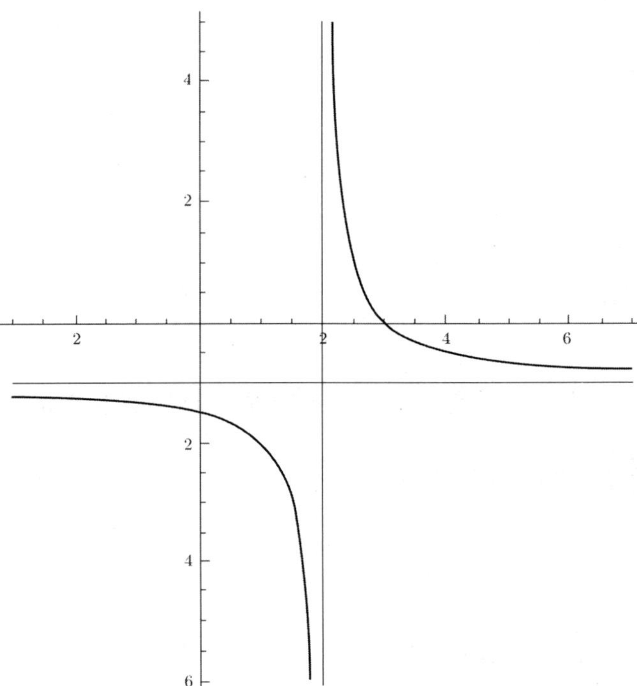

6. (1) 정의역: $\{x \in \mathbb{R} \mid x \geq 0\}$, 치역: $\{y \in \mathbb{R} \mid y \leq 0\}$

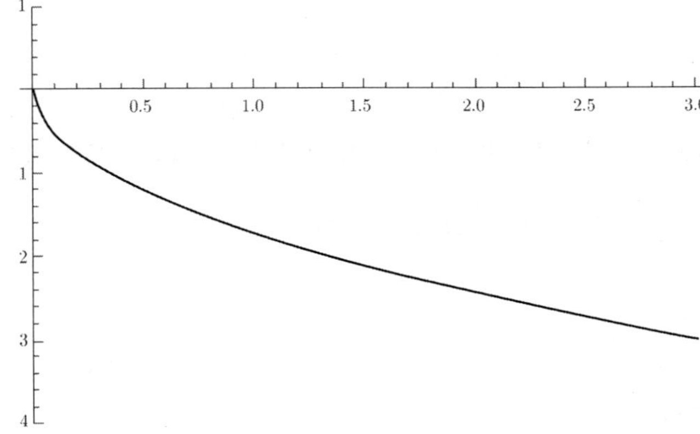

(2) $y=\sqrt{x}$ 를 x축으로 -3만큼 평행 이동, 정의역: $\{x\in\mathbb{R}\mid x\geq -3\}$, 치역: $\{y\in\mathbb{R}\mid y\geq 0\}$

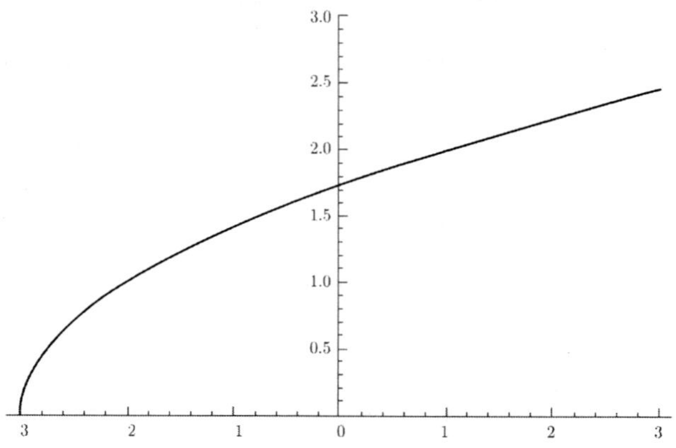

(3) $y=\sqrt{3\left(x-\frac{2}{3}\right)}-1$ 이므로 $y=\sqrt{3x}$ 를 x축으로 $\frac{2}{3}$만큼, y축으로 -1만큼 평행 이동한 함수이다. 정의역: $\left\{x\in\mathbb{R}\mid x\geq\frac{2}{3}\right\}$, 치역: $\{y\in\mathbb{R}\mid y\geq -1\}$

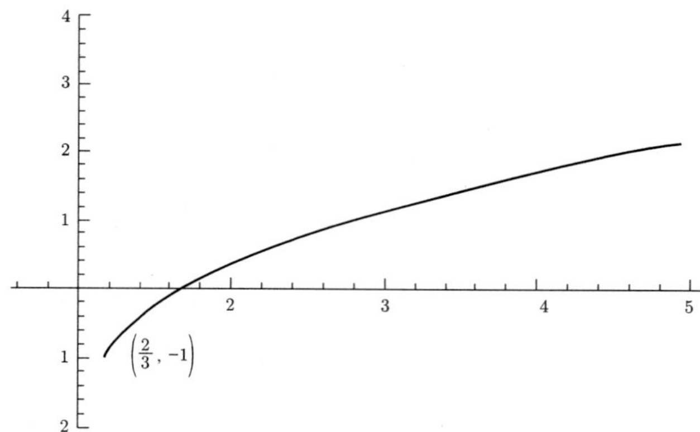

(4) $y=\sqrt{-2\left(x-\frac{3}{2}\right)}-4$ 이므로 $y=\sqrt{-2x}$ 를 x축으로 $\frac{3}{2}$만큼, y축으로 -4만큼 평행 이동한 함수이다. 정의역: $\left\{x\in\mathbb{R}\mid x\leq\frac{3}{2}\right\}$, 치역: $\{y\in\mathbb{R}\mid y\geq -4\}$

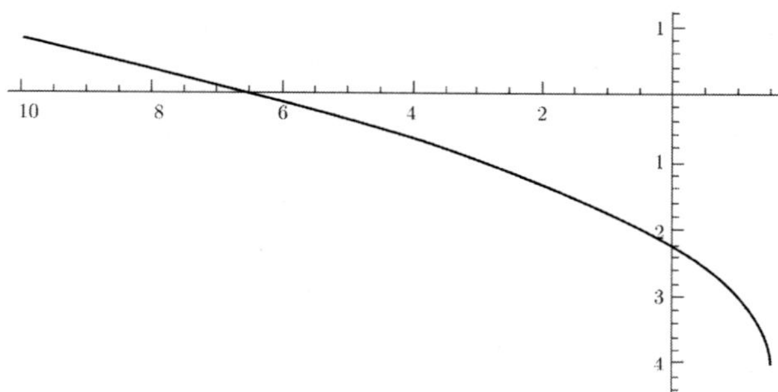

(5) $y = -\sqrt{2(x-2)}+3$이므로 $y = -\sqrt{2x}$를 x축으로 2만큼, y축으로 3만큼 평행 이동한 함수이다. 정의역: $\{x \in \mathbb{R} \mid x \geq 2\}$, 치역: $\{y \in \mathbb{R} \mid y \leq 3\}$

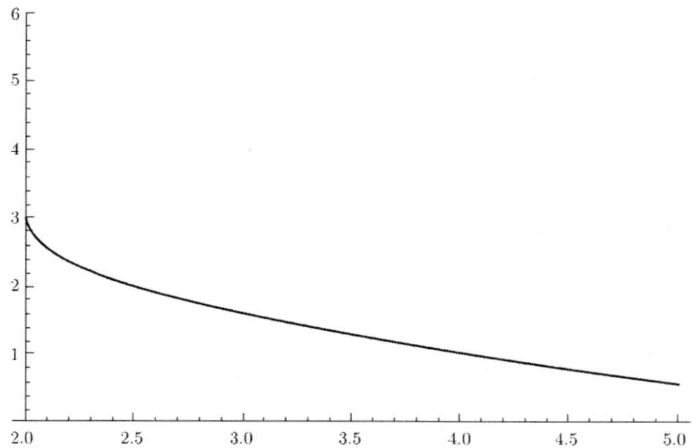

7. (1) $y(1-x) = x+1$이므로 $y - xy = x+1$이고 $x(-y-1) = 1-y$이다. 따라서 $x = \dfrac{y-1}{y+1}$이다. 그러므로 역함수는 $y = \dfrac{x-1}{x+1}$이다. 또한 이 역함수는 $y = \dfrac{(x+1)-2}{x+1} = -\dfrac{2}{x+1}+1$이므로 정의역은 $\{x \in \mathbb{R} \mid x \neq -1\}$, 치역은 $\{y \in \mathbb{R} \mid y \neq 1\}$이다.

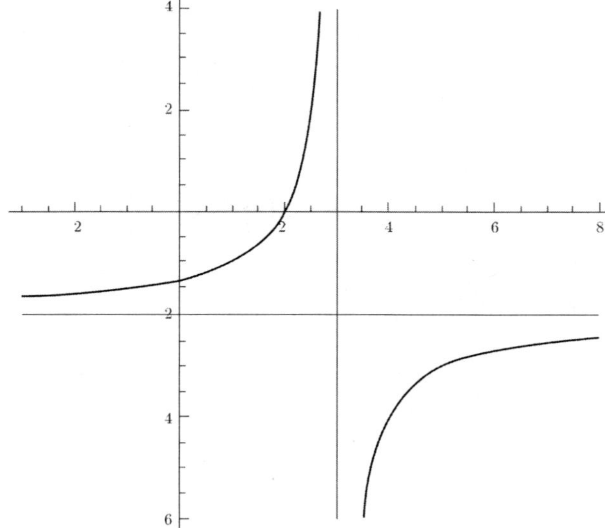

(2) $y+2 = \sqrt{x+1}$이므로 $y^2+4y+4 = x+1$이고 $x = y^2+4y+3$이다.
따라서 역함수는 $y = x^2+4x+3$이다. 주어진 함수의 정의역은 $\{x \in \mathbb{R} \mid x \geq -1\}$, 치역은 $\{y \in \mathbb{R} \mid y \geq -2\}$이므로 역함수의 정의역은 $\{x \in \mathbb{R} \mid x \geq -2\}$이고 치역은 $\{y \in \mathbb{R} \mid y \geq -1\}$이다.

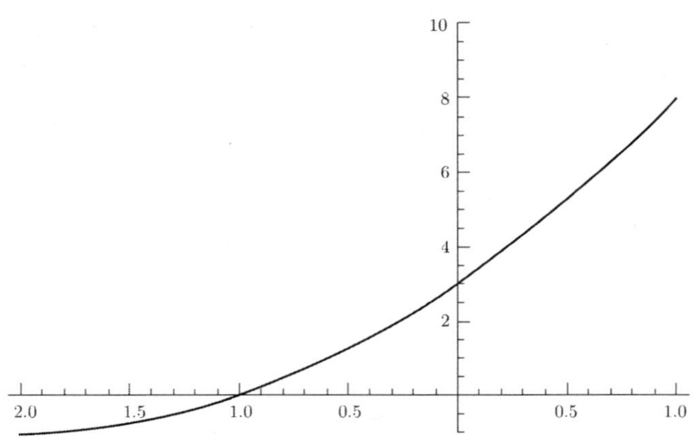

3.1 연습문제

1. (1) $\frac{15}{180}\pi = \frac{1}{12}\pi$　　(2) $\frac{5}{9}\pi$

(3) $\frac{3}{4}\pi$　　(4) $\frac{7}{6}\pi \times \frac{180^\circ}{\pi} = 210^\circ$

(5) 300°　　(6) 315°

(7) -45°　　(8) -120°

(9) -210°

2. (1) 호의 길이$= 15 \times \frac{150^\circ}{180^\circ}\pi = \frac{25}{2}\pi$, 부채꼴의 넓이$= \frac{1}{2} \times 15^2 \times \frac{150^\circ}{180^\circ}\pi = \frac{375}{4}\pi$

(2) 호의 길이$= 6 \times \frac{\pi}{3} = 2\pi$, 부채꼴의 넓이$= \frac{1}{2} \times 6^2 \times \frac{\pi}{3} = 6\pi$

3.2 연습문제

1. (1) $\sin\frac{4}{3}\pi = \sin\left(\pi + \frac{\pi}{3}\right) = -\sin\frac{\pi}{3} = -\frac{\sqrt{3}}{2}$

$\cos\frac{4}{3}\pi = \cos\left(\pi + \frac{\pi}{3}\right) = -\cos\frac{\pi}{3} = -\frac{1}{2}$

$\tan\frac{4}{3}\pi = \tan\left(\pi + \frac{\pi}{3}\right) = \tan\frac{\pi}{3} = \sqrt{3}$

(2) $\sin\left(-\frac{7\pi}{6}\right)=-\sin\frac{7\pi}{6}=-\sin\left(\pi+\frac{\pi}{6}\right)=\sin\frac{\pi}{6}=\frac{1}{2}$

$\cos\left(-\frac{7\pi}{6}\right)=\cos\frac{7\pi}{6}=\cos\left(\pi+\frac{1}{6}\pi\right)=-\cos\frac{\pi}{6}=-\frac{\sqrt{3}}{2}$

$\tan\left(-\frac{7\pi}{6}\right)=-\tan\frac{7\pi}{6}=-\tan\left(\pi+\frac{\pi}{6}\right)=-\tan\frac{\pi}{6}=-\frac{1}{\sqrt{3}}$

(3) $\sin\frac{5\pi}{2}=\sin\left(2\pi+\frac{\pi}{2}\right)=\sin\frac{\pi}{2}=1$

$\cos\frac{5\pi}{2}=\cos\left(2\pi+\frac{\pi}{2}\right)=\cos\frac{\pi}{2}=0$

$\tan\frac{5\pi}{2}=\tan\left(2\pi+\frac{\pi}{2}\right)=\tan\frac{\pi}{2}=\infty$

(4) $\sin\left(-\frac{9\pi}{4}\right)=-\sin\frac{9\pi}{4}=-\sin\left(2\pi+\frac{\pi}{4}\right)=-\sin\frac{\pi}{4}=-\frac{\sqrt{2}}{2}$

$\cos\left(-\frac{9\pi}{4}\right)=\cos\frac{9\pi}{4}=\cos\left(2\pi+\frac{\pi}{4}\right)=\cos\frac{\pi}{4}=\frac{\sqrt{2}}{2}$

$\tan\left(-\frac{9\pi}{4}\right)=-\tan\frac{9\pi}{4}=-\tan\left(2\pi+\frac{\pi}{4}\right)=-\tan\frac{\pi}{4}=-1$

2. (1) $\sin\left(-\frac{35}{6}\pi\right)=-\sin\left(\frac{35\pi}{6}\right)=-\sin\left(6\pi-\frac{\pi}{6}\right)=\sin\frac{\pi}{6}=\frac{1}{2}$

(2) $\tan 150^\circ=\tan\frac{5\pi}{6}=\tan\left(\pi-\frac{1}{6}\pi\right)=-\tan\frac{\pi}{6}=-\frac{\sqrt{3}}{3}$

(3) $\cos\frac{2\pi}{3}=\cos\left(\pi-\frac{\pi}{3}\right)=-\cos\frac{\pi}{3}=-\frac{1}{2}$

(4) $\tan\left(-\frac{5\pi}{6}\right)=-\tan\frac{5}{6}\pi=\frac{\sqrt{3}}{3}$

3. θ가 제2사분면의 각이므로 θ에 대응되는 단위원의 좌표는 $\left(-\frac{4}{5},\frac{3}{5}\right)$이다.

(1) $\cos\theta=-\frac{4}{5}$, (2) $\tan\theta=-\frac{3}{4}$, (3) $\csc\theta=\frac{5}{3}$, (4) $\sec\theta=-\frac{5}{4}$, (5) $\cot\theta=-\frac{4}{3}$이다.

4. $(\sin\theta-\cos\theta)^2+(\sin\theta+\cos\theta)^2$

$=\sin^2\theta-2\sin\theta\cos\theta+\cos^2\theta+\sin^2\theta+2\sin\theta\cos\theta+\cos^2\theta$

$=2(\sin^2\theta+\cos^2\theta)=2$

5. (1) $(\sin\theta+\cos\theta)^2=\sin^2\theta+2\sin\theta\cos\theta+\cos^2\theta=1+2\sin\theta\cos\theta$ 이므로

$1+2\sin\theta\cos\theta=2$ 이다. 따라서 $\sin\theta\cos\theta=\dfrac{1}{2}$ 이다.

(2) $(\sin\theta-\cos\theta)^2=1-2\sin\theta\cos\theta=\dfrac{1}{4}$ 이므로 $\sin\theta\cos\theta=\dfrac{3}{8}$ 이다.

따라서 $(\sin\theta+\cos\theta)^2=(\sin\theta-\cos\theta)^2+4\sin\theta\cos\theta=\dfrac{1}{4}+4\times\dfrac{3}{8}=\dfrac{7}{4}$ 이다.

$0<\theta<\dfrac{\pi}{2}$ 이므로 $\sin\theta+\cos\theta=\dfrac{\sqrt{7}}{2}$ 이다.

6. (1) $$\frac{\cot\alpha+\tan\beta}{\tan\alpha+\cot\beta}=\frac{\dfrac{\cos\alpha}{\sin\alpha}+\dfrac{\sin\beta}{\cos\beta}}{\dfrac{\sin\alpha}{\cos\alpha}+\dfrac{\cos\beta}{\sin\beta}}=\frac{\dfrac{\cos\alpha\cos\beta+\sin\alpha\sin\beta}{\sin\alpha\cos\beta}}{\dfrac{\sin\alpha\sin\beta+\cos\alpha\cos\beta}{\cos\alpha\sin\beta}}$$

$$=\frac{\cos\alpha\sin\beta}{\sin\alpha\cos\beta}=\cot\alpha\tan\beta$$

(2) $$\frac{\tan\alpha+\tan\beta}{\cot\alpha+\cot\beta}=\frac{\dfrac{\sin\alpha}{\cos\alpha}+\dfrac{\sin\beta}{\cos\beta}}{\dfrac{\cos\alpha}{\sin\alpha}+\dfrac{\cos\beta}{\sin\beta}}=\frac{\dfrac{\sin\alpha\cos\beta+\cos\alpha\sin\beta}{\cos\alpha\cos\beta}}{\dfrac{\cos\alpha\sin\beta+\sin\alpha\cos\beta}{\sin\alpha\sin\beta}}$$

$$=\frac{\sin\alpha\sin\beta}{\cos\alpha\cos\beta}=\tan\alpha\tan\beta$$

(3) $$\frac{\sin\alpha}{1+\cos\alpha}+\frac{1+\cos\alpha}{\sin\alpha}=\frac{\sin^2\alpha+(1+\cos\alpha)^2}{\sin\alpha(1+\cos\alpha)}=\frac{\sin^2\alpha+1+2\cos\alpha+\cos^2\alpha}{\sin\alpha(1+\cos\alpha)}$$

$$=\frac{2(1+\cos\alpha)}{\sin\alpha(1+\cos\alpha)}=\frac{2}{\sin\alpha}=2\csc\alpha$$

(4) $$\frac{\cos\theta}{1-\sin\theta}+\frac{1-\sin\theta}{\cos\theta}=\frac{\cos^2\theta+(1-\sin\theta)^2}{\cos\theta(1-\sin\theta)}=\frac{\cos^2\theta+1-2\sin\theta+\sin^2\theta}{\cos\theta(1-\sin\theta)}$$

$$=\frac{2(1-\sin\theta)}{\cos\theta(1-\sin\theta)}=\frac{2}{\cos\theta}=2\sec\theta$$

3.3 연습문제

1. (1) $y=\sin\frac{1}{2}x$의 주기를 p라 하면, 모든 실수 x에 대하여 $f(x+p)=f(x)$이므로 $\sin\frac{1}{2}(x+p)=\sin\left(\frac{1}{2}x+\frac{1}{2}p\right)=\sin\frac{1}{2}x$가 성립한다. $\frac{1}{2}x=t$라 하면 $\sin\left(t+\frac{1}{2}p\right)=\sin t$이다. $y=\sin t$의 주기가 2π이므로 $\frac{1}{2}p=2\pi$이고 $p=4\pi$이다.

(2) $y=\cos\frac{1}{2}x$의 주기를 p라 하면, 모든 실수 x에 대하여 $f(x+p)=f(x)$이므로 $\cos\frac{1}{2}(x+p)=\cos\left(\frac{1}{2}x+\frac{1}{2}p\right)=\cos\frac{1}{2}x$가 성립한다. $\frac{1}{2}x=t$라 하면 $\cos\left(t+\frac{1}{2}p\right)=\cos t$이다. $y=\cos t$의 주기가 2π이므로 $\frac{1}{2}p=2\pi$이고 $p=4\pi$이다.

(3) $y=\tan 3x$의 주기를 p라 하면, 모든 실수 x에 대하여 $f(x+p)=f(x)$이므로 $\tan 3(x+p)=\tan(3x+3p)=\tan 3x$가 성립한다. $3x=t$라 하면 $\tan(t+3p)=\tan t$이다. $y=\tan t$의 주기가 π이므로 $3p=\pi$이고 $p=\frac{\pi}{3}$이다.

2. (1) $y=3\cos\frac{1}{2}x$의 주기를 p라 하면, 모든 실수 x에 대하여 $f(x+p)=f(x)$이므로 $3\cos\frac{1}{2}(x+p)=3\cos\left(\frac{1}{2}x+\frac{1}{2}p\right)=\cos\frac{1}{2}x$가 성립한다. $\frac{1}{2}x=t$라 하면 $\cos\left(t+\frac{1}{2}p\right)=\cos t$이다. $y=\cos t$의 주기가 2π이므로 $\frac{1}{2}p=2\pi$이고 $p=4\pi$이다.

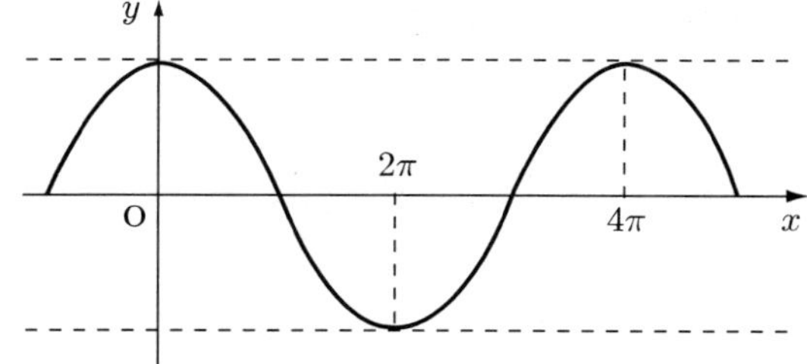

$y=3\cos\frac{1}{2}x$의 그래프는 $3\cos\frac{1}{2}x$가 x에 대하여 $\cos\frac{1}{2}x$의 3배이므로 $y=\cos\frac{1}{2}x$의 그래프를 y축 방향으로 3배 확대한 것이다. 또 $-1\le\cos\frac{1}{2}x\le 1$이므로 $-3\le 3\cos\frac{1}{2}x\le 3$이다. 따라서 최댓값은 3이고 최솟값은 -3이다.

(2) $y=\frac{1}{2}\sin 4\left(x-\frac{\pi}{2}\right)=\frac{1}{2}\sin(4x-2\pi)$의 주기를 p라 하면, 모든 실수 x에 대하여

$f(x+p)=f(x)$이므로

$\frac{1}{2}\sin 4\left(x-\frac{\pi}{2}\right)=\frac{1}{2}\sin 4\left(x+p-\frac{\pi}{2}\right)=\frac{1}{2}\sin(4x+4p-2\pi)=\frac{1}{2}\sin(4x-2\pi)$가 성립한다. $4x=t$라 하면 $\sin(t+4p-2\pi)=\sin(t-2\pi)$이다. $y=\sin(t-2\pi)$의 주기가 2π이므로 $4p=2\pi$이고 $p=\frac{\pi}{2}$이다.

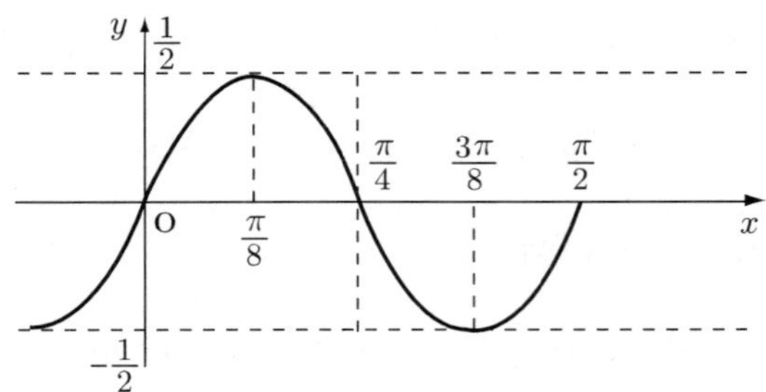

$y=\frac{1}{2}\sin 4\left(x-\frac{\pi}{2}\right)$의 그래프는 $\frac{1}{2}\sin 4\left(x-\frac{\pi}{2}\right)$가 x에 대하여 $\sin 4\left(x-\frac{\pi}{2}\right)$의 $\frac{1}{2}$배이므로 $y=\sin 4\left(x-\frac{\pi}{2}\right)$의 그래프를 y축 방향으로 $\frac{1}{2}$배 축소한 것이다. 또 $-1\le\sin 4\left(x-\frac{\pi}{2}\right)\le 1$이므로 $-\frac{1}{2}\le\frac{1}{2}\sin 4\left(x-\frac{\pi}{2}\right)\le\frac{1}{2}$이다. 따라서 최댓값은 $\frac{1}{2}$이고 최솟값은 $-\frac{1}{2}$이다.

3. $y=\tan(2x+\pi)$의 주기를 p라 하면, 모든 실수 x에 대하여 $f(x+p)=f(x)$이므로

$\tan(2x+\pi)=\tan 2\left(x+\frac{\pi}{2}\right)=\tan 2\left(x+p+\frac{\pi}{2}\right)=\tan(2x+2p+\pi)=\tan(2x+\pi)$가 성립한다. $2x=t$라 하면 $\tan(t+2p+\pi)=\tan(t+\pi)$이다. $y=\tan t$의 주기가 π이므로 $2p=\pi$이고 $p=\frac{\pi}{2}$이다. 점근선은 $2x+\pi=\frac{\pi}{2}+n\pi$이므로 $x=-\frac{\pi}{4}+\frac{1}{2}n\pi$이다.

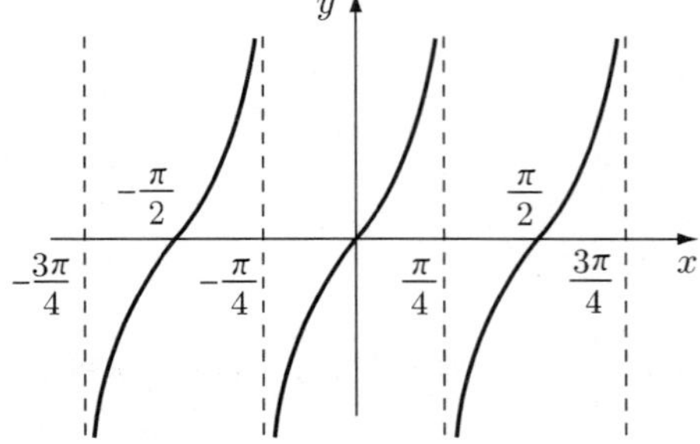

3.4 연습문제

1. 사인법칙

$\triangle$ABC 의 세 각의 크기를 A , B , C 라 하고 이 세 각의 대변의 길이를 a, b, c라 하자. $\triangle$ABC 의 세 각의 크기, 세 변의 길이, $\triangle$ABC 의 외접원의 반지름의 길이 R 사이에 $\frac{a}{\sin A}=\frac{b}{\sin B}=\frac{c}{\sin C}=2R$ 이 성립한다.

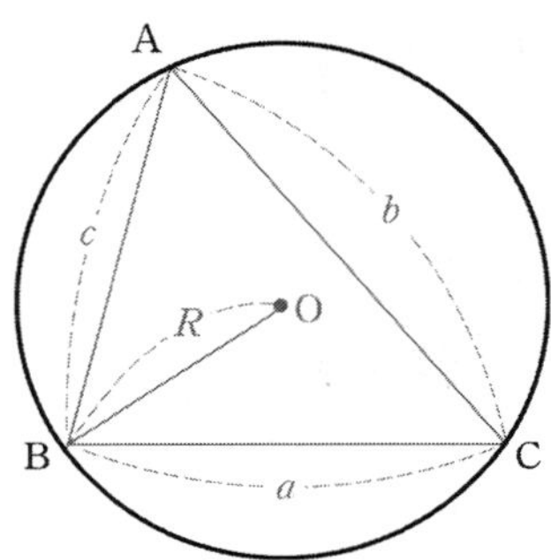

(1) $\angle A < \frac{\pi}{2}$　　(2) $\angle A = \frac{\pi}{2}$　　(3) $\angle A > \frac{\pi}{2}$

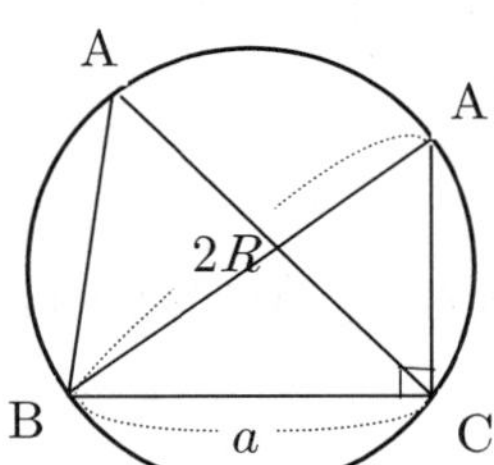

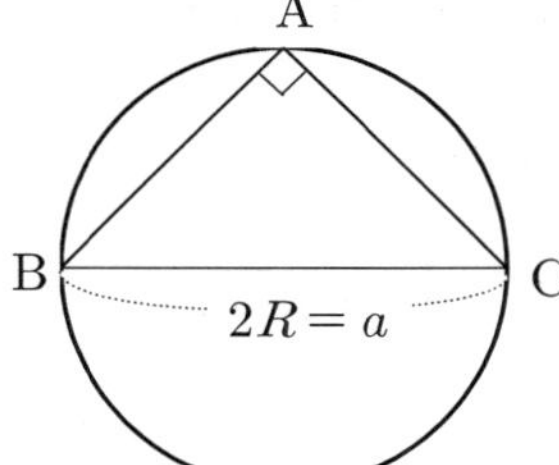

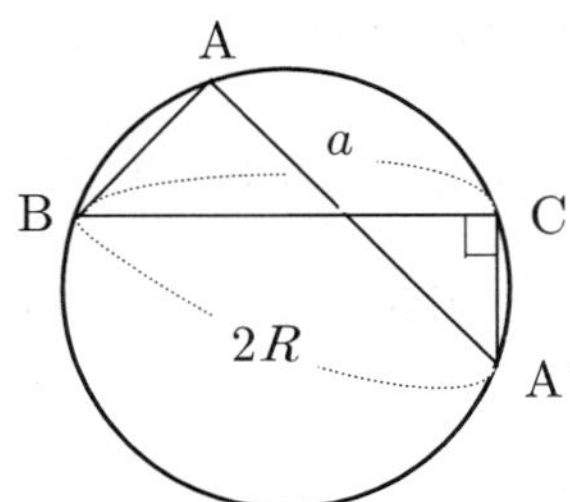

(1) $\angle A < \frac{\pi}{2}$일 때 $A = A'$, $\angle BCA' = \frac{\pi}{2}$이고 $\sin A=\sin A'=\frac{\overline{BC}}{\overline{A'B}}=\frac{a}{2R}$

(2) $\angle A = \frac{\pi}{2}$일 때 $a=2R$, $\sin A = 1$이고 $\sin A= 1 = \frac{a}{2R}$

(3) $\angle A > \frac{\pi}{2}$일 때 $A = \pi - A'$, $\angle A'CB = \frac{\pi}{2}$이고 $\sin A=\sin(A'-\pi)=\sin A'=\frac{a}{2R}$

이와 같은 방법으로 $\sin B=\frac{b}{2R}$, $\sin C=\frac{c}{2R}$이다.

그러므로 $\frac{a}{\sin A}=\frac{b}{\sin B}=\frac{c}{\sin C}=2R$

2. 코사인법칙 1

$\triangle ABC$ 의 세 각의 크기 A, B, C 와 이 세 각의 대변의 길이 a, b, c 사이에 다음이 성립한다.

$a = b\cos C + c\cos B \cdots$ ①

$b = c\cos A + a\cos C \cdots$ ②

$c = a\cos B + b\cos A \cdots$ ③

①을 $\angle B$ 의 크기에 따라 세 가지로 나누어 증명하자.

(1) $\angle B < \frac{\pi}{2}$

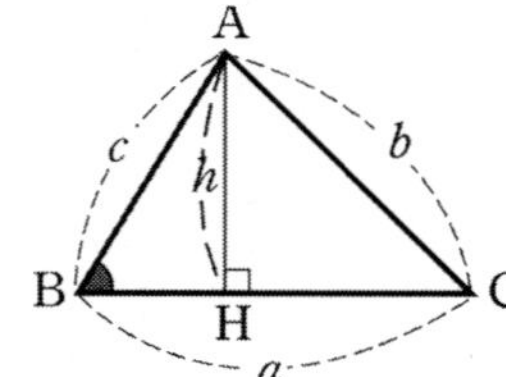

(2) $\angle B = \frac{\pi}{2}$

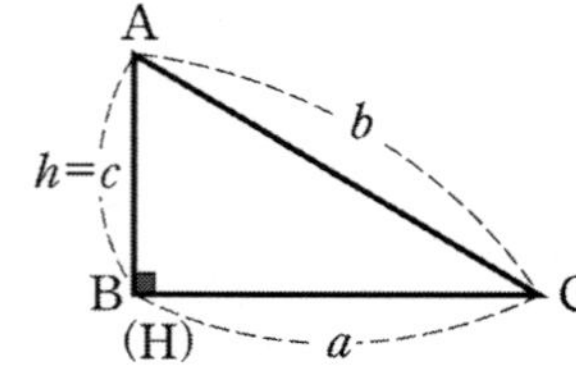

(3) $\angle B > \frac{\pi}{2}$

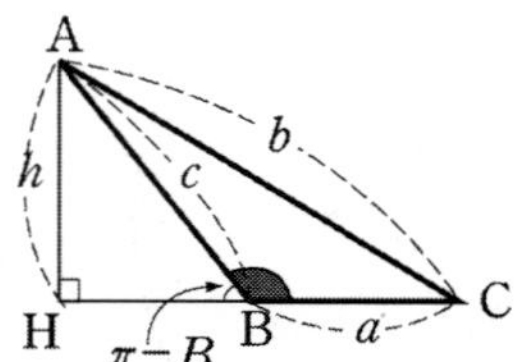

(1) $\angle B < \frac{\pi}{2}$ 일 때 $a = \overline{BH} + \overline{HC} = c\cos B + b\cos C$

(2) $\angle B = \frac{\pi}{2}$ 일 때 $\cos B = 0$ 이고 B와 H가 일치하므로 $a = \overline{BH} + \overline{HC} = c\cos B + b\cos C$

(3) $\angle B > \frac{\pi}{2}$ 일 때 $\cos(\pi - B) = -\cos B$ 이므로

$a = \overline{HC} - \overline{BH} = b\cos C - c\cos(\pi - B) = c\cos B + b\cos C$ 같은 방법으로 ②, ③이 증명된다.

3. 코사인법칙 2

코사인법칙 1 $a = b\cos C + c\cos B \cdots$ ①

$b = c\cos A + a\cos C \cdots$ ②

$c = a\cos B + b\cos A \cdots$ ③

① $\times a -$ ② $\times b -$ ③ $\times c$ 을 정리하면 $a^2 - b^2 - c^2 = -2bc\cos A$ 이다.

따라서 $a^2 = b^2 + c^2 - 2bc\cos A$

그리고 ② $\times b -$ ① $\times a -$ ③ $\times c$ 와 ③ $\times c -$ ① $\times a -$ ② $\times b$ 을 정리하면 코사인법칙 1로부터 다음을 얻을 수 있다.

$a^2 = b^2 + c^2 - 2bc\cos A \cdots$ ①

$b^2 = c^2 + a^2 - 2ca\cos B \cdots$ ②

$c^2 = a^2 + b^2 - 2ab\cos C \cdots$ ③

4. 사인법칙에서 $\dfrac{a}{\sin A} = \dfrac{c}{\sin C} = 2R$이므로 $\dfrac{12}{\sin 60^\circ} = \dfrac{c}{\sin C} = 2R$이다. $\dfrac{12}{\sin 60^\circ} = 2R$에서 $\dfrac{24}{\sqrt{3}} = 2R$이고 $R = 4\sqrt{3}$ 이다. $\dfrac{c}{\sin 45^\circ} = 2R$에서 $c = 2R\sin 45^\circ = 2 \cdot 4\sqrt{3} \cdot \dfrac{1}{\sqrt{2}} = 4\sqrt{6}$

5. $c^2 = a^2 + b^2 - 2ab\cos C$ 에서

$4^2 = [2(\sqrt{3}+1)]^2 + [2\sqrt{2}]^2 - 2[2(\sqrt{3}+1)][2\sqrt{2}]\cos C$ 이고 $\cos C = \dfrac{1}{\sqrt{2}}$ 이므로 $C = \dfrac{\pi}{4}$

6. 사인법칙 $\dfrac{a}{\sin A} = \dfrac{b}{\sin B} = \dfrac{c}{\sin C} = 2R$ 에서 $\sin^2 A = \dfrac{a^2}{4R^2}$, $\sin^2 B = \dfrac{b^2}{4R^2}$, $\sin^2 C = \dfrac{c^2}{4R^2}$ 이다. $\sin^2 A + \sin^2 B = \sin^2 C$ 이므로 $\dfrac{a^2}{4R^2} + \dfrac{b^2}{4R^2} = \dfrac{c^2}{4R^2}$ 이고 $a^2 + b^2 = c^2$ 이다. 그러므로 직각삼각형

7. 코사인법칙 $a = b\cos C + c\cos B \cdots$ ①, $b = c\cos A + a\cos C \cdots$ ②, $c = a\cos B + b\cos A \cdots$ ③ 의 ① 에서 $\cos B = \dfrac{a - b\cos C}{c}$ 이고 $a\cos B = \dfrac{a^2 - ab\cos C}{c}$,

② 에서 $\cos A = \dfrac{b - a\cos C}{c}$ 이고 $b\cos A = \dfrac{b^2 - ab\cos C}{c}$ 이다. $a\cos B = b\cos A$ 이므로

$a\cos B = \dfrac{a^2 - ab\cos C}{c} = b\cos A = \dfrac{b^2 - ab\cos C}{c}$ 에서 $a = b$ 이다. 그러므로 이등변삼각형

8. $c^2 = a^2 + b^2 - 2ab\cos C$ 에서

$4^2 = 6^2 + 5^2 - 2 \cdot 6 \cdot 5\cos C$ 이고 $\cos C = \dfrac{3}{4}$ 이므로 $\sin C = \dfrac{\sqrt{7}}{4}$ 이다. 넓이는 $S = \dfrac{1}{2}ab\sin C$ 이므로 $S = \dfrac{1}{2} \cdot 6 \cdot 5 \cdot \dfrac{\sqrt{7}}{4} = \dfrac{15\sqrt{7}}{4}$

3.5 연습문제

1. (1) $\sin\frac{7}{12}\pi=\sin\left(\frac{\pi}{4}+\frac{\pi}{3}\right)=\sin\frac{\pi}{4}\cos\frac{\pi}{3}+\cos\frac{\pi}{4}\sin\frac{\pi}{3}=\frac{1}{\sqrt{2}}\cdot\frac{1}{2}+\frac{1}{\sqrt{2}}\cdot\frac{\sqrt{3}}{2}$

$=\frac{\sqrt{2}+\sqrt{6}}{4}$

(2) $\cos\frac{7}{12}\pi=\cos\left(\frac{\pi}{4}+\frac{\pi}{3}\right)=\cos\frac{\pi}{4}\cos\frac{\pi}{3}-\sin\frac{\pi}{4}\sin\frac{\pi}{3}=\frac{1}{\sqrt{2}}\cdot\frac{1}{2}-\frac{1}{\sqrt{2}}\cdot\frac{\sqrt{3}}{2}$

$=\frac{\sqrt{2}-\sqrt{6}}{4}$

(3) $\sin\frac{5}{12}\pi=\sin\left(\frac{\pi}{6}+\frac{\pi}{4}\right)=\sin\frac{\pi}{6}\cos\frac{\pi}{4}+\cos\frac{\pi}{6}\sin\frac{\pi}{4}=\frac{1}{2}\cdot\frac{1}{\sqrt{2}}+\frac{\sqrt{3}}{2}\cdot\frac{1}{\sqrt{2}}$

$=\frac{\sqrt{2}+\sqrt{6}}{4}$

(4) $\tan\frac{5}{12}\pi=\tan\left(\frac{\pi}{6}+\frac{\pi}{4}\right)=\frac{\tan\frac{\pi}{6}+\tan\frac{\pi}{4}}{1-\tan\frac{\pi}{6}\tan\frac{\pi}{4}}=\frac{\frac{1}{\sqrt{3}}+1}{1-\frac{1}{\sqrt{3}}\cdot 1}=\frac{\sqrt{3}+1}{\sqrt{3}-1}=2+\sqrt{3}$

2. $0<\alpha<\frac{\pi}{2}$일 때 $\cos\alpha>0$이고 $\sin\alpha=\frac{2}{3}$이므로 $\cos\alpha=\sqrt{1-\sin^2\alpha}=\sqrt{1-\frac{4}{9}}=\frac{\sqrt{5}}{3}$

$\frac{\pi}{2}<\beta<\pi$일 때 $\sin\beta>0$이고 $\cos\beta=-\frac{2}{3}$이므로 $\sin\beta=\sqrt{1-\cos^2\beta}=\sqrt{1-\frac{4}{9}}=\frac{\sqrt{5}}{3}$

이다.

(1) $\sin(\alpha+\beta)=\sin\alpha\cos\beta+\cos\alpha\sin\beta=\frac{2}{3}\cdot\left(-\frac{2}{3}\right)+\frac{\sqrt{5}}{3}\cdot\frac{\sqrt{5}}{3}=\frac{1}{9}$

(2) $\sin(\alpha-\beta)=\sin\alpha\cos\beta-\cos\alpha\sin\beta=\frac{2}{3}\cdot\left(-\frac{2}{3}\right)-\frac{\sqrt{5}}{3}\cdot\frac{\sqrt{5}}{3}=-1$

(3) $\cos(\alpha+\beta)=\cos\alpha\cos\beta-\sin\alpha\sin\beta=\frac{\sqrt{5}}{3}\cdot\left(-\frac{2}{3}\right)-\frac{2}{3}\cdot\frac{\sqrt{5}}{3}=-\frac{4\sqrt{5}}{9}$

(4) $\cos(\alpha-\beta)=\cos\alpha\cos\beta+\sin\alpha\sin\beta=\frac{\sqrt{5}}{3}\cdot\left(-\frac{2}{3}\right)+\frac{2}{3}\cdot\frac{\sqrt{5}}{3}=0$

(5) $\tan(\alpha+\beta)=\frac{\sin(\alpha+\beta)}{\cos(\alpha+\beta)}=\frac{\sin\alpha\cos\beta+\cos\alpha\sin\beta}{\cos\alpha\cos\beta-\sin\alpha\sin\beta}=-\frac{\sqrt{5}}{20}$

(6) $\tan(\alpha-\beta)=\frac{\sin(\alpha-\beta)}{\cos(\alpha-\beta)}=\infty$

3. (1) $\sin(\alpha+\beta)\sin(\alpha-\beta)=(\sin\alpha\cos\beta+\cos\alpha\sin\beta)(\sin\alpha\cos\beta-\cos\alpha\sin\beta)$

$$=\sin^2\alpha\cos^2\beta-\cos^2\alpha\sin^2\beta$$

$$=(1-\cos^2\alpha)\cos^2\beta-\cos^2\alpha(1-\cos^2\beta)=\cos^2\beta-\cos^2\alpha$$

$$=\sin^2\alpha(1-\sin^2\beta)-(1-\sin^2\alpha)\sin^2\beta=\sin^2\alpha-\sin^2\beta$$

(2) $\cos(\alpha+\beta)\cos(\alpha-\beta)=(\cos\alpha\cos\beta+\sin\alpha\sin\beta)(\cos\alpha\cos\beta-\sin\alpha\sin\beta)$

$$=\cos^2\alpha\cos^2\beta-\sin^2\alpha\sin^2\beta$$

$$=\cos^2\alpha(1-\sin^2\beta)-(1-\cos^2\alpha)\sin^2\beta=\cos^2\alpha-\sin^2\beta$$

$$=(1-\sin^2\alpha)\cos^2\beta-\sin^2\alpha(1-\cos^2\beta)=\cos^2\beta-\sin^2\alpha$$

(3) $\cos^2(\alpha+\beta)-\sin^2(\alpha-\beta)=(\cos\alpha\cos\beta-\sin\alpha\sin\beta)^2-(\sin\alpha\cos\beta-\cos\alpha\sin\beta)^2$

$$=\cos^2\alpha\cos^2\beta+\sin^2\alpha\sin^2\beta-\sin^2\alpha\cos^2\beta-\cos^2\alpha\sin^2\beta$$

$$=\cos^2\beta(\cos^2\alpha-\sin^2\alpha)-\sin^2\beta(\cos^2\alpha-\sin^2\alpha)$$

$$=(\cos^2\alpha-\sin^2\alpha)(\cos^2\beta-\sin^2\beta)$$

$$=\cos2\alpha\cos2\beta$$

(4) $\dfrac{\sin(\alpha+\beta)+\sin(\alpha-\beta)}{\cos(\alpha+\beta)+\cos(\alpha-\beta)}=\dfrac{(\sin\alpha\cos\beta+\cos\alpha\sin\beta)+(\sin\alpha\cos\beta-\cos\alpha\sin\beta)}{(\cos\alpha\cos\beta-\sin\alpha\sin\beta)+(\cos\alpha\cos\beta+\sin\alpha\sin\beta)}$

$$=\frac{2\sin\alpha\cos\beta}{2\cos\alpha\cos\beta}=\frac{\sin\alpha}{\cos\alpha}=\tan\alpha$$

(5) $\dfrac{2\tan\alpha}{1+\tan^2\alpha}=\dfrac{\dfrac{2\sin\alpha}{\cos\alpha}}{1+\dfrac{\sin^2\alpha}{\cos^2\alpha}}=\dfrac{\dfrac{2\sin\alpha}{\cos\alpha}}{\dfrac{\cos^2\alpha+\sin^2\alpha}{\cos^2\alpha}}=2\sin\alpha\cos\alpha=\sin2\alpha$

(6) $\dfrac{1-\tan^2\alpha}{1+\tan^2\alpha}=\dfrac{\dfrac{\cos^2\alpha-\sin^2\alpha}{\cos^2\alpha}}{\dfrac{\cos^2\alpha+\sin^2\alpha}{\cos^2\alpha}}=\cos^2\alpha-\sin^2\alpha=\cos2\alpha$

4. $\dfrac{\pi}{2}<\alpha<\pi$, $\cos\alpha=-\dfrac{2}{3}$ 이므로 $\sin\alpha=\sqrt{1-\cos^2\alpha}=\sqrt{1-\left(-\dfrac{2}{3}\right)^2}=\dfrac{\sqrt{5}}{3}$

(1) $\sin2\alpha=2\sin\alpha\cos\alpha=2\cdot\dfrac{\sqrt{5}}{3}\cdot\left(-\dfrac{2}{3}\right)=-\dfrac{4\sqrt{5}}{9}$

(2) $\cos2\alpha=\cos^2\alpha-\sin^2\alpha=\left(-\dfrac{2}{3}\right)^2-\left(\dfrac{\sqrt{5}}{3}\right)^2=-\dfrac{1}{9}$

(3) $\tan 2\alpha = \dfrac{\sin 2\alpha}{\cos 2\alpha} = \dfrac{-\dfrac{4\sqrt{5}}{9}}{-\dfrac{1}{9}} = 4\sqrt{5}$

5. $0 < \alpha < \dfrac{\pi}{2}$, $\sin\alpha = \dfrac{3}{5}$ 이므로 $\cos\alpha = \sqrt{1-\sin^2\alpha} = \sqrt{1-\left(\dfrac{3}{5}\right)^2} = \dfrac{4}{5}$

(1) $\sin 2\alpha = 2\sin\alpha\cos\alpha = 2 \cdot \dfrac{3}{5} \cdot \dfrac{4}{5} = \dfrac{24}{25}$

(2) $\cos 2\alpha = \cos^2\alpha - \sin^2\alpha = \left(\dfrac{4}{5}\right)^2 - \left(\dfrac{3}{5}\right)^2 = \dfrac{7}{25}$

(3) $\tan 2\alpha = \dfrac{\sin 2\alpha}{\cos 2\alpha} = \dfrac{\dfrac{24}{25}}{\dfrac{7}{25}} = \dfrac{24}{7}$

6. (1) $\sin^2\dfrac{\alpha}{2} = \dfrac{1-\cos\alpha}{2} = \dfrac{1-\dfrac{2}{3}}{2} = \dfrac{1}{6}$, $\dfrac{3\pi}{4} < \dfrac{\alpha}{2} < \pi$ 이므로 $\sin\dfrac{\alpha}{2} > 0$이고 $\sin\dfrac{\alpha}{2} = \dfrac{1}{\sqrt{6}}$

(2) $\tan\alpha = \dfrac{\sin\alpha}{\cos\alpha} = 2\sqrt{2}$, $\pi < \alpha < \dfrac{3\pi}{2}$ 이므로 $\sin\alpha = -\dfrac{2\sqrt{2}}{3}$, $\cos\alpha = -\dfrac{1}{3}$ 이다.

$\sin^2\dfrac{\alpha}{2} = \dfrac{1-\cos\alpha}{2} = \dfrac{1+\dfrac{1}{3}}{2} = \dfrac{2}{3}$, $\dfrac{\pi}{2} < \dfrac{\alpha}{2} < \dfrac{3\pi}{4}$ 이므로 $\sin\dfrac{\alpha}{2} > 0$이고 $\sin\dfrac{\alpha}{2} = \dfrac{\sqrt{6}}{3}$

(3) $\sin\alpha = \dfrac{\sqrt{7}}{4}$, $\dfrac{\pi}{2} < \alpha < \pi$ 이므로 $\cos\alpha = -\sqrt{1-\sin^2\alpha} = -\sqrt{1-\left(\dfrac{\sqrt{7}}{4}\right)^2} = -\dfrac{3}{4}$ 이다.

$\tan^2\dfrac{\alpha}{2} = \dfrac{1-\cos\alpha}{1+\cos\alpha} = \dfrac{1-\left(-\dfrac{3}{4}\right)}{1+\left(-\dfrac{3}{4}\right)} = 7$, $\dfrac{\pi}{4} < \dfrac{\alpha}{2} < \dfrac{\pi}{2}$ 이므로 $\tan\dfrac{\alpha}{2} = \sqrt{7}$

7. (1) $\sin\dfrac{5\pi}{12}\cos\dfrac{\pi}{12} = \dfrac{1}{2}\left\{\sin\left(\dfrac{5\pi}{12}+\dfrac{\pi}{12}\right)+\sin\left(\dfrac{5\pi}{12}-\dfrac{\pi}{12}\right)\right\} = \dfrac{1}{2}\left(\sin\dfrac{\pi}{2}+\sin\dfrac{\pi}{3}\right) = \dfrac{1}{2}+\dfrac{\sqrt{3}}{4}$

(2) $\cos\dfrac{5\pi}{12}\cos\dfrac{\pi}{12} = \dfrac{1}{2}\left\{\cos\left(\dfrac{5\pi}{12}+\dfrac{\pi}{12}\right)+\cos\left(\dfrac{5\pi}{12}-\dfrac{\pi}{12}\right)\right\} = \dfrac{1}{2}\left(\cos\dfrac{\pi}{2}+\cos\dfrac{\pi}{3}\right) = \dfrac{1}{4}$

8. (1) $\sin\dfrac{5\pi}{12}+\sin\dfrac{\pi}{12} = 2\sin\dfrac{\dfrac{5\pi}{12}+\dfrac{\pi}{12}}{2}\cos\dfrac{\dfrac{5\pi}{12}-\dfrac{\pi}{12}}{2} = 2\sin\dfrac{\pi}{4}\cos\dfrac{\pi}{6}$

$= 2 \cdot \dfrac{1}{\sqrt{2}} \cdot \dfrac{\sqrt{3}}{2} = \dfrac{\sqrt{6}}{2}$

(2) $\cos\frac{5\pi}{12}-\cos\frac{\pi}{12}=-2\sin\frac{\frac{5\pi}{12}+\frac{\pi}{12}}{2}\sin\frac{\frac{5\pi}{12}-\frac{\pi}{12}}{2}=-2\sin\frac{\pi}{4}\sin\frac{\pi}{6}$

$$=-2\cdot\frac{1}{\sqrt{2}}\cdot\frac{1}{2}=-\frac{\sqrt{2}}{2}$$

3.6 연습문제

1. (1) $\sin^{-1}\frac{\sqrt{3}}{2}=\frac{\pi}{3}$ (2) $\sin^{-1}\left(-\frac{\sqrt{2}}{2}\right)=-\frac{\pi}{4}$ (3) $\tan^{-1}\sqrt{3}=\frac{\pi}{3}$

(4) $\cos^{-1}\frac{\sqrt{3}}{2}=\frac{\pi}{6}$ (5) $\sec^{-1}(-2)=\cos^{-1}\left(-\frac{1}{2}\right)=\frac{2}{3}\pi$ (6) $\cos^{-1}\left(-\frac{1}{\sqrt{2}}\right)=\frac{3\pi}{4}$

(7) $\sin^{-1}\frac{1}{2}=\frac{\pi}{6}$ (8) $\tan^{-1}(-1)=-\frac{\pi}{4}$

2. $\cos\left(2\sin^{-1}\left(-\frac{2}{3}\right)\right)=\cos^2\left(\sin^{-1}\left(-\frac{2}{3}\right)\right)-\sin^2\left(\sin^{-1}\left(-\frac{2}{3}\right)\right)$

$$=1-\sin^2\left(\sin^{-1}\left(-\frac{2}{3}\right)\right)-\sin^2\left(\sin^{-1}\left(-\frac{2}{3}\right)\right)$$

$$=1-2\sin^2\left(\sin^{-1}\left(-\frac{2}{3}\right)\right)=1-2\left(-\frac{2}{3}\right)^2=\frac{1}{9}$$

3. $\sin\left(\cos^{-1}\frac{3}{5}+\cos^{-1}\frac{5}{13}\right)=\sin\left(\cos^{-1}\frac{3}{5}\right)\cos\left(\cos^{-1}\frac{5}{13}\right)+\cos\left(\cos^{-1}\frac{3}{5}\right)\sin\left(\cos^{-1}\frac{5}{13}\right)$

$$=\sqrt{1-\left(\frac{3}{5}\right)^2}\cdot\frac{5}{13}+\frac{3}{5}\cdot\sqrt{1-\left(\frac{5}{13}\right)^2}$$

$$=\frac{4}{5}\cdot\frac{5}{13}+\frac{3}{5}\cdot\frac{12}{13}=\frac{56}{65}$$

4. $\tan(\sin^{-1}x)=\frac{\sin(\sin^{-1}x)}{\cos(\sin^{-1}x)}=\frac{\sin(\sin^{-1}x)}{\sqrt{1-\sin^2(\sin^{-1}x)}}=\frac{x}{\sqrt{1-x^2}}$

5. $\cos(2\cos^{-1}x)=\cos^2(\cos^{-1}x)-\sin^2(\cos^{-1}x)=\cos^2(\cos^{-1}x)-(1-\cos^2(\cos^{-1}x))$

$$=2\cos^2(\cos^{-1}x)-1=2x^2-1$$

6. $\cos(\tan^{-1}x)=\dfrac{1}{\sec(\tan^{-1}x)}=\dfrac{1}{\sqrt{1+\tan^2(\tan^{-1}x)}}=\dfrac{1}{\sqrt{1+x^2}}$

4.1 연습문제

1. (1) 3 (2) -3 (3) -1

(4) $\displaystyle\lim_{x\to-1}\frac{(x+1)(x+2)}{x+1}=\lim_{x\to-1}(x+2)=1$

(5) $\displaystyle\lim_{x\to-2}\frac{(x+2)(x^2-2x+4)}{(x+2)(x-3)}=\lim_{x\to-2}\frac{x^2-2x+4}{x-3}=-\frac{12}{5}$

(6) $\displaystyle\lim_{x\to-3}\frac{(2x-1)(x+3)}{x+3}=\lim_{x\to-3}(2x-1)=-7$

(7) $\displaystyle\lim_{x\to9}\frac{(\sqrt{x}-3)(\sqrt{x}+3)}{\sqrt{x}-3}=\lim_{x\to9}(\sqrt{x}+3)=6$

(8) $\displaystyle\lim_{x\to0}\frac{x(\sqrt{x+4}+2)}{(\sqrt{x+4}-2)(\sqrt{x+4}+2)}=\lim_{x\to0}\frac{x(\sqrt{x+4}+2)}{x}=\lim_{x\to0}(\sqrt{x+4}+2)=4$

2. (1) $\displaystyle\lim_{x\to\infty}\frac{\frac{1}{x}-\frac{4}{x^2}}{2+\frac{3}{x^2}}=\frac{0+0}{2+0}=0$

(2) $\displaystyle\lim_{x\to\infty}\frac{2-\frac{1}{x}-\frac{1}{x^2}}{3+\frac{1}{x}+\frac{2}{x^2}}=\frac{2}{3}$

(3) $\displaystyle\lim_{x\to\infty}\frac{2x+1+\frac{1}{x}}{1+\frac{3}{x}}=\frac{\infty+1+0}{1+0}=\infty$

(4) $\displaystyle\lim_{x\to\infty}\frac{4}{\sqrt{1+\frac{2}{x^2}}-\frac{3}{x}}=4$

(5) $t=-x$로 치환하면, $\displaystyle\lim_{t\to\infty}\frac{-4t}{\sqrt{t^2+2}-3}=\lim_{t\to\infty}\frac{-4}{\sqrt{1+\frac{2}{t^2}}-\frac{3}{t}}=-4$

(6) $t=-x$로 치환하면, $\displaystyle\lim_{t\to\infty}\sqrt{t^2-t+1}+t=\infty$

(7) $\displaystyle\lim_{x\to\infty}\frac{(\sqrt{x^2+3x}-x)(\sqrt{x^2+3x}+x)}{\sqrt{x^2+3x}+x}=\lim_{x\to\infty}\frac{3x}{\sqrt{x^2+3x}+x}=\lim_{x\to\infty}\frac{3}{\sqrt{1+\frac{3}{x}}+1}=\frac{3}{2}$

(8) $\displaystyle\lim_{x\to0}\frac{1}{x}\frac{3-(x+3)}{3(x+3)}=\lim_{x\to0}\frac{1}{x}\frac{(-x)}{3(x+3)}=\lim_{x\to0}\frac{-1}{3(x+3)}=-\frac{1}{9}$

(9) $\lim_{x\to0}\frac{1}{x}\frac{\sqrt{2}-\sqrt{x+2}}{\sqrt{2}\sqrt{x+2}}=\lim_{x\to0}\frac{1}{x}\frac{(\sqrt{2}-\sqrt{x+2})(\sqrt{2}+\sqrt{x+2})}{\sqrt{2}\sqrt{x+2}(\sqrt{2}+\sqrt{x+2})}$

$=\lim_{x\to0}\frac{1}{x}\frac{-x}{\sqrt{2}\sqrt{x+2}(\sqrt{2}+\sqrt{x+2})}=\lim_{x\to0}\frac{-1}{\sqrt{2}\sqrt{x+2}(\sqrt{2}+\sqrt{x+2})}=-\frac{1}{4\sqrt{2}}$

3. (1) $\left|\sin\frac{1}{x}\right|\le 1$이므로 $|x^2|\left|\sin\frac{1}{x}\right|=\left|x^2\sin\frac{1}{x}\right|\le|x^2|$ 이다. 따라서 $-|x^2|\le x^2\sin\frac{1}{x}\le|x^2|$이다. 그리고 $\lim_{x\to0}(-|x^2|)=0=\lim_{x\to0}|x^2|$이므로 $\lim_{x\to0}x^2\sin\frac{1}{x}=0$

(2) $\left|\cos\frac{1}{x}\right|\le 1$이고 $|x|\left|\cos\frac{1}{x}\right|=\left|x\cos\frac{1}{x}\right|\le|x|$이므로 $-|x|\le x\cos\frac{1}{x}\le|x|$이다.

그리고 $\lim_{x\to0}(-|x|)=0=\lim_{x\to0}|x|$ 이므로 $\lim_{x\to0}x\cos\frac{1}{x}=0$

따라서 $\lim_{x\to0}\frac{\sin x}{x}x\cos\frac{1}{x}=\lim_{x\to0}\frac{\sin x}{x}\lim_{x\to0}x\cos\frac{1}{x}=1\cdot0=0.$

(3) $|\cos x|\le 1$이고 $0\le\left|\frac{\cos x}{x}\right|=\frac{|\cos x|}{x}\le\frac{1}{x}$이므로 $-\frac{1}{x}\le\frac{\cos x}{x}\le\frac{1}{x}$이다.

그리고 $\lim_{x\to\infty}\left(-\frac{1}{x}\right)=0=\lim_{x\to\infty}\frac{1}{x}$ 이므로 $\lim_{x\to\infty}\frac{\cos x}{x}=0$이다.

4. (1) $\lim_{x\to0}\left(\frac{\tan x}{x}-\frac{\sin x}{x}\right)\frac{1}{\cos x}=(1-1)\cdot1=0$

(2) $\lim_{x\to0}\frac{\frac{\sin2x}{2x}}{\frac{\tan x}{x}}\frac{2x}{x}=1\cdot2=2$

(3) $\lim_{x\to0}\frac{\frac{\sin2x}{2x}}{\frac{\sin3x}{3x}}\frac{2x}{3x}=1\cdot\frac{2}{3}=\frac{2}{3}$

(4) $\lim_{x\to0}\frac{\frac{\tan3x}{3x}}{\frac{\tan5x}{5x}}\frac{3x}{5x}=1\cdot\frac{3}{5}=\frac{3}{5}$

4.2 연습문제

1. (1) $f(2)=1$이고, $\lim_{x\to2}f(x)=1=f(2)$이므로 $f(x)$는 $x=2$에서 연속이다.

(2) $f(x)$는 $x=2$에서 정의되지 않으므로 $f(x)$는 $x=2$에서 불연속이다.

(3) $\lim_{x\to2}g(x)=\lim_{x\to2}\frac{x^2-4}{x-2}=\lim_{x\to2}(x+2)=4\ne f(2)$ 이므로 $f(x)$는 $x=2$에서 불연속이다.

(4) $\lim_{x\to2}h(x)=\lim_{x\to2}\frac{x^2-4}{x-2}=\lim_{x\to2}(x+2)=4=f(2)$ 이므로 $f(x)$는 $x=2$에서 연속이다.

2. 모든 실수 c 에 대하여 $f(c)=\frac{c}{1+c^2}$이고 $\lim_{x\to c}f(x)=\lim_{x\to c}\frac{x}{1+x^2}=\frac{c}{1+c^2}$ 이므로 $f(x)$는 실수의 집합 $\mathbb{R}$ 에서 연속이다.

3. 모든 실수 c에 대하여 $f(c)=|c^2-3c+6|$, $\lim_{x\to c}f(x)=\lim_{x\to c}|x^2-3x+6|=|c^2-3c+6|$이므로 $f(x)$는 실수의 집합 $\mathbb{R}$ 에서 연속이다.

4. $f(x)=x^3+3x-2$이라 하자. 그러면 함수 $f(x)$는 닫힌구간 $[-1,1]$에서 연속이고 $f(-1)=-6<0$, $f(1)=2>0$이므로 중간값의 정리에 의하여 $f(c)=0$을 만족하는 c 가 열린구간 $(-1,1)$에 적어도 하나 존재한다. 그러므로 $f(x)=0$을 만족하는 실근이 -1과 1사이에 적어도 하나 존재한다.

5.1 연습문제

1. (1)

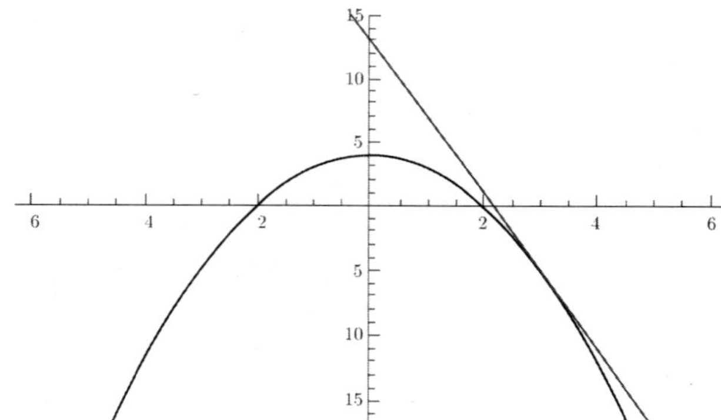

(2)
$$\begin{aligned} m &= \lim_{h\to0}\frac{f(3+h)-f(3)}{h} \\ &= \lim_{h\to0}\frac{(4-(3+h)^2)-(4-3^2)}{h} \\ &= \lim_{h\to0}\frac{(-5-6h-h^2)-(-5)}{h} \\ &= \lim_{h\to0}\frac{h(-6-h)}{h} \\ &= -6 \end{aligned}$$

따라서 $x=3$ 일 때 접선의 기울기는 -6이다.

2. $x=c$인 점에서의 접선의 기울기는

$$\begin{aligned} m &= \lim_{h\to 0}\frac{f(c+h)-f(c)}{h} \\ &= \lim_{h\to 0}\frac{((c+h)^2-3(c+h)+2)-(c^2-3c+2)}{h} \\ &= \lim_{h\to 0}\frac{h(h+2c-3)}{h} \\ &= 2c-3 \end{aligned}$$

$c=-2, 1.5, 2, 5$ 일 때 m은 각각 $-7, 0, 1, 7$ 이다.

3.

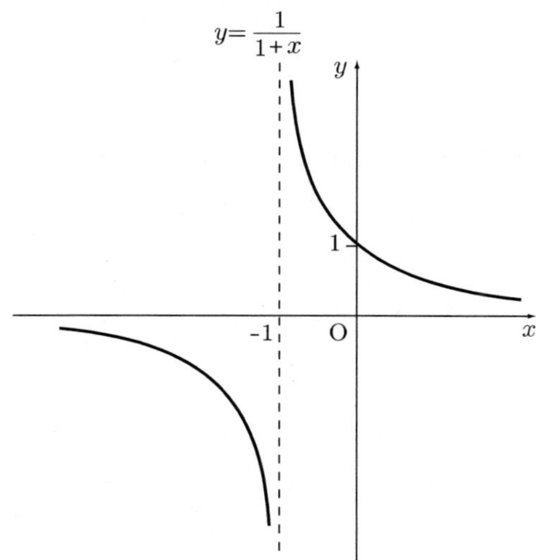

$$\begin{aligned} m &= \lim_{h\to 0}\frac{f(1+h)-f(1)}{h} \\ &= \lim_{h\to 0}\frac{\frac{1}{2+h}-\frac{1}{2}}{h} \\ &= \lim_{h\to 0}\frac{\frac{2-(2+h)}{2(2+h)}}{h} \\ &= \lim_{h\to 0}\frac{-h}{2h(2+h)} \\ &= -\frac{1}{4} \end{aligned}$$

따라서 점 $\left(1, \frac{1}{2}\right)$을 지나는 접선의 방정식은 $y=-\frac{1}{4}(x-1)+\frac{1}{2}=-\frac{1}{4}x+\frac{3}{4}$이다.

4. (1) $f(t)=16t^2$이라 하자. $f(3)=144$, $f(4)=256$이므로 $f(4)-f(3)=112$이다.

(2) $m=\dfrac{f(4)-f(3)}{4-3}=112$

(3)
$$\begin{aligned} m &= \lim_{h\to 0}\frac{f(3+h)-f(3)}{h} \\ &= \lim_{h\to 0}\frac{16(3+h)^2-16\cdot 3^2}{h} \\ &= \lim_{h\to 0}\frac{h(96+h)}{h} \\ &= 96 \end{aligned}$$

5.2 연습문제

1.
$$\begin{aligned} f'(-1) &= \lim_{h\to 0}\frac{f(-1+h)-f(-1)}{h} \\ &= \lim_{h\to 0}\frac{((-1+h)^2-2(-1+h))-((-1)^2-2(-1))}{h} \\ &= \lim_{h\to 0}\frac{h(h-4)}{h} \\ &= -4 \end{aligned}$$

2.
$$\begin{aligned} f'(c) &= \lim_{h\to 0}\frac{f(c+h)-f(c)}{h} \\ &= \lim_{h\to 0}\frac{(c+h)^3-c^3}{h} \\ &= \lim_{h\to 0}\frac{h(3c^2+3ch+h^2)}{h} \\ &= 3c^2 \end{aligned}$$

(1) $f'(1)=3$이므로 $(1, 1)$을 지나는 접선의 방정식은 $y=3(x-1)+1=3x-2$이다.

법선의 기울기는 접선의 기울기와 곱했을 때 -1이므로 법선의 기울기는 $-\dfrac{1}{3}$이다.

그러므로 $(1, 1)$을 지나는 법선의 방정식은 $y=-\dfrac{1}{3}(x-1)+1=-\dfrac{1}{3}x+\dfrac{4}{3}$이다.

(2) $f'(2)=12$이므로 $(2, 8)$을 지나는 접선의 방정식은 $y=12(x-2)+8=12x-16$이고, 법선의 방정식은 $y=-\dfrac{1}{12}(x-2)+8=-\dfrac{1}{12}x+\dfrac{49}{6}$이다.

(3) $f'(-2)=12$이므로 $(-2, -8)$을 지나는 접선의 방정식은 $y=12(x+2)-8=12x+16$이고, 법선의 방정식은 $y=-\dfrac{1}{12}(x+2)-8=-\dfrac{1}{12}x-\dfrac{49}{6}$이다.

3. $f'(4)=\lim_{h\to 0}\frac{f(4+h)-f(4)}{h}=\lim_{h\to 0}\frac{\sqrt{4+h}-2}{h}$

$=\lim_{h\to 0}\frac{(\sqrt{4+h}-2)(\sqrt{4+h}+2)}{h(\sqrt{4+h}+2)}$

$=\lim_{h\to 0}\frac{h}{h(\sqrt{4+h}+2)}=\frac{1}{4}$

$x=4$일 때 $y=2$이므로

점 $(4,2)$을 지나는 접선의 방정식은 $y=\frac{1}{4}(x-4)+2=\frac{1}{4}x+1$이고,

법선의 방정식은 $y=-4(x-4)+2=-4x+18$이다.

4. (1) $f'(-2)=\lim_{h\to 0}\frac{f(-2+h)-f(-2)}{h}=\lim_{h\to 0}\frac{\frac{1}{h-1}+1}{h}$

$=\lim_{h\to 0}\frac{\frac{1+h-1}{h-1}}{h}=\lim_{h\to 0}\frac{1}{h-1}=-1$

$x=-2$일 때 $y=-1$이므로

점 $(-2,-1)$을 지나는 접선의 방정식은 $y=-(x+2)-1=-x-3$이고, 법선의 방정식은

$y=(x+2)-1=x+1$이다.

(2) $f'(1)=\lim_{h\to 0}\frac{f(1+h)-f(1)}{h}=\lim_{h\to 0}\frac{\frac{2}{\sqrt{h+1}}-2}{h}=\lim_{h\to 0}2\frac{\frac{1-\sqrt{1+h}}{\sqrt{1+h}}}{h}$

$=\lim_{h\to 0}2\frac{1-\sqrt{1+h}}{h\sqrt{1+h}}=\lim_{h\to 0}2\frac{(1-\sqrt{1+h})(1+\sqrt{1+h})}{h\sqrt{1+h}(1+\sqrt{1+h})}$

$=\lim_{h\to 0}2\frac{-h}{h\sqrt{1+h}(1+\sqrt{1+h})}=-1$

$x=1$ 일 때 $y=2$이므로

점 $(1,2)$을 지나는 접선의 방정식은 $y=-(x-1)+2=-x+3$이고, 법선의 방정식은

$y=(x-1)+2=x+1$이다.

5. (1) $f'(x)=\lim_{h\to 0}\frac{f(x+h)-f(x)}{h}$

$=\lim_{h\to 0}\frac{(3(x+h)^2-2(x+h)+1)-(3x^2-2x+1)}{h}$

$=\lim_{h\to 0}\frac{h(6x+3h-2)}{h}=6x-2$

(2) $$f'(x) = \lim_{h\to 0}\frac{f(x+h)-f(x)}{h} = \lim_{h\to 0}\frac{\frac{1}{(x+h)^2}-\frac{1}{x^2}}{h}$$
$$= \lim_{h\to 0}\frac{\frac{x^2-(x+h)^2}{x^2(x+h)^2}}{h} = \lim_{h\to 0}\frac{-h(2x+h)}{hx^2(x+h)^2} = -\frac{2}{x^3}$$

(3) $$f'(x) = \lim_{h\to 0}\frac{f(x+h)-f(x)}{h} = \lim_{h\to 0}\frac{\frac{1}{\sqrt{x+h}}-\frac{1}{\sqrt{x}}}{h} = \lim_{h\to 0}\frac{\frac{\sqrt{x}-\sqrt{x+h}}{\sqrt{x}\sqrt{x+h}}}{h}$$
$$= \lim_{h\to 0}\frac{\sqrt{x}-\sqrt{x+h}}{h\sqrt{x}\sqrt{x+h}} = \lim_{h\to 0}\frac{(\sqrt{x}-\sqrt{x+h})(\sqrt{x}+\sqrt{x+h})}{h\sqrt{x}\sqrt{x+h}(\sqrt{x}+\sqrt{x+h})}$$
$$= \lim_{h\to 0}\frac{-h}{h\sqrt{x}\sqrt{x+h}(\sqrt{x}+\sqrt{x+h})} = -\frac{1}{2x\sqrt{x}}$$

(4) $$f'(x) = \lim_{h\to 0}\frac{f(x+h)-f(x)}{h} = \lim_{h\to 0}\frac{\sqrt[3]{x+h}-\sqrt[3]{x}}{h}$$
$$= \lim_{h\to 0}\frac{(\sqrt[3]{x+h}-\sqrt[3]{x})(\sqrt[3]{(x+h)^2}+\sqrt[3]{x+h}\sqrt[3]{x}+\sqrt[3]{x^2})}{h(\sqrt[3]{(x+h)^2}+\sqrt[3]{x+h}\sqrt[3]{x}+\sqrt[3]{x^2})}$$
$$= \lim_{h\to 0}\frac{h}{h(\sqrt[3]{(x+h)^2}+\sqrt[3]{x+h}\sqrt[3]{x}+\sqrt[3]{x^2})} = \frac{1}{3\sqrt[3]{x^2}}$$

(5) $$f'(x) = \lim_{h\to 0}\frac{f(x+h)-f(x)}{h} = \lim_{h\to 0}\frac{\frac{x+h-1}{x+h+1}-\frac{x-1}{x+1}}{h}$$
$$= \lim_{h\to 0}\frac{\frac{(x+h-1)(x+1)-(x+h+1)(x-1)}{(x+1)(x+h+1)}}{h}$$
$$= \lim_{h\to 0}\frac{2h}{h(x+1)(x+h+1)} = \frac{2}{(x+1)^2}$$

(6) $$f'(x) = \lim_{h\to 0}\frac{f(x+h)-f(x)}{h} = \lim_{h\to 0}\frac{\frac{6}{(x+h)^2+1}-\frac{6}{x^2+1}}{h}$$
$$= \lim_{h\to 0} 6\,\frac{\frac{(x^2+1)-((x+h)^2+1)}{((x+h)^2+1)(x^2+1)}}{h}$$
$$= \lim_{h\to 0} 6\,\frac{-h(2x+h)}{h((x+h)^2+1)(x^2+1)} = -\frac{12x}{(x^2+1)^2}$$

(7) $$f'(x) = \lim_{h\to 0}\frac{f(x+h)-f(x)}{h} = \lim_{h\to 0}\frac{\sqrt{3(x+h)}-\sqrt{3x}}{h}$$
$$= \lim_{h\to 0}\frac{(\sqrt{3(x+h)}-\sqrt{3x})(\sqrt{3(x+h)}+\sqrt{3x})}{h(\sqrt{3(x+h)}+\sqrt{3x})}$$
$$= \lim_{h\to 0}\frac{3h}{h(\sqrt{3(x+h)}+\sqrt{3x})} = \frac{3}{2\sqrt{3x}}$$

(8) $$f'(x)=\lim_{h\to 0}\frac{f(x+h)-f(x)}{h}=\lim_{h\to 0}\frac{\frac{3}{\sqrt{x+h-2}}-\frac{3}{\sqrt{x-2}}}{h}$$
$$=\lim_{h\to 0}3\frac{\frac{\sqrt{x-2}-\sqrt{x+h-2}}{\sqrt{x+h-2}\sqrt{x-2}}}{h}=\lim_{h\to 0}3\frac{\sqrt{x-2}-\sqrt{x+h-2}}{h\sqrt{x+h-2}\sqrt{x-2}}$$
$$=\lim_{h\to 0}3\frac{(\sqrt{x-2}-\sqrt{x+h-2})(\sqrt{x-2}+\sqrt{x+h-2})}{h\sqrt{x+h-2}\sqrt{x-2}(\sqrt{x-2}+\sqrt{x+h-2})}$$
$$=\lim_{h\to 0}3\frac{-h}{h\sqrt{x+h-2}\sqrt{x-2}(\sqrt{x-2}+\sqrt{x+h-2})}=-\frac{3}{2(x-2)^{3/2}}$$

5.3 연습문제

1. (1) $$y'=(2x+1)'(x^2+x-1)+(2x+1)(x^2+x-1)'$$
$$=2(x^2+x-1)+(2x+1)(2x+1)=6x^2+6x-1$$

(2) $$y'=\frac{(x^2+x+1)'(x+1)-(x^2+x+1)(x+1)'}{(x+1)^2}$$
$$=\frac{(2x+1)(x+1)-(x^2+x+1)}{(x+1)^2}=\frac{x^2+2x}{(x+1)^2}$$

(3) $y'=30x^5-15x^4+11$

(4) $$y'=x'(x^2+1)+x(x^2+1)'$$
$$=(x^2+1)+x\cdot 2x=3x^2+1$$

(5) $y'=(x^{-2})'=-2x^{-3}=-\frac{2}{x^3}$

(6) $$y'=\frac{-(4x^2-3x+9)'}{(4x^2-3x+9)^2}=\frac{-8x+3}{(4x^2-3x+9)^2}$$

(7) $$y'=\frac{(3x-5)'(x^2+7)-(3x-5)(x^2+7)'}{(x^2+7)^2}$$
$$=\frac{3(x^2+7)-(3x-5)2x}{(x^2+7)^2}=\frac{-3x^2+10x+21}{(x^2+7)^2}$$

2. $y'=\frac{-(1+x^2)'}{(1+x^2)^2}=\frac{-2x}{(1+x^2)^2}$ 이므로 $x=1$ 에서의 접선의 기울기는 $-\frac{1}{2}$ 이다.

따라서 접선의 방정식은 $y=-\frac{1}{2}(x-1)+\frac{1}{2}=-\frac{1}{2}x+1$ 이다.

5.4 연습문제

1. (1) $y' = 3\cos x + 5\sin x$

(2) $y' = (\cot x)' = \left(\dfrac{\cos x}{\sin x}\right)'$

$= \dfrac{(\cos x)'\sin x - \cos x(\sin x)'}{\sin^2 x} = \dfrac{-\sin^2 x - \cos^2 x}{\sin^2 x} = -\dfrac{1}{\sin^2 x} = -\csc^2 x$

(3) $y' = (\sec x)' = \left(\dfrac{1}{\cos x}\right)'$

$= \dfrac{-(\cos x)'}{\cos^2 x} = \dfrac{\sin x}{\cos^2 x} = \dfrac{1}{\cos x}\dfrac{\sin x}{\cos x} = \sec x \tan x$

(4) $y' = (\csc x)' = \left(\dfrac{1}{\sin x}\right)'$

$= \dfrac{-(\sin x)'}{\sin^2 x} = -\dfrac{\cos x}{\sin^2 x} = -\dfrac{1}{\sin x}\dfrac{\cos x}{\sin x} = -\csc x \cot x$

(5) $y' = \dfrac{(\sin x)'(\sin x + \cos x) - \sin x(\sin x + \cos x)'}{(\sin x + \cos x)^2}$

$= \dfrac{\cos x(\sin x + \cos x) - \sin x(\cos x - \sin x)}{(\sin x + \cos x)^2}$

$= \dfrac{1}{(\sin x + \cos x)^2}$

(6) $y' = \dfrac{(\cos x)' x - \cos x \cdot x'}{x^2} = \dfrac{-x\sin x - \cos x}{x^2}$

(7) $y' = x'(\cos x) + x(\cos x)' = \cos x - x\sin x$

(8) $y' = (\sin x)'\cos x + \sin x(\cos x)' = \cos x\cos x + \sin x(-\sin x) = \cos^2 x - \sin^2 x$

(9) $y' = \dfrac{(1+x^2)'\cos x - (1+x^2)(\cos x)'}{\cos^2 x} = \dfrac{2x\cos x - (1+x^2)(-\sin x)}{\cos^2 x}$

$= \dfrac{2x\cos x + (1+x^2)\sin x}{\cos^2 x}$

2. 먼저 $y = \sqrt{2}\sin x$와 $y = \sqrt{2}\cos x$ $\left(0 < x < \dfrac{\pi}{2}\right)$의 교점을 찾자. $\sqrt{2}\sin x = \sqrt{2}\cos x$이라하면 $\dfrac{\sin x}{\cos x} = \tan x = 1$이다. 따라서 $x = \dfrac{\pi}{4}$이고 $y = 1$이다. 이때 첫 번째 함수의 도함수는 $\sqrt{2}\cos x$이고 두 번째 함수의 도함수는 $-\sqrt{2}\sin x$이다. 그러면 $x = \dfrac{\pi}{4}$일 때 접선의 기울기는 각각 $1, -1$이고, 곱은 -1이므로 두 접선은 서로 직교한다. 따라서 두 함수는 한 점에서 직교한다.

5.5 연습문제

1. (1) $y' = 5(5x^2+2x-9)^4(5x^2+2x-9)'$
$= 5(5x^2+2x-9)^4(10x+2) = 10(5x+1)(5x^2+2x-9)^4$

(2) $y' = 9(x^3-3x^2+11x)^8(x^3-3x^2+11x)'$
$= 9(x^3-3x^2+11x)^8(3x^2-6x+11)$

(3) $y' = -3(3x^4+8x-8)^{-4}(3x^4+8x-8)'$
$= -3(3x^4+8x-8)^{-4}(12x^3+8) = -\dfrac{12(3x^3+2)}{(3x^4+8x-8)^4}$

(4) $y' = \{(3x^4+x-8)^{-9}\}'$
$= -9(3x^4+x-8)^{-10}(3x^4+x-8)'$
$= -9(3x^4+x-8)^{-10}(12x^3+1) = -\dfrac{9(12x^3+1)}{(3x^4+x-8)^{10}}$

(5) $y' = \{(4x-7)^2\}'(2x+3)+(4x-7)^2(2x+3)'$
$= 2(4x-7)(4x-7)'(2x+3)+2(4x-7)^2$
$= 8(4x-7)(2x+3)+2(4x-7)^2 = 2(4x-7)(12x+5)$

(6) $y' = \{(2x-1)^3\}'(x^2-3)^2+(2x-1)^3\{(x^2-3)^2\}'$
$= 3(2x-1)^2(2x-1)'(x^2-3)^2+(2x-1)^3 2(x^2-3)(x^2-3)'$
$= 6(2x-1)^2(x^2-3)^2+4x(2x-1)^3(x^2-3)$
$= 2(2x-1)^2(x^2-3)(7x^2-2x-9)$

(7) $y' = \dfrac{\{(3x^2+2)^2\}'(2x^2-5)-(3x^2+2)^2(2x^2-5)'}{(2x^2-5)^2}$
$= \dfrac{2(3x^2+2)(3x^2+2)'(2x^2-5)-4x(3x^2+2)^2}{(2x^2-5)^2}$
$= \dfrac{12x(3x^2+2)(2x^2-5)-4x(3x^2+2)^2}{(2x^2-5)^2}$
$= \dfrac{4x(3x^2+2)(3x^2-17)}{(2x^2-5)^2}$

(8) $y' = \dfrac{(x^3)'(x^2+4)^2-x^3\{(x^2+4)^2\}'}{(x^2+4)^4}$
$= \dfrac{3x^2(x^2+4)^2-x^3\cdot 2(x^2+4)(x^2+4)'}{(x^2+4)^4}$
$= \dfrac{3x^2(x^2+4)^2-4x^4(x^2+4)}{(x^2+4)^4} = \dfrac{-x^4+12x^2}{(x^2+4)^3}$

(9) $y' = 3\left(\dfrac{3x-2}{x+5}\right)^2\left(\dfrac{3x-2}{x+5}\right)'$

$= 3\left(\dfrac{3x-2}{x+5}\right)^2 \cdot \dfrac{(3x-2)'(x+5)-(3x-2)(x+5)'}{(x+5)^2}$

$= 3\dfrac{(3x-2)^2\{3(x+5)-(3x-2)\}}{(x+5)^4} = \dfrac{51(3x-2)^2}{(x+5)^4}$

2. (1) $y' = 3\sin^2 x(\sin x)' = 3\sin^2 x\cos x$

(2) $y' = \cos(3x^2+11x)(3x^2+11x)' = (6x+11)\cos(3x^2+11x)$

(3) $y' = \cos\dfrac{3x-1}{2x+5}\left(\dfrac{3x-1}{2x+5}\right)'$

$= \dfrac{(3x-1)'(2x+5)-(3x-1)(2x+5)'}{(2x+5)^2}\cos\dfrac{3x-1}{2x+5}$

$= \dfrac{3(2x+5)-2(3x-1)}{(2x+5)^2}\cos\dfrac{3x-1}{2x+5} = \dfrac{17}{(2x+5)^2}\cos\dfrac{3x-1}{2x+5}$

(4) $y' = 3\left(\dfrac{\sin x}{\cos 2x}\right)^2\left(\dfrac{\sin x}{\cos 2x}\right)'$

$= 3\left(\dfrac{\sin x}{\cos 2x}\right)^2\dfrac{(\sin x)'\cos 2x - \sin x(\cos 2x)'}{\cos^2 2x}$

$= 3\left(\dfrac{\sin x}{\cos 2x}\right)^2\dfrac{\cos x\cos 2x - \sin x(-2\sin 2x)}{\cos^2 2x}$

$= 3\dfrac{\sin^2 x(\cos x\cos 2x + 2\sin x\sin 2x)}{\cos^4 2x}$

(5) $y' = 4\sin^3(x^2+3x)\{\sin(x^2+3x)\}'$
$= 4\sin^3(x^2+3x)\cos(x^2+3x)(x^2+3x)'$
$= 4(2x+3)\sin^3(x^2+3x)\cos(x^2+3x)$

(6) $y' = 3\sin^2(\cos x)\{\sin(\cos x)\}'$
$= 3\sin^2(\cos x)\cos(\cos x)(\cos x)'$
$= -3\sin^2(\cos x)\cos(\cos x)\sin x$

(7) $y' = 4\cos^3(\sin(x^2))\{\cos(\sin(x^2))\}'$
$= 4\cos^3(\sin(x^2))(-\sin(\sin(x^2)))\{\sin(x^2)\}'$
$= -4\cos^3(\sin(x^2))\sin(\sin(x^2))\cos(x^2)(x^2)'$
$= -8x\cos^3(\sin(x^2))\sin(\sin(x^2))\cos(x^2)$

(8) $y' = \cos(\cos(\sin 2x))\{\cos(\sin 2x)\}'$
$= \cos(\cos(\sin 2x))(-\sin(\sin 2x))(\sin 2x)'$
$= -2\cos(\cos(\sin 2x))\sin(\sin 2x)\cos 2x$

(9) $y' = \dfrac{(\cos x)'\sin^2 x - \cos x(\sin^2 x)'}{\sin^4 x}$
$= \dfrac{-\sin x\sin^2 x - \cos x\, 2\sin x(\sin x)'}{\sin^4 x}$
$= \dfrac{-\sin x\sin^2 x - 2\cos x\sin x\cos x}{\sin^4 x} = -\dfrac{\sin^2 x + 2\cos^2 x}{\sin^3 x}$

3. $y' = \{(x^2+1)^3\}'(x^4+1)^2 + (x^2+1)^3\{(x^4+1)^2\}'$
$= 3(x^2+1)^2(x^2+1)'(x^4+1)^2 + (x^2+1)^3 2(x^4+1)(x^4+1)'$
$= 6x(x^2+1)^2(x^4+1)^2 + 8x^3(x^2+1)^3(x^4+1)$
$= 2x(x^2+1)^2(x^4+1)(7x^4+4x^2+3)$

이므로 $x=1$일 때 접선의 기울기는 224이다. 따라서 점 $(1, 32)$에서의 접선의 방정식은 $y = 224(x-1)+32 = 224x-192$이다.

5.6 연습문제

1. (1) $y' = 3x^2+6x-2$
$y'' = 6x+6$
$y^{(3)} = 6$

(2) $y' = 4(2x+5)^3(2x+5)' = 8(2x+5)^3$
$y'' = 24(2x+5)^2(2x+5)' = 48(2x+5)^2$
$y^{(3)} = 96(2x+5)(2x+5)' = 192(2x+5)$

(3) $y' = 3\cos 3x$
$y'' = -9\sin 3x$
$y^{(3)} = -27\cos 3x$

(4) $y' = \{(x-3)^{-1}\}' = -(x-3)^{-2}$
$y'' = 2(x-3)^{-3}$
$y^{(3)} = -6(x-3)^{-4} = -\dfrac{6}{(x-3)^4}$

(5) $y' = 2\sin\pi x(\sin\pi x)' = 2\pi\sin\pi x\cos\pi x$
$y'' = 2\pi(\sin\pi x)'\cos\pi x + 2\pi\sin\pi x(\cos\pi x)' = 2\pi^2\cos^2\pi x - 2\pi^2\sin^2\pi x$
$y^{(3)} = 4\pi^2\cos\pi x(\cos\pi x)' - 4\pi^2\sin\pi x(\sin\pi x)' = -4\pi^3\cos\pi x\sin\pi x - 4\pi^3\sin\pi x\cos\pi x$
$= -8\pi^3\sin\pi x\cos\pi x$

(6) $y' = -\sin x$
$y'' = -\cos x$
$y^{(3)} = \sin x$

5.7 연습문제

1. (1) $4x-y-x\dfrac{dy}{dx}+4y\dfrac{dy}{dx}=0$

$\Leftrightarrow(-x+4y)\dfrac{dy}{dx}=-4x+y$

$\Leftrightarrow\dfrac{dy}{dx}=\dfrac{4x-y}{x-4y}$

(2) $3x^2-2xy-x^2\dfrac{dy}{dx}+3y^2+6xy\dfrac{dy}{dx}-3y^2\dfrac{dy}{dx}=0$

$\Leftrightarrow(-x^2+6xy-3y^2)\dfrac{dy}{dx}=-3x^2+2xy-3y^2$

$\Leftrightarrow\dfrac{dy}{dx}=\dfrac{3x^2-2xy+3y^2}{x^2-6xy+3y^2}$

(3) $\dfrac{2}{3}x^{-1/3}-\dfrac{2}{3}y^{-1/3}\dfrac{dy}{dx}-2\dfrac{dy}{dx}=0$

$\Leftrightarrow\dfrac{dy}{dx}=\dfrac{\sqrt[3]{y}}{\sqrt[3]{x}(1+3\sqrt[3]{y})}$

(4) $\dfrac{\sqrt{y}}{2\sqrt{x}}+\dfrac{\sqrt{x}}{2\sqrt{y}}\dfrac{dy}{dx}-8y\dfrac{dy}{dx}=0$

$\Leftrightarrow\dfrac{dy}{dx}=-\dfrac{y}{x-16y\sqrt{xy}}$

(5) $y\cos(xy)+x\cos(xy)\dfrac{dy}{dx}=2x$

$\Leftrightarrow\dfrac{dy}{dx}=\dfrac{2x-y\cos(xy)}{x\cos(xy)}$

(6) $\dfrac{dy}{dx}-6xy-3x^2\dfrac{dy}{dx}=-\sin x$

$\Leftrightarrow\dfrac{dy}{dx}=\dfrac{6xy-\sin x}{1-3x^2}$

(7) $u=\sqrt{x^2-1}$ 이라하면 $y=\cos u$ 이므로

$$\begin{aligned}\frac{dy}{dx}&=\frac{dy}{du}\frac{du}{dx}\\&=-\sin u\frac{x}{\sqrt{x^2-1}}\\&=-\frac{x\sin\sqrt{x^2-1}}{\sqrt{x^2-1}}\end{aligned}$$

(8) $u=\sqrt[3]{x}$ 이라하면 $y=u+\dfrac{1}{u}$ 이므로

$$\begin{aligned}\frac{dy}{dx}&=\frac{dy}{du}\frac{du}{dx}\\&=\frac{1}{3}x^{-2/3}-u^{-2}\cdot\frac{1}{3}x^{-2/3}\\&=\frac{1}{3}x^{-2/3}-x^{-2/3}\cdot\frac{1}{3}x^{-2/3}\\&=\frac{1}{3}\left(\frac{1}{\sqrt[3]{x^2}}-\frac{1}{x\sqrt[3]{x}}\right)\end{aligned}$$

(9) $u=3x^2-4x$ 이라하면 $y=\sqrt[4]{u}$ 이므로

$$\begin{aligned}\frac{dy}{dx}&=\frac{dy}{du}\frac{du}{dx}\\&=\frac{1}{4}u^{-3/4}(6x-4)\\&=\frac{3x-2}{2\sqrt[4]{(3x^2-4x)^3}}\end{aligned}$$

(10) $u=x^2+\sin x$ 이라하면 $y=\sqrt{u}$ 이므로

$$\begin{aligned}\frac{dy}{dx}&=\frac{dy}{du}\frac{du}{dx}\\&=\frac{1}{2}u^{-1/2}(2x-\cos x)\\&=\frac{2x+\cos x}{2\sqrt{x^2+\sin x}}\end{aligned}$$

(11) $u=x^2\sin x$ 이라하면 $y=\frac{1}{\sqrt[3]{u}}$ 이므로

$$\begin{aligned}\frac{dy}{dx}&=\frac{dy}{du}\frac{du}{dx}\\&=-\frac{1}{3}u^{-4/3}(2x\sin x+x^2\cos x)\\&=-\frac{2\sin x+x\cos x}{3x\sin x\sqrt[3]{x^2\sin x}}\end{aligned}$$

(12) $u=1+\cos(x^2+2x)$ 이라하면 $y=\sqrt[4]{u}$ 이므로

$$\begin{aligned}\frac{dy}{dx}&=\frac{dy}{du}\frac{du}{dx}\\&=\frac{1}{4}u^{-3/4}((2x+2)\sin(x^2+2x))\\&=-\frac{(x+1)\sin(x^2+2x)}{2\sqrt[4]{(1+\cos(x^2+2x))^3}}\end{aligned}$$

2. $u=x^2+16$ 이라하면 $y=\sqrt{u}$ 이므로 $\frac{dy}{dx}=\frac{dy}{du}\frac{du}{dx}=\frac{x}{\sqrt{x^2+16}}$ 이므로 $x=3$ 일 때 접선의 기울기는 $\frac{3}{5}$ 이다. 그리고 $x=3$ 일 때 $y=5$ 이므로 우리가 구하고자하는 접선의 방정식은 $y=\frac{3}{5}(x-3)$

$+5=\dfrac{3}{5}x+\dfrac{16}{5}$ 이다.

5.8 연습문제

1. (1) 함수 $f(x)=\sqrt{x}$ 을 생각하자. 그러면 $\sqrt{402}=f(402)=f(400+2)$이다.

여기서 $dx=\Delta x=2$이라 하면

$f(400+2)=f(400)+\Delta y\approx f(400)+dy.$

$f(400)=\sqrt{400}=20$이고 $f'(x)=\dfrac{1}{2}x^{-1/2}=\dfrac{1}{2\sqrt{x}}$ 이므로

$$dy=f'(400)dx=\frac{1}{2\sqrt{400}}\cdot 2=0.05$$

따라서 $\sqrt{402}\approx\sqrt{400}+dy=20+0.05=20.05$이다.

(2) 함수 $f(x)=\sqrt{x}$ 을 생각하자. 그러면 $\sqrt{98}=f(98)=f(100-2)$이다.

여기서 $dx=\Delta x=-2$이라 하면

$f(100-2)=f(100)+\Delta y\approx f(100)+dy.$

$f(100)=\sqrt{100}=10$이고 $f'(x)=\dfrac{1}{2}x^{-1/2}=\dfrac{1}{2\sqrt{x}}$ 이므로

$$dy=f'(100)dx=\frac{1}{2\sqrt{100}}\cdot(-2)=-0.1$$

따라서 $\sqrt{98}\approx\sqrt{100}+dy=10-0.1=9.9$이다.

(3) 함수 $f(x)=\sqrt[3]{x}$ 을 생각하자. 그러면 $\sqrt[3]{26.91}=f(26.91)=f(27-0.09)$이다.

여기서 $dx=\Delta x=-0.09$이라 하면

$f(27-0.09)=f(26.91)+\Delta y\approx f(27)+dy.$

$f(27)=\sqrt[3]{27}=3$이고 $f'(x)=\dfrac{1}{3}x^{-2/3}=\dfrac{1}{3\sqrt[3]{x^2}}$ 이므로

$$dy=f'(27)dx=\frac{1}{3\sqrt[3]{27^2}}\cdot(-0.09)=-\frac{1}{300}\approx-0.03$$

따라서 $\sqrt[3]{26.91}\approx\sqrt[3]{27}+dy=3-0.03=2.97$이다.

(4) 함수 $f(x)=\sqrt[3]{x}$ 을 생각하자. 그러면 $\sqrt[3]{65}=f(65)=f(64+1)$이다. 여기서 $dx=\Delta x=1$ 이라 하면

$f(64+1)=f(64)+\Delta y\approx f(64)+dy.$

$f(64) = \sqrt[3]{64} = 4$이고 $f'(x) = \frac{1}{3}x^{-2/3} = \frac{1}{3\sqrt[3]{x^2}}$이므로

$dy = f'(64)dx = \frac{1}{3\sqrt[3]{64^2}} \cdot 1 = \frac{1}{48} \approx 0.02$

따라서 $\sqrt[3]{65} \approx \sqrt[3]{64} + dy = 4 + 0.02 = 4.02$이다.

2. (1) $y = -x^2 + 4x - 1$는 주어진 닫힌구간 $[0,3]$에서 연속이므로, 최댓값과 최솟값을 갖는다. 경계점은 $0,3$이다. 정점은 $f'(x) = -2x + 4 = 0$에서 $x = 2$이다. 특이점은 없으므로 임계점은 $0, 2, 3$이다. $f(0) = -1, f(2) = 3, f(3) = 2$ 이므로, 임계점정리에 의하여 최댓값은 3이고 최솟값은 -1이다.

(2) $y = \frac{2}{5}x^3 + \frac{3}{5}x^2 - \frac{12}{5}x$는 주어진 닫힌구간 $[-3,3]$에서 연속이므로, 최댓값과 최솟값을 갖는다. 경계점은 $-3,3$이다. 정점은 $f'(x) = \frac{6}{5}(x^2 + x - 2) = \frac{6}{5}(x+2)(x-1) = 0$에서 $x = -2, 1$이다.

특이점은 없으므로 임계점은 $-3, -2, 1, 3$이다.

$f(-3) = \frac{9}{5}, f(-2) = 4, f(1) = -\frac{7}{5}, f(3) = 9$이므로, 임계점정리에 의하여 최댓값은 9이고 최솟값은 $-\frac{7}{5}$이다.

(3) 주어진 함수의 경계점은 $-\frac{3}{2}, 3$이다. 정점은 $f'(x) = 3x^2 - 3 = 3(x+1)(x-1) = 0$에서 $x = -1, 1$이다. 특이점은 없으므로 임계점은 $-\frac{3}{2}, -1, 1, 3$이다.

$f\left(-\frac{3}{2}\right) = \frac{9}{4}, f(-1) = 3, f(1) = -1, f(3) = 19$이므로, 임계점정리에 의하여 최댓값은 19이고 최솟값은 -1이다.

(4) $y = \frac{x}{x^2+2}$는 주어진 닫힌구간 $[-1,4]$에서 연속이므로, 최댓값과 최솟값을 갖는다. 경계점은 $-1,4$이다. 정점은 $f'(x) = \frac{-x^2+2}{(x^2+2)^2} = -\frac{(x+\sqrt{2})(x-\sqrt{2})}{(x^2+2)^2} = 0$에서 $x = \sqrt{2}$이다.

특이점은 없으므로 임계점은 $-1, \sqrt{2}, 4$이다. $f(-1) = -\frac{1}{3}, f(\sqrt{2}) = \frac{\sqrt{2}}{4}, f(4) = \frac{2}{9}$ 이므로, 임계점정리에 의하여 최댓값은 $\frac{\sqrt{2}}{4}$이고 최솟값은 $-\frac{1}{3}$이다.

3. x를 모퉁이에서 떼어낸 정사각형의 한 변의 길이라고 하면 상자의 부피 $V = (30-2x)^2 x$이다. 따라

서 $\frac{dV}{dx} = 12(x-5)(x-15)$이다. 이 때 V의 정의역은 $(0,15)$이므로 $x \in (0,5)$이면 $\frac{dV}{dx} > 0$이고 $x \in (5,15)$이면 $\frac{dV}{dx} < 0$이므로 $x = 5$에서 V는 최댓값이 된다. 그러므로 이 때 상자의 밑면의 한 변의 길이는 $20\,\text{cm}$, 높이는 $5\,\text{cm}$이고 부피는 $2000\,\text{cm}^3$이다.

4. (1) $f(x) = -x^3 + 3x$ 증가구간 : $[-1,1]$ 감소구간 : $(-\infty,-1],[1,\infty)$
아래로 오목구간 : $(0,\infty)$ 위로 오목구간 : $(-\infty,0)$ 변곡점 : $(0,0)$
극댓값 : $f(1) = 2$ 극솟값 : $f(-1) = -2$

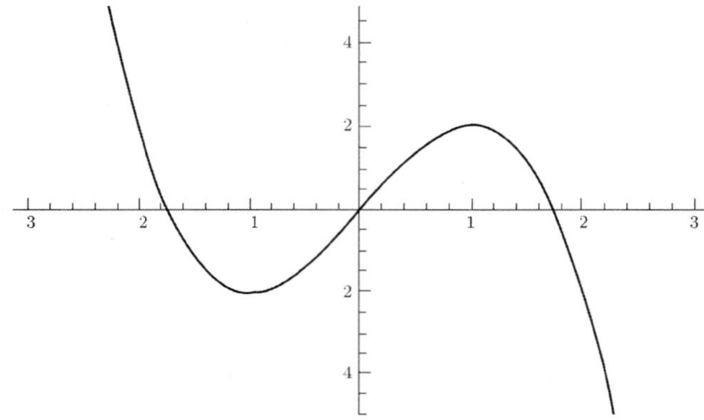

(2) $f(x) = x^3 - 6x^2 + 12x - 3$ 증가구간 : $(-\infty,\infty)$ 감소구간 : 없음
아래로 오목구간 : $(-\infty,2)$ 위로 오목구간 : $(2,\infty)$ 변곡점 : $(2,5)$ 극값 : 없음

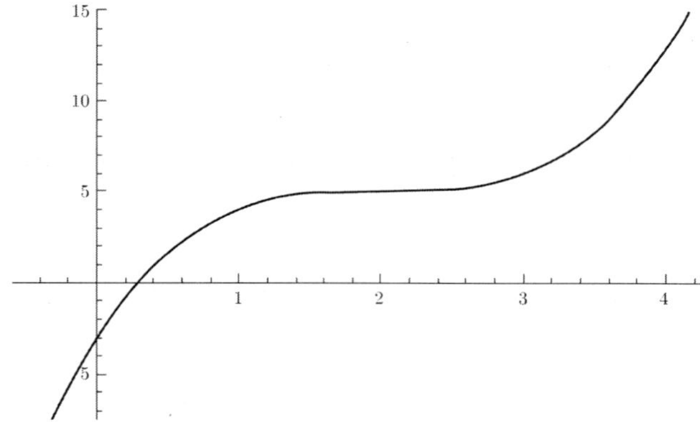

(3) $f(x) = 3x^4 - 8x^3 + 4$ 증가구간 : $[2,\infty)$ 감소구간 : $(-\infty,2]$
위로 오목구간: $(-\infty,0),\left(\frac{4}{3},\infty\right)$ 아래로 오목구간: $\left(0,\frac{4}{3}\right)$ 변곡점: $(0,4),\left(\frac{4}{3},-\frac{148}{27}\right)$
극댓값: 없음 극솟값 : $f(2) = -12$

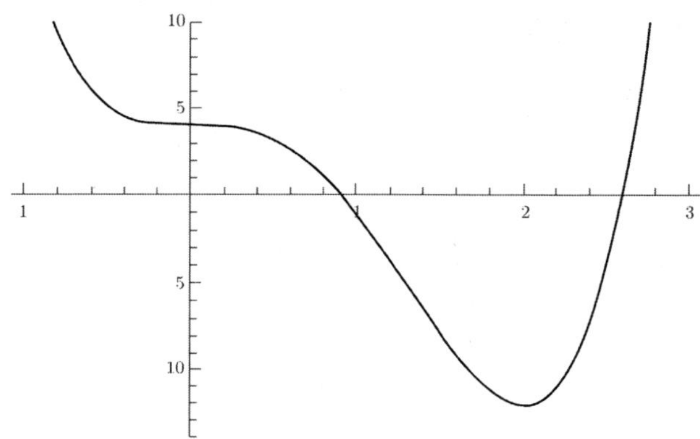

(4) $f(x) = x^3 - 3x^2 + 2$ 증가구간 : $(-\infty, 0], [2, \infty)$ 감소구간 : $[0, 2]$

이래로 오목구간 : $(-\infty, 1)$ 위로 오목구간 : $(1, \infty)$ 변곡점 : $(1, 0)$

극댓값 : $f(0) = 2$ 극솟값 : $f(2) = 2$

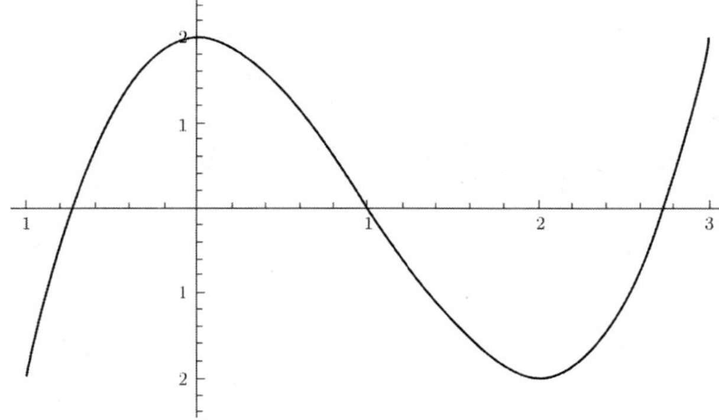

(5) $f(x) = x^3 - 3x - 1$ 증가구간 : $(-\infty, -1], [1, \infty)$ 감소구간 : $[-1, 1]$

아래로 오목구간 : $(-\infty, 0)$ 위로 오목구간 : $(0, \infty)$ 변곡점 : $(0, -1)$

극댓값 : $f(-1) = 1$ 극솟값 : $f(1) = -3$

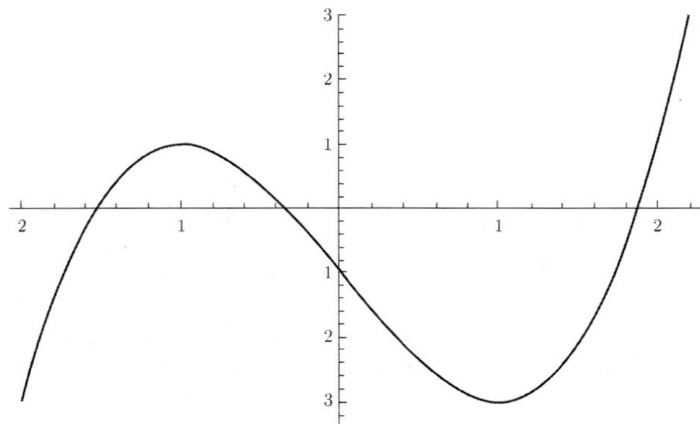

(6) $f(x) = 3x^4 - 4x^3 + 2$ 증가구간 : $[1, \infty)$ 감소구간 : $(-\infty, 1]$

아래로 오목구간: $\left(0, \dfrac{2}{3}\right)$ 위로 오목구간: $(-\infty, 0)$, $\left(\dfrac{2}{3}, \infty\right)$ 변곡점: $(0,2)$, $\left(\dfrac{2}{3}, \dfrac{38}{27}\right)$

극댓값 : 없음, 극솟값 : $f(1) = 1$

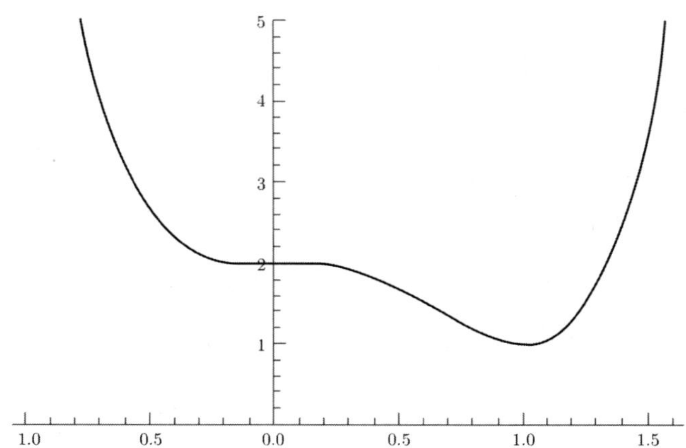

5. (1) $f(x) = x^2 + 2x$, $[-2, 2]$ $f'(x) = 2x + 2$이고 $\dfrac{f(2) - f(-2)}{2-(-2)} = \dfrac{8-0}{4} = 2$이므로

$2c + 2 = 2$이다. 따라서 $c = 0$이다. 이 때 $0 \in (-2, 2)$를 만족한다.

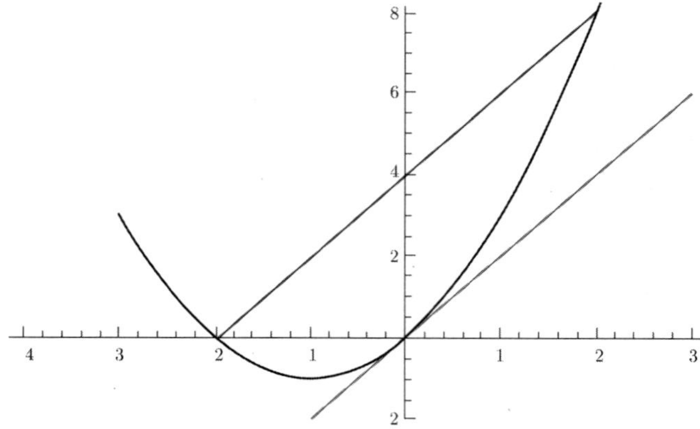

(2) $f(x) = \dfrac{1}{3}x^3$, $[-2, 2]$ $f'(x) = x^2$이고 $\dfrac{f(2) - f(-2)}{2-(-2)} = \dfrac{\dfrac{8}{3} - \left(-\dfrac{8}{3}\right)}{4} = \dfrac{4}{3}$이므로

$c^2 = \dfrac{4}{3}$이다. 따라서 $c = -\dfrac{2}{\sqrt{3}}, \dfrac{2}{\sqrt{3}}$이다. 이 때 $-\dfrac{2}{\sqrt{3}} \in (-2, 2)$, $\dfrac{2}{\sqrt{3}} \in (-2, 2)$

를 만족한다.

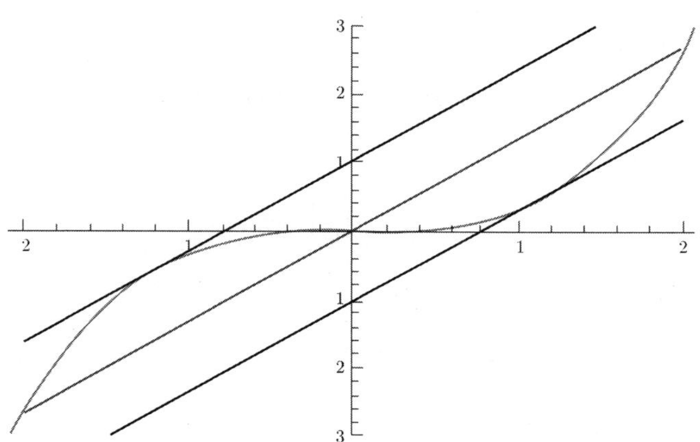

(3) $f(x)=x^{2/3}$, $[-2,2]$ $f'(x)=\dfrac{2}{3\sqrt[3]{x}}$ 이므로 $x=0$에서 미분불가능하다. 따라서 평균값 정리를 만족하지 않는다.

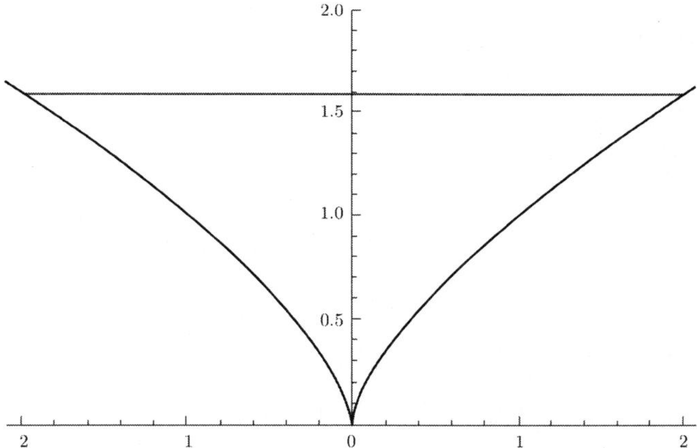

6.1 연습문제

1. (1) $5x+C$

(2) $x^3+\sqrt{2}\,x+C$

(3) $\dfrac{2}{5}x^{\frac{5}{2}}-\dfrac{3}{2}x^2+14x+C$

(4) $2x^9-5x^5+3x+C$

(5) $2x^3-3x^2+x+C$

(6) $-\dfrac{1}{x^4}+\dfrac{1}{x^3}+C$

(7) $\dfrac{3}{5}x^{\frac{5}{3}}+C$

(8) $-3\cos x+C$

2. (1) $u=x^2+1$이라 하면 $du=2xdx$이므로

$$\int 24x(x^2+1)^3dx=\int 12u^3du=3u^4+C=3(x^2+1)^4+C$$이다.

(2) $u=\cos x$라 하면 $du=-\sin x\,dx$이므로

$$\int \sin x\cos^2 x dx=-\int u^2du=-\frac{1}{3}u^3+C=-\frac{1}{3}\cos^3 x+C$$이다.

(3) $u=\sqrt{1-x}$라 하면 $u^2=1-x$이고 $2udu=-dx$이므로

$$\int x\sqrt{1-x}\,dx=\int(1-u^2)u(-2u)du=\int(2u^4-2u^2)du$$
$$=\frac{2}{5}u^5-\frac{2}{3}u^3+C=\frac{2}{5}\sqrt{(1-x)^5}-\frac{2}{3}\sqrt{(1-x)^3}+C$$

이다.

(4) $u=2x$라 하면 $du=2dx$이므로

$$\int 3\sin 2x\,dx=\int\frac{3}{2}\sin u\,du=-\frac{3}{2}\cos u+C=-\frac{3}{2}\cos 2x+C$$이다.

(5) $u=\sqrt{2x}$라 하면 $u^2=2x$이고 $2udu=2dx$이므로

$$\int\frac{x^2+1}{\sqrt{2x}}dx=\int\frac{\frac{u^4}{4}+1}{u}u\,du=\int\left(\frac{u^4}{4}+1\right)du$$
$$=\frac{1}{20}u^5+u+C=\frac{\sqrt{2x^5}}{5}+\sqrt{2x}+C$$

이다.

(6) $u=x^2+4$이라 하면 $du=2xdx$이므로

$$\int(x^2+1)^{10}xdx=\frac{1}{2}\int u^{10}du=\frac{1}{22}u^{11}+C=\frac{1}{22}(x^2+4)^{11}+C$$이다.

(7) $u=2x^2-1$이라 하면 $du=4xdx$이므로

$$\int 3x\sqrt[3]{2x^2-1}\,dx=\frac{3}{4}\int u^{1/3}du=\frac{9}{16}u^{4/3}+C=\frac{9}{16}(2x^2-1)^{4/3}+C$$이다.

(8) $u=\sin x$라 하면 $du=\cos x\,dx$이므로

$$\int\sin^4 x\cos x dx=\int u^4du=\frac{1}{5}u^5+C=\frac{1}{5}\sin^5 x+C$$이다.

6.3 연습문제

1. (1) $\int_1^2(2x+1)dx=\left[x^2+x\right]_1^2=4$

(2) $\int_1^0 (x^2+x-1)dx = \left[\frac{1}{3}x^3+\frac{1}{2}x^2-x\right]_1^0 = \frac{1}{6}$

(3) $\int_{-1}^2 (x^2-2x-2)dx = \left[\frac{1}{3}x^3-x^2-2x\right]_{-1}^2 = \left(\frac{8}{3}-4-4\right)-\left(-\frac{1}{3}-1+2\right) = -6$

(4) $\int_1^3 (\sqrt{x}-x^2)dx = \left[\frac{2}{3}x\sqrt{x}-\frac{1}{3}x^3\right]_1^3 = (2\sqrt{3}-9)-\left(\frac{2}{3}-\frac{1}{3}\right) = 2\sqrt{3}-\frac{28}{3}$

(5) $\int_{1/2}^1 (x+2)^2\,dx - \int_{1/2}^1 (x-2)^2\,dx = 8\int_{1/2}^1 x\,dx = 4[x^2]_{1/2}^1 = 4\left(1-\frac{1}{4}\right) = 3$

(6) $u=x^2+9$라고 하면 $du=2x\,dx$이고 $x=0$일 때 $u=9$, $x=4$일 때 $u=25$이므로

$\int_0^4 \frac{x}{\sqrt{x^2+9}}dx = \frac{1}{2}\int_9^{25}\frac{1}{\sqrt{u}}du = [\sqrt{u}]_9^{25} = 2$이다.

(7) $u=1-x$라고 하면 $du=-dx$이다. $x=0$일 때 $u=1$, $x=1$일 때 $u=0$이므로

$\int_0^1 \sqrt{1-x}\,dx = -\int_1^0 \sqrt{u}\,du = -\left[\frac{2}{3}u^{3/2}\right]_1^0 = \frac{2}{3}$이다.

(8) $u=x+1$라고 하면 $du=dx$이고 $x=1$일 때 $u=2$, $x=2$일 때 $u=3$이므로

$\int_1^2 \frac{1}{(x+1)^2}dx = \int_2^3 \frac{1}{u^2}du = \left[-\frac{1}{u}\right]_2^3 = \frac{1}{6}$이다.

2. (1) $\sqrt{1+x^4}$

(2) $2x+1$

(3) $(\sin^2 x+\cos(\sin x))(\sin x)' = (\sin^2 x+\cos(\sin x))\cos x$

3. (1) $\int_{-\pi}^{\pi} \sin x\,dx + \int_{-\pi}^{\pi}\cos x\,dx = 2\int_0^{\pi}\cos x\,dx = 2[\sin x]_0^{\pi} = 0$

(2) $f(x)=\frac{\sin x}{1+\cos x}$라 하면, $f(-x)=\frac{\sin(-x)}{1+\cos(-x)}=\frac{-\sin x}{1+\cos x}=-f(x)$이므로 $f(x)$는 홀함수이다. 따라서 $\int_{-\frac{\pi}{2}}^{\frac{\pi}{2}} \frac{\sin x}{1+\cos x} = 0$이다.

(3) $\int_{-\pi}^{\pi} (\sin x+\cos x)^2\,dx = \int_{-\pi}^{\pi} 1\,dx + 2\int_{-\pi}^{\pi}\sin x\cos x\,dx$이다. 이 때 $\sin x\cos x$는 홀함수이므로 $\int_{-\pi}^{\pi}(\sin x+\cos x)^2\,dx = \int_{-\pi}^{\pi}1\,dx = 2\int_0^{\pi}1\,dx = 2[x]_0^{\pi} = 2\pi$

(4) x^3은 홀함수이고 $|x^3|$은 짝함수이므로 $\int_{-1}^1 (|x^3|+x^3)dx = 2\int_0^1 x^3dx = 2\left[\frac{1}{4}x^4\right]_0^1 = \frac{1}{2}$이다.

(5) $\int_1^3 |x^2-2x|dx = -\int_1^2 (x^2-2x)dx + \int_2^3 (x^2-2x)dx$

$= -\left[\frac{1}{3}x^3 - x^2\right]_1^2 + \left[\frac{1}{3}x^3 - x^2\right]_2^3 = 2$

(6) $\int_0^\pi \cos x\, dx = [\sin x]_0^\pi = 0$

4. $f(x) = 4x^3$는 $[1, 3]$에서 연속이므로 $\int_1^3 4x^3\, dx = f(c)(3-1)$을 만족시키는 c가 $[1, 3]$에 존재한다. $[x^4]_1^3 = 4c^3 \cdot 2$이므로 $c^3 = 10$이다. 따라서 $c = \sqrt[3]{10}$이다.

5. (1) $\int_0^3 \left|4 - \frac{1}{3}x^2\right| dx = \int_0^3 \left(4 - \frac{1}{3}x^2\right) dx = \left[4x - \frac{1}{9}x^3\right]_0^3 = 9$

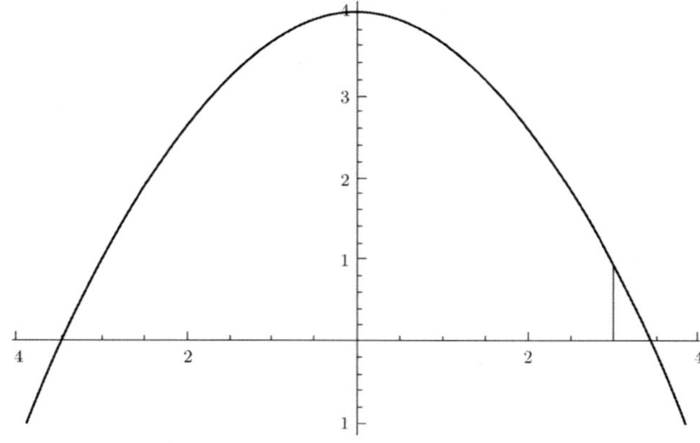

(2) $\int_{-2}^1 |x(x-1)(x+2)|\, dx = \int_{-2}^0 x(x-1)(x+2)\, dx - \int_0^1 x(x-1)(x+2)\, dx$

$= \int_{-2}^0 (x^3 + x^2 - 2x)\, dx - \int_0^1 (x^3 + x^2 - 2x)\, dx$

$= \left[\frac{1}{4}x^4 + \frac{1}{3}x^3 - x^2\right]_{-2}^0 - \left[\frac{1}{4}x^4 + \frac{1}{3}x^3 - x^2\right]_0^1$

$= \frac{37}{12}$

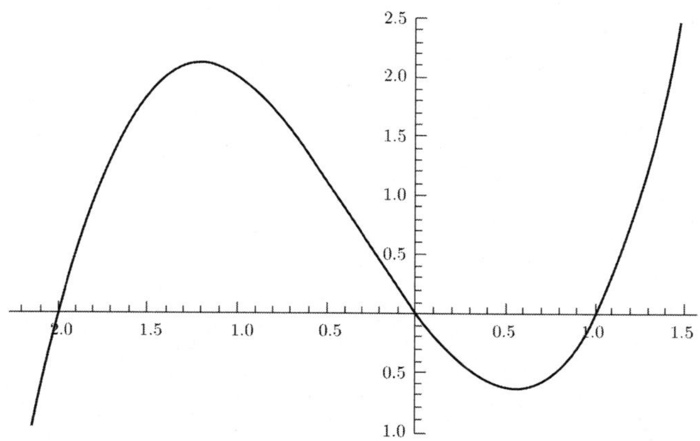

(3) $$\int_{-1}^{3} |(x^2-x-2)-(x+1)|\,dx = \int_{-1}^{3} [(x+1)-(x^2-x-2)]\,dx$$

$$= \int_{-1}^{3} (-x^2+2x+3)\,dx$$

$$= \left[-\frac{x^3}{3}+x^2+3x\right]_{-1}^{3} = \frac{32}{3}$$

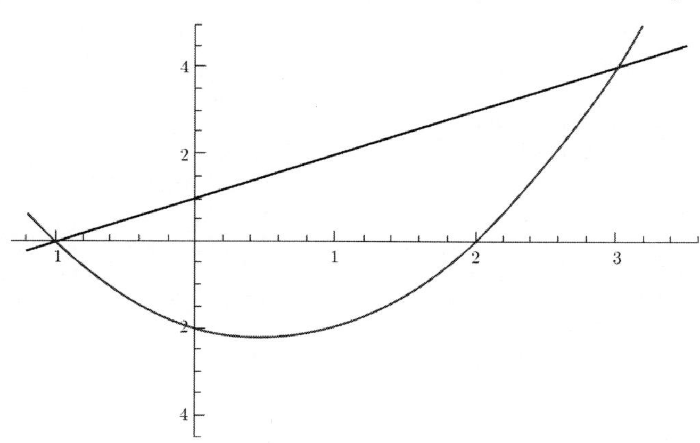

(4) $$\int_{-\frac{\pi}{4}}^{\pi} |\sin x|\,dx = -\int_{-\frac{\pi}{4}}^{0} \sin x\,dx + \int_{0}^{\pi} \sin x\,dx$$

$$= [\cos x]_{-\frac{\pi}{4}}^{0} - [\cos x]_{0}^{\pi}$$

$$= 3 - \frac{\sqrt{2}}{2}$$

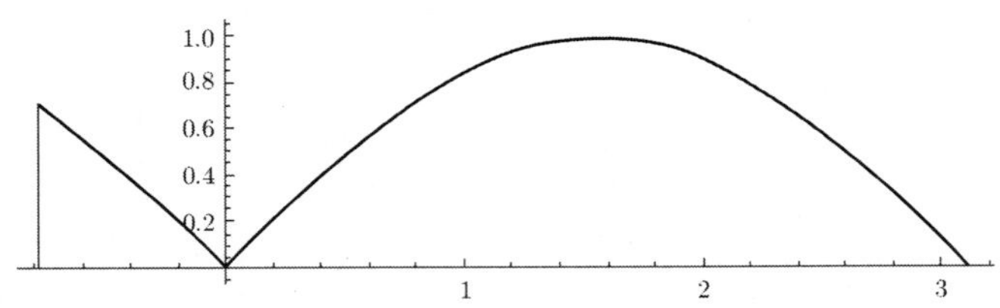

6. (1) 원반방법을 이용하면

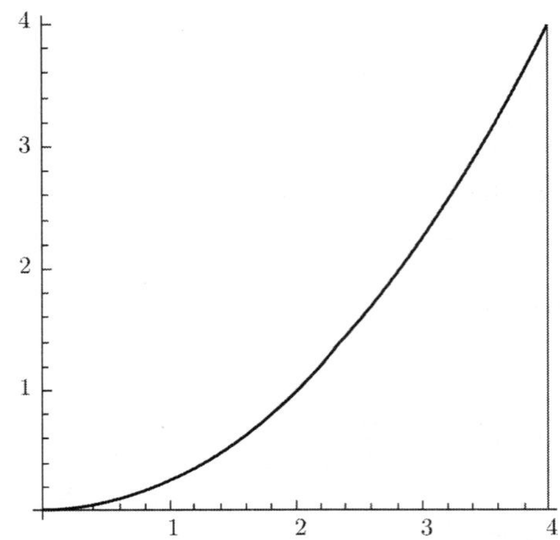

$$\int_0^4 \left(\frac{x^2}{4}\right)^2 \pi dx = \frac{\pi}{16}\int_0^4 x^4 dx = \frac{\pi}{16}\left[\frac{1}{5}x^5\right]_0^4 = \frac{64}{5}\pi$$

(2) 원반방법을 이용하면

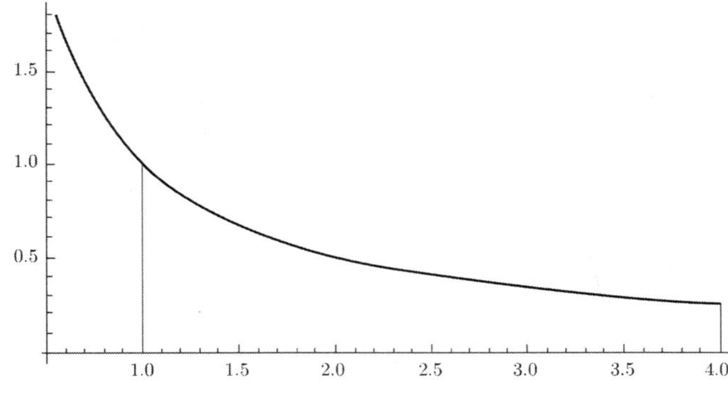

$$\int_1^4 \left(\frac{1}{x}\right)^2 \pi dx = \pi\int_1^4 \frac{1}{x^2} dx = \pi\left[\frac{-1}{x}\right]_1^4 = \frac{3}{4}\pi$$

(3) 원반방법을 이용하면

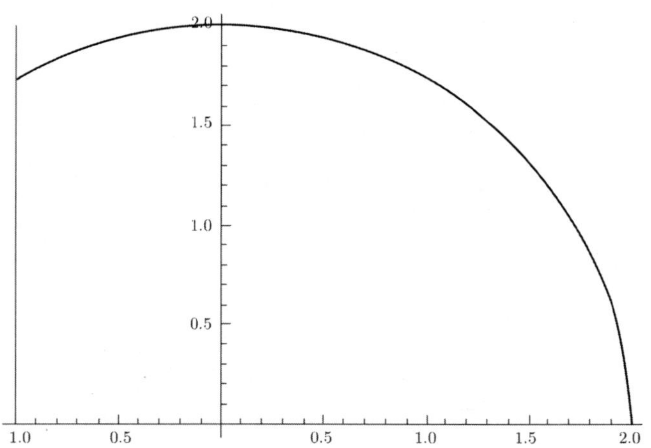

$$\int_{-1}^{2}\left(\sqrt{4-x^2}\right)^2\pi dx = \pi\int_{-1}^{2}(4-x^2)dx$$

$$= \pi\left[4x-\frac{1}{3}x^3\right]_{-1}^{2} = 9\pi$$

(4) 원반방법을 이용하면

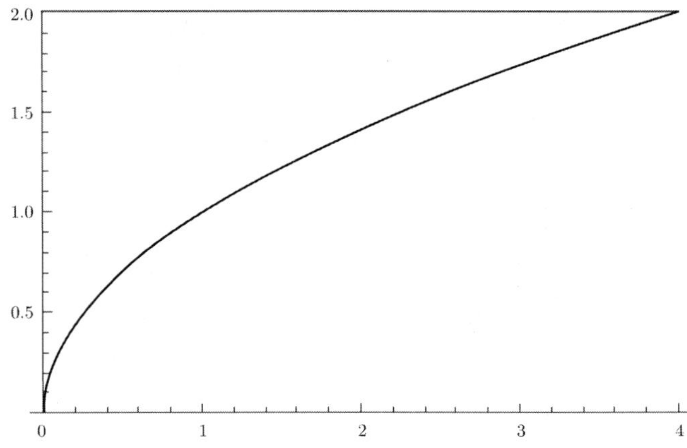

$$\int_{0}^{2}(y^2)^2\pi dy = \pi\int_{0}^{2}y^4 dy = \pi\left[\frac{1}{5}y^5\right]_{0}^{2} = \frac{32}{5}\pi$$

(5) 원반방법을 이용하면

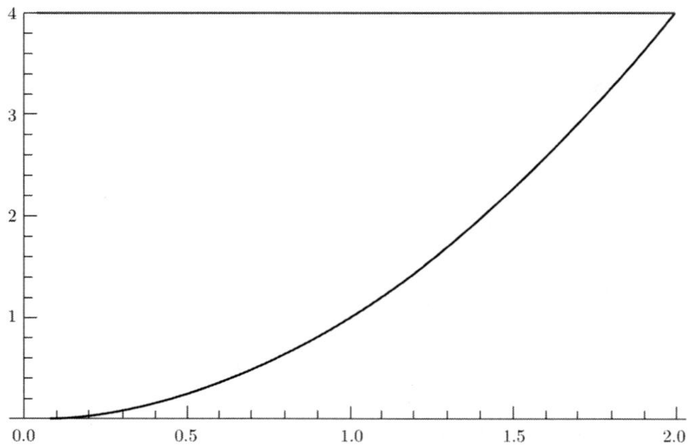

$$\int_0^4 (\sqrt{y})^2 \pi dy = \pi \int_0^4 y dy = \pi \left[\frac{1}{2} y^2 \right]_0^4 = 8\pi$$

(6) 원기둥 껍질 방법을 이용하면

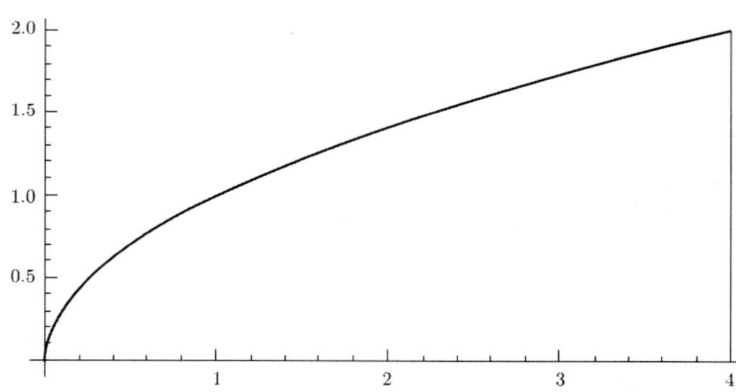

$$2\pi \int_0^4 x\sqrt{x}\, dx = 2\pi \int_0^4 x^{5/2}\, dx = 2\pi \left[\frac{2x^{5/2}}{5} \right]_0^4 = \frac{128\pi}{5}$$

(7) 원기둥 껍질 방법을 이용하면

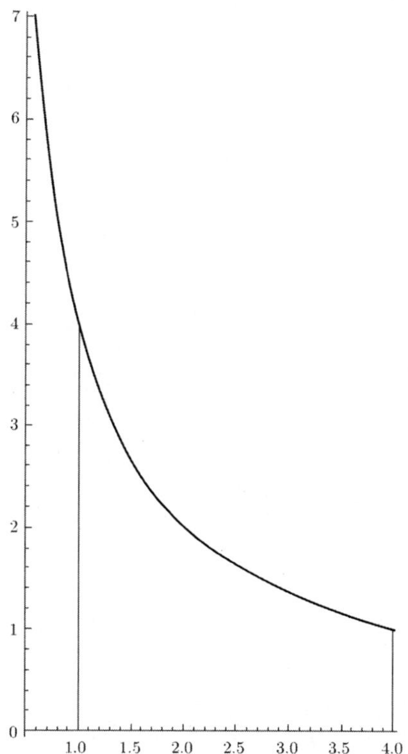

$$2\pi\int_1^4 x \cdot \frac{4}{x}dx = 8\pi\int_1^4 dx = 8\pi[x]_1^4 = 24\pi$$

(8) 원기둥 껍질 방법을 이용하면

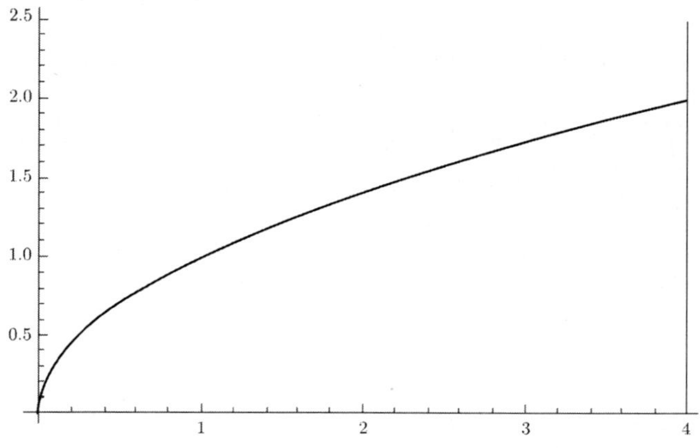

$$2\pi\int_0^4 (4-x)\sqrt{x}\,dx = 2\pi\int_0^4 (4x^{1/2} - x^{3/2})dx = 2\pi\left[\frac{8}{3}x^{3/2} - \frac{2}{5}x^{5/2}\right]_0^4 = \frac{256}{15}\pi$$

(9) 원기둥 껍질 방법을 이용하면

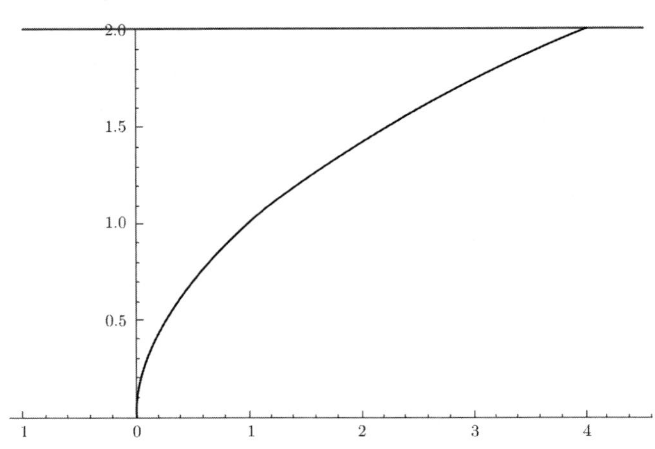

$$2\pi\int_0^2 (2-y)y^2\,dy = 2\pi\int_0^2 (2y^2-y^3)dy = 2\pi\left[\frac{2}{3}y^3-\frac{1}{4}y^4\right]_0^2 = \frac{8}{3}\pi$$

7. (1) $y'=3$이므로 곡선의 길이는 $\int_1^4 \sqrt{1+3^2}\,dx = \sqrt{10}\int_1^4 dx = \sqrt{10}\,[x]_1^4 = 3\sqrt{10}$

(2) $y'=3x^{\frac{1}{2}}$ 이므로 곡선의 길이는 $\int_{1/3}^7 \sqrt{1+\left(\frac{1}{3}x^{1/2}\right)^2}\,dx = \int_{1/3}^7 \sqrt{1+9x}\,dx$ 이다.

$u=1+9x$라 하면 $du=9dx$이고 $x=\frac{1}{3}$일 때 $u=4$, $x=7$일 때 $u=64$이다. 따라서 곡선의 길이는 $\frac{1}{9}\int_4^{64}\sqrt{u}\,du = \frac{2}{27}\left[u^{3/2}\right]_4^{64} = \frac{112}{3}$ 이다.

(3) $y^3=x^2$이므로 $x=y^{\frac{3}{2}}$ 이다. 이 때 y에 대한 정의역은 0부터 16까지 이다. 따라서 곡선의 길이는 $\int_0^{16}\sqrt{1+\left(\frac{3}{2}y^{1/2}\right)^2}\,dy = \int_0^{16}\sqrt{1+\frac{9}{4}y}\,dy$이다. $u=1+\frac{9}{4}y$라 하면 $du=\frac{9}{4}dy$이고 $y=0$일 때 $u=1$, $y=16$일 때 $u=37$이므로

곡선의 길이는 $\frac{4}{9}\int_1^{37}\sqrt{u}\,du = \frac{4}{9}\left[\frac{2}{3}u^{3/2}\right]_1^{37} = \frac{8}{27}(37\sqrt{37}-1)$이다.

7.1 연습문제

1. (1) $y'=\dfrac{2x-5}{x^2-5x+6}$ (2) $y'=\dfrac{4(x-5)^3}{(x-5)^4}=\dfrac{4}{x-5}$

(3) $y'=\ln x+x\cdot\dfrac{1}{x}=\ln x+1$ (4) $y'=3\cdot\dfrac{1}{x}+3(\ln x)^2(\ln x)'=\dfrac{3}{x}(1+(\ln x)^2)$

(5) $y'=\dfrac{1+\dfrac{2x}{2\sqrt{x^2-1}}}{x+\sqrt{x^2-1}}=\dfrac{1}{\sqrt{x^2-1}}$ (6) $y'=\dfrac{1}{3x}$

2. (1) $u=2x+1$이라하면 $du=2dx$이므로

$\displaystyle\int\frac{4}{2x+1}dx=2\int\frac{1}{u}du=2\ln|u|+C=2\ln|2x+1|+C$ 이다.

(2) $u=x^2+x+5$이라하면 $du=(2x+1)dx$이므로

$\displaystyle\int\frac{4x+2}{x^2+x+5}dx=2\int\frac{1}{u}du=2\ln u+C=2\ln(x^2+x+5)+C$ 이다.

(3) $u=\ln x$이라하면 $du=\dfrac{1}{x}dx$이므로 $\displaystyle\int\frac{\ln x}{x}dx=\int u\,du=\frac{1}{2}u^2+C=\frac{1}{2}(\ln x)^2+C$ 이다.

(4) $u=x^4+1$이라하면 $du=4x^3dx$이고 이 때 $x=0$이면 $u=1$, $x=3$이면 $u=82$이므로

$\displaystyle\int_0^3\frac{x^3}{x^4+1}dx=\frac{1}{4}\int_1^{82}\frac{1}{u}du=\frac{1}{4}[\ln u]_1^{82}=\frac{1}{4}\ln 82$이다.

3. (1) $\ln y=\ln(x+11)-\dfrac{1}{2}\ln(x^3-4)$이므로 양변을 x에 대하여 미분하면

$\dfrac{1}{y}y'=\dfrac{1}{x+11}-\dfrac{3x^2}{2(x^3-4)}$ 이다.

따라서 $y'=-\dfrac{y\cdot(x^3+33x^2+8)}{2(x+11)(x^3-4)}=-\dfrac{(x^3+33x^2+8)}{2(x^3-4)\sqrt{x^3-4}}$

(2) $\ln y=\dfrac{1}{2}\ln(x+13)-\dfrac{1}{3}\ln(2x+1)-\ln(x-4)$이므로 양변을 x에 대하여 미분하면

$\dfrac{1}{y}y'=\dfrac{1}{2(x+13)}-\dfrac{2}{3(2x+1)}-\dfrac{1}{x-4}$ 이다.

따라서 $y'=y\cdot\dfrac{-10x^2-219x+118}{6(x+13)(2x+1)(x-4)}=\dfrac{-10x^2-219x+118}{6(x-4)^2(2x+1)\sqrt[3]{2x+1}\sqrt{x+13}}$

7.2 연습문제

1. (1) x^2 (2) $\sin x$

(3) $2\ln x - 2x$ (4) $2x$

2. (1) $y' = (2x+1)'e^{2x+1} = 2e^{2x+1}$

(2) $y' = (\sqrt{x+1})'e^{\sqrt{x+1}} = \dfrac{1}{2\sqrt{x+1}}e^{\sqrt{x+1}}$

(3) $y = e^{\ln x} = x$ 이므로 $y' = 1$

(4) $y' = 2xe^x + x^2e^x$

(5) $y' = (\sqrt{x})'e^{\sqrt{x}} + \dfrac{1}{2\sqrt{e^x}}(e^x)' = \dfrac{1}{2\sqrt{x}}e^{\sqrt{x}} + \dfrac{1}{2\sqrt{e^x}}e^x$

3. (1) $u = 3x+1$ 이라하면 $du = 3dx$ 이므로

$\displaystyle\int e^{3x+1}dx = \frac{1}{3}\int e^u du = \frac{1}{3}e^u + C = \frac{1}{3}e^{3x+1} + C$ 이다.

(2) $u = x^2 + 6x$ 라 하면 $du = 2(x+3)dx$ 이므로

$\displaystyle\int (x+3)e^{x^2+6x}dx = \frac{1}{2}\int e^u du = \frac{1}{2}e^u + C = \frac{1}{2}e^{x^2+6x} + C$ 이다.

(3) $u = -\dfrac{1}{x}$ 이라하면 $du = \dfrac{1}{x^2}dx$ 이므로 $\displaystyle\int \frac{e^{-\frac{1}{x}}}{x^2}dx = \int e^u du = e^u + C = e^{-\frac{1}{x}} + C$ 이다.

(4) $u = 2x+3$ 이라하면 $du = 2dx$ 이고 $x = 0$ 일 때 $u = 3$, $x = 1$ 일 때 $u = 5$ 이므로

$\displaystyle\int_0^1 e^{2x+3}dx = \frac{1}{2}\int_3^5 e^u du = \frac{1}{2}[e^u]_3^5 = \frac{1}{2}(e^5 - e^3)$ 이다.

7.3 연습문제

1. (1) $y' = (x^2)'5^{x^2}\ln 5 = 2x5^{x^2}\ln 5$

(2) $y' = \dfrac{(e^x)'}{e^x\ln 2} = \dfrac{1}{\ln 2}$

(3) $y' = \dfrac{1}{x\ln 4} + \dfrac{(x^2)'}{x^2\ln 4} = \dfrac{3}{x\ln 4}$

(4) $y' = 3^{\log_2 x}\ln 3 \cdot (\log_2 x)' = \dfrac{3^{\log_2 x}\ln 3}{x\ln 2}$

(5) $y' = 10^{x^2}\ln 10 \cdot (x^2)' + 20x^{19} = 2x \cdot 10^{x^2}\ln 10 + 20x^{19}$

(6) $y' = (\pi+1)x^{\pi} + (\pi+1)^x \ln(\pi+1)$

(7) $y = e^{\sin x \ln x}$이므로 $y' = (\sin x \ln x)' e^{\sin x \ln x} = \left(\cos x \ln x + \dfrac{\sin x}{x}\right)x^{\sin x}$

(8) 양변에 자연로그를 취하면 $\ln y = \ln x \cdot \ln(x^2+1)$이므로 양변을 x로 미분하면

$\dfrac{1}{y}y' = \dfrac{1}{x}\ln(x^2+1) + \ln x \cdot \dfrac{2x}{x^2+1}$이다. 따라서 $y' = (x^2+1)^{\ln x}\left(\dfrac{\ln(x^2+1)}{x} + \dfrac{2x\ln x}{x^2+1}\right)$

이다.

2. (1) $u = x^2$이라하면 $du = 2xdx$이므로 $\displaystyle\int x2^{x^2}dx = \frac{1}{2}\int 2^u du = \frac{1}{2}\frac{2^u}{\ln 2} + C = \frac{2^{x^2}}{2\ln 2} + C$이다.

(2) $u = \log_{10}x$라 하면 $du = \dfrac{1}{x\ln 10}dx$이므로

$\displaystyle\int \frac{\log_{10}x}{x}dx = \ln 10\int u\,du = \frac{\ln 10}{2}u^2 + C = \frac{\ln 10}{2}(\log_{10}x)^2 + C$이다.

(3) $u = \sqrt{x}$이라하면 $du = \dfrac{1}{2\sqrt{x}}dx$이고 $x = 1$일 때 $u = 1$, $x = 4$일 때 $u = 2$이다.

따라서 $\displaystyle\int_1^4 \frac{5^{\sqrt{x}}}{\sqrt{x}}dx = 2\int_1^2 5^u du = 2\left[\frac{5^u}{\ln 5}\right]_1^2 = \frac{40}{\ln 5}$이다.

(4) $u = x^{2x}$이라하면 $du = 2x^{2x}(\ln x + 1)dx$이고 $x = 2$일 때 $u = 16$, $x = 4$일 때 $u = 65536$이다. 따라서 $\displaystyle\int_2^4 x^{2x}(1+\ln x)dx = \frac{1}{2}\int_{16}^{65536} du = \frac{1}{2}[u]_{16}^{65536} = 32760$이다.

(5) $\displaystyle\int_0^3 3x^{\sqrt{3}}dx = 3\left[\frac{x^{\sqrt{3}+1}}{\sqrt{3}+1}\right]_0^3 = \frac{3^{\sqrt{3}+2}}{\sqrt{3}+1}$

(6) $u = \cos x$이라하면 $du = -\sin x\,dx$이고 $x = 0$일 때 $u = 1$, $x = \dfrac{\pi}{2}$일 때 $u = 0$이다. 따라서

$\displaystyle\int_0^{\frac{\pi}{2}} 7^{\cos x}\sin x dx = -\int_1^0 7^u du = -\left[\frac{7^u}{\ln 7}\right]_1^0 = \frac{6}{\ln 7}$이다.

(7) $u = \log_2(x+2)$이라하면 $du = \dfrac{1}{(x+2)\ln 2}dx$이고 $x = 0$일 때 $u = 1$, $x = 2$일 때 $u = 2$이다. 따라서 $\displaystyle\int_0^2 \frac{\log_2(x+2)}{x+2}dx = \ln 2\int_1^2 u du = \ln 2\left[\frac{1}{2}u^2\right]_1^2 = \frac{3\ln 2}{2}$이다.

7.4 연습문제

1. (1) $y' = 2\sinh x \cosh x$

(2) $y' = \sinh\sqrt{x}(\sqrt{x})' = \dfrac{1}{2\sqrt{x}}\sinh\sqrt{x}$

(3) $y' = \cosh(\sin x)(\sin x)' = \cos x \cosh(\sin x)$

(4) $y' = 2x\sinh x + x^2\cosh x$

(5) $y' = \dfrac{(x^3)'}{\sqrt{(x^3)^2-1}} = \dfrac{3x^2}{\sqrt{x^6-1}}$

(6) $y' = \operatorname{sech}^2(\sin x)(\sin x)' = \cos x\operatorname{sech}^2(\sin x)$

(7) $y' = \sinh^{-1}(2x) + x\dfrac{(2x)'}{\sqrt{1+4x^2}} = \sinh^{-1}(2x) + \dfrac{2x}{\sqrt{1+4x^2}}$

(8) $y' = \dfrac{(\cos x)'}{1-(\cos x)^2} = \dfrac{-\sin x}{\sin^2 x} = -\csc x$

2. (1) $\displaystyle\int \tanh x\,dx = \int \frac{\sinh x}{\cosh x}dx$ 이다.

이 때 $u = \cosh x$ 이라하면 $du = \sinh x\,dx$ 이므로

$\displaystyle\int \tanh x\,dx = \int \frac{1}{u}du = \ln|u| + C = \ln|\cosh x| + C$ 이다.

(2) $u = x^2+3$ 이라하면 $du = 2x\,dx$ 이므로

$\displaystyle\int x\cosh(x^2+3)dx = \frac{1}{2}\int \cosh u\,du = \frac{1}{2}\sinh u + C = \frac{1}{2}\sinh(x^2+3) + C$ 이다.

(3) $u = \dfrac{x}{2}$ 이라하면 $du = \dfrac{1}{2}dx$ 이고 $x=0$ 일 때 $u=0$, $x=2$ 일 때 $u=1$ 이므로

$\displaystyle\int_0^2 \cosh\frac{x}{2}dx = 2\int_0^1 \cosh u\,du = 2[\sinh u]_0^1 = 2\sinh(1)$ 이다.

8.1 연습문제

1. (1) $\displaystyle\int (x-1)^4 dx = \frac{1}{5}(x-1)^5 + C$

(2) $u = x^2+1$, $du = 2x\,dx$, $\displaystyle\int x(x^2+1)^4 dx = \frac{1}{2}\int u^4 du = \frac{1}{10}u^5 + C = \frac{1}{10}(x^2+1)^5 + C$

(3) $u=x^2+1$, $du=2xdx$, $\int \frac{x}{x^2+1}dx=\frac{1}{2}\int \frac{1}{u}du=\frac{1}{2}\ln u+C=\frac{1}{2}\ln(x^2+1)+C$

(4) $u=2+x^2$, $du=2xdx$, $\int 3x\sqrt{2+x^2}\,dx=\frac{3}{2}\int \sqrt{u}\,du=u^{3/2}+C=(2+x^2)^{3/2}+C$

(5) $2x^2+x=(x+1)(2x-1)+1$이므로

$$\int \frac{2x^2+x}{x+1}dx=\int (2x-1)dx+\int \frac{1}{x+1}dx=x^2-x+\ln|x+1|+C$$

(6) $u=x^2+1$, $du=2xdx$, $\int 24x(x^2+1)^3dx=12\int u^3du=3u^4+C=3(x^2+1)^4+C$

(7) $u=x^3-1$, $du=3x^2dx$,

$$\int x^2\sqrt{x^3-1}\,dx=\frac{1}{3}\int \sqrt{u}\,du=\frac{2}{9}u^{3/2}+C=\frac{2}{9}(x^3-1)^{3/2}+C$$

(8) $u=x^2+3x$, $du=(2x+3)dx$,

$$\int \frac{2x+3}{(x^2+3x)^2}dx=\int \frac{1}{u^2}du=-\frac{1}{u}+C=-\frac{1}{x^2+3x}+C$$

2. (1) $u=x^2+5x$, $du=(2x+5)dx$, $\int \frac{2x+5}{x^2+5x}dx=\int \frac{1}{u}du=\ln u+C=\ln|x^2+5x|+C$

(2) $\int \frac{\tan x}{\cos x}dx=\int \tan x\sec x dx=\sec x+C$

(3) $\int \frac{\sqrt{\tan x}}{1-\sin^2 x}dx=\int \frac{\sqrt{\tan x}}{\cos^2 x}dx=\int \sqrt{\tan x}\sec^2 x dx$이므로 $u=\tan x$,

$du=\sec^2 x\,dx$,

$\int \sqrt{u}\,du=\frac{2}{3}u^{3/2}+C$이고 $\int \frac{\sqrt{\tan x}}{1-\sin^2 x}dx=\frac{2}{3}\tan^{3/2}+C$

(4) $u=\ln 4x^2$, $du=\frac{2dx}{x}$,

$$\int \frac{\cos(\ln 4x^2)}{x}dx=\frac{1}{2}\int \cos u du=\frac{1}{2}\sin u+C=\frac{1}{2}\sin(\ln 4x^2)+C$$

(5) $u=e^x$, $du=e^x dx$,

$$\int \frac{5e^x}{\sqrt{1-e^{2x}}}dx=\int \frac{5}{\sqrt{1-u^2}}du=5\sin^{-1}u+C=5\sin^{-1}e^x+C$$

(6) $\int \cos^3 x dx=\int \cos x(1-\sin^2 x)dx$, $u=\sin x$, $du=\cos x dx$,

$$\int \cos^3 x dx=\int (1-u^2)du=u-\frac{1}{3}u^3+C=\sin x-\frac{1}{3}\sin^3 x+C$$

(7) $u=x^2$라 하면 $du=2xdx$이고 $x=0$일 때 $u=0$, $x=1$일 때 $u=1$이므로

$$\int_0^1 x10^{x^2}dx=\frac{1}{2}\int_0^1 u^{10}du=\frac{1}{2}\left[\frac{10^u}{\ln 10}\right]_0^1=\frac{9}{2\ln 10}$$

(8) $u=\sin x$라 하면 $du=\cos x dx$이고 $x=\frac{\pi}{2}$일 때 $u=1$, $x=0$일 때 $u=0$이므로

$$\int_0^{\pi/2}\frac{\cos x}{1+\sin^2 x}dx=\int_0^1\frac{1}{1+u^2}du=[\tan^{-1}u]_0^1=\tan^{-1}1=\frac{\pi}{4}$$

8.2 연습문제

1. (1) $x=\sin t$, $dx=\cos t\,dt$

$$\int\frac{\sqrt{1-x^2}}{x}dx=\int\frac{\sqrt{1-\sin^2 t}}{\sin t}\cos t\,dt=\int\frac{\cos^2 t}{\sin t}dt=\int\frac{1-\sin^2 t}{\sin t}dt$$

$$=\int\frac{1}{\sin t}dt-\int\sin t\,dt=\int\csc t\,dt-\int\sin t\,dt$$

$$=-\ln|\csc t+\cot t|+\cos t+C=-\ln\left|\frac{1+\sqrt{1-x^2}}{x}\right|+\sqrt{1-x^2}+C$$

(2) $x=3\tan t$, $-\frac{\pi}{2}<t<\frac{\pi}{2}$, $t\neq 0$라 하면 $dx=3\sec^2 t dt$이므로

$$\int\frac{1}{x\sqrt{x^2+9}}dx=\int\frac{3\sec^2 t}{9\tan t\sec t}dt=\frac{1}{3}\int\csc t dt$$

$$=-\frac{1}{3}\ln|\csc t+\cot t|+C=-\frac{1}{3}\ln\left|\frac{\sqrt{x^2+9}+3}{x}\right|+C$$

(3) $u=4-x^2$라 하면 $du=-2xdx$이므로

$$\int\frac{x}{\sqrt{4-x^2}}dx=-\frac{1}{2}\int u^{-1/2}du=-u^{1/2}+C=-\sqrt{4-x^2}+C$$

(4) $\int\frac{2x-3}{\sqrt{4-x^2}}dx=\int\frac{2x}{\sqrt{4-x^2}}dx-\int\frac{3}{\sqrt{4-x^2}}dx$이다. 먼저 $\int\frac{2x}{\sqrt{4-x^2}}dx$를 계산하자. $u=4-x^2$라 하면 $du=-2xdx$이므로

$$\int\frac{2x}{\sqrt{4-x^2}}dx=-\int u^{-1/2}du=-2u^{1/2}+C=-2\sqrt{4-x^2}+C \text{ 이고}$$

$\int\frac{3}{\sqrt{4-x^2}}dx$를 계산하면 $x=2\sin t$라 하면 $dx=2\cos t dt$이므로

$$\int \frac{3}{\sqrt{4-x^2}}dx = 6\int \frac{\cos t}{2\cos t}dt = 3t + C = 3\sin^{-1}\left(\frac{x}{2}\right) + C$$이다.

따라서 $\displaystyle\int \frac{2x-3}{\sqrt{4-x^2}}dx = -\frac{1}{2}\sqrt{4-x^2} - 3\sin^{-1}\left(\frac{x}{2}\right) + C$

(5) $x = 2\tan t,\ -\frac{\pi}{2} < t < \frac{\pi}{2},\ t \neq 0$라 하면 $dx = 2\sec^2 t dt$이고 $x = 2\sqrt{3}$이면 $t = \frac{\pi}{3}$, $x = 0$ 이면 $t = 0$이므로

$$\int_0^{2\sqrt{3}} \frac{x}{\sqrt{x^2+4}}dx = \int_0^{\pi/3} \frac{4\tan t\sec^2 t}{2\sec t}dt = 2\int_0^{\frac{\pi}{3}} \tan t\sec t dt = 2[\sec t]_0^{\pi/3} = 2$$

(6) $x = 2\sin t,\ dx = 2\cos t\, dt$이고 $x = 1$이면 $t = \frac{\pi}{6}$, $x = 2$이면 $t = \frac{\pi}{2}$이므로

$$\int_1^2 \frac{\sqrt{4-x^2}}{2x}dx = \int_{\pi/6}^{\pi/2} \frac{\sqrt{4-4\sin^2 t}}{4\sin t} 2\cos t\, dt = \int_{\pi/6}^{\pi/2} \frac{\cos^2 t}{\sin t}dt$$

$$= \int_{\pi/6}^{\pi/2} \frac{1-\sin^2 t}{\sin t}dt = \int_{\pi/6}^{\pi/2} \csc t\, dt - \int_{\pi/6}^{\pi/2} \sin t\, dt$$

$$= [-\ln|\csc t + \cot t| + \cos t]_{\pi/6}^{\pi/2} = \ln(2+\sqrt{3}) - \frac{\sqrt{3}}{2}$$

(7) $x = \sec t,\ 0 \le t < \frac{\pi}{2}$라 하자. $dx = \sec t\tan t\, dt$이므로

$$\int \frac{1}{x^2\sqrt{x^2-1}}dx = \int \frac{\sec t\tan t}{\sec^2 t\tan t}dt = \int \cos t dt = \sin t + C = \frac{\sqrt{x^2-1}}{x} + C$$

(8) $x = 4\sec t,\ 0 \le t < \frac{\pi}{2}$, $dx = 4\sec t\tan t\, dt$, $x = 8$일 때 $t = \frac{\pi}{3}$, $x = 4\sqrt{2}$일 때 $t = \frac{\pi}{4}$이므로

$$\int_{4\sqrt{2}}^{8} \frac{1}{x^2\sqrt{x^2-16}}dx = \int_{\pi/4}^{\pi/3} \frac{4\sec t\tan t}{64\sec^2 t\tan t}dt = \frac{1}{16}\int_{\pi/4}^{\pi/3} \cos t dt = \frac{1}{16}[\sin t]_{\pi/4}^{\pi/3} = \frac{\sqrt{3}-\sqrt{2}}{32}$$

8.3 연습문제

1. (1) $\displaystyle\int \tan^{-1}x dx = x\tan^{-1}x - \int \frac{x}{1+x^2}dx = x\tan^{-1}x - \frac{1}{2}\ln(1+x^2) + C$

(2) $\displaystyle\int e^x\cos x dx = e^x\sin x - \int e^x\sin x dx = e^x\sin x - \left(-e^x\cos x + \int e^x\cos x dx\right)$

따라서 $2\int e^x \cos x dx = e^x(\sin x + \cos x) + C$ 이고

$$\int e^x \cos x dx = \frac{e^x}{2}(\sin x + \cos x) + C$$

(3) $\int_0^{\pi/2} x\cos x dx = [x\sin x]_0^{\pi/2} - \int_0^{\pi/2} \sin x dx = \frac{\pi}{2} + [\cos x]_0^{\pi/2} = \frac{\pi}{2} - 1$

(4) $\int_1^{10} \ln x dx = [x\ln x]_1^{10} - \int_1^{10} dx = 10\ln 10 - 9$

(5) $\int x^2 \ln x dx = x^2(x\ln x - x) - \int 2x(x\ln x - x)dx = x^3(\ln x - 1) - 2\int x^2 \ln x dx + \int 2x^2 dx$

따라서 $3\int x^2 \ln x dx = x^3(\ln x - 1) + \frac{2}{3}x^3 + C$ 이고

$$\int x^2 \ln x dx = \frac{1}{3}x^3(\ln x - 1) + \frac{2}{9}x^3 + C$$

(6) $\int_0^1 x\sin 2x dx = \left[-\frac{1}{2}x\cos 2x\right]_0^1 + \frac{1}{2}\int_0^1 \cos 2x dx = -\frac{1}{2}\cos 2 + \frac{1}{4}[\sin 2x]_0^1$

$$= -\frac{1}{2}\cos 2 + \frac{1}{4}\sin 2$$

(7) $\int e^x \sin 4x dx = -\frac{1}{4}e^x \cos 4x + \frac{1}{4}\int e^x \cos 4x dx$

$$= -\frac{1}{4}e^x \cos 4x + \frac{1}{4}\left(\frac{1}{4}e^x \sin 4x - \frac{1}{4}\int e^x \sin 4x dx\right)$$

따라서 $\frac{17}{16}\int e^x \sin 4x dx = -\frac{1}{4}e^x \cos 4x + \frac{1}{16}e^x \sin 4x + C$ 이고

$$\int e^x \sin 4x dx = -\frac{4}{17}e^x \cos 4x + \frac{1}{17}e^x \sin 4x + C$$

(8) $\int_0^{\pi} 2x\cos x dx = [2x\sin x]_0^{\pi} - 2\int_0^{\pi} \sin x dx = 2[\cos x]_0^{\pi} = -4$

8.4 연습문제

1. (1) $\int \frac{2}{x^2+2x}dx = \int\left(\frac{1}{x} - \frac{1}{x+2}\right)dx = \ln|x| - \ln|x+2| + C$

(2) $\int \frac{5x+3}{x^2-9}dx = \int\left(\frac{2}{x+3} + \frac{3}{x-3}\right)dx = 2\ln|x+3| + 3\ln|x-3| + C$

(3) $\displaystyle\int \frac{3x^3}{x^2+x-2}dx = \int (3x-3)dx + \int \frac{9x-6}{x^2+x-2}dx$

$\displaystyle= \int (3x-3)dx + \int \left(\frac{8}{x+2} + \frac{1}{x-1}\right)dx$

$\displaystyle= \frac{3}{2}x^2 - 3x + 8\ln|x+2| + \ln|x-1| + C$

(4) $\displaystyle\int_0^1 \frac{x^3+2x^2-x+10}{x^2-x-6}dx = \int_0^1 (x+3)dx + \frac{52}{5}\int_0^1 \frac{1}{x-3}dx - \frac{12}{5}\int_0^1 \frac{1}{x+2}dx$

$\displaystyle= \left[\frac{1}{2}x^2 + 3x\right]_0^1 + \frac{52}{5}[\ln|x-3|]_0^1 - \frac{12}{5}[\ln|x+2|]_0^1$

$\displaystyle= \frac{7}{2} + \frac{64}{5}(\ln 2 - \ln 3)$

(5) $\displaystyle\int \frac{x^3-4x}{(x^2+1)^2}dx = \int \frac{x}{x^2+1}dx - \int \frac{5x}{(x^2+1)^2}dx = \frac{1}{2}\ln(x^2+1) + \frac{5}{2(x^2+1)} + C$

(6) $\displaystyle\int \frac{x+1}{(x-3)^2}dx = \int \frac{1}{x-3}dx + \int \frac{4}{(x-3)^2}dx = \ln|x-3| - \frac{4}{x-3} + C$

(7) $\displaystyle\int \frac{2x^2+x-8}{x^3+4x}dx = -\int \frac{2}{x}dx + \int \frac{4x}{x^2+4}dx + \int \frac{1}{x^2+4}dx$

$\displaystyle= -2\ln|x| + 2\ln|x^2+4| + \frac{1}{2}\tan^{-1}\left(\frac{x}{2}\right) + C$

(8) $\displaystyle\int_0^1 \frac{1}{(x+1)(x^2+1)}dx = \frac{1}{2}\int_0^1 \frac{1}{x+1}dx - \frac{1}{4}\int_0^1 \frac{2x}{x^2+1}dx + \frac{1}{2}\int_0^1 \frac{1}{x^2+1}dx$

$\displaystyle= \frac{1}{2}[\ln(x+1)]_0^1 - \frac{1}{4}[\ln(x^2+1)]_0^1 + \frac{1}{2}[\tan^{-1}x]_0^1$

$\displaystyle= \frac{1}{2}\ln 2 - \frac{1}{4}\ln 2 + \frac{1}{2}\tan^{-1}1 = \frac{1}{4}\ln 2 + \frac{\pi}{8}$

9.1 연습문제

1. (1) $\displaystyle\lim_{x\to 0} \frac{\sqrt{4+x} - \sqrt{4-x}}{x} = \lim_{x\to 0}\left(\frac{1}{2\sqrt{4+x}} + \frac{1}{2\sqrt{4-x}}\right) = \frac{1}{2}$

(2) $\displaystyle\lim_{x\to 0} \frac{\tan x - x}{x - \sin x} = \lim_{x\to 0} \frac{\sec^2 x - 1}{1 - \cos x} = \lim_{x\to 0} \frac{2\sec^2 x \tan x}{\sin x} = \lim_{x\to 0} \frac{4\sec^2 x \tan^2 x + 2\sec^4 x}{\cos x} = 2$

(3) $\frac{0}{0}$ 꼴의 부정형이다. $\lim_{x \to 0} \frac{(e^x - \cos x)'}{(x\sin x)'} = \lim_{x \to 0} \frac{e^x + \sin x}{\sin x + x\cos x}$ 에서 분모 → 0이고 분자 → 1 이므로 발산한다. 따라서 발산.

(4) $\lim_{x \to 0} \frac{e^{2x^2} - 1}{\sin^2 x} = \lim_{x \to 0} \frac{4x e^{2x^2}}{2\sin x \cos x} = \lim_{x \to 0} \frac{4e^{2x^2} + 16x^2 e^{x^2}}{2\cos^2 x - 2\sin^2 x} = 2$

(5) $\lim_{x \to \infty} \frac{x}{\sqrt{2 + x^2}} = 1$

(6) $\lim_{x \to \frac{\pi}{2}^-} \frac{\sec x + 1}{\tan x} = \lim_{x \to \frac{\pi}{2}^-} \frac{\sec x \tan x}{\sec^2 x} = \lim_{x \to \frac{\pi}{2}^-} \frac{\tan x}{\sec x} = \lim_{x \to \frac{\pi}{2}^-} \frac{\frac{\sin x}{\cos x}}{\frac{1}{\cos x}} = \lim_{x \to \frac{\pi}{2}^-} \sin x = 1$

(7) $\lim_{x \to \infty} \frac{\ln(\ln x)}{\ln x} = \lim_{x \to \infty} \frac{\frac{1}{x\ln x}}{\frac{1}{x}} = \lim_{x \to \infty} \frac{1}{\ln x} = 0$

(8) $\lim_{x \to \infty} \frac{(\ln x)^2}{x} = \lim_{x \to \infty} \frac{\frac{2\ln x}{x}}{1} = \lim_{x \to \infty} \frac{2\ln x}{x} = \lim_{x \to \infty} \frac{\frac{2}{x}}{1} = \lim_{x \to \infty} \frac{2}{x} = 0$

(9) $\lim_{x \to 0} \left(\csc x - \frac{1}{x}\right) = \lim_{x \to 0} \left(\frac{1}{\sin x} - \frac{1}{x}\right) = \lim_{x \to 0} \frac{x - \sin x}{x\sin x}$

$$= \lim_{x \to 0} \frac{1 - \cos x}{\sin x + x\cos x} = \lim_{x \to 0} \frac{\sin x}{\cos x + \cos x - x\sin x} = 0$$

(10) $y = (\cos x)^{1/x}$ 라 하면 $\ln y = \frac{1}{x}\ln(\cos x) = \frac{\ln(\cos x)}{x}$ 이므로 $\frac{0}{0}$ 꼴이 된다. 따라서

$$\lim_{x \to 0} \ln y = \lim_{x \to 0} \frac{\ln(\cos x)}{x} = \lim_{x \to 0} \frac{\frac{-\sin x}{\cos x}}{1} = \lim_{x \to 0} \frac{-\sin x}{\cos x} = 0$$

그러므로 $\lim_{x \to 0} (\cos x)^{1/x} = \lim_{x \to 0} \exp \ln y = \exp \lim_{x \to 0} \ln y = \exp 0 = 1$

(11) 이것은 0^0 꼴인 부정형이다. $y = x^{\sin x}$ 라 하면 $\ln y = \sin x \ln x = \frac{\ln x}{\csc x}$ 이므로 $\frac{\infty}{\infty}$ 꼴이 된다. 따라서

$$\lim_{x \to 0^+} \ln y = \lim_{x \to 0^+} \frac{\ln x}{\csc x} = \lim_{x \to 0^+} \frac{\frac{1}{x}}{-\csc x \cot x} = -\lim_{x \to 0^+} \frac{\frac{1}{x}}{\frac{1}{\sin x}\frac{\cos x}{\sin x}}$$

$$= -\lim_{x \to 0^+} \frac{\sin^2 x}{x\cos x} = -\lim_{x \to 0^+} \frac{\sin x}{x}\frac{\sin x}{\cos x} = 0$$

그러므로 $\lim_{x \to 0^+} x^{\sin x} = \lim_{x \to 0^+} \exp \ln y = \exp \lim_{x \to 0^+} \ln y = \exp 0 = 1$

(12) $\lim_{x \to 0}(2x \ln x^2) = \lim_{x \to 0} \frac{2\ln x^2}{\frac{1}{x}} = \lim_{x \to 0} \frac{\frac{4x}{x^2}}{-\frac{1}{x^2}} = -\lim_{x \to 0} 4x = 0$

(13) 이것은 0^0 꼴인 부정형이다. $y = (\sin x)^x$ 라 하면 $\ln y = x \ln(\sin x) = \frac{\ln(\sin x)}{\frac{1}{x}}$

이므로 $\frac{\infty}{\infty}$ 꼴이 된다. 따라서

$$\lim_{x \to 0^+} \ln y = \lim_{x \to 0^+} \frac{\ln(\sin x)}{\frac{1}{x}} = \lim_{x \to 0^+} \frac{\frac{\cos x}{\sin x}}{-\frac{1}{x^2}} = -\lim_{x \to 0^+} \frac{x^2 \cos x}{\sin x} = -\lim_{x \to 0^+} \frac{2x\cos x - x^2 \sin x}{\cos x} = 0$$

그러므로 $\lim_{x \to 0^+} (\sin x)^x = \lim_{x \to 0^+} \exp \ln y = \exp \lim_{x \to 0^+} \ln y = \exp 0 = 1$

(14) $y = (x+1)^{\cot x}$ 라 하면 $\ln y = \cot x \ln(x+1) = \frac{\cos x \ln(x+1)}{\sin x}$ 이므로 $\frac{0}{0}$ 꼴이 된다.

따라서 $\lim_{x \to 0^+} \ln y = \lim_{x \to 0^+} \frac{\cos x \ln(x+1)}{\sin x} = \lim_{x \to 0^+} \frac{-\sin x \ln(x+1) + \frac{\cos x}{x+1}}{\cos x} = 1$

그러므로 $\lim_{x \to 0^+} (x+1)^{\cot x} = \lim_{x \to 0^+} \exp \ln y = \exp \lim_{x \to 0^+} \ln y = \exp 1 = e$

(15) $y = (\tan x)^{\cos x}$ 라 하면 $\ln y = \cos x \ln(\tan x) = \frac{\ln(\tan x)}{\sec x}$ 이므로 $\frac{\infty}{\infty}$ 꼴이 된다.

따라서

$$\lim_{x \to \pi/2^-} \ln y = \lim_{x \to \pi/2^-} \frac{\ln(\tan x)}{\sec x} = \lim_{x \to \pi/2^-} \frac{\frac{\sec^2 x}{\tan x}}{\sec x \tan x} = \lim_{x \to \pi/2^-} \frac{\sec x}{\tan^2 x} = \lim_{x \to \pi/2^-} \frac{\cos x}{\sin^2 x} = 0$$

그러므로 $\lim_{x \to \pi/2^-} (\tan x)^{\cos x} = \lim_{x \to \pi/2^-} \exp \ln y = \exp \lim_{x \to \pi/2^-} \ln y = \exp 0 = 1$

(16) ∞^0 꼴인 부정형이다. $y = \left(\frac{1}{x}\right)^{\sin x}$ 라 하면 $\ln y = \sin x \ln \frac{1}{x} = -\sin x \ln x = -\frac{\ln x}{\csc x}$

이므로 $\lim_{x \to 0} \ln y = -\lim_{x \to 0} \frac{\ln x}{\csc x} = -\lim_{x \to 0} \frac{\frac{1}{x}}{-\cot^2 x} = \lim_{x \to 0} \frac{\tan^2 x}{x} = \lim_{x \to 0} 2\tan x \sec^2 x = 0$

그러므로 $\lim_{x \to 0} \left(\frac{1}{x}\right)^{\sin x} = \lim_{x \to 0} \exp \ln y = \exp \lim_{x \to 0} \ln y = \exp 0 = 1$

9.2 연습문제

1. (1) $\displaystyle\int_1^\infty \frac{dx}{x^3} = \lim_{t\to\infty}\int_1^t \frac{1}{x^3}\,dx = \lim_{t\to\infty}\left[-\frac{1}{2x^2}\right]_1^t = \lim_{t\to\infty}\left(\frac{1}{2}-\frac{1}{2t^2}\right) = \frac{1}{2}$

(2) $\displaystyle\int_{-\infty}^\infty xe^{-x^2}dx = \int_{-\infty}^0 xe^{-x^2}dx + \int_0^\infty xe^{-x^2}dx = \lim_{t\to-\infty}\int_t^0 xe^{-x^2}dx + \lim_{t\to\infty}\int_0^t xe^{-x^2}dx$

$$= \lim_{t\to-\infty}\left[-\frac{1}{2}e^{-x^2}\right]_t^0 + \lim_{t\to\infty}\left[-\frac{1}{2}e^{-x^2}\right]_0^t$$

$$= \lim_{t\to-\infty}\left(\frac{1}{2e^{t^2}}-\frac{1}{2}\right) + \lim_{t\to\infty}\left(\frac{1}{2}-\frac{1}{2e^{t^2}}\right) = -\frac{1}{2}+\frac{1}{2} = 0$$

(3) $\displaystyle\int_0^\infty \cos x\,dx = \lim_{t\to\infty}\int_0^t \cos x\,dx = \lim_{t\to\infty}[\sin x]_0^t = \lim_{t\to\infty}\sin t$ 이므로 발산

(4) $\displaystyle\int_0^\infty \frac{5}{2x+3}\,dx = \lim_{t\to\infty}\int_0^t \frac{5}{2x+3}\,dx$

$$= \lim_{t\to\infty}\left[\frac{5}{2}\ln(2x+3)\right]_0^t = \lim_{t\to\infty}\left(\frac{5}{2}\ln(2t+3) - \frac{5}{2}\ln 3\right) = \infty$$

(5) $\displaystyle\int_1^\infty \frac{\ln x}{x}\,dx = \lim_{t\to\infty}\int_1^t \frac{\ln x}{x}\,dx = \lim_{t\to\infty}\left[\frac{(\ln x)^2}{2}\right]_1^t = \frac{1}{2}\lim_{t\to\infty}(\ln t)^2 = \infty$

(6) $x \geq 1$일 때 $\ln x < x$이므로 $1+\ln x < 1+x$이고 $\dfrac{1}{1+\ln x} > \dfrac{1}{1+x}$ 이다. 따라서

$$\int_1^\infty \frac{dx}{1+\ln x} > \int_1^\infty \frac{dx}{1+x} = \lim_{t\to\infty}\int_1^t \frac{dx}{1+x} = \lim_{t\to\infty}[\ln(1+x)]_1^t = \lim_{t\to\infty}(\ln(1+t) - \ln 2) = \infty$$

이다. 그러므로 $\displaystyle\int_1^\infty \frac{1}{1+\ln x}\,dx = \infty$

(7) $\displaystyle\int_0^1 \frac{dx}{\sqrt[3]{x}} = \lim_{t\to 0^+}\int_t^1 \frac{dx}{\sqrt[3]{x}} = \lim_{t\to 0^+}\left[\frac{3}{2}x^{2/3}\right]_t^1 = \lim_{t\to 0^+}\left(\frac{3}{2} - \frac{3}{2}t^{2/3}\right) = \frac{3}{2}$

(8) $\displaystyle\int_0^1 \frac{dx}{\sqrt{1-x^2}} = \lim_{t\to 1^-}\int_0^t \frac{dx}{\sqrt{1-x^2}} = \lim_{t\to 1^-}[\sin^{-1}x]_0^t = \lim_{t\to 1^-}\sin^{-1}t = \sin^{-1}1 = \frac{\pi}{2}$

(9) $$\int_{-3}^{2}\frac{dx}{x^4}=\int_{-3}^{0}\frac{dx}{x^4}+\int_{0}^{2}\frac{dx}{x^4}=\lim_{t\to0^-}\int_{-3}^{t}\frac{dx}{x^4}+\lim_{s\to0^+}\int_{s}^{2}\frac{dx}{x^4}$$
$$=\lim_{t\to0^-}\left[-\frac{1}{3x^3}\right]_{-3}^{t}+\lim_{s\to0^+}\left[-\frac{1}{3x^3}\right]_{s}^{2}$$
$$=\lim_{t\to0^-}\left(-\frac{1}{3t^3}-\frac{1}{3\cdot3^3}\right)+\lim_{s\to0^+}\left(\frac{1}{3s^3}-\frac{1}{3\cdot2^3}\right)=\infty$$

(10) $$\int_{0}^{1}\frac{\ln x}{x}dx=\lim_{t\to0^+}\int_{t}^{1}\frac{\ln x}{x}dx=\frac{1}{2}\lim_{t\to0^+}\left[(\ln x)^2\right]_t^1=\frac{1}{2}\lim_{t\to0^+}(\ln t)^2=\infty$$

(11) $$\int_{1}^{2}\frac{dx}{(x-1)^{1/3}}=\lim_{t\to1^+}\int_{t}^{2}\frac{dx}{(x-1)^{1/3}}$$
$$=\lim_{t\to1^+}\left[\frac{3}{2}(x-1)^{2/3}\right]_t^2=\lim_{t\to1^+}\left(\frac{3}{2}-\frac{3}{2}(t-1)^{2/3}\right)=\frac{3}{2}$$

(12) $$\int_{0}^{2}\frac{dx}{(2x-1)^{2/3}}=\int_{0}^{1/2}\frac{dx}{(2x-1)^{2/3}}+\int_{1/2}^{2}\frac{dx}{(2x-1)^{2/3}}$$
$$=\lim_{t\to1/2^-}\int_{0}^{t}\frac{dx}{(2x-1)^{2/3}}+\lim_{s\to1/2^+}\int_{s}^{2}\frac{dx}{(2x-1)^{2/3}}$$
$$=\lim_{t\to1/2^-}\left[\frac{3}{2}(2x-1)^{1/3}\right]_0^t+\lim_{s\to1/2^+}\left[\frac{3}{2}(2x-1)^{1/3}\right]_s^2$$
$$=\lim_{t\to1/2^-}\left(\frac{3}{2}(2t-1)^{1/3}-\frac{3}{2}(-1)^{1/3}\right)+\lim_{s\to1/2^+}\left(\frac{3}{2}3^{1/3}-\frac{3}{2}(2s-1)^{1/3}\right)$$
$$=\frac{3}{2}+\frac{3\sqrt[3]{3}}{2}$$

10.1 연습문제

1. (1) $$\lim_{n\to\infty}\frac{4n^2+1}{n^2-2n+3}=\lim_{n\to\infty}\frac{4+\frac{1}{n^2}}{1-\frac{2}{n}+\frac{3}{n^2}}=\frac{4+0}{1-0+0}=4$$

(2) n 이 짝수이면 $\lim_{n\to\infty}\frac{n+2}{3n-1}=\frac{1}{3}$ 이고 n 이 홀수이면 $\lim_{n\to\infty}\frac{-n-2}{3n-1}=-\frac{1}{3}$ 이므로

$\lim_{n\to\infty}(-1)^n\frac{n+2}{3n-1}$ 은 발산한다.

(3) n 이 짝수이면 $\lim_{n\to\infty}\frac{n+2}{n^2+4}=0$ 이고 n 이 홀수이면 $\lim_{n\to\infty}\frac{-n-2}{n^2+4}=0$ 이므로

$\lim_{n\to\infty}(-1)^n\frac{n+2}{n^2+4}=0$

(4) $\lim_{n\to\infty}(\sqrt{n+2}-\sqrt{n-1})=\lim_{n\to\infty}\frac{(\sqrt{n+2}-\sqrt{n-1})(\sqrt{n+2}+\sqrt{n-1})}{(\sqrt{n+2}+\sqrt{n-1})}$

$$=\lim_{n\to\infty}\frac{n+2-n+1}{(\sqrt{n+2}+\sqrt{n-1})}=\lim_{n\to\infty}\frac{3}{(\sqrt{n+2}+\sqrt{n-1})}$$

$$=0$$

(5) $\lim_{n\to\infty}n\sin\frac{1}{n}=\lim_{n\to\infty}\frac{\sin\frac{1}{n}}{\frac{1}{n}}=\lim_{n\to\infty}\frac{-\frac{1}{n^2}\cos\frac{1}{n}}{-\frac{1}{n^2}}=\lim_{n\to\infty}\cos\frac{1}{n}=1$

(6) $\lim_{n\to\infty}\frac{n}{2^n}=\lim_{n\to\infty}\frac{1}{2^n\ln 2}=0$

(7) $-1\le\cos\frac{n\pi}{2}\le 1$ 이므로 각 변에 $\frac{1}{n}$ 을 곱하면 $-\frac{1}{n}\le\frac{1}{n}\cos\frac{n\pi}{2}\le\frac{1}{n}$ 이고,

$\lim_{n\to\infty}\left(-\frac{1}{n}\right)=0=\lim_{n\to\infty}\frac{1}{n}$ 이다. 따라서 $\lim_{n\to\infty}\frac{1}{n}\cos\frac{n\pi}{2}=0$

(8) $\lim_{n\to\infty}3\left(\frac{1}{5}\right)^n=3\lim_{n\to\infty}\left(\frac{1}{5}\right)^n=3\cdot 0=0$

(9) $\lim_{n\to\infty}\frac{1}{2}\left(-\frac{1}{3}\right)^n=\frac{1}{2}\lim_{n\to\infty}\left(-\frac{1}{3}\right)^n=\frac{1}{2}\cdot 0=0$

10.2 연습문제

1. (1) $-\lim_{n\to\infty}S_n=-\lim_{n\to\infty}\sum_{k=1}^{n}k=-\lim_{n\to\infty}\frac{n(n+1)}{2}=-\infty$ 이므로 $\sum_{n=1}^{\infty}(-n)$ 는 발산

(2) $\lim_{n\to\infty}S_n=\lim_{n\to\infty}\sum_{k=1}^{n}k^2=\lim_{n\to\infty}\frac{n(n+1)(2n+1)}{6}=\infty$ 이므로 $\sum_{n=1}^{\infty}n^2$ 는 발산

(3) 첫째항은 $a=1$ 이고 $r=-\frac{1}{\sqrt{2}}$ 즉, $|r|=\frac{1}{\sqrt{2}}<1$ 이므로 수렴한다. 따라서

$\sum_{n=1}^{\infty}\left(-\frac{1}{\sqrt{2}}\right)^n=\frac{a}{1-r}=\frac{1}{1-\left(-\frac{1}{\sqrt{2}}\right)}=\frac{\sqrt{2}}{\sqrt{2}+1}$

(4) 첫째항은 $a=2$이고 $|r|=\dfrac{3}{2}>1$ 이므로 $\displaystyle\sum_{n=1}^{\infty}\frac{4}{3}\left(\frac{3}{2}\right)^n$ 발산

(5) 첫째항은 $a=3$이고 $r=\dfrac{3}{5}$ 즉, $|r|=\dfrac{3}{5}<1$이므로 수렴한다. 따라서

$$\sum_{n=0}^{\infty}3\left(\frac{1}{5}\right)^n=\frac{a}{1-r}=\frac{3}{1-\frac{1}{5}}=\frac{15}{4}$$

(6) 첫째항은 $a=\dfrac{1}{2}$이고 $r=-\dfrac{1}{3}$ 즉, $|r|=\dfrac{1}{3}<1$이므로 수렴한다. 따라서

$$\sum_{n=0}^{\infty}\frac{1}{2}\left(-\frac{1}{3}\right)^n=\frac{a}{1-r}=\frac{\frac{1}{2}}{1-\left(-\frac{1}{3}\right)}=\frac{3}{8}$$

(7) 첫째항은 $a=\dfrac{1}{2}$이고 $|r|=3>1$ 이므로 $\displaystyle\sum_{n=0}^{\infty}\frac{3^n}{2}$ 는 발산

(8) $\displaystyle\sum_{n=1}^{\infty}\frac{2}{n}=2\sum_{n=1}^{\infty}\frac{1}{n}$ 이고 조화급수 $\displaystyle\sum_{n=1}^{\infty}\frac{1}{n}$ 이 발산하므로 $\displaystyle\sum_{n=1}^{\infty}\frac{2}{n}$ 는 발산

10.3 연습문제

1. 다음 각 함수에 대하여 구간 $(-1,\ 1)$에서 거듭제곱급수의 합으로 나타내라.

(1) $\left|-\dfrac{x}{2}\right|<1$일 때 즉, $|x|<2$일 때

$$\frac{1}{x+3}=\frac{1}{3\left(1-\left(-\frac{x}{3}\right)\right)}=\frac{1}{3}-\frac{1}{3^2}x+\frac{1}{3^3}x^2-\frac{1}{3^4}x^4+\cdots=\sum_{n=0}^{\infty}\frac{(-1)^n x^n}{3^{n+1}}$$ 이므로

$$f(x)=\frac{x^2}{x+3}=\frac{x^2}{3\left(1-\left(-\frac{x}{3}\right)\right)}=x^2\left(\frac{1}{3}-\frac{1}{3^2}x+\frac{1}{3^3}x^2-\frac{1}{3^4}x^4+\cdots\right)=\sum_{n=0}^{\infty}\frac{(-1)^n x^{n+2}}{3^{n+1}}$$

이다.

(2) $|x|<1$일 때 $\dfrac{1}{1+x}=\dfrac{1}{1-(-x)}=\displaystyle\sum_{n=0}^{\infty}(-x)^n=1-x+x^2-x^3+\cdots=\sum_{n=0}^{\infty}(-1)^n x^n$

이므로 $-\dfrac{1}{1+x}=-\displaystyle\sum_{n=0}^{\infty}(-x)^n=-\left(1-x+x^2-x^3+\cdots\right)=\sum_{n=0}^{\infty}(-1)^{n+1}x^n$ 이고 양변 미분하면

$f(x)=\dfrac{1}{(1+x)^2}=1-2x+3x^2-4x^3+5x^4-\cdots=\sum_{n=0}^{\infty}(-1)^n(n+1)x^n$ 이다.

(3) $|3x|<1$일 때 즉, $|x|<\dfrac{1}{3}$일 때 $\dfrac{1}{1-3x}=1+(3x)+(3x)^2+\cdots=\sum_{n=0}^{\infty}(3x)^n$ 이므로

$f(x)=\dfrac{x^3}{1-3x}=x^3(1+3x+(3x)^2+\cdots)=x^3+3x^4+3^2x^5+3^3x^6+\cdots=\sum_{n=0}^{\infty}3^nx^{n+3}$

(4) $|x|<1$일 때 $\dfrac{1}{1+x}=\dfrac{1}{1-(-x)}=\sum_{n=0}^{\infty}(-x)^n=1-x+x^2-x^3+\cdots=\sum_{n=0}^{\infty}(-1)^nx^n$

이므로 양변 적분하면

$f(x)=\ln(1+x)=\int\dfrac{1}{1+x}\,dx=x-\dfrac{1}{2}x^2+\dfrac{1}{3}x^3-\dfrac{1}{4}x^4+\cdots=\sum_{n=0}^{\infty}\dfrac{(-1)^nx^{n+1}}{n+1}$ 이다.

(5) $|x|<1$일 때 $\dfrac{1}{1-x}=1+x+x^2+x^3+\cdots$에서 $\dfrac{1}{1+x^2}=1-x^2+x^4-x^6+\cdots$이고

$\tan^{-1}x=\int\dfrac{1}{1+x^2}\,dx=\int(1-x^2+x^4-x^6+\cdots)\,dx=x-\dfrac{x^3}{3}+\dfrac{x^5}{5}-\dfrac{x^7}{7}+\cdots$ 이므로 $\tan^{-1}(2x)=2x-\dfrac{(2x)^3}{3}+\dfrac{(2x)^5}{5}-\dfrac{(2x)^7}{7}+\cdots=\sum_{n=0}^{\infty}\dfrac{(-1)^n(2x)^{2n+1}}{2n+1}$ 이다.

(6) $|x|<1$일 때 $\dfrac{1}{1-x}=1+x+x^2+x^3+\cdots$이므로

$\int\dfrac{1}{1-x}\,dx=-\ln(1-x)=\int(1+x+x^2+x^3+\cdots)\,dx=x+\dfrac{x^2}{2}+\dfrac{x^3}{3}+\dfrac{x^4}{4}+\cdots$ 이고 $\ln(1-x)=-x-\dfrac{x^2}{2}-\dfrac{x^3}{3}-\dfrac{x^4}{4}-\cdots=-\sum_{n=0}^{\infty}\dfrac{x^{n+1}}{n+1}$ 이다.

그리고 $|x|<1$일 때 $\dfrac{1}{1+x}=1-x+x^2-x^3+\cdots$이므로

$\int\dfrac{1}{1+x}\,dx=\ln(1+x)=\int(1-x+x^2-x^3+\cdots)\,dx=x-\dfrac{x^2}{2}+\dfrac{x^3}{3}-\dfrac{x^4}{4}+\cdots$이다.

그러므로

$f(x)=\ln\left(\dfrac{1-x}{1+x}\right)=\ln(1-x)-\ln(1+x)=-2x-\dfrac{2}{3}x^3-\dfrac{2}{5}x^5-\cdots=-\sum_{n=0}^{\infty}\dfrac{2x^{2n+1}}{2n+1}$

10.4 연습문제

1. (1) $f(x)=\ln x$ $\qquad$ $f(2)=\ln 2$

$f'(x)=\dfrac{1}{x}=x^{-1}$ $\qquad$ $f'(2)=\dfrac{1}{2}$

$f''(x)=(-1)x^{-2}$ $\qquad$ $f''(2)=-\dfrac{1}{2^2}$

$f^{(3)}(x)=(-1)(-2)x^{-3}$ $\qquad$ $f^{(3)}(2)=\dfrac{2}{2^3}$

$\vdots$

$f^{(n)}(x)=(-1)^{n+1}(n-1)!\,x^{-n}$ $\qquad$ $f^{(n)}(2)=(-1)^{n+1}\dfrac{(n-1)!}{2^n}$

$\vdots$

따라서

$$\ln x=\ln 2+\frac{1}{1!\cdot 2}(x-2)-\frac{1}{2!\cdot 2^2}(x-2)^2+\frac{2}{3!\cdot 2^3}(x-2)^3-\frac{3!}{4!\cdot 2^4}(x-2)^4+\cdots$$
$$=\ln 2+\frac{1}{2}(x-2)-\frac{1}{2\cdot 2^2}(x-2)^2+\frac{1}{3\cdot 2^3}(x-2)^3-\frac{1}{4\cdot 2^4}(x-2)^4+\cdots$$
$$=\ln 2+\sum_{n=1}^{\infty}\frac{(-1)^{n+1}}{(n+1)2^n}(x-2)^n$$

(2) $f(x)=e^x$ 라 하면 $f'(x)=f''(x)=\cdots=f^{(n)}(x)=\cdots=e^x$ 이고 $f^{(n)}(1)=e^1=e$

따라서 e^x 의 Maclaurin 급수는

$$e^x=f(1)+f'(1)(x-1)+\frac{f^{(2)}(1)}{2}(x-1)^2+\frac{f^{(3)}(1)}{3!}(x-1)^3+\frac{f^{(4)}(1)}{4!}(x-1)^4+\cdots$$
$$=e+e(x-1)+\frac{e}{2}(x-1)^2+\frac{e}{3!}(x-1)^3+\frac{e}{4!}(x-1)^4+\frac{e}{5!}(x-1)^5+\cdots$$
$$=e+e\sum_{n=1}^{\infty}\frac{(x-1)^n}{n!}$$

(3) $f\left(\dfrac{\pi}{6}\right)=\cos\left(\dfrac{\pi}{6}\right)=\dfrac{\sqrt{3}}{2}$

$f'(x)=-\sin x\Rightarrow f'\left(\dfrac{\pi}{6}\right)=-\dfrac{1}{2},\quad f''(x)=-\cos x\Rightarrow f''\left(\dfrac{\pi}{6}\right)=-\dfrac{\sqrt{3}}{2}$

$f^{(3)}(x)=\sin x\Rightarrow f^{(3)}\left(\dfrac{\pi}{6}\right)=\dfrac{1}{2},\quad f^{(4)}(x)=\cos x\Rightarrow f^{(4)}\left(\dfrac{\pi}{6}\right)=\dfrac{\sqrt{3}}{2}$

$\cdots$

$$\cos x = f\left(\frac{\pi}{6}\right)+f'\left(\frac{\pi}{6}\right)\left(x-\frac{\pi}{6}\right)+\frac{f^{(2)}\left(\frac{\pi}{6}\right)}{2}\left(x-\frac{\pi}{6}\right)^2+\frac{f^{(3)}\left(\frac{\pi}{6}\right)}{3!}\left(x-\frac{\pi}{6}\right)^3+\frac{f^{(4)}\left(\frac{\pi}{6}\right)}{4!}\left(x-\frac{\pi}{6}\right)^4+\cdots$$

$$=\frac{\sqrt{3}}{2}-\frac{1}{2}\left(x-\frac{\pi}{6}\right)-\frac{\sqrt{3}}{2\cdot 2}\left(x-\frac{\pi}{6}\right)^2+\frac{1}{3!\cdot 2}\left(x-\frac{\pi}{6}\right)^3+\frac{\sqrt{3}}{4!\cdot 2}\left(x-\frac{\pi}{6}\right)^4-\frac{1}{5!\cdot 2}\left(x-\frac{\pi}{6}\right)^5$$

$$-\frac{\sqrt{3}}{6!\cdot 2}\left(x-\frac{\pi}{6}\right)^6+\frac{1}{7!\cdot 2}\left(x-\frac{\pi}{6}\right)^7+\frac{\sqrt{3}}{8!\cdot 2}\left(x-\frac{\pi}{6}\right)^8-\cdots$$

$$=\left(\sum_{n=0}^{\infty}(-1)^n\frac{\sqrt{3}}{(2n)!\cdot 2}\left(x-\frac{\pi}{6}\right)^{2n}\right)+\left(\sum_{n=1}^{\infty}(-1)^n\frac{1}{(2n-1)!\cdot 2}\left(x-\frac{\pi}{6}\right)^{2n-1}\right)$$

(4) $f(-1)=-1,\ f'(x)=\dfrac{-1}{x^2}\Rightarrow f'(-1)=-1$

$f''(x)=\dfrac{2}{x^3}\Rightarrow f''(-1)=-2\ f^{(3)}(x)=\dfrac{-2\cdot 3}{x^4}\Rightarrow f^{(3)}(-1)=-2\cdot 3$

$f^{(4)}(x)=\dfrac{2\cdot 3\cdot 4}{x^5}\Rightarrow f^{(4)}(-1)=-2\cdot 3\cdot 4,$

$f^{(5)}(x)=\dfrac{-2\cdot 3\cdot 4\cdot 5}{x^6}\Rightarrow f^{(5)}(-1)=-2\cdot 3\cdot 4\cdot 5$

$\cdots$

$$\frac{1}{x}=f(-1)+f'(-1)(x+1)+\frac{f^{(2)}(-1)}{2}(x+1)^2+\frac{f^{(3)}(-1)}{3!}(x+1)^3+\frac{f^{(4)}(-1)}{4!}(x+1)^4+\cdots$$

$$=-1-(x+1)-(x+1)^2-(x+1)^3-(x+1)^4-(x+1)^5-\cdots$$

$$=-\sum_{n=0}^{\infty}(x+1)^n$$

2. (1) $\cos x=\displaystyle\sum_{n=0}^{\infty}\frac{(-1)^n x^{2n}}{(2n)!}=1-\frac{x^2}{2!}+\frac{x^4}{4!}-\frac{x^6}{6!}+\cdots$ 이므로

$f(x)=\cos 2x=\displaystyle\sum_{n=0}^{\infty}\frac{(-1)^n(2x)^{2n}}{(2n)!}$

(2) $e^x=\displaystyle\sum_{n=0}^{\infty}\frac{x^n}{n!}=1+x+\frac{x^2}{2!}+\frac{x^3}{3!}+\frac{x^4}{4!}+\cdots$ 이므로 $f(x)=xe^{x^2}=\displaystyle\sum_{n=0}^{\infty}\frac{x^{2n+1}}{n!}$

(3) $\sin x=\displaystyle\sum_{n=0}^{\infty}\frac{(-1)^n x^{2n+1}}{(2n+1)!}=x-\frac{x^3}{3!}+\frac{x^5}{5!}-\frac{x^7}{7!}+\cdots$ 이므로

$f(x)=\sin(x^2)=\displaystyle\sum_{n=0}^{\infty}\frac{(-1)^n x^{4n+2}}{(2n+1)!}$

(4) $f(0)=0,\ f'(0)=1,\ f''(0)=0,\ f^{(3)}(0)=1,\cdots$ 계속하여 $x=0$에서 도함수 값을 구하면 $0,1,0,1,0$ 이 반복된다. 따라서 $\sinh x$의 Maclaurin 급수는

$$f(x)=\sum_{n=0}^{\infty}\frac{f^{(n)}(0)}{n!}x^n=x+\frac{x^3}{3!}+\frac{x^5}{5!}+\frac{x^7}{7!}+\cdots=\sum_{n=0}^{\infty}\frac{x^{2n+1}}{(2n+1)!}$$

3. (1) $\sqrt{1+x}=(1+x)^{1/2}$ 이므로 $k=\frac{1}{2}$ 이라 하면

$$\sqrt{1+x}=1+\frac{1}{2}x+\frac{\frac{1}{2}\cdot\left(-\frac{1}{2}\right)}{2!}x^2+\frac{\frac{1}{2}\left(-\frac{1}{2}\right)\left(-\frac{3}{2}\right)}{3!}x^3+\frac{\frac{1}{2}\left(-\frac{1}{2}\right)\left(-\frac{3}{2}\right)\left(-\frac{5}{2}\right)}{4!}x^4+\cdots$$

$$=1+\frac{1}{2}x-\frac{1}{2^2\cdot 2!}x^2+\frac{3}{2^3\cdot 3!}x^3-\frac{3\cdot 5}{2^4\cdot 4!}x^4+\cdots$$

(2) $\frac{1}{\sqrt{1+x}}=(1+x)^{-1/2}$ 이므로 $k=-\frac{1}{2}$ 이라 하면

$$\frac{1}{\sqrt{1+x}}=1-\frac{1}{2}x+\frac{-\frac{1}{2}\cdot\left(-\frac{3}{2}\right)}{2!}x^2+\frac{-\frac{1}{2}\left(-\frac{3}{2}\right)\left(-\frac{5}{2}\right)}{3!}x^3+\frac{-\frac{1}{2}\left(-\frac{3}{2}\right)\left(-\frac{5}{2}\right)\left(-\frac{7}{2}\right)}{4!}x^4+\cdots$$

$$=1-\frac{1}{2}x+\frac{3}{2^2\cdot 2!}x^2-\frac{3\cdot 5}{2^3\cdot 3!}x^3+\frac{3\cdot 5\cdot 7}{2^4\cdot 4!}x^4-\cdots$$

(3) $\frac{1}{\sqrt{1+x^2}}=(1+x^2)^{-1/2}$ 이므로 $k=-\frac{1}{2},\, x\Rightarrow x^2$

$$\frac{1}{\sqrt{1+x^2}}=1-\frac{1}{2}x^2+\frac{-\frac{1}{2}\cdot\left(-\frac{3}{2}\right)}{2!}x^4+\frac{-\frac{1}{2}\left(-\frac{3}{2}\right)\left(-\frac{5}{2}\right)}{3!}x^6+\frac{-\frac{1}{2}\left(-\frac{3}{2}\right)\left(-\frac{5}{2}\right)\left(-\frac{7}{2}\right)}{4!}x^8+\cdots$$

$$=1-\frac{1}{2}x^2+\frac{3}{2^2\cdot 2!}x^4-\frac{3\cdot 5}{2^3\cdot 3!}x^6+\frac{3\cdot 5\cdot 7}{2^4\cdot 4!}x^8-\cdots$$

(4) $\frac{1}{\sqrt{1-x^2}}=(1-x^2)^{-1/2}$, $k=-\frac{1}{2},\, x\Rightarrow -x^2$

$$\frac{1}{\sqrt{1-x^2}}=1+\frac{1}{2}x^2+\frac{-\frac{1}{2}\cdot\left(-\frac{3}{2}\right)}{2!}x^4-\frac{-\frac{1}{2}\left(-\frac{3}{2}\right)\left(-\frac{5}{2}\right)}{3!}x^6+\frac{-\frac{1}{2}\left(-\frac{3}{2}\right)\left(-\frac{5}{2}\right)\left(-\frac{7}{2}\right)}{4!}x^8+\cdots$$

$$=1+\frac{1}{2}x^2+\frac{3}{2^2\cdot 2!}x^4+\frac{3\cdot 5}{2^3\cdot 3!}x^6+\frac{3\cdot 5\cdot 7}{2^4\cdot 4!}x^8+\cdots$$

이므로 $\frac{x}{\sqrt{1-x^2}}=x+\frac{1}{2}x^3+\frac{3}{2^2\cdot 2!}x^5+\frac{3\cdot 5}{2^3\cdot 3!}x^7+\frac{3\cdot 5\cdot 7}{2^4\cdot 4!}x^9+\cdots$

11.1 연습문제

1. (1) $f(2,7)=\sqrt{2+7}-2^2=3-4=-1$ (2) $f(-2,4)=\sqrt{-2+4}-(-2)^2=\sqrt{2}-4$

2. (1) $g(\pi,\ 2,\ 3\pi)=\dfrac{2\pi}{3\pi}\cos\left(\dfrac{1}{6}\pi 2^2\right)=\dfrac{2}{3}\cos\dfrac{2\pi}{3}=\dfrac{2}{3}\left(-\dfrac{1}{2}\right)=-\dfrac{1}{3}$

(2) $g(-\pi,\ -1,\ \sqrt{3})=\dfrac{-2\pi}{\sqrt{3}}\cos\left(\dfrac{1}{6}(-\pi)(-1)^2\right)=-\dfrac{2\pi}{\sqrt{3}}\cos\left(-\dfrac{\pi}{6}\right)=-\dfrac{2\pi}{\sqrt{3}}\left(\dfrac{\sqrt{3}}{2}\right)=-\pi$

3. (1) $\{(x,y)\,|\,x\neq y,\ x,y\in\mathbb{R}\}$

(2) $\{(x,y)\,|\,x-2y\geq 0,\ x,y\in\mathbb{R}\}$

4. (1) $\overline{\mathrm{PQ}}=\sqrt{(4-3)^2+(2-1)^2+(1-0)^2}=\sqrt{3}$

(2) $\overline{\mathrm{PQ}}=\sqrt{(-5-(-2))^2+(3-(-3))^2+(-8-(-6))^2}=7$

5. (1) $(x-(-1))^2+(y-(-2))^2+(z-3)^2=3^2\Rightarrow(x+1)^2+(y+2)^2+(z-3)^2=9$

(2) $(x-1)^2+(y-0)^2+(z-(-3))^2=5^2\Rightarrow(x-1)^2+y^2+(z+3)^2=25$

6. (1) $z=2$

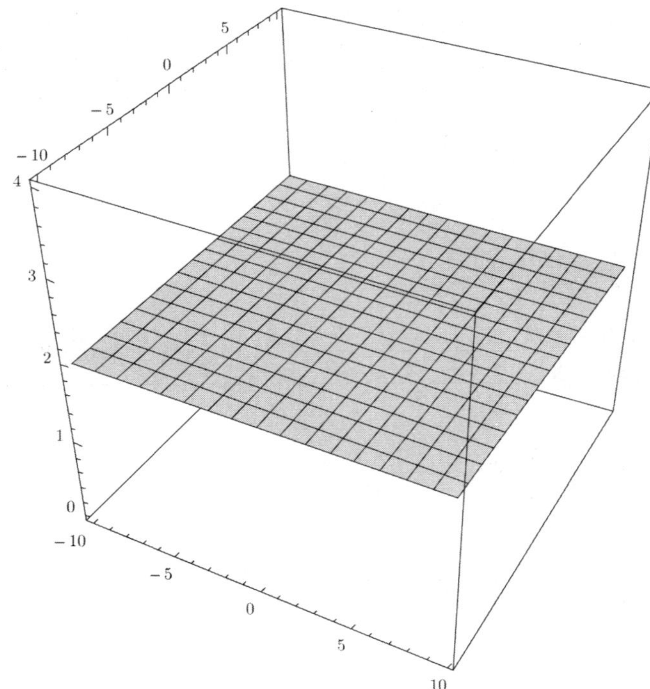

(2) $z = x^2$

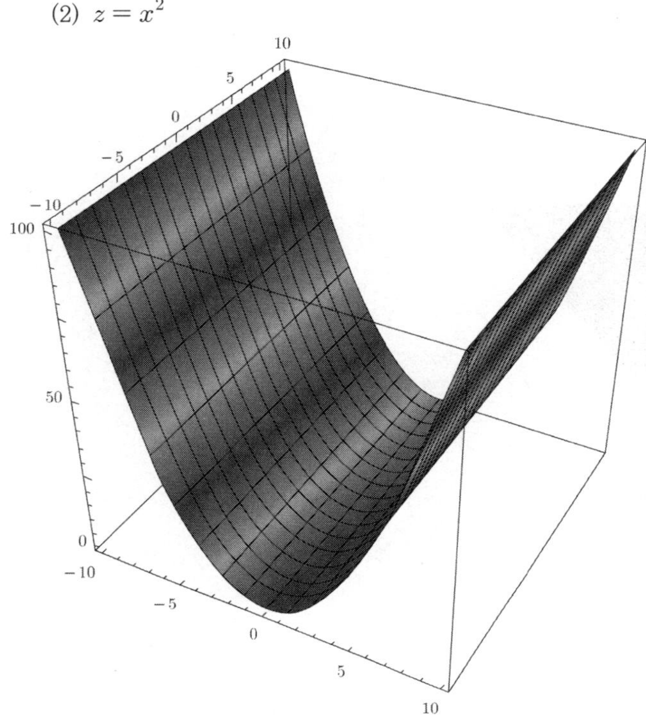

(3) $z = \sqrt{1 - y^2}$

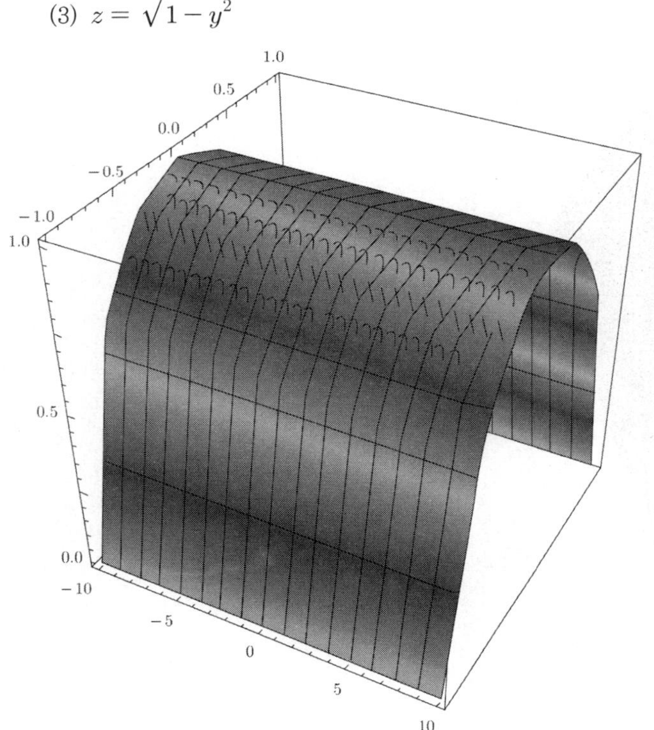

(4) $z = 2x - y + 1$

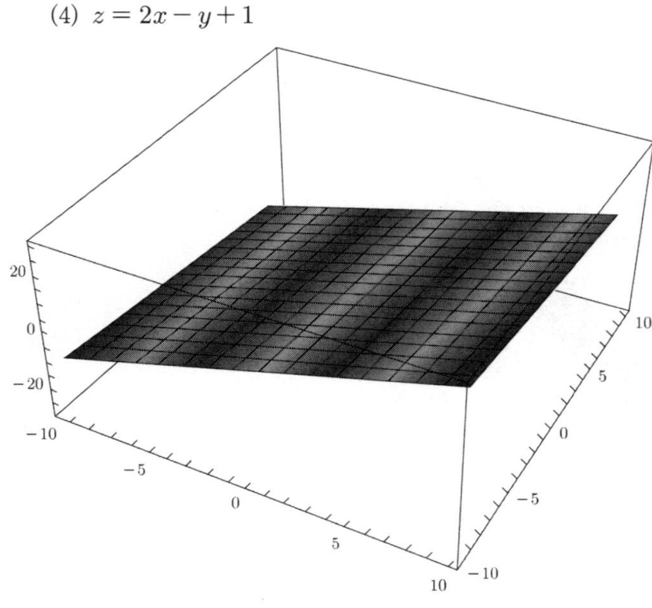

(5) $z = 4 - x^2 - y^2$

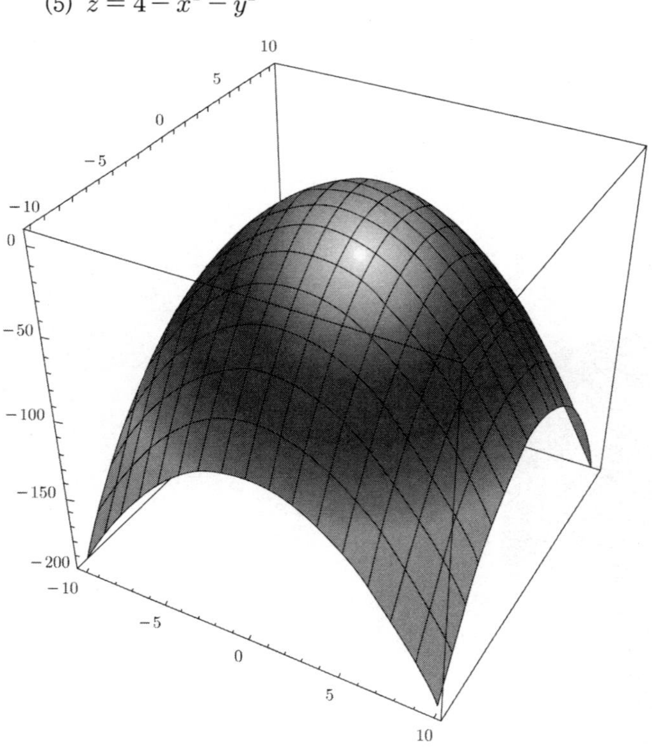

11.2 연습문제

1. (1) $\lim_{(x,y)\to(1,3)}(3x^2y-xy^3)=3\cdot1^2\cdot3-1\cdot3^3=-18$

(2) $\lim_{(x,y)\to(0,0)}\frac{2x^2y}{x^2+y^2}=2\lim_{(x,y)\to(0,0)}\frac{x^2y}{x^2+y^2}=2\cdot0=0$

(3) $\lim_{(x,y)\to(0,0)}\frac{x^4-y^4}{x^4+y^4}$ 존재하지 않는다.

x축을 따라 $(0,0)$에 접근하면 $\lim_{(x,0)\to(0,0)}\frac{x^4-0}{x^4+0}=1$이고,

y축을 따라 $(0,0)$에 접근하면 $\lim_{(0,y)\to(0,0)}\frac{0-y^2}{0+y^2}=-1$이다.

(4) $\lim_{(x,y)\to(1,3)}\frac{x^2y}{4x^2-y}=\frac{1^2\cdot3}{4\cdot1^2-3}=3$

(5) $\lim_{(x,y,z)\to(1,0,2)}\frac{4xz}{y^2+z^2}=\frac{4\cdot1\cdot2}{2^2}=2$

2. (1) $\lim_{(x,y)\to(0,0)}f(x,y)=\lim_{(x,y)\to(0,0)}\frac{xy}{\sqrt{x^2+y^2}}=0=f(0,0)$이므로 $f(x,y)$는 $(0,0)$에서 연속이다.

(2) $\lim_{(x,y)\to(0,0)}f(x,y)=\lim_{(x,y)\to(0,0)}\frac{x^2y^2}{x^2+y^2}=0=f(0,0)$이므로 $f(x,y)$는 $(0,0)$에서 연속이다.

(3) $x=my^2$이라 할 때

$\lim_{(my^2,y)\to(0,0)}f(x,y)=\lim_{(my^2,y)\to(0,0)}\frac{my^2y^2}{m^2x^4+y^4}=\lim_{(my^2,y)\to(0,0)}\frac{m}{m^2+1}$ 이므로 m의 값에 따라 극한값이 하나로 정하여지지 않는다. 따라서 $f(x,y)$는 $(0,0)$에서 연속이 아니다.

(4) $\lim_{(x,y)\to(0,0)}f(x,y)=\lim_{(x,y)\to(0,0)}\frac{3x^2y}{x^2+y^2}=0\neq1=f(0,0)$이므로 $f(x,y)$는 $(0,0)$에서 연속이 아니다.

11.3 연습문제

1. (1) $f_x(x,y)=3x^2-4y^2$, $f_y(x,y)=-8xy+4y^3$

(2) $f_x(x,y)=2xy^3-3$, $f_y(x,y)=3x^2y^2$

(3) $f_x(x, y) = 2x\sin(xy) + x^2y\cos(xy)$, $f_y(x, y) = x^3\cos(xy) - 9y^2$

(4) $f_x(x, y) = 2x\sin(xy^2) + x^2y^2\cos(xy^2)$, $f_y(x, y) = 2x^3y\cos(xy^2)$

(5) $f_x(x, y, z) = \cos(y - z)$, $f_y(x, y, z) = -x\sin(y - z)$, $f_z(x, y, z) = x\sin(y - z)$

(6) $f_x(x, y, z) = 3\sin y + 12x^2y^2z$, $f_y(x, y, z) = 3x\cos y + 8x^3yz$, $f_z(x, y, z) = 4x^3y^2$

(7) $f_x(x, y) = 3e^y$, $f_y(x, y) = 3xe^y$

(8) $f_x(x, y) = \dfrac{y}{xy}$, $f_y(x, y) = \dfrac{x}{xy}$

(9) $f_x(x, y) = \dfrac{2y^2}{x}$, $f_y(x, y) = 2y\ln(x^2y) + y$

2. (1) $\dfrac{\partial^2 f}{\partial x^2} = 6x$, $\dfrac{\partial^2 f}{\partial y^2} = -8x$, $\dfrac{\partial^2 f}{\partial y\,\partial x} = -8y$, $\dfrac{\partial^2 f}{\partial x\,\partial y} = -8y$

(2) $f_{xx} = 6xy^2$, $f_{yz} = -\cos(yz) + yz\sin(yz)$, $f_{xyz} = 0$

(3) $f_{xx} = 12x^2 - 6y^3$, $f_{xy} = -18xy^2$, $f_{xyy} = -36xy$

(4) $f_{xx} = 24xy^2z$, $f_{yy} = -3x\sin y + 8x^2z$, $f_{yyzz} = 0$

3. (1) $\dfrac{dz}{dt} = \dfrac{\partial z}{\partial x}\dfrac{dx}{dt} + \dfrac{\partial z}{\partial y}\dfrac{dy}{dt} = 2xy^3(3t^2) + 3x^2y^2(2t) = 2t^3t^6(3t^2) + 3t^6t^4(2t)$

$= 6t^{11} + 6t^{11} = 12t^{11}$

(2) $\dfrac{dz}{dt} = \dfrac{\partial z}{\partial x}\dfrac{dx}{dt} + \dfrac{\partial z}{\partial y}\dfrac{dy}{dt} = (e^x\sin y + e^y\cos x)3 + (e^x\cos y + e^y\sin x)2$

$= 3e^{3t}\sin 2t + 3e^{2t}\cos 3t + 2e^{3t}\cos 2t + 2e^{2t}\sin 3t$

$= e^{3t}(3\sin 2t + 2\cos 2t) + e^{2t}(3\cos 3t + 2\sin 3t)$

(3) $\dfrac{dz}{dt} = \dfrac{\partial z}{\partial x}\dfrac{dx}{dt} + \dfrac{\partial z}{\partial y}\dfrac{dy}{dt} = (y^2 - 4xy)e^t + (2xy - 2x^2)\cos t$

$= e^t\sin^2 t - 4e^{2t}\sin t + 2e^t\sin t\cos t - 2e^{2t}\cos t$

$= e^t(\sin^2 t + \sin 2t) - 2e^{2t}(2\sin t - \cos t)$

(4) $\dfrac{dw}{dt} = \dfrac{\partial w}{\partial x}\dfrac{dx}{dt} + \dfrac{\partial w}{\partial y}\dfrac{dy}{dt} + \dfrac{\partial w}{\partial z}\dfrac{dz}{dt}$

$= yz^2\cos(xyz^2)(3t^2) + xz^2\cos(xyz^2)(2t) + 2xyz\cos(xyz^2)$

$= 3t^6\cos(t^7) + 2t^6\cos(t^7) + 2t^6\cos(t^7)t$

$= 7t^6\cos(t^7)$

4. (1) $\dfrac{\partial w}{\partial u} = \dfrac{\partial w}{\partial x}\dfrac{\partial x}{\partial u} + \dfrac{\partial w}{\partial y}\dfrac{\partial y}{\partial u} = (2xy)v + x^2 = 3u^2v^2 - 2uv^3$

$\dfrac{\partial w}{\partial v} = \dfrac{\partial w}{\partial x}\dfrac{\partial x}{\partial v} + \dfrac{\partial w}{\partial y}\dfrac{\partial y}{\partial v} = (2xy)u - x^2 = 2u^3v - 3u^2v^2$

(2) $\dfrac{\partial w}{\partial u} = \dfrac{\partial w}{\partial x}\dfrac{\partial x}{\partial u} + \dfrac{\partial w}{\partial y}\dfrac{\partial y}{\partial u} + \dfrac{\partial w}{\partial z}\dfrac{\partial z}{\partial u} = (2x)v + 2y + 2z$

$= 2uv^2 + 2u - 2v + 2u + 4v = 4u + 2v + 2uv^2$

$\dfrac{\partial w}{\partial v} = \dfrac{\partial w}{\partial x}\dfrac{\partial x}{\partial v} + \dfrac{\partial w}{\partial y}\dfrac{\partial y}{\partial v} + \dfrac{\partial w}{\partial z}\dfrac{\partial z}{\partial v} = (2x)u - 2y + 4z$

$= 2u^2v - 2u + 2v + 4u + 8v = 2u + 10v + 2u^2v$

(3) $\dfrac{\partial w}{\partial u} = \dfrac{\partial w}{\partial x}\dfrac{\partial x}{\partial u} + \dfrac{\partial w}{\partial y}\dfrac{\partial y}{\partial u} = (2xy)\cdot 2 + x^2(-v^2)$

$= 4(2u+v)(1-uv^2) - v^2(2u+v)^2$

$= 8u + 4v - 12u^2v^2 - 8uv^3 - v^4$

$\dfrac{\partial w}{\partial v} = \dfrac{\partial w}{\partial x}\dfrac{\partial x}{\partial v} + \dfrac{\partial w}{\partial y}\dfrac{\partial y}{\partial v} = (2xy) + x^2(-2uv)$

$= 2(2u+v)(1-uv^2) - 2uv(2u+v)^2$

$= 4u + 2v - 4uv^3 - 12u^2v^2 - 8u^3v$

(4) $\dfrac{\partial w}{\partial u} = \dfrac{\partial w}{\partial x}\dfrac{\partial x}{\partial u} + \dfrac{\partial w}{\partial y}\dfrac{\partial y}{\partial u} = (2xe^{x^2+y^2})\sin v + (2ye^{x^2+y^2})(v\cos u))$

$= 2u\sin^2 v\, e^{u^2\sin^2 v + v^2\sin^2 v} + v^2\sin 2u\, e^{u^2\sin^2 v + v^2\sin^2 v}$

$= e^{u^2\sin^2 v + v^2\sin^2 v}(2u\sin^2 v + v^2\sin 2u)$

$$\frac{\partial w}{\partial v} = \frac{\partial w}{\partial x}\frac{\partial x}{\partial v} + \frac{\partial w}{\partial y}\frac{\partial y}{\partial v} = (2xe^{x^2+y^2})u\cos v + (2ye^{x^2+y^2})\sin u$$

$$= u^2\sin 2v\, e^{u^2\sin^2 v + v^2\sin^2 v} + 2v\sin^2 u\, e^{u^2\sin^2 v + v^2\sin^2 v}$$

$$= e^{u^2\sin^2 v + v^2\sin^2 v}(u^2\sin 2v + 2v\sin^2 u)$$

11.4 연습문제

1. (1) $f_x(x, y) = \frac{x}{2}$, $f_y(x, y) = \frac{y}{2}$이고 접평면의 방정식은

$z - f(2, 2) = f_x(2, 2)(x-2) + f_y(2, 2)(y-2)$

이므로 $z - 2 = (x-2) + (y-2)$ 이며 $z = x + y - 2$ 이다.

(2) $f_x(x, y) = 2x$, $f_y(x, y) = 2y$이고 접평면의 방정식은

$z - f(2, 1) = f_x(2, 1)(x-2) + f_y(2, 1)(y-1)$

이므로 $z - 4 = 4(x-2) + 2(y-1)$ 이며 $z = 4x + 2y - 6$ 이다.

(3) $f_x(x, y) = 3x^2 - 2y$, $f_y(x, y) = -2x$이고 접평면의 방정식은

$z - f(-2, 3) = f_x(-2, 3)(x+2) + f_y(-2, 3)(y-3)$

이므로 $z - 4 = 6(x+2) + 4(y-3)$ 이며 $z = 6x + 4y + 4$ 이다.

(4) $f(x, y) = \sin x\cos y$; $(0, \pi)$ $f_x(x, y) = \cos x\cos y$, $f_y(x, y) = -\sin x\sin y$이고 접평면의 방정식은 $z - f(0, \pi) = f_x(0, \pi)(x-0) + f_y(0, \pi)(y-\pi)$ 이므로 $z = -x$ 이다.

(5) $f(x, y) = e^{-x^2-y^2}$; $(0, 0)$ $f_x(x, y) = -2xe^{-x^2-y^2}$, $f_y(x, y) = -2ye^{-x^2-y^2}$이고 접평면의 방정식은 $z - f(0, 0) = f_x(0, 0)x + f_y(0, 0)y$ 이므로 $z = 1$이다.

(6) $f(x, y) = 2e^{3y}\cos 2x$; $\left(\frac{\pi}{3}, 0\right)$ $f_x(x, y) = -4e^{3y}\sin 2x$, $f_y(x, y) = 6e^{3y}\cos 2x$이고 접평면의 방정식은 $z - f\left(\frac{\pi}{3}, 0\right) = f_x\left(\frac{\pi}{3}, 0\right)\left(x - \frac{\pi}{3}\right) + f_y\left(\frac{\pi}{3}, 0\right)(y-0)$ 이므로

$z + 1 = -2\sqrt{3}\left(x - \frac{\pi}{3}\right) - 3y$이며 $z = -2\sqrt{3}x - 3y + \frac{2\sqrt{3}}{3}\pi - 1$ 이다.

2. (1) $dz = \frac{\partial z}{\partial x}dx + \frac{\partial z}{\partial y}dy = (ye^x + \cos x)dx + e^x dy$

(2) $dz = \frac{\partial z}{\partial x}dx + \frac{\partial z}{\partial y}dy = 2xe^y dx + x^2 e^y dy$

11.5 연습문제

1. (1) $f(x, y) = 3xy + x^2 - y^3$

$f_x(x, y) = 3y + 2x$, $f_y(x, y) = 3x - 3y^2$ 이므로 $f_x(x, y) = f_y(x, y) = 0$ 에서 $(0, 0), \left(\frac{9}{4}, -\frac{3}{2}\right)$ 가 임계점이다. 또 $f_{xx}(x, y) = 2$, $f_{yy}(x, y) = -6y$, $f_{xy}(x, y) = 3$ 이고, $(0, 0)$에서 $D = f_{xx}(0, 0)f_{yy}(0, 0) - [f_{xy}(0, 0)]^2 = 2 \cdot 0 - 3^2 = -9 < 0$ 이므로 $(0, 0)$에서 극값을 갖지 않고 $(0, 0)$은 안장점이다.

$\left(\frac{9}{4}, -\frac{3}{2}\right)$ 에서 $D = f_{xx}\left(\frac{9}{4}, -\frac{3}{2}\right)f_{yy}\left(\frac{9}{4}, -\frac{3}{2}\right) - \left[f_{xy}\left(\frac{9}{4}, -\frac{3}{2}\right)\right]^2 = 2 \cdot 9 - 3^2 = 9 > 0$ 이고 $f_{xx}\left(\frac{9}{4}, -\frac{3}{2}\right) = 2 > 0$ 이므로 $f\left(\frac{9}{4}, -\frac{3}{2}\right) = -\frac{27}{16}$ 은 극솟값이다.

(2) $f(x, y) = x^2 + 4y^2 - 4x$

$f_x(x, y) = 2x - 4$, $f_y(x, y) = 8y$ 이므로 $f_x(x, y) = f_y(x, y) = 0$ 에서 $(2, 0)$ 가 임계점이다. 또 $f_{xx}(x, y) = 2$, $f_{yy}(x, y) = 8$, $f_{xy}(x, y) = 0$ 이고,

$(2, 0)$에서 $D = f_{xx}(2, 0)f_{yy}(2, 0) - [f_{xy}(2, 0)]^2 = 2 \cdot 8 = 16 > 0$ 이고

$f_{xx}(2, 0) = 2 > 0$ 이므로 $f(2, 0) = -4$ 은 극솟값이다.

(3) $f(x, y) = xy + x - y$

$f_x(x, y) = y + 1$, $f_y(x, y) = x - 1$ 이므로 $f_x(x, y) = f_y(x, y) = 0$ 에서 $(1, -1)$ 가 임계점이다. 또 $f_{xx}(x, y) = 0$, $f_{yy}(x, y) = 0$, $f_{xy}(x, y) = 1$ 이고,

$(1, -1)$에서 $D = f_{xx}(1, -1)f_{yy}(1, -1) - [f_{xy}(1, -1)]^2 = -1 < 0$ 이므로 $(1, -1)$에서 극값을 갖지 않고 $(1, -1)$은 안장점이다.

(4) $f(x, y) = -x^2 - y^2 + 6x + 2y + 12$

$f_x(x, y) = -2x + 6$, $f_y(x, y) = -2y + 2$ 이므로 $f_x(x, y) = f_y(x, y) = 0$ 에서 $(3, 1)$ 가 임계점이다. 또 $f_{xx}(x, y) = -2$, $f_{yy}(x, y) = -2$, $f_{xy}(x, y) = 0$ 이고,

$(3, 1)$에서 $D = f_{xx}(3, 1)f_{yy}(3, 1) - [f_{xy}(3, 1)]^2 = (-2) \cdot (-2) = 4 > 0$ 이고

$f_{xx}(3, 1) = -2 < 0$ 이므로 $f(3, 1) = 22$ 은 극댓값이다.

(5) $f(x, y) = x^3 + y^3 - 3xy + 2$

$f_x(x, y) = 3x^2 - 3y$, $f_y(x, y) = 3y^2 - 3x$ 이므로 $f_x(x, y) = f_y(x, y) = 0$ 에서 $(0, 0), (1, 1)$ 가 임계점이다. 또 $f_{xx}(x, y) = 6x$, $f_{yy}(x, y) = 6y$, $f_{xy}(x, y) = -3$ 이고,

$(0, 0)$에서 $D = f_{xx}(0, 0)f_{yy}(0, 0) - [f_{xy}(0, 0)]^2 = -(-3)^2 = -9 < 0$ 이므로 $(0, 0)$에

서 극값을 갖지 않고 $(0,0)$은 안장점이다.

$(1,1)$에서 $D=f_{xx}(1,1)f_{yy}(1,1)-[f_{xy}(1,1)]^2=6\cdot 6-(-3)^2=27>0$ 고

$f_{xx}(1,1)=6>0$이므로 $f(1,1)=1$은 극솟값이다.

(6) $f(x,y)=2x^4-x^2+3y^2$

$f_x(x,y)=8x^3-2x$, $f_y(x,y)=6y$ 이므로 $f_x(x,y)=f_y(x,y)=0$ 에서

$(0,0)$, $\left(\pm\frac{1}{2},0\right)$가 임계점이다. 또 $f_{xx}(x,y)=24x^2-2$, $f_{yy}(x,y)=6$, $f_{xy}(x,y)=0$

이고, $(0,0)$에서 $D=f_{xx}(0,0)f_{yy}(0,0)-[f_{xy}(0,0)]^2=(-2)\cdot 6=-18<0$ 이므로

$(0,0)$에서 극값을 갖지 않고 $(0,0)$은 안장점이다.

$\left(\pm\frac{1}{2},0\right)$에서 $D=f_{xx}\left(\pm\frac{1}{2},0\right)f_{yy}\left(\pm\frac{1}{2},0\right)-\left[f_{xy}\left(\pm\frac{1}{2},0\right)\right]^2=4\cdot 6=24>0$ 이고

$f_{xx}\left(\pm\frac{1}{2},0\right)=4>0$이므로 $f\left(\pm\frac{1}{2},0\right)=-\frac{1}{8}$ 은 극솟값이다.

2. 다음 제약극값을 구하라.

(1) $\frac{x^2}{4}+y^2=1$ 에서 $f(x,y)=y^2-x^2$ 의 최댓값과 최솟값

제약조건 $\frac{x^2}{4}+y^2=1$ 을 $g(x,y)=x^2+4y^2-4$라 하자. 그러면 Lagrange 함수는

$F(x,y,\lambda)=y^2-x^2+\lambda(x^2+4y^2-4)$

$F_x(x,y,\lambda)=-2x+2x\lambda=0$, $F_y(x,y,\lambda)=2y+8y\lambda=0$,

$F_\lambda(x,y,\lambda)=x^2+4y^2-4=0$ 으로 한 연립방정식

$$\begin{cases}-2x+2x\lambda=0 & \cdots\cdots ①\\ 2y+8y\lambda=0 & \cdots\cdots ②\\ x^2+4y^2-4=0 & \cdots\cdots ③\end{cases}$$

을 푼다. ③에서 x,y가 동시에 0 이 될 수 없음을 알 수 있다. $x\neq 0$ 이면 ①에서 $\lambda=1$이고 ②에서 $y=0$ 이며, ③에서 $x=\pm 2$ 이다. 그러므로 임계점은 $(\pm 2,0)$이다. $y\neq 0$ 이면 ②에서 $\lambda=-\frac{1}{4}$ 이고, ①에서 $x=0$ 이다. ③에서 $y=\pm 1$ 이다. 따라서 임계점은 $(0,\pm 1)$ 이다.

$f(2,0)=f(-2,0)=-4$, $f(0,1)=f(0,-1)=1$ 이므로 최댓값은 1이고 최솟값은 -4 이다.

(2) $x^2+y^2-4=0$ 에서 $f(x,y)=xy$ 의 최댓값

$g(x,y)=x^2+y^2-4$라 하자. 그러면 Lagrange 함수는

$F(x,y,\lambda)=xy+\lambda(x^2+y^2-4)$

$F_x(x, y, \lambda) = y + 2x\lambda = 0$, $F_y(x, y, \lambda) = x + 2y\lambda = 0$,

$F_\lambda(x, y, \lambda) = x^2 + 4y^2 - 4 = 0$ 으로 한 연립방정식

$$\begin{cases} y + 2x\lambda = 0 & \cdots\cdots ① \\ x + 2y\lambda = 0 & \cdots\cdots ② \\ x^2 + y^2 - 4 = 0 & \cdots\cdots ③ \end{cases}$$

을 푼다. ③에서 x, y가 동시에 0이 될 수 없음을 알 수 있다. $x \neq 0$이면 ①과 ②에서

$x + 2(-2x\lambda)\lambda = 0 \Rightarrow \lambda = \pm\dfrac{1}{2}$ 이고, $x \neq 0$이면 ①과 ②에서

$y + 2(-2y\lambda)\lambda = 0 \Rightarrow \lambda = \pm\dfrac{1}{2}$ 이다. $\lambda = \dfrac{1}{2}$ 이면 $x = -y$, $\lambda = -\dfrac{1}{2}$ 이면 $x = y$이므로

③에서 $x = \pm\sqrt{2}$, $y = \pm\sqrt{2}$ 이다.

그러므로 임계점은 $(\sqrt{2}, \sqrt{2}), (-\sqrt{2}, -\sqrt{2}), (\sqrt{2}, -\sqrt{2}), (-\sqrt{2}, \sqrt{2})$ 이다.

따라서 최댓값은 $f(\sqrt{2}, \sqrt{2}) = f(-\sqrt{2}, -\sqrt{2}) = 2$ 이고 최솟값은

$f(\sqrt{2}, -\sqrt{2}) = f(-\sqrt{2}, \sqrt{2}) = -2$ 이다.

(3) $xy - 3 = 0$ 에서 $f(x, y) = x^2 + y^2$ 의 최솟값

제약조건 $xy - 3 = 0$ 을 $g(x, y) = xy - 3$ 라 하자. 그러면 Lagrange 함수는

$F(x, y, \lambda) = x^2 + y^2 + \lambda(xy - 3)$

$F_x(x, y, \lambda) = 2x + \lambda y = 0$, $F_y(x, y, \lambda) = 2y + \lambda x = 0$, $F_\lambda(x, y, \lambda) = xy - 3 = 0$ 으로 한 연립방정식

$$\begin{cases} 2x + \lambda y = 0 & \cdots\cdots ① \\ 2y + \lambda x = 0 & \cdots\cdots ② \\ xy - 3 = 0 & \cdots\cdots ③ \end{cases}$$

을 푼다. ①에서 $x = -\dfrac{1}{2}\lambda y$이고 ②에서 $2y + \lambda\left(-\dfrac{1}{2}\lambda y\right) = 0$이며 ③에서 x, y가 동시에 0이 될 수 없음을 알 수 있다. $y \neq 0$이면 $2 = \dfrac{1}{2}\lambda^2 \Rightarrow \lambda^2 = 4 \Rightarrow \lambda = \pm 2$이다. ③에서 $xy = 3$이므로 $\lambda = -2$이며 ①과 ②에서 $x = y$이다. ③에서 $x^2 = 3 \Rightarrow x = \pm\sqrt{3}$, $y = \pm\sqrt{3}$ 이다. 그러므로 임계점은 $(\sqrt{3}, \sqrt{3}), (-\sqrt{3}, -\sqrt{3})$이다. $f(\sqrt{3}, \sqrt{3}) = f(-\sqrt{3}, -\sqrt{3}) = 6$이 최솟값이다.

(4) $x^2 + y^2 = 1$ 에서 $f(x, y) = 4x^2 - 4xy + y^2$ 의 최댓값

제약조건 $x^2 + y^2 = 1$ 을 $g(x, y) = x^2 + y^2 - 1$ 라 하자.

그러면 Lagrange 함수는 $F(x, y, \lambda) = 4x^2 - 4xy + y^2 + \lambda(x^2 + y^2 - 1)$

$F_x(x, y, \lambda) = 8x - 4y + 2\lambda x = 0$, $F_y(x, y, \lambda) = -4x + 2y + 2\lambda y = 0$,

$F_\lambda(x, y, \lambda) = x^2 + y^2 - 1 = 0$ 으로 한 연립방정식

$$\begin{cases} 8x-4y+2\lambda x=0 & \cdots\cdots ① \\ -4x+2y+2\lambda y=0 & \cdots\cdots ② \\ x^2+y^2-1=0 & \cdots\cdots ③ \end{cases}$$

을 푼다. ①에서 $4x=2y-\lambda x$이고 ②에서 $-2y+\lambda x+2y+2\lambda y=0 \Rightarrow x=-2y$이며 ③에서 $4y^2+y^2=1 \Rightarrow y=\pm\frac{1}{\sqrt{5}},\ x=\mp\frac{2}{\sqrt{5}}$ 그러므로 임계점은 $\left(\mp\frac{2}{\sqrt{5}}, \pm\frac{1}{\sqrt{5}}\right)$이다. 최댓값은 $f\left(\frac{2}{\sqrt{5}}, -\frac{1}{\sqrt{5}}\right)=f\left(-\frac{2}{\sqrt{5}}, \frac{1}{\sqrt{5}}\right)=5$이다.

11.6 연습문제

1. (1) $\int_0^2\int_1^3 x^2y\,dy\,dx=\int_0^2\left[\frac{1}{2}x^2y^2\right]_1^3dx=4\int_0^2 x^2\,dx=\frac{32}{3}$

(2) $\int_1^2\int_0^3(xy+y^2)\,dx\,dy=\int_1^2\left[\frac{1}{2}x^2y+xy^2\right]_0^3dy=\int_1^2\left(\frac{9}{2}y+3y^2\right)dy=\left[\frac{9}{4}y^2+y^3\right]_1^2=\frac{55}{4}$

(3) $\int_0^\pi\int_0^1 x\sin y\,dx\,dy=\int_0^\pi\left[\frac{1}{2}x^2\sin y\right]_0^1dy=\frac{1}{2}\left[-\cos y\right]_0^\pi=1$

(4) $\int_0^{\ln 3}\int_0^1 xy\,e^{xy^2}\,dy\,dx=\int_0^{\ln 3}\left[\frac{e^{xy^2}}{2}\right]_0^1dx=\int_0^{\ln 3}\left(\frac{e^x}{2}-\frac{1}{2}\right)dx=\left[\frac{e^x}{2}-\frac{x}{2}\right]_0^{\ln 3}=1-\ln\sqrt{3}$

(5) $\int_0^1\int_0^{3x} x^2\,dy\,dx=\int_0^1\left[x^2y\right]_0^{3x}dx=\left[\frac{3}{4}x^4\right]_0^1=\frac{3}{4}$

(6) $\int_{-1}^2\int_y^{y+1}(xy-y)\,dx\,dy=\int_{-1}^2\left[\frac{1}{2}x^2y-xy\right]_y^{y+1}dy=\int_{-1}^2\left(y^2-\frac{y}{2}\right)dy=\left[\frac{y^3}{3}-\frac{y^2}{4}\right]_{-1}^2=\frac{9}{4}$

(7) $\int_1^2\int_0^{\ln y} y\,dx\,dy=\int_1^2\left[xy\right]_0^{\ln y}dy=\int_1^2 y\ln y\,dy=\left[\frac{y^2}{2}\ln y\right]_1^2-\int_1^2\frac{y}{2}\,dy=\ln 4-\frac{3}{4}$

(8) $\int_{1/2}^1\int_0^{2x}\cos(\pi x^2)\,dy\,dx=\int_{1/2}^1\left[y\cos(\pi x^2)\right]_0^{2x}dx=\int_{1/2}^1 2x\cos(\pi x^2)\,dx$

$$=\left[\frac{1}{\pi}\sin(\pi x^2)\right]_{1/2}^1=-\frac{\sqrt{2}}{2\pi}$$

(9) $\int_1^3\int_{-y}^{2y} x\,e^{y^3}\,dx\,dy=\int_1^3\left[\frac{x^2}{2}e^{y^3}\right]_{-y}^{2y}dy=\int_1^3\left(2y^2e^{y^3}-\frac{y^2}{2}e^{y^3}\right)dy=\frac{3}{2}\int_1^3 y^2e^{y^3}\,dy$

$$=\frac{3}{2}\left[\frac{1}{3}e^{y^3}\right]_1^3=\frac{e^{27}}{2}-\frac{e}{2}$$

2. (1) $\displaystyle\int_{-1}^{0}\int_{-1}^{1}\int_{0}^{2}(x+yz^2)\,dx\,dy\,dz=\int_{-1}^{0}\int_{-1}^{1}\left[\frac{x^2}{2}+xyz^2\right]_0^2 dy\,dz=\int_{-1}^{0}\int_{-1}^{1}(2+2yz^2)\,dy\,dz$

$$=\int_{-1}^{0}[2y+y^2z^2]_{-1}^{1}\,dz=\int_{-1}^{0}4\,dz=[4z]_{-1}^{0}=4$$

(2) $\displaystyle\int_0^1\int_0^1\int_0^1 ye^{-xy}\,dz\,dx\,dy=\int_0^1\int_0^1[zye^{-xy}]_0^1\,dx\,dy=\int_0^1\int_0^1 ye^{-xy}\,dx\,dy$

$$=\int_0^1[-e^{-xy}]_0^1 dy=\int_0^1(-e^{-y}+1)\,dy=[e^{-y}+y]_0^1=\frac{1}{e}$$

(3) $\displaystyle\int_{-3}^{7}\int_{0}^{2x}\int_{y}^{x-1}dz\,dy\,dx=\int_{-3}^{7}\int_{0}^{2x}(x-y-1)\,dy\,dx=\int_{-3}^{7}\left[xy-\frac{y^2}{2}-y\right]_0^{2x}dx$

$$=[-x^2]_{-3}^{7}=-40$$

(4) $\displaystyle\int_1^4\int_{z-1}^{2z}\int_0^{y+2z}dx\,dy\,dz=\int_1^4\int_{z-1}^{2z}(y+2z)\,dy\,dz=\int_1^4\left[\frac{y^2}{2}+2yz\right]_{z-1}^{2z}dz$

$$=\int_1^4\left(\frac{7z^2}{2}+3z-\frac{1}{2}\right)dz=\left[\frac{7z^3}{6}+\frac{3z^2}{2}-\frac{z}{2}\right]_1^4=\frac{189}{2}$$

(5) $\displaystyle\int_0^1\int_0^z\int_0^y yz\,dx\,dy\,dz=\int_0^1\int_0^z y^2z\,dy\,dz=\int_0^1\left[\frac{y^3z}{3}\right]_0^z dz=\left[\frac{z^5}{15}\right]_0^1=\frac{1}{15}$

(6) $\displaystyle\int_0^2\int_0^{\sqrt{4-2z}}\int_0^x 2xyz\,dy\,dx\,dz=\int_0^2\int_0^{\sqrt{4-2z}}x^3z\,dx\,dz=\int_0^2\left[\frac{x^4z}{4}\right]_0^{\sqrt{4-2z}}dz$

$$=\int_0^2(4z-4z^2+z^3)\,dz=\left[2z^2-\frac{4z^3}{3}+\frac{z^4}{4}\right]_0^2=\frac{4}{3}$$

12.1 연습문제

(1) $(x-1)(y-1)=C$

(2) $\dfrac{x-1}{x+1}=Cy^2$

(3) $2x+y-3\ln(x+y+1)=C$

(4) $x^4+2x^2y^2=C$

(5) $\tan^{-1}\dfrac{1}{x}+\ln\sqrt{x^2+y^2}=C$

(6) $x+(y-x)(\ln\sqrt{x}+C)=0$

(7) $y=-(x^2+2x+2)e^x+Ce^{2x}$

(8) $xy(\ln x+1+Cx)=1$

(9) $x^2+xy+y^2+x-y=C$

(10) $\dfrac{x^3}{3}+\dfrac{y^3}{3}-2xy=C$

(11) $xy+e^x\cos y=C$

(12) $xy(\ln x-1)-\dfrac{x^2-y^2}{2}=C$

(13) $(xy+\sin y)e^x=C$

(14) $x^2y=C$

(15) $\dfrac{x}{y}+\ln y=C$

(16) $\ln xy=\dfrac{1}{xy}+C$

12.2 연습문제

(1) $(y-C)(y-x-C)(2y-x^2-C)(y-Ce^{2x})=0$

(2) $2Cy=9C^2+x^2;\ y=\pm 3x$

(3) $y^2=2Cx+C^3;\ 27y^4=-32x^3$

(4) $(y-Cx)^2=1+C^2;\ x^2+y^2=1$

(5) $y=Cx-\ln|C|;\ y=1+\ln|x|$

(6) $4(x^2+y)(y^2-Cc)=(xy+C)^2;\ y=0$

(7) $y=Cx+\sqrt{4+C^2}$

(8) $(y-Cx)^2=1+C^2$

12.3 연습문제

1. (1) $y=C_1e^x+C_2e^{-2x}$

(2) $y=C_1e^{-2x}+C_2xe^{-2x}$

(3) $y=e^x(C_1\cos 3x+C_2\sin 3x)$

(4) $y=C_1e^x+C_2e^{-4x}$

(5) $y=C_1e^{(-1-\sqrt{2})x}+C_2e^{(-1+\sqrt{2})x}$

(6) $y=C_1e^{\frac{1}{2}x}+C_2xe^{\frac{1}{2}x}$

(7) $y=C_1e^{-\sqrt{3}x}+C_2xe^{-\sqrt{3}x}$

(8) $y=C_1\cos\sqrt{5}x+C_2\sin\sqrt{5}x$

(9) $y=e^{x}\left(C_1\cos\frac{\sqrt{2}}{2}x+C_2\sin\frac{\sqrt{2}}{2}x\right)$

2. (1) $y=C_1\cos x+C_2\sin x+1$

(2) $y=C_1e^{2x}+C_2e^{-3x}+\frac{1}{14}e^{4x}$

(3) $y=C_1\cos 2x+C_2\sin 2x+2x^2-1$

(4) $y=C_1e^{-2x}+C_2e^{3x}-x^2+\frac{1}{2}x-\frac{5}{12}$

(5) $y=e^{2x}(C_1\cos 3x+C_2\sin 3x)+\frac{1}{2}e^{3x}$

(6) $y=C_1e^{2x}+C_2e^{-5x}+\frac{1}{7}xe^{2x}$

(7) $y=C_1e^{x}+C_2e^{2x}+\frac{6}{5}\cos x+\frac{2}{5}\sin x$

(8) $y=C_1e^{3x}+C_2xe^{3x}+\frac{1}{6}\cos 3x$

(9) $y=C_1e^{x}+C_2e^{-x}+\frac{1}{2}xe^{x}-\frac{1}{2}\cos x$

(10) $y=e^{-x}(\cos x+\sin x)+e^{2x}\left(\frac{6}{5}\cos 2x+\frac{2}{5}\sin 2x\right)$

찾아보기

ㅂ

ㅅ

ㅇ

저 자

임영빈 동국대학교 다르마 칼리지
조영덕 동국대학교 다르마 칼리지

미적분학 기초(증보판)

2014년 2월 5일 1판 1쇄 발행
2015년 2월 25일 증보판 1쇄 발행
2018년 1월 25일 증보판 2쇄 발행

저 자 ◎ **임영빈 · 조영덕**
발행자 ◎ **조승식**
발행처 ◎ (주) 도서출판 **북스힐**
서울시 강북구 한천로 153길 17
등 록 ◎ 제 22-457 호

(02) 994-0071

(02) 994-0073

bookshill@bookshill.com
www.bookshill.com

값 18,000원

잘못된 책은 교환해 드립니다.

ISBN 978-89-5526-868-3